U0086883

TinyML
TensorFlow Lite 機器學習
應用 Arduino 與低耗電微控制器

TinyML
Machine Learning with TensorFlow Lite on
Arduino and Ultra-Low-Power Microcontrollers

Pete Warden and Daniel Situnayake 著

賴屹民 譯

O'REILLY®

© 2020 GOTOP Information, Inc. Authorized Chinese Complex translation of the English edition of TinyML ISBN 9781492052043 © 2020 Pete Warden and Daniel Situnayake. This translation is published and sold by permission of O'Reilly Media, Inc., which owns or controls all rights to publish and sell the same.

目錄

前言

自我有記憶以來，電子產品就一直引發我的想像力。我們知道如何挖出岩石、用神秘的方法提煉它們，製作一系列琳琅滿目的小零件，用神秘的法則組合它們，賦予它某種生命的本質。

在我八歲時，電池、開關與燈絲燈泡就已經夠迷人了，更不用說電腦內的處理器了。隨著時間的流逝，我對電子學和軟體的原理有了一定的瞭解，知道那些發明都是用電子學和軟體來實現的。我一向喜歡「結合簡單的零件來創造微妙且複雜的東西」這個概念，深度學習將這一點提升到了新的高度。

本書有一個深度學習網路範例，在某種意義上，它知道怎麼「看」。它是由上千個虛擬的「神經元」組成的，每一個神經元都遵守某些簡單的規則，並且輸出一個數字。雖然每一個神經元都無法單獨做太多事情，但是一旦將它們結合起來，並且透過訓練來賦予它們人類的知識火花，它們就可以理解複雜的世界。

這個概念很神奇：只要在使用沙子、金屬和塑膠做成的微電腦上運行簡單的演算法就可以實現人類的部分知識。這是 TinyML 的本質，TinyML 是 Pete 創造的名詞，第 1 章會介紹。你將在本書找到自行建構這些東西所需的工具。

感謝你成為我們的讀者。這是一個複雜的主題，但我們努力地保持簡單，並解釋你需要知道的所有概念。希望你喜歡我們的著作，我們也很期待看到你的創作！

— Daniel Situnayake

本書編排慣例

本書使用下列的編排規則：

斜體字（*Italic*）

代表新術語、URL、email 地址、檔名，與副檔名。中文以楷體表示。

定寬字（Constant width）

在長程式中使用，或是在文章中代表變數、函式名稱、資料庫、資料型態、環境變數、陳述式、關鍵字等程式元素。

定寬粗體字（**Constant width bold**）

代表應由使用者親自輸入的命令或其他文字。

定寬斜體字（*Constant width italic*）

代表應換成使用者提供的值，或由上下文決定的值。

 這個圖案代表提示或建議。

 這個圖案代表註解。

 這個圖案代表警告或注意。

使用範例程式

你可以到 *https://tinymlbook.com/supplemental* 下載補充教材（範例程式、習題等）。

如果你使用範例程式時遇到技術性問題，可寄 email 至 *bookquestions@oreilly.com*。

本書旨在協助你完成工作。一般來說，除非你更動了程式的重要部分，否則你可以在自己的程式或文件中使用本書的程式碼而不需要聯繫出版社取得許可。例如，使用這本書的程式段落來編寫程式不需要取得許可。出售或發表 O'Reilly 書籍的範例需要取得許可。引用這本書的內容與範例程式碼來回答問題不需要取得許可。但是在產品的文件中大量使用本書的範例程式需要我們的許可。

我們感激你列出內容的出處，但不強制要求。出處一般包含書名、作者、出版社和 ISBN。例如：「*TinyML* by Pete Warden and Daniel Situnayake (O'Reilly). Copyright Pete Warden and Daniel Situnayake, 978-1-492-05204-3.」。

如果你覺得自己使用範例程式的程度超出上述的允許範圍，歡迎隨時與我們聯繫：*permissions@oreilly.com*。

致謝

特別感謝 Nicole Tache 了不起的編輯，Jennifer Wang 鼓舞人心的魔杖範例，Neil Tan 使用 uTensor 程式庫創作的開創性嵌入式 ML 作品。如果沒有 Rajat Monga 和 Sarah Sirajuddin 的專業支援，我們就無法完成這本書。我們也要感謝合作夥伴 Joanne Ladolcetta 與 Lauren Ward 的耐心。

本書匯集了上百位硬體人員、軟體人員和研究人員的工作成果，尤其是 TensorFlow 團隊。我們只能列出其中的幾位，並且向未被列在其中的所有人道歉，我們想要感謝：Mehmet Ali Anil, Alasdair Allan, Raziel Alvarez, Paige Bailey, Massimo Banzi, Raj Batra, Mary Bennion, Jeff Bier, Lukas Biewald, Ian Bratt, Laurence Campbell, Andrew Cavanaugh, Lawrence Chan, Vikas Chandra, Marcus Chang, Tony Chiang, Aakanksha Chowdhery, Rod Crawford, Robert David, Tim Davis, Hongyang Deng, Wolff Dobson, Jared Duke, Jens Elofsson, Johan Euphrosine, Martino Facchin, Limor Fried, Nupur Garg, Nicholas Gillian, Evgeni Gousev, Alessandro Grande, Song Han, Justin Hong, Sara Hooker, Andrew Howard, Magnus Hyttsten, Advait Jain, Nat Jeffries, Michael Jones, Mat Kelcey, Kurt Keutzer, Fredrik Knutsson, Nick Kreeger, Nic Lane, Shuangfeng Li, Mike Liang, Yu-Cheng Ling, Renjie Liu, Mike Loukides, Owen Lyke, Cristian Maglie, Bill Mark, Matthew Mattina, Sandeep Mistry, Amit Mittra, Laurence Moroney, Boris Murmann, Ian Nappier, Meghna Natraj, Ben Nuttall, Dominic Pajak, Dave Patterson, Dario Pennisi, Jahnell Pereira, Raaj Prasad, Frederic Rechtenstein, Vikas Reddi, Rocky Rhodes, David Rim, Kazunori

Sato, Nathan Seidle, Andrew Selle, Arpit Shah, Marcus Shawcroft, Zach Shelby, Suharsh Sivakumar, Ravishankar Sivalingam, Rex St. John, Dominic Symes, Olivier Temam, Phillip Torrone, Stephan Uphoff, Eben Upton, Lu Wang, Tiezhen Wang, Paul Whatmough, Tom White, Edd Wilder-James 與 Wei Xiao。

## 第一章

簡介

本書的目標是讓你知道，任何一位具備命令列終端機和程式編輯器基本經驗的開發人員，都可以在嵌入式設備上面運行機器學習（ML）專案。

我在 2014 年加入 Google，當時發現許多聞所未聞的內部專案，但是其中最令人興奮的是 OK Google 團隊正在進行的專案，他們竟然做出只有 14 kilobytes（KB）的神經網路！這個網路必須那麼小的原因是，它們是在 Android 手機的數位訊號處理器（DSP）裡面運行的，負責監聽「OK Google」喚醒指令，那些 DSP 只有幾十 KB 的 RAM 與快閃記憶體。這個團隊使用 DSP 是為了關閉主 CPU 的電源來節省電力，而 DSP 這種特製的晶片只需要幾毫瓦（mW）的電力。

來自影像深度學習領域的我沒有看過這種微型網路，用耗電量那麼低的晶片來執行神經模型確實讓我印象深刻。雖然我的工作是讓 TensorFlow 和 TensorFlow Lite 在 Android 與 iOS 設備上運行，但我對於簡單的晶片帶來的可能性十分著迷。我知道音訊領域（例如 Pixel 的 Music IQ）有一些關於預測性維護（predictive maintenance）的開創性專案（PsiKick），甚至視覺領域也有（Qualcomm 的 Glance 鏡頭模組）。

我看到一種全新的產品正在興起，這種產品的主要特徵是使用 ML 來理解有雜訊的感測器資料，可以使用電池或獵能（energy harvesting）設備運行好幾年，而且成本只需要一兩塊美元。我經常聽到「peel-and-stick 感測器」這個術語，它代表不需要更換電池即可在某個環境中的任何地方使用，而且可被放著不理的設備。要做出這種產品，你必須設法在設備上面將感測器的原始資料轉換成可處理的資訊，因為事實證明，在任何地方傳遞資料串流的電力成本都高得不切實際。

這就是 TinyML 這個概念的由來。透過與業界和學術界同事的長期交流，我們達成了大致的共識：只要可以用少於 1 mW 的電力成本來運行神經網路模型，我們就可以實現許多全新的應用。這個數據看起來有點武斷，但是轉換成具體的數據，它代表使用硬幣電池的設備有一年的壽命。用這種技術做出來的產品小得可以放在任何環境，而且不需要人為干預即可運行一段有用的時間。

 我接下來會直接使用一些術語來描述本書即將探討的內容，但不用擔心，如果你還不知道其中的一些術語，我會在第一次使用時定義它們。

此時，你可能會想到 Raspberry Pi 這樣的平台，或是 NVIDIA 的 Jetson 電路板，雖然它們都是很棒的設備，我也經常使用它們，但即使是最小的 Pi 也需要類似手機的主 CPU 所需的幾百毫瓦電力，它必須使用手機電池大小的電池才能持續運行幾天，因此難以用來創造真正無拘束的體驗。NVIDIA 的 Jetson 採用強大的 GPU，全速運行時需要多達 12 瓦的電力，所以它更難在沒有大型外部電源供應器的情況下運行。在車用或機器人應用領域中，電源供應器通常不是問題，因為機械零件本身就需要大量的電力了，但是我最感興趣的產品必須在沒有「有線電源」的情況下運行，所以那種平台很難發揮作用。沒有資源方面的限制意味著它們可以使用 TensorFlow、TensorFlow Lite 與 NVIDIA 的 TensorRT 等框架，因為它們通常具備 Arm Cortex-A CPU，擁有幾百 MB 記憶體，可執行 Linux。出於剛才提到的原因，本書的重點不是如何在這些平台上運行，但如果你有興趣，目前有許多資源與文獻可供參考，例如 TensorFlow Lite 的行動設備文件（*https://www.tensorflow.org/lite*）。

我在乎的另一種特性是成本。對製造商來說，最便宜的 Raspberry Pi Zero 只需要 5 美元，但我們很難大量地以這種價格購買晶片。購買 Zero 通常有數量下限，雖然價格在業界不是透明的，但顯然 5 美元不是正常的價格。相較之下，最便宜的 32-bit 微控制器每顆不到 1 美元。價格這麼低使得製造商可以將傳統的類比或機電控制電路換成軟體替代方案，從玩具到洗衣機，無所不包。我們有機會利用這些設備具備的微控制器，在更新軟體時加入人工智慧，並且不需要大幅度修改既有的設計。這種價格應該也可以讓相關單位在建築物和野生動物保護區等環境中部署大量的智慧型感測器，且成本不至於超出其收益或可用資金。

嵌入式設備

TinyML 的定義是電力成本低於 1 mW 的設備，也就是說，我們必須在嵌入式設備的世界中尋找硬體平台。我最近幾年才開始認識它們，對我來說，它們非常神秘。在傳統上，它們是 8 位元設備，使用難懂和專用的工具鏈，看起來很難入門。隨著 Arduino 推出易用的整合式開發環境（IDE）以及標準化硬體，這種情況有了很大的改善。自此之後，32-bit CPU 成為標準，主要歸功於 Arm 的 Cortex-M 系列晶片。當我在幾年前製作一些 ML 實驗原型時，我驚喜地發現開發過程竟然變得如此簡單。

不過，嵌入式設備還是有一些嚴苛的資源限制。它們通常只有幾百 KB 的 RAM，有時甚至更少，快閃記憶體也只有類似的數量，其用途是持久保存程式和資料。它們通常只有幾十 mega Hz 的時脈，絕對沒有完整的 Linux（因為 Linux 需要記憶體控制器，以及至少 1 MB 的 RAM），即使有作業系統，它可能也沒有你期待的任何 POSIX 或標準 C 程式庫函式。許多嵌入式系統都避免使用 new 或 malloc() 之類的動態記憶體配置函式，因為它們都是為了能夠可靠且長時間運行而設計的。它也不一定有可分割的 heap（堆積）。你可能也會發現之前進行桌面開發時很熟悉的除錯器或其他工具都很難使用，因為用來操作晶片的介面都非常專業。

當我學習嵌入式開發時，也有一些驚喜的發現。當系統可以防止其他程序中斷你的程式時，你就可以輕鬆地掌握正在發生的事情，而且和比較複雜的 CPU 相比，它的處理器沒有分支預測或指令管線操作（pipelining），因此更容易手動進行組合語言優化。看著指尖上的微型電腦每秒運行數百萬條指令來理解周圍世界，並且亮起 LED，我覺得是一種單純的快樂。

不斷變化的環境

微控制器直到最近才有能力運行 ML，這個領域還很新，也就是說，它的硬體、軟體與研究都會快速地變化。本書立基於這個領域在 2019 年的快照，這意味著在我寫完最後一章之前，有些東西可能就已經過時了。雖然我們已經試著確保我們使用的硬體平台在長期之內都可以使用，但那些設備也會持續改善與演變。我們使用的 TensorFlow Lite 軟體框架有穩定的 API，但我們也會持續支援書中的範例，並且提供最新版的範例程式和文件的 web 連結。例如，你可以預期，TensorFlow 存放區（repository）會加入更多參考應用程式，它們的用例都比本書介紹的更廣泛。我們也把目標放在除錯、建模以及理解深度學習如何運作等技巧上面，即使以後你使用不同的基礎設備，這些技能也非常有用。

我們希望透過這本書為你打下基礎，協助你開發嵌入式 ML 產品來解決你最關心的問題。我相信這個領域在未來幾年內會出現一些令人期待的新應用，希望我們能夠引導你建構那種應用程式。

Pete Warden

## 第二章

入門

在這一章，我們將介紹在低電力設備上建構與修改機器學習 app 所需的入門知識。接下來介紹的軟體都是免費的，而硬體開發工具不到 30 美元就可以買到，所以你最大的挑戰應該是不熟悉開發環境。為了解決這個問題，本章推薦一些我們認為可以良好地互相配合的工具。

本書的目標讀者

為了建立 TinyML 專案，你必須稍微瞭解機器學習與嵌入式軟體開發的相關知識。這兩種技術都不常見，而且同時熟悉這兩種技術的專家不多，所以本書假設你沒有這兩方面的背景知識。本書唯一的需求是知道如何在終端機（或 Windows 的 Command Prompt）執行命令，並且能夠將原始碼檔案載入編輯器進行修改並保存。雖然這聽起來令人生畏，但我會一步步介紹即將討論的所有內容，就像一本很好的食譜一樣，在許多案例中使用螢幕擷圖（以及線上螢幕影片），希望讓更多讀者更容易吸收這些內容。

我們將透過一些專案來展示機器學習在嵌入式設備的實際應用，專案包括簡單的語音辨識、用動作感測器偵測手勢，以及使用鏡頭感測器來偵測人體。我們希望讓你熟悉如何自行建構這些專案，讓你可以擴展它們來解決你關心的問題。例如，或許你可以修改語音辨識，用它來偵測狗叫聲而不是人類的語音，或認出狗而不是人，我們會教你如何自行進行這些修改。我們的主旨是提供你需要的工具，來讓你建構你關心的、期待的app。

你需要什麼硬體？

你需要具備 USB 連接埠的桌機或筆電，它是你的主要編程環境，你會在那裡編輯和編譯即將在嵌入式設備上運行的程式。你會用 USB 連接埠以及專用的配接器來將電腦和嵌入式設備相接，具體的配接器取決於你使用的開發硬體。你的主電腦可以使用 Windows、Linux 或 macOS。我們是在雲端訓練大部分的機器學習模型範例，使用 Google Colab（*https://oreil.ly/AQYDz*），所以別擔心需要特殊的電腦設備。

為了測試程式，你也需要一個嵌入式開發電路板，為了做一些有趣的事情，你需要接上麥克風、加速度計、鏡頭，你也需要體積夠小，可以建構實際的原型專案的東西，以及電池。當我們寫這本書時，這些東西都很難找到，所以我們和晶片製造商 Ambiq 與製造商零售商 SparkFun 合作，製作了 15 美元的 SparkFun Edge 電路板（*https://oreil.ly/-hoL-*），本書的範例都會使用這個設備。

 SparkFun Edge 電路板的第二版 SparkFun Edge 2 將在本書出版之後發表。本書的所有專案都保證可以在新板子上運行。但是，部署在它上面的程式碼與說明都與本書內容稍有不同。別擔心，每一個專案章節都有 *README.md* 的連結，這個檔案裡面有將各個範例部署至 SparkFun Edge 2 的最新說明。

我們也提供如何使用 Arduino 和 Mbed 開發環境運行許多專案的說明。我們推薦 Arduino Nano 33 BLE Sense（*https://oreil.ly/4sER2*）電路板，以及 Mbed 的 STM32F746G Discovery kit（*https://oreil.ly/vKyOM*）開發電路板，但是如果你可以將感測器的資料轉成適當的格式，本書所有專案應該都可以在其他的設備上運行。表 2-1 是各個專案章節使用的設備。

表 2-1　各個專案使用的設備

專案名稱	章	SparkFun Edge	Arduino Nano 33 BLE Sense	STM32F746G Discovery kit
Hello world	第 5 章	有	有	有
喚醒詞偵測	第 7 章	有	有	有
人體偵測	第 9 章	有	有	無
魔杖	第 11 章	有	有	無

如果我想要使用的電路板不在裡面怎麼辦？

本書的原始碼都在 GitHub 上，為了支援其他的設備，我們也會持續更新它。每一章都有一個專案 *README.md*，裡面列出所有支援的設備，並且指示如何部署它們，所以你可以察看它，看看你想要使用的設備是否已被支援。如果你有一些嵌入式開發經驗，你也可以輕鬆地將範例移植到新設備，即使那個新設備未被列出。

除了人體偵測之外的專案都不需要任何額外的電子零件，人體偵測專案需要鏡頭模組。如果你使用 Arduino，你需要使用 Arducam Mini 2MP Plus（*https://oreil.ly/8EacT*）。如果你使用 SparkFun Edge，你也需要 SparkFun 的 Himax HM01B0 breakout（*https://oreil.ly/Kb0lI*）。

你需要什麼軟體？

本書的所有專案都使用 TensorFlow Lite for Microcontrollers 框架。它是 TensorFlow Lite 框架的變體，設計上是為了在記憶體只有幾十 KB 的嵌入式設備上運行的。我將所有的專案都當成範例放入程式庫，它是開源的，你可以在 GitHub 找到它（*https://oreil.ly/TQ4CC*）。

 因為本書的範例程式都是一項進行中的開源專案的一部分，我們會持續加入優化、bug 修復以及針對其他設備的支援，所以它會繼續改變。你可能會看到本書的程式與 TensorFlow 存放區最新的程式有些不同，雖然程式碼會隨著時間微幅改變，但你在這裡學到的基本原則都是不變的。

你需要編輯器來察看和修改程式碼。如果你不確定要用哪一個，Microsoft 免費的 VS Code（*https://oreil.ly/RNus3*）app 是很棒的起點。它可以在 macOS、Linux 與 Windows 上運作，也有很多方便的功能，例如語法突顯，以及自動完成。如果你已經有習慣的編輯器，你也可以使用它。我們不會對任何專案進行大幅度的修改。

你也需要可以輸入命令的地方。在 macOS 和 Linux，它稱為終端機（terminal），你可以在 Applications 資料夾的該名稱底下找到它。在 Windows，它稱為 Command Prompt，你可以在 Start 選單中找到它。

為了和嵌入式開發電路板溝通，你也需要一些額外的軟體，取決於你使用的設備。如果你使用 SparkFun Edge 板或 Mbed 設備，你必須為一些組建腳本安裝 Python，接著在 Linux 或 macOS 使用 GNU Screen，或在 Windows 使用 Tera Term（*https://oreil.ly/oDOKn*）來使用除錯 logging（記錄）主控台，以顯示嵌入式設備的文字輸出。如果你有 Arduino 板，IDE 已經有你需要安裝的所有東西了，所以你只要下載主軟體包即可。

我們希望讓你學到什麼？

本書的目標是促使更多應用程式在這個新領域出現。雖然目前 TinyML 還沒有「殺手級 app」，或許也永遠不會有，但我們從經驗知道，世界還有許多問題可以用它提供的工具箱來解決。我們想要讓你熟悉可能的解決方案。我們希望接觸農業、太空探索、醫藥、消費品和任何其他有問題需要解決的領域的專家，讓他們瞭解如何自行解決問題，或至少告訴他們哪些問題可以用這些技術來解決。

所以，我們希望你看完這本書之後，可以大致瞭解目前在嵌入式系統使用機器學習的可能性，以及大致瞭解接下來幾年有哪些可行的方向。我們希望你能夠建立和修改一些使用時間序列資料（例如音訊或加速度計的輸出）的實際範例，或是修改低電力視覺系統。我們希望你充分瞭解整個系統，至少能夠有意義地和專家討論新產品的設計，也希望你可以自行建構早期版本原型。

因為我們希望看到完整產品的出現，所以我們會從整個系統的角度出發，來看待我們討論的一切。通常硬體供應商會專注於他們販售的特定零件的電力消耗，但是不會考慮其他必要的零件會不會增加功率。例如，如果你的微控制器只消耗 1mW，但是與它配合的鏡頭感測器需要 10 mW 才能運作，那麼，無論你在哪一種視覺產品使用它，那些產品都無法從處理器低耗電獲得好處。所以我們不會針對不同領域的底層運作進行太多深入的研究，相反，我們把焦點放在使用與修改相關零件時需要知道的事情。

舉例來說，我們不會在訓練 TensorFlow 模型的底層細節花費太多功夫，例如梯度和反向傳播是如何運作的，而是會展示如何從頭開始進行訓練來建立模型、你可能遇到哪些問題和如何處理它們，以及如何自訂模型建立流程，來使用新的資料組，處理你自己的問題。

## 第三章

瞭解機器學習的最新進展

很少技術領域像機器學習和人工智慧（AI）如此神秘。即使你是其他領域的資深工程師，你可能也會認為機器學習是需要大量知識的主題。許多開發人員在閱讀 ML 文獻，遇到它們引用的學術論文、晦澀的 Python 程式庫，以及高級數學時都會備感挫折，甚至不知道該從哪裡下手。

事實上，機器學習也可以輕鬆地瞭解，而且任何人都可以透過文字編輯器學習。當你學會一些關鍵概念之後，你就可以在自己的專案中輕鬆地使用它了。隱藏在所有神秘性之後的是一組方便的工具，可用來解決各種問題。雖然它有時感覺起來很神秘，但它們都只是程式碼，你不需要獲得博士學位就可以使用它。

本書的主題是在微型設備上使用機器學習。在本章其餘的內容，你將學會入門所需的所有 ML。我們將介紹基本概念、探討一些工具，以及訓練一個簡單的機器學習模型。我們的重點是微型設備，所以不會花太多時間在深度學習的底層理論上面，或是讓它們產生功能的數學上面。後續的章節會更深入介紹工具，以及如何為嵌入式設備優化模型。但是在本章結束時，你將熟悉關鍵的術語，瞭解一般工作流程，以及知道哪裡可以進一步學習。

在這一章，我們將探討：

- 機器學習究竟是什麼
- 它可以解決哪些問題
- 重要術語和概念
- 用深度學習解決問題的工作流程，深度學習是機器學習最流行的做法之一因為市面上有很多書籍和課程解釋深度學習背後的科學，所以我們不在此重述它們。話雖如此，它依然是個迷人的話題，我們鼓勵你自行探索！第346頁的「學習機器學習」會列出一些我們最喜歡的資源。但切記，你不需要知道所有理論就可以做出實用的東西了。

機器學習究竟是什麼？

想像你有一台生產小零件的機器，有時它會故障，但修理起來不便宜。如果你在機器運作期間收集了許多關於機器的資料，或許你可以提前預測它何時故障，並且在損壞前停止運作。舉例來說，你可以記錄它的生產速率、它的溫度，以及它的震動程度。這些因素的某個組合或許可以提示一個迫在眉睫的問題。但是該怎麼找出它？

這就是機器學習可以解決的一種問題。基本上，機器學習是一種使用電腦、根據過去的觀測來進行預測的技術。我們收集關於工廠機器性能的資料，接著建立電腦程式來分析該資料，並使用它來預測未來狀態。

建立機器學習程式與一般的程式撰寫程序不同。在傳統的軟體中，程式員要設計一個演算法來接收輸入，套用各種規則，再回傳一個輸出。演算法的內部動作是程式員規劃的，而且是用程式碼明確地實作的。要預測工廠機器的故障，程式員必須瞭解資料的哪些參數可以指出問題，並且編寫專門檢查那些參數的程式碼。

這種做法很適合處理許多問題，打個比方，我們都知道，在海平面，水的沸騰溫度是100°C，所以我們很容易寫一段程式，根據它的溫度和高度來預測它是否沸騰。但是在很多情況下，我們很難知道可預測特定狀態的因素組合。延續工廠機器的例子，或許許多不同的生產速率、溫度、震動程度組合都可以指出問題，但是我們無法立刻從資料中看出它們。

機器學習程式的寫法是由程式員將資料傳入一種特殊的演算法，讓演算法發現規則。這意味著，身為程式員的我們不需要自行瞭解複雜的資料就可以寫出能夠用它們進行預測的程式。機器學習演算法可以透過所謂的**訓練**程序，用我們提供的資料建立系統的**模型**，那種模型是一種電腦程式。我們讓資料流經這種模型來進行預測，透過一種稱為**推斷**（inference）的程序。

機器學習有許多不同的做法。最流行的一種是**深度學習**，它來自人腦可能的運作方式的簡化概念。在深度學習中，我們訓練神經元**網路**（用數字陣列表示）來模擬各種輸入和輸出之間的關係。不同的神經元結構或排列方式適用於不同的任務。例如，有些結構擅長從圖像資料中提取含義，有些則擅長預測序列的下一個值。

本書的範例將使用深度學習，因為它很靈活，而且有強大的能力可以解決適合用微控制器解決的問題。令人驚訝的是，深度學習甚至可以在記憶體和處理能力有限的設備上運作，這本書正是要教你建立可在微型設備內執行神奇工作的深度學習模型。

下一節將解釋建立和使用深度學習模型的基本工作流程。

深度學習工作流程

在上一節，我們提到使用深度學習來預測工廠機器何時可能故障的情境。在這一節，我們介紹實踐這個目標所需的工作。

這個程序涉及下列工作：

1. 確定目標
2. 收集資料組
3. 設計模型結構
4. 訓練模型
5. 轉換模型
6. 運行推斷
7. 進行評估與排除故障

我們來一一講解它們。

確定目標

當你設計任何一種演算法時，你一定要明確地知道你希望它做什麼。機器學習也一樣，你要確定你想要預測什麼，這樣才能決定該收集哪些資料，以及該使用哪一種模型結構。

在例子中，我們想要預測工廠機器是不是快要故障了。我們可以將它表示成**分類**問題。分類是一種機器學習任務，它接收一組**輸入**資料，並回傳那些資料符合一組**類別**的機率。這個例子可能有兩個類別：「正常」，代表機器的運行沒有問題，以及「異常」，代表機器有一些可能故障的跡象。

也就是說，我們的目標是建立一個模型，用它來將輸入資料分類為「正常」或「異常」。

收集資料組

我們的工廠可能有許多資料可用，從機器的作業溫度，到某天餐廳供應的食物種類。訂下目標之後，我們就可以開始找出需要的資料了。

選擇資料

深度學習模型可以學習忽略雜訊或不相關的資料。雖然如此，我們最好只使用與問題的解決有關的資訊來訓練模型。餐廳食物不太可能影響機器的功能，所以我們應該將它從資料組排除，否則模型就要學習排除那些無關的輸入，而且可能學到不切實際的關聯性─或許機器在餐廳提供披薩的那一天都會故障。

當你決定是否加入資料時，一定要試著結合領域專業知識和實驗。你也可以使用統計技術來試著確認哪些資料是重要的。如果你仍然不確定要不要納入某種資料源，提醒你，沒有人規定不能訓練兩個模型，看看哪一個有最好的表現！

假如我們發現最有希望的資料是**生產速率**、**溫度**與**震動程度**，下一步就是收集一些訓練模型的資料。

很重要的一點：你選擇的資料必須也可以在進行預測時使用，例如，由於我們決定用溫度讀數來訓練模型，在進行推斷時，我們也要提供來自同一個物理位置的溫度讀數。原因是模型是在學習理解如何用它的輸入來預測它的輸出，如果模型是用機器內部溫度來訓練的，讓它處理當下的室溫應該不會有很好的效果。

收集資料

我們很難準確地知道訓練一個有效的模型需要多少資料，這取決於許多因素，例如變數之間的關係的複雜度、雜訊量，以及區分各個類別的容易程度。但是有一條經驗法則永遠是對的：資料越多越好！

盡量收集能夠代表系統可能發生的所有狀況和事件的資料。如果機器可能有許多不同的故障原因，你應該抓取與各種故障有關的資料。如果變數會隨著時間自然地改變，你一定要收集代表完整時段的資料。例如，如果機器的溫度會在溫暖的日子升高，你就要納入冬天與夏天的資料。這種多樣性可以協助模型表現每一種可能的情況，而不是只有少數幾個。

我們收集的工廠資料可能會被記錄成一組**時間序列**，也就是定期收集的一系列讀數。例如，我們可能每分鐘記錄一次溫度、每小時的生產速率，以及每秒記錄一次震動程度。收集資料之後，我們必須將這些時間序列轉換成可讓模型處理的形式。

幫資料加標籤

除了收集資料之外，我們也要確定哪些資料代表「正常」與「異常」動作。我們會在訓練期間提供這項資訊，讓模型學習如何對輸入進行分類。為資料指派類別的過程稱為**加標籤**（*labeling*），「正常」與「異常」類別就是**標籤**。

> 這一種訓練（在訓練過程中，告訴演算法那些資料代表什麼）稱為**監督學習**。訓練後的分類模型可以處理收到的資料，並預測它可能屬於哪一個類型。

為了幫收集好的時間序列資料加標籤，我們需要取得機器在哪段時間正常運作、在哪段時間故障的紀錄。我們或許會假設在機器故障之前的一段時間通常代表異常操作，但不一定可以從資料表面看出異常的操作，所以可能要做一些實驗才能得到正確的結果！

決定如何幫資料加標籤之後，我們製作一個包含標籤的時間序列，並且將它加入資料組。

最終的資料組

表 3-1 是工作流程此時組成的資料源。

表 3-1　資料源

資料源	間隔	樣本讀數
生產速率	每 2 分鐘一次	100 單位
溫度	每分鐘一次	30°C
震動程度（典型的 %）	每 10 秒鐘一次	23%
標籤（「正常」或「異常」）	每 10 秒鐘一次	正常

這張表展示每一個資料源的時間間隔。例如，溫度每隔一分鐘記錄一次。我們也產生了一個時間序列，裡面有資料的標籤。標籤的間隔是每 10 秒鐘 1 次，與其他時間序列最小的時間間隔一樣。這代表我們可以輕鬆地為資料中的每一個資料點決定標籤。

收集資料之後，接下來要用它來設計與訓練模型了。

設計模型結構

深度學習模型結構有很多種，它們是為了解決各式各樣的問題而設計的。在訓練模型時，你可以設計你自己的結構，或是在研究員開發的既有結構之上進行設計。在處理常見的問題時，你可以在網路找到許多訓練好的免費模型。

本書將介紹幾種不同的模型結構，但除了這些之外，還有大量的結構可用。設計模型既是藝術也是科學，模型結構也是一項主要的研究領域，每天都有新結構被發明出來，

在決定結構時，你必須考慮問題的類型、你可以取得哪一種資料、以及將資料傳給模型之前，可用哪些方式轉換資料（我們很快就會討論資料轉換）。事實上，資料與模型結構有非常密切的關係，結構的效果隨著你使用的資料類型而有所不同。雖然我們在此分別介紹它們，但是它們是要同時考慮的。

你也要考慮即將用來運行模型的設備，因為微控制器通常只具備有限的記憶體及低速的處理器，比較大的模型需要較多記憶體，並且花更多時間來執行（模型的大小取決於它的神經元數量，以及神經元的連接方式）。此外，有些設備具備硬體加速功能，可以用更快的速度執行某些模型種類，所以你可能要調整模型才能發揮設備的優勢。

在例子中，我們可以先訓練一個有幾層神經元的簡單模型，再反覆優化這個結構，直到產生有用的結果為止，本書會教你具體做法。

深度學習模型以**張量**（*tensor*）形式來接收輸入與產生輸出。就本書的目的而言[1]，張量其實是一個可容納數字或其他張量的串列，你可以將它想成類似陣列（array）的東西。我們的預設模型會接收張量形式的輸入。接下來的小節將說明如何將資料轉換成這個形式。

維度

張量的結構稱為它的**外形**（*shape*），而且它們有多個維度。因為這本書會不斷討論張量，所以在此介紹一些實用的術語：

向量

> **向量**是數字串列，類似陣列。我們將一維張量（1D 張量）稱為向量。下面是個外形為 (5,) 的向量，因為它裡面有包含五個數字的一個維度：
>
> ```
> [42 35 8 643 7]
> ```

矩陣

> **矩陣**是 2D 張量，類似 2D 陣列。下面的矩陣的外型是 (3, 3)，因為它裡面有三個向量，分別有三個數字：
>
> ```
> [[1 2 3]
>  [4 5 6]
>  [7 8 9]]
> ```

更高維的張量

> 我們將大於二維的任何外形都稱為**張量**。這是外形為 (2, 3, 3) 的 3D 張量，因為它裡面有兩個外形為 (3, 3) 的矩陣：
>
> ```
> [[[10 20 30]
>   [40 50 60]
>   [70 80 90]]
>  [[11 21 31]
>   [41 51 61]
>   [71 81 91]]]
> ```

純量

> 單一數字稱為**純量**，它在技術上是個零維張量。例如，數字 42 是個純量。

---

[1] 這裡的張量的定義與數學和物理學的定義不同，但資料科學已經將它視為規範了。

用資料產生特徵

我們知道,模型會接受某種張量作為它的輸入。但是如前所述,我們的資料是時間序列,如何將時間序列資料轉換成張量,以便傳給模型?

現在的工作是確定如何用資料產生特徵。在機器學習中,**特徵**(*feature*)代表用來訓練模型的特定資訊。不同種類的模型是用不同種類的特徵來訓練的。例如,有些模型是接收單一純量值作為它的唯一輸入特徵。

但是輸入也可能比純量複雜許多:處理影像的模型接收的輸入可能是影像資料的多維張量,根據多個特徵進行預測的模型可能接受一個包含多個純量值的向量,其中每一個純量值代表一個特徵。

我們已經決定讓模型使用生產速率、溫度與震動幅度來進行預測了,這些資料的原始形式是有不同時間間隔的時間序列,它們不適合傳給模型。接下來的小節會解釋原因。

使用窗口　在下面的圖裡面,星號代表時間序列的一筆資料,資料包含標籤,因為訓練時需要它。我們想要訓練一個可以隨時根據當下的狀態預測機器正常運作或出現異常的模型:

```
生產:    *                      *           （每隔 2 分鐘）
溫度:    *           *          *           （每分鐘）
震動:    * * * * * * * * * * * * * * *       （每隔 10 秒）
標籤:    * * * * * * * * * * * * * * *       （每隔 10 秒）
```

但是因為時間序列有不同的時間間隔(例如每分鐘一次,或每 10 秒鐘一次),如果只傳入特定時刻才有的資料,它可能會缺少一些資料類型。例如,下圖指出的時刻只有震動資料。也就是說,當我們的模型試著進行預測時,它只有關於震動的資訊可用:

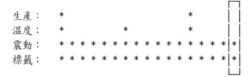

處理這種問題的方法是選擇一個時間窗口,並且將這個窗口裡面的所有資料組成一組值。例如,我們使用一分鐘窗口,並且察看它全部的值:

```
生產：    *                          *
溫度：    *              *           *
震動：    * * * * * * * * * *|* * * * *
標籤：    * * * * * * * * * *|* * * * *
```

我們可以計算窗口內的各個時間序列的平均值，如果有時間序列在該窗口內沒有資料點的話，就取最近的值，最後得到一組單一值。我們可以根據窗口內有沒有任何「異常」標籤來標記這個快照。如果有任何「異常」出現，就將該窗口標記為「異常」。如果沒有，就將它標記為「正常」：

```
生產：    *                    *        平均：102
溫度：    *              *      *        平均：34°C
震動：    * * * * * * * * * *|* * * * *  平均：18%
標籤：    * * * * * * * * * *|* * * * *  標籤：「正常」
```

這三個非標籤值就是我們的特徵！我們可以用向量的形式將它們傳入模型，在向量中，每個時間序列都有一個元素：

```
[102 34 .18]
```

在訓練期間，我們可以幫每 10 秒鐘的資料計算一個新窗口，並將它傳入模型，使用標籤來讓訓練演算法知道我們期望的輸出。當我們在推斷期使用模型來預測異常行為時，我們可以用資料計算最近的窗口，將它傳入模型，並接收預測結果。

這是一種簡單的做法，雖然在實際案例不一定有效，卻是一個很好的起點。你很快就會發現機器學習就是不斷地嘗試與犯錯！

在介紹訓練之前，我們還有一件關於輸入值的事情需要討論。

標準化　我們傳給神經網路的資料通常都是包含*浮點*（*floating-point*）值或*浮點數*（*float*）的張量。浮點數是一種資料型態，用來代表有小數點的數字。為了訓練出高效的演算法，這些浮點值的大小必須彼此相似。事實上，最理想的情況是使用 0 至 1 這個範圍的數字來表示所有的值。

我們再看一下上一節的輸入張量：

```
[102 34 .18]
```

這些數字的大小差異極大,其中的溫度超過 100,震動程度卻不到 1。在將這些值傳給網路之前,我們必須將它們標準化(*normalize*),讓它們有相似的範圍。

其中一種做法是計算各個特徵在整個資料組中的平均值,再將該特徵的每一個數字減去該平均值,這樣子可以壓縮數字,讓它們更接近零。例如:

```
溫度序列:
[108 104 102 103 102]

平均值:
103.8

標準化的值,算法是將各個溫度減 103.8:
[ 4.2 0.2 -1.8 -0.8 -1.8 ]
```

另一種經常使用標準化的情況(採取不同的做法)是將影像傳入神經網路時,電腦通常用 8-bit 整數的矩陣來儲存圖像,它們的值是 0 到 255,將這些值標準化,讓它們介於 0 和 1 之間的做法是將各個 8-bit 乘以 1/255。下面是個 3×3 像素的灰階圖像,其中各個像素的值代表它的亮度:

```
原始的 8-bit 值:
[[255 175 30]
 [0    45  24]
 [130 192 87]]

標準化的值:
[[1.         0.68627451 0.11764706]
 [0.         0.17647059 0.09411765]
 [0.50980392 0.75294118 0.34117647]]
```

用 ML 思考

到目前為止,我們已經知道如何規劃以機器學習來解決問題了。在工廠情境之下,我們在過程中決定適合的目標、收集適合的資料並附加標籤、設定即將傳給模型的特徵,以及選擇模型結構。無論你想要解決哪一種問題,你的做法都是相同的。切記,這是一種迭代程序,你通常會在這個 ML 工作流程中反覆操作,直到完成一個有效的模型為止——或終於知道這項任務真的太難了。

例如,想像我們想要建構一個預測天氣的模型。我們必須決定目標(例如預測明天是否下雨)、收集和幫資料集加標籤(例如過去幾年來的天氣預報)、設定將要傳給模型的特徵(或許是過去兩天的平均情況),以及選擇一種適合這種資料類型的模型結構和運行它的設備。我們會想出一些初始概念,測試它們,然後調整做法,直到得到好結果為止。

工作流程的下一步是訓練，見下一節。

訓練模型

訓練是讓模型學會用一組輸入來產生正確輸出的程序。這個過程包括傳送訓練資料給模型、進行微幅調整，直到它做出最準確的預測。

如前所述，模型是一種神經元網路，裡面有分層排列的數字陣列，這些數字稱為**權重**（*weight*）與**偏差值**（*bias*），它們一起稱為**網路參數**（*parameter*）。

當你將資料傳給網路時，網路會執行數學運算來轉換那些資料，那些運算與每一層的權重和偏差值有關。模型的輸出就是用輸入來執行這些運算產生的結果。圖 3-1 是一個只有兩層的簡單網路。

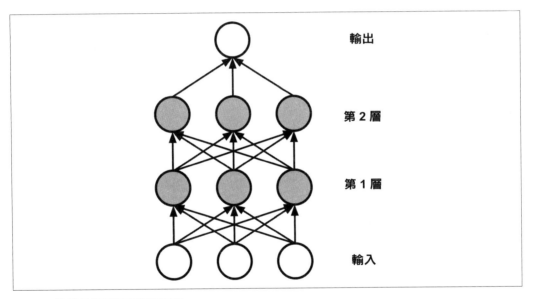

圖 3-1　簡單的雙層深度學習網路

模型的權重在一開始是隨機值，偏差值在一開始通常是 0。在訓練期間，我們會將成批的資料傳給模型，並且拿模型的輸出和期望的輸出相比（在我們的案例中，期望的輸出就是正確標籤，即「正常」或「異常」）。模型會用一種稱為**反向傳播**的演算法來逐漸調整權重與偏差值，因此隨著時間過去，模型的輸出會越來越接近期望的值。訓練是用 *epoch* 來衡量的（代表迭代），訓練會持續進行，直到我們決定停止為止。

我們通常會在模型的性能停止改善時停止訓練。如果在那個時候，它開始做出正確的預測，它就稱為**收斂**（*converged*）。為了確定模型是否收斂，我們可以在訓練期間分析它的性能圖表，常見的性能指標是**損失**（*loss*）與**準確度**（*accuracy*）。損失指標可讓我們用數字來估計模型距離產生期望的答案還有多遠，準確度指標則告訴我們它選出正確預測的百分比。完美的模型有 0.0 的損失與 100% 的準確度，但是現實的模型幾乎都是不完美的。

圖 3-2 是在訓練深度學習網路期間的損失與準確度。你可以看到隨著訓練的進行，準確度不斷上升，損失不斷下降，直到到達模型再也無法改善的點為止。

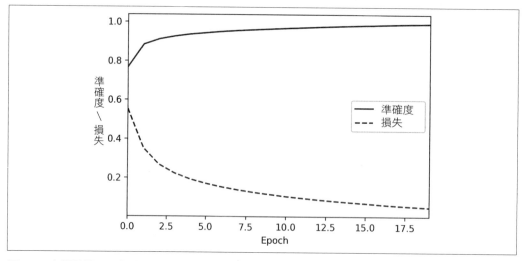

圖 3-2　在訓練期間收斂的模型

為了改善模型的性能，我們可以改變模型的結構，也可以調整模型的各種設定值，以及緩和（moderate）訓練過程。這些值統稱為**超參數**（*hyperparameter*），包含執行的訓練 epoch 數，以及各層的神經元數量。我們可以在每次進行修改之後重新訓練模型，察看評量數據，決定是否進一步優化。希望經過時間和迭代可以產生一個準確度可被接受的模型！

切記，你試著解決的問題不保證都有足夠好的準確度，因為資料組的資訊不一定足以做出準確的預測，而且有些問題根本無法解決，即使使用頂尖的深度學習技術也是如此。話雖如此，即使模型無法 100% 準確可能也很有幫助，在工廠的例子中，即使只能預測一部分的異常操作也有很大的幫助。

欠擬與過擬

欠擬（*underfitting*）和過擬（*overfitting*）是模型無法收斂的兩大原因。

神經網路會學著讓它的行為擬合（*fit*）它從資料中認出來的模式。如果模型正確地擬合，它就可以在收到一組輸入之後產生正確的輸出。模型欠擬代表它無法學到夠強的模型表徵，因而無法做出良好的預測。欠擬的原因很多，最常見的原因是模型的結構太小了，因此無法抓到想要模擬的系統複雜性，另一個原因是沒有用足夠的資料來訓練它。

模型過擬代表它從訓練資料學習的效果太好了，雖然它可以準確地預測訓練資料的細節，但無法將學會的東西類推至沒有看過的資料。發生這種情況的原因通常是模型完全記住訓練資料了，或學會依賴訓練資料之中的捷徑（shortcut），而不是真實世界的。

例如，假設你要訓練一個模型，用它來分類貓與狗照片。如果訓練資料裡面的狗照片都是在戶外拍的，貓照片都是在室內拍的，你的模型可能會學會走歪路，使用照片中的天空來預測牠是哪種動物。這意味著，如果未來有張狗照片是在室內拍的，模型可能會將它當成錯誤類別。

處理過擬的方法有很多種，其中一種是縮小模型的大小，讓它沒有足夠的能力學習訓練組的精確表徵。也可以在訓練期間使用一種稱為正則化（*regularization*）的技術來降低過擬的程度。為了充分利用有限的資料，我們可以採取一種稱為資料擴增（*data augmentation*）的技術，藉由剪裁既有的資料來產生新的、人工的資料點。但是克服過擬的最佳手段，是盡量取得更大規模、更多樣化的資料組。擁有更多資料一定是有幫助的！

正則化與資料擴增

正則化技術的用途是讓深度學習模型比較不會過擬訓練資料，做法通常是藉由約束模型來防止它完美地記住訓練過程收到的資料。

正則化的方法有很多種，有些方法，例如 *L1* 與 *L2* 正則化，藉由調整訓練時使用的演算法，來懲罰容易過擬的複雜模型。有些方法，例如 *dropout*，則是在訓練期間隨機切除神經元之間的連結。稍後會介紹正則化的實踐法。

我們也會介紹資料擴增，它是一種人為擴展訓練資料組大小的方法。這種做法是為訓練用的每一種輸入建立多個額外的版本，在建立時會保留它們的含義，但也會改變確切的組成方式來轉換它們。有一個範例是訓練一個模型從音訊樣本辨識語音，我們藉著加入人工背景雜訊，以及將樣本平移一段時間來擴增原始的訓練資料。

訓練、驗證與測試

為了瞭解模型的效能，我們可以看看它處理訓練資料的表現如何，但是，這種做法只能瞭解部分的事實。在訓練期間，模型會盡量試著擬合它的訓練資料。如前所述，有時模型會開始過擬訓練資料，也就是說，雖然它可以很好地預測訓練資料，但無法處理真的資料。

為了瞭解這種情況何時發生，我們必須用沒有被用來訓練的新資料來**驗證**模組。我們通常將資料組拆成三個部分—**訓練**、**驗證**與**測試**。典型的拆分比率是 60% 訓練資料、20% 驗證、20% 測試。進行拆分時，你必須讓資訊在每一個部分內的分布都是相同的，並且保留資料的結構。例如，因為我們的資料是時間序列，我們可以將它拆成三個連續的時間區塊。如果資料不是時間序列，我們可以隨機取樣資料點。

在訓練期間，我們會用訓練資料組來訓練模型，並且定期將驗證資料組的資料傳給模型，計算其損失。因為模型從未看過那些資料，所以它的損失分數是比較可靠的模型績效。你可以持續比較訓練與驗證損失（與準確度，或其他指標）來瞭解模型是否過擬。

圖 3-3 是過擬的模型。你可以看到它的訓練損失下降，驗證損失上升，代表模型變得更擅長預測訓練資料，但失去類推至新資料的能力。

我們藉著調整模型和訓練程序來改善性能並且避免過擬，期待看到驗證指標的改善。

但是這個程序有個不幸的副作用，當我們進行優化來改善驗證指標時，可能只是讓模型同時過擬訓練與驗證資料！我們做的每一次調整都只是讓模型更擬合驗證資料一些，最終可能會產生與之前一樣的過擬問題。

為了確定這件事沒有發生，訓練模型的最後一個步驟是讓它處理**測試**資料，並確認它在驗證時有一樣好的表現。如果沒有，代表模型被優化得同時過擬訓練和驗證資料了，此時，我們可能要從頭設定新的模型架構，因為如果我們繼續用測試資料來調整它和改善它的效果，它也會過擬測試資料。

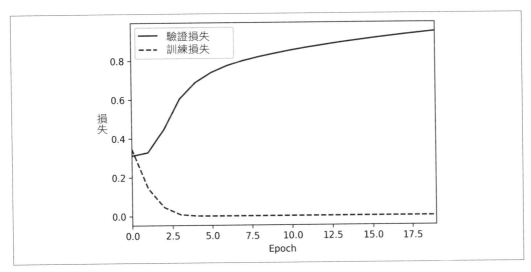

圖 3-3　這張圖代表模型在訓練期間過擬

當模型在處理訓練、驗證與測試資料都有可接受的表現時，整個程序的訓練部分就結束了。接下來要在設備上運行模型！

轉換模型

本書將用 TensorFlow 來建立和訓練模型。TensorFlow 模型其實是一組指令，可告訴**解譯器**（*interpreter*）如何轉換資料來產生輸出。當我們想要使用模型時，只要將它載入記憶體，並且使用 TensorFlow 解譯器來執行它即可。

但是 TensorFlow 的解譯器的設計是在強大的桌機和伺服器上運行模型的，因為我們要在微控制器上運行模型，所以必須為我們的用例設計的另一種解譯器。幸好 TensorFlow 有一種解譯器及工具可在微型、低電力的設備上運行模型。這組工具稱為 TensorFlow Lite。

你必須先將模型轉換成 TensorFlow Lite 格式，再將它存為磁碟檔案，才能用 TensorFlow Lite 執行該模型。我們會用 *TensorFlow Lite Converter* 這種工具來轉換。這個轉換器也可以執行特殊的優化，縮小模型的尺寸來協助它跑得更快，而且通常不會犧牲效能。

在第 13 章，我們將研究 TensorFlow Lite 的細節，以及瞭解它如何協助我們在微型設備運行模型。現在你只要知道你必須轉換模型，而且轉換程序既快速且輕鬆即可。

執行推斷

轉換模型之後，我們就要部署它了！我們將使用 TensorFlow Lite for Microcontrollers C++ 程式庫來載入模型並進行預測。

因為我們的模型在這個階段會與 app 程式碼相遇，我們要寫一些程式碼從感測器接收原始輸入資料，並將它轉換成訓練模型時使用的格式，再將轉換過的資料傳入模型以執行推斷。

模型會產生輸出資料，裡面有預測結果，在我們的分類模型案例中，輸出是各個類別（「正常」與「異常」）的分數。

對分類資料的模型而言，所有類別的分數總和通常是 1，分數最高的類別就是預測的結果。分數間的差異越大，預測的可信度就越高。表 3-2 是一些輸出範例。

表 3-2　輸出範例

正常分數	異常分數	說明
0.1	0.9	異常狀態，高可信度
0.9	0.1	正常狀態，高可信度
0.7	0.3	正常狀態，稍微可信
0.49	0.51	不確定結果，因為這兩種狀態沒有明顯的領先者

在工廠機器範例中，每一次推斷都只考慮資料的快照，模型會根據各種感測器數據，告訴我們最近 10 秒有異常狀態的機率。因為真實世界的資料通常很雜亂，而且機器學習模型不是完美的，瞬間故障可能產生不正確的分類。例如，我們可能會因為溫度感測器瞬間故障，而看到溫度峰值。這種短暫的、不可靠的輸入可能導致輸出的類別暫時無法反映實際的情況。

為了防止這種瞬間故障造成問題，我們可以計算模型在一段時間內所有輸出的平均值，例如，我們可以每隔 10 秒讓模型處理當前的資料窗口，並且取最後 6 次輸出來計算平均值，得到各個類別的平滑化分數。這種做法代表我們將忽略暫時性問題，僅對一致的行為採取行動。我們會在第 7 章使用這種技術來進行喚醒詞偵測。

取得各個類別的分數之後，app 程式就要決定該採取什麼行動，或許程式會在連續一分鐘檢測異常狀態時送出訊號來關閉機器並通知維護團隊。

進行評估與排除故障

當我們部署模型，讓它在設備上運行之後，我們會開始察看它的實際性能是否接近我們的期望。即使我們已經證明模型可對測試資料做出準確的預測了，它處理實際問題的效果仍然可能有所不同。

出現這種情況的原因很多，例如，訓練用的資料可能無法完全代表實際操作時使用的資料，或許是當地氣候讓機器溫度比資料組收集的溫度更低，這可能會影響模型做出來的預測，讓它再也不像預期的那樣準確。

另一種可能性是，我們的模型可能在不知情之下過擬資料組。在第 19 頁的「訓練模型」，我們知道發生這種情況的原因可能是資料組剛好有額外的訊號可被模型學習辨識，並且被用來取代我們期望它學習的訊號。

如果模型無法在生產環境中運作，我們就要做一些故障排除。首先，我們要排除可能影響傳給模型的資料的硬體問題（例如感測器故障或意外的雜訊）。接下來，我們要從承載模型的設備抓取一些資料，拿它與原始資料組做比較，以確保它們有同樣的範圍，如果沒有，或許是有出乎我們意料的環境條件或感測器特性的差異。如果資料沒問題，或許問題的原因是過擬。

排除硬體問題之後，解決過擬的最佳手段通常是使用更多資料來訓練。我們可以從承載模型的硬體抓取更多資料，將它與原始資料組合併，再重新訓練模型。在過程中，我們可以執行正則化與資料擴增技術來充分利用手上的資料。

有時你需要反覆調整模型、硬體和相應的軟體才能取得良好的實際性能。當你遇到問題時，請像處理任何其他技術問題一樣對待它。用科學的方法來排除故障、排除可能的因素，並分析資料來找出問題出在哪裡。

結語

熟悉機器學習實踐的基本工作流程之後，我們要開始進行 TinyML 冒險了。

在第 4 章，我們要建構第一個模型，並將它部署到微型硬體上面！

TinyML 的「Hello World」：建立與訓練模型

我們已經在第 3 章學到機器學習基本概念，以及機器學習專案的工作流程了。在這一章與下一章，我們要開始實際應用所學，從零開始建立與訓練一個模型，再將它整合到一個簡單的微控制器程式裡面。

在過程中，你將親手操作一些功能強大的開發工具，它們都是頂尖的機器學習從業者每天使用的工具。你也會學到如何將機器學習模型整合到 C++ 程式裡面，並且將它部署到微控制器，來控制電路內的電流。這應該是你人生第一次嘗試混合硬體與 ML，而且過程應該會很有趣！

你可以在 Mac、Linux 或 Windows 電腦上測試我們在這幾章寫的程式碼，但是為了獲得完整的體驗，你需要取得第 6 頁的「你需要什麼硬體？」介紹的嵌入式設備之一：

- Arduino Nano 33 BLE Sense（*https://oreil.ly/6qlMD*）
- SparkFun Edge（*https://oreil.ly/-hoL-*）
- ST Microelectronics STM32F746G Discovery kit（*https://oreil.ly/cvm4J*）

為了建立機器學習模型，我們將使用 Python、TensorFlow 與 Google 的 Colaboratory，Colaboratory 是雲端互動式筆記本，可用來實驗 Python 程式碼。它們都是真正的機器學習工程師最重要的工具，也都是免費的。

好奇為何本章使用這個標題？程式設計領域傳統上都使用範例程式來介紹新技術，用那些範例來展示如何做一些非常簡單的事情。這項簡單的任務通常是寫一段程式來輸出「Hello, world」這兩個字（*https://oreil.ly/zK06G*），雖然在 ML 領域沒有明顯對應的任務，但我們仍然使用「hello world」來代表簡單、易讀的端對端 TinyML app 範例。

我們將在這一章做下列工作：

1. 取得一個簡單的資料組。

2. 訓練一個深度學習模型。

3. 評估模型的效果。

4. 轉換模型，讓它在設備上運行。

5. 編寫程式，在設備上執行推斷。

6. 將程式碼轉為二進制檔。

7. 將二進制檔部署至微控制器。

我們接下來使用的所有程式碼都可以在 TensorFlow 的 GitHub 存放區（*https://oreil.ly/TQ4CC*）取得。

建議你閱讀本章的每一個部分，並試著執行程式。在過程中，我們也會告訴你怎麼做。首先，我們來說明一下究竟要建立什麼東西。

我們要建立什麼？

我們在第 3 章介紹了深度學習網路模擬訓練資料的模式來進行預測的原理。現在我們要訓練一個網路來模擬一些非常簡單的資料。你應該聽過正弦（sine）（*https://oreil.ly/jxAmF*）函數，三角學用它來說明直角三角形的屬性。我們將要用來訓練模型的資料就是正弦波（*https://oreil.ly/XDvJu*），它是用正弦函式隨著時間產生的結果畫出來的圖（見圖 4-1）。

我們的目標訓練一個接收 x 值並且預測其 sine y 的模型。在真實世界的應用中，你可以直接計算 x 的 sine 來得到結果，但是藉著訓練模型來取得近似的結果，我們可以展示機器學習的基本知識。

專案的第二部分是在硬體設備上運行這個模型。在視覺上，sine 波是一條優美的曲線，在 –1 至 1 之間平滑地來回擺動。所以它很適合用來控制賞心悅目的燈光秀！我們將使用模型的輸出來控制一些閃爍的 LED 或是圖形動畫的節奏，取決於設備的功能。

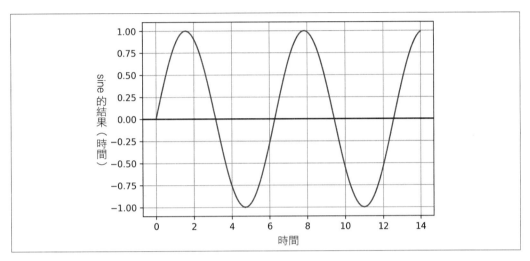

圖 4-1 sine 波

你可以在網路上看到這段程式點亮 SparkFun Edge 的 LED 的動態 GIF（*https://oreil.ly/XhqG9*）。圖 4-2 是這個動畫的靜態形式，雖然它不是一個實用的機器學習 app，但是就「hello world」的精神而言，它很簡單、有趣，而且可以展示必須讓你知道的基本概念。

圖 4-2 在 SparkFun Edge 上運行程式

完成基本程式之後,我們會將它部署在三種不同的設備上:SparkFun Edge、Arduino Nano 33 BLE Sense,以及 ST Microelectronics STM32F746G Discovery kit。

 因為 TensorFlow 是還在積極開發的開源專案,並且仍然持續演變,或許你會發現書中的程式與網路上的程式有些不同。不用擔心,即使有幾行程式不一樣,它們的基本原則都是相同的。

我們的機器學習工具鏈

我們將使用真實世界的機器學習從業者使用的工具來製作這個專案的機器學習部分,這一節將介紹它們。

Python 與 Jupyter Notebooks

Python 是機器學習科學家與工程師最喜歡的程式語言,它易學,適合許多不同的應用,而且有許多程式庫可處理涉及資料和數學的實用任務。現在有大量使用 Python 完成的深度學習研究,研究員通常會公開他們創作的模型的 Python 原始碼。

同時使用 Python 與 *Jupyter Notebooks*(*https://jupyter.org/*)更是能夠發揮它的功能。Jupyter Notebooks 是一種特殊的文件格式,可讓你將文字、圖表、程式碼放在一起,並且只要按一下按鈕即可執行程式碼。Jupyter notebooks 已經被廣泛地用來講解、解釋以及探索機器學習程式碼和問題了。

我們將在 Jupyter notebook 裡面建立模型,因為它可以讓我們在開發的過程中進行了不起的資料視覺化,包括顯示圖表來展示模型的準確度及收斂程度。

如果你有一些編程經驗,Python 是一種易讀且易學的語言,你應該可以輕鬆地跟著學習。

Google Colaboratory

我們將用 Colaboratory(*https://oreil.ly/ZV7NK*)這種工具來執行 notebook,簡稱 *Colab*。Colab 是 Google 製作的,提供執行 Jupyter notebook 的線上環境,為了促進機器學習的研發,它是免費的工具。

傳統上,你必須在自己的電腦上製作 notebook,這件事很麻煩,你必須安裝許多依賴項目,例如 Python 程式庫,而且很難和別人共享你做出來的 notebook,因為別人可能使用不同版本的依賴項目，這意味著 notebook 可能無法按預期運行。此外，機器學習可能需要耗費大量計算資源，所以訓練模型可能會讓開發電腦變慢。

Colab 可讓你在 Google 的強大硬體上執行 notebook，不用錢。你可以在任何瀏覽器上編輯和觀看你的 notebook，並且分享給別人，當他們執行 notebook 時，一定可以得到相同的結果。你甚至可以設置 Colab 在特殊的加速硬體上運行程式，這種硬體的訓練速度比一般電腦更快。

TensorFlow 與 Keras

TensorFlow（ *https://tensorflow.org* ）是一組用來建構、訓練、評估及部署機器訓練模型的工具。它原本是 Google 開發的，現在已經變成由世界各地成千上萬位貢獻者共同建構和維護的開源專案了。它是最流行且普遍的機器學習框架，大部分的開發者都透過 TensorFlow 的 Python 程式庫來與它互動。

TensorFlow 可以做很多不同的事情。在這一章，我們將使用 Keras（ *https://oreil.ly/ JgNtS* ），它是 TensorFlow 的高階 API，可讓你輕鬆地建構和訓練深度學習網路。我們也會使用 TensorFlow Lite（ *https://oreil.ly/LbDBK* ），這一組工具可將 TensorFlow 模型部署至行動和嵌入式設備，在設備上運行模型。

第 13 章將更詳細地探討 TensorFlow。現在你只要知道它是非常強大且符合產業標準的工具，可以在你從初學者成為深度學習專家的過程中持續滿足你的需求即可。

建構我們的模型

現在我們要討論建構、訓練與轉換模型的程序。我們已經納入本章所有的程式碼，但你也可以在閱讀的過程中，在 Colab 一起操作並執行程式。

首先，載入 notebook（ *https://oreil.ly/NN6Mj* ）。載入網頁之後，在最上面按下「Run in Google Colab」按鈕，如圖 4-3 所示。這會將 GitHub 的 notebook 複製到 Colab，以便執行和編輯它。

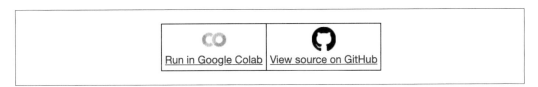

圖 4-3 「Run in Google Colab」按鈕

載入 notebook 的問題

行文至此時，GitHub 有一個問題（*https://oreil.ly/1jLJG*），它會在顯示 Jupyter notebook 時產生間歇性的錯誤訊息。如果你在試著訪問 notebook 時看到「Sorry, something went wrong. Reload?」這個訊息，你可以按照下列的程序在 Colab 直接打開它。將 notebook 的 GitHub URL 的 *https://github.com/* 後面的部分複製起來：

```
tensorflow/tensorflow/blob/master/tensorflow/lite/micro/examples/
hello_world/create_sine_model.ipynb
```

在它前面加上 *https://colab.research.google.com/github/*，產生完整的 URL：

```
https://colab.research.google.com/github/tensorflow/tensorflow/blob/master/
tensorflow/lite/micro/examples/hello_world/create_sine_model.ipynb
```

用瀏覽器前往那個 URL，即可直接在 Colab 中打開 notebook。

在預設情況下，除了程式碼之外，notebook 也有執行程式時看得到的輸出樣本。因為我們會在這一章執行程式，所以先清除這項輸出，讓 notebook 處於原始狀態，做法是在 Colab 的選單按下 Edit 再選擇「Clear all outputs」，見圖 4-4。

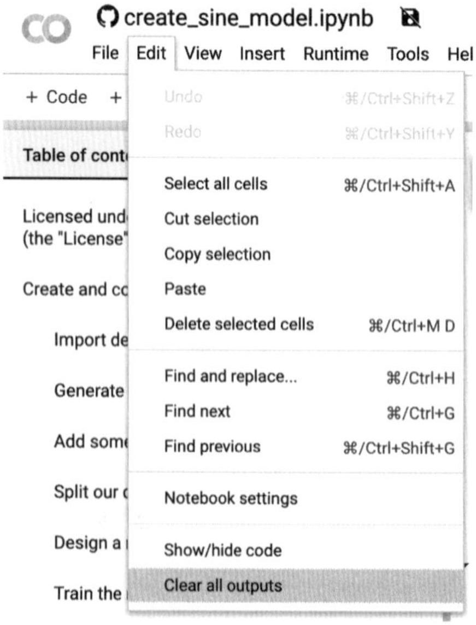

圖 4-4　「Clear all outputs」選項

幹得好，我們的 notebook 已經做好準備了！

 如果你已經熟悉機器學習、TensorFlow 與 Keras 的話，或許你可以
跳到轉換模型來使用 TensorFlow Lite 的部分，你可以翻到第 58 頁的
「為 TensorFlow Lite 轉換模型」。在 Colab，往下移到「Convert to
TensorFlow Lite」標題。

匯入依賴項目

我們的第一項工作是匯入所需的依賴項目。在 Jupyter notebook 中，程式碼和文字都被
放在 *cell* 裡面，notebook 有**程式** cell 可容納可執行的 Python 程式碼，以及**文字** cell 可
容納格式化的文字。

我們的第一個程式 cell 位於「Import dependencies」下面。它負責設定訓練和轉換模型
所需的所有程式庫。程式如下：

```
# TensorFlow 是開源機器學習程式庫
!pip install tensorflow==2.0
import tensorflow as tf
# NumPy 是數學程式庫
import numpy as np
# Matplotlib 是繪圖程式庫
import matplotlib.pyplot as plt
# math 是 Python 的數學程式庫
import math
```

在 Python，import 陳述式會載入程式庫，讓我們可在程式中使用它。你可以從程式碼和
註釋看到這個 cell 做了這些事情：

- 使用 pip 安裝 TensorFlow 2.0 程式庫，pip 是 Python 的程式包管理器
- 匯入 TensorFlow、NumPy、Matplotlib 與 Python 的 math 程式庫

在匯入程式庫時，我們可以給它一個別名，以便稍後引用。例如，在上面的程式中，
我們使用 import numpy as np 來匯入 NumPy 並且給它別名 np，這樣我們就可以在程式
中，使用 np 來引用它。

要執行程式 cell 裡面的程式，你可以選擇該 cell，再按下左上角的按鈕。在「Import
dependencies」段落，按下第一個程式 cell 內的任何地方來選擇它，圖 4-5 是被選取的
cell 的樣子。

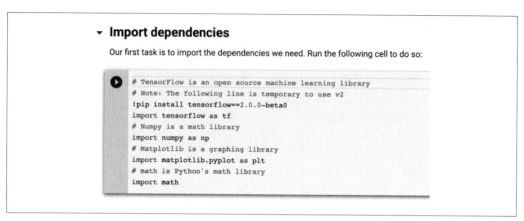

圖 4-5 被選取的「Import dependencies」

你可以按下左上角的按鈕來執行程式。當程式開始執行時,按鈕會有像圖 4-6 那樣的圓圈動畫。

它會開始安裝依賴項目,並顯示一些輸出。你最後可以看到下面這行訊息,代表程式庫已經成功安裝了:

```
Successfully installed tensorboard-2.0.0 tensorflow-2.0.0 tensorflow-estimator-2.0.0
```

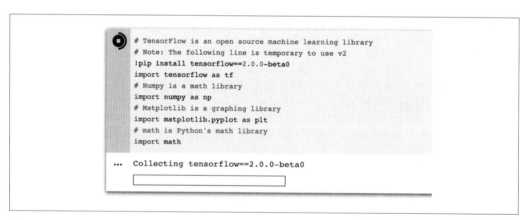

圖 4-6 正在執行的「Import dependencies」cell

當 Colab 的 cell 執行之後，並且沒有被選取時，左上角會有個 1，見圖 4-7。這個數字會在每次 cell 運行之後遞增。

```
[1]   # TensorFlow is an open source machine learning library
      # Note: The following line is temporary to use v2
      !pip install tensorflow==2.0.0-beta0
      import tensorflow as tf
      # Numpy is a math library
      import numpy as np
      # Matplotlib is a graphing library
      import matplotlib.pyplot as plt
      # math is Python's math library
      import math
```

圖 4-7　左上角的 cell 執行次數

你可以用它來瞭解哪些 cell 已經執行過了，以及執行幾次。

產生資料

深度學習網路會學習模擬資料底層的模式，如前所述，我們要訓練一個網路來模擬 sine 函式產生的資料，我們會產生一個可接收 x 值，並預測它的 sine，y 的模型。

在繼續工作之前，我們需要一些資料。在真正的情況下，我們可能會從感測器和生產環境收集資料，但是在這個例子中，我們要使用一些簡單的程式來產生資料組。

下一個 cell 就是做這件事的地方，我們打算產生 1,000 個值，代表沿著 sine 波的隨機點。你可以看一下圖 4-8 來複習 sine 波長怎樣。

sine 波的每一個完整循環都稱為它的**週期**。從圖中可以看到，完成一個完整的循環需要 x 軸的六個單位左右，事實上，sine 波的週期是 $2 \times \pi$，或 2π。

為了取得完整的正弦波資料來訓練，我們的程式會產生從 0 至 2π 的隨機 x 值，再計算各個值的 sine。

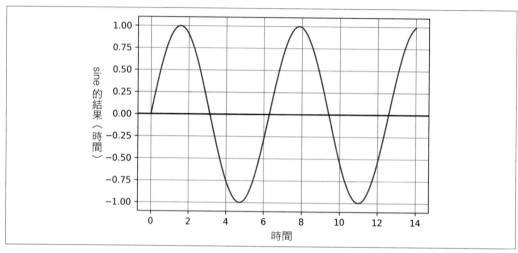

圖 4-8　sine 波

這是這個 cell 的完整程式，它使用 NumPy（np，我們稍早已經匯入它了）來產生隨機數字並計算它們的 sine：

```python
# 我們將產生這麼多資料點
SAMPLES = 1000

# 設定 "seed" 值，這樣才可以在每次執行
# 這個 notebook 時，都取得同樣的隨機數字，在此可以使用任何數字。
SEED = 1337
np.random.seed(SEED)
tf.random.set_seed(SEED)

# 產生範圍為 0 至 2π 且均勻分布的隨機數字，
# 這些數字涵蓋完整的 sine 波震盪
x_values = np.random.uniform(low=0, high=2*math.pi, size=SAMPLES)

# 洗亂這些值來確保它們沒有按照順序
np.random.shuffle(x_values)

# 計算對應的 sine 值
y_values = np.sin(x_values)

# 畫出資料。用 'b.' 引數要求程式庫印出藍色的點。
plt.plot(x_values, y_values, 'b.')
plt.show()
```

除了之前介紹過的事情之外，這段程式還有一些值得一提的東西。首先，你可以看到我們使用 np.random.uniform() 來產生 x 值，這個方法會回傳一個指定範圍之內的隨機數字組成的陣列。NumPy 有許多實用的方法可以處理整串陣列，這些方法在處理資料時非常方便。

第二，在產生資料之後，我們將它洗亂。這個步驟很重要，因為深度學習的訓練程序必須以真正隨機的順序來接收資料，用依序傳入的資料產生的模型比較不準確。

接下來，注意我們使用 NumPy 的 sin() 方法來計算 sine 值，NumPy 可以一次計算所有 x sine 值並回傳一個陣列。NumPy 真棒！

最後，你可以看到一些神秘的程式碼呼叫 plt，它是我們為 Matplotlib 取的別名：

```
# 畫出資料。用 'b.' 引數要求程式庫印出藍色的點。
plt.plot(x_values, y_values, 'b.')
plt.show()
```

這段程式在做什麼？它會畫出資料的圖表。Jupyter notebook 最棒的功能之一就是它可以顯示程式碼的輸出資料圖表。Matplotlib 是一種傑出的工具，可以用資料來繪製圖表。因為將資料視覺化是機器學習工作流程很關鍵的部分，它對訓練模型有很大的幫助。

請執行 cell 裡面的程式來產生資料並將它顯示為圖表，在程式 cell 完成執行之後，你可以看到下面有張漂亮的圖表，見圖 4-9。

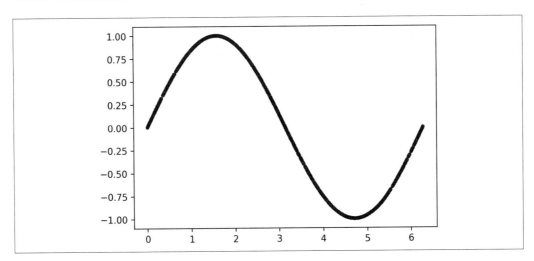

圖 4-9　用我們產生的資料畫出來的圖

這是我們的資料!它是沿著平滑的 sine 曲線隨機選擇的資料點,我們可以用它來訓練模型。但是使用這種資料太簡單了,深度學習網路令人興奮的特性之一是它們能夠從雜訊中濾出模式,所以即使你用凌亂的、真實世界的資料來訓練它們,它們也可以進行預測。為了展示這個特性,我們在資料點裡面加入一些隨機雜訊,並且畫另一張圖:

```
# 幫每一個 y 值加上一個小隨機數
y_values += 0.1 * np.random.randn(*y_values.shape)

# 畫出資料
plt.plot(x_values, y_values, 'b.')
plt.show()
```

執行這個 cell 並看看結果,如圖 4-10 所示。

好多了!現在資料點已經隨機化了,它們代表在 sine 波周圍的分布,而不是一條平滑、完美的曲線,這種資料更能夠反映真實世界的情況,因為真實的資料通常非常凌亂。

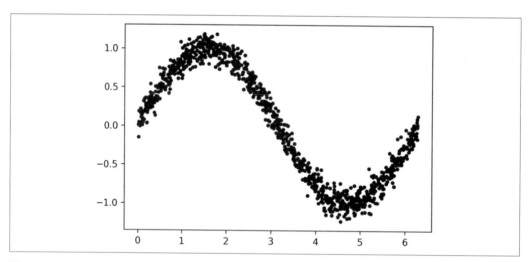

圖 4-10　用加入雜訊的資料畫出來的圖

拆開資料

你應該還記得上一章提到資料組通常會被拆成三個部分：**訓練、驗證**與**測試**。為了評估我們訓練出來的模型的準確度，我們會拿預測結果與真正的資料相比，看看它們的相符程度。

這種評估通常是在訓練期間（此時稱為**驗證**）與訓練之後（稱為**測試**）進行的，重要的是，在進行這兩種測試時，我們都要使用尚未用來訓練模型的全新資料。

為了確保我們有資料可用來評估，我們要在訓練之前先保留一些資料。我們保留 20% 的資料來驗證，再保留 20% 來測試，用剩下的 60% 來訓練模型，這是訓練模型的典型拆分方式。

下面的程式會將我們的資料拆開，再用不同的顏色畫出各組：

```python
# 我們將使用 60% 的資料來訓練，用 20% 來測試
# 用其餘的 20% 來驗證。計算每一個部分的索引。
TRAIN_SPLIT = int(0.6 * SAMPLES)
TEST_SPLIT = int(0.2 * SAMPLES + TRAIN_SPLIT)

# 使用 np.split 來將資料切成三個部分。
# np.split 的第二個引數是一個陣列，其元素是用來拆開資料的索引。
# 我們提供兩個索引，所以資料會被拆成三個部分。
x_train, x_validate, x_test = np.split(x_values, [TRAIN_SPLIT, TEST_SPLIT])
y_train, y_validate, y_test = np.split(y_values, [TRAIN_SPLIT, TEST_SPLIT])

# 確定將拆開的部分加起來可以得到正確的大小
assert (x_train.size + x_validate.size + x_test.size) == SAMPLES

# 用不同的顏色畫出各個部分的資料:
plt.plot(x_train, y_train, 'b.', label="Train")
plt.plot(x_validate, y_validate, 'y.', label="Validate")
plt.plot(x_test, y_test, 'r.', label="Test")
plt.legend()
plt.show()
```

我們用另一種方便的 NumPy 方法來拆開資料：split()。這個方法會接收一個資料陣列與一個索引陣列，再在索引處將資料分段。

執行這個 cell 來看看拆分的結果，它會用不同的顏色來顯示每一種資料（或色階，如果你正在閱讀列印版的書籍），如圖 4-11 所示。

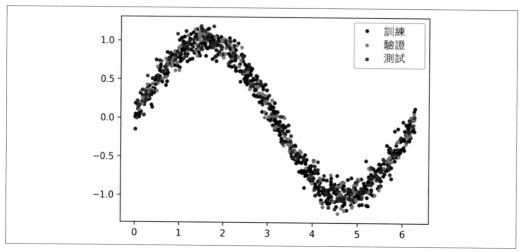

圖 4-11　將資料拆成訓練、驗證與測試組並畫成圖表

定義基本模型

有了資料之後，接下來要建立一個模型，我們將要訓練它擬合資料。

模型將會接收一個輸入值（在這個例子是 x），並用它來預測一個數字輸出值（x 的 sine），這種問題稱為回歸。我們可以使用回歸模型來處理各種需要輸出一個數字的任務。例如，回歸模型可以試著用加速計的資料來預測一個人的跑速（英里 / 小時）。

為了建立模型，我們要設計一個簡單的神經網路。它使用很多層的神經元來試著學習訓練資料中的任何模式，藉以進行預測。

執行這項工作的程式其實很簡單，它使用 *Keras*（*https://oreil.ly/IpFqC*），這是一種建立深度學習網路的 TensorFlow 高階 API：

```
# 我們將使用 Keras 來建立簡單的模型結構
from tf.keras import layers
model_1 = tf.keras.Sequential()

# 第一層接收純量輸入並將它傳給 16 個「神經元」。
# 神經元根據 'relu' 觸發函數來決定是否觸發。
model_1.add(layers.Dense(16, activation='relu', input_shape=(1,)))

# 最後一層是一個神經元，因為我們想要輸出一個值
model_1.add(layers.Dense(1))
```

```
# 使用標準 optimizer 與回歸損失函式來編譯模型
model_1.compile(optimizer='rmsprop', loss='mse', metrics=['mae'])

# 印出模型結構摘要
model_1.summary()
```

首先，我們用 Keras 建立一個 Sequential 模型，Sequential 就是每一層神經元都會疊在下一層上面的模型，就像圖 3-1 那樣。接著我們定義兩層神經元，這是定義第一層的程式：

```
model_1.add(layers.Dense(16, activation='relu', input_shape=(1,)))
```

第一層有一個輸入（x 值）與 16 個神經元。它是 Dense（稠密）層（也稱為**全連接**（*fully connected*）層），代表在推斷期間進行預測時，輸入會被傳給每一個神經元。然後每一個神經元都會在某種程度上**觸發**。各個神經元的觸發量是用它的**權重**與**偏差值**（在訓練時學到的）以及它的**觸發函數**來計算的。神經元的觸發量會用數字來輸出。

觸發量是用一個簡單的公式來計算的，使用 Python 來指定。我們不需要自己編寫它的程式，因為它是由 Keras 與 TensorFlow 處理的，但知道它有助於進一步瞭解深度學習：

```
activation = activation_function((input * weight) + bias)
```

神經元觸發量的計算方式是將它的輸入乘以權重，再將結果加上偏差值，然後將算出來的值傳給觸發函數，得到的數字就是神經元的觸發量。

觸發函數是一種用來產生神經元的輸出的數學函數。我們的網路使用**線性整流單位**（*rectified linear unit*）函數，簡稱 *ReLU*。在 Keras 中，我們用引數 activation=relu 來指定它。

ReLU 是一個簡單的函數，我用 Python 來展示它：

```
def relu(input):
    return max(0.0, input)
```

ReLU 會回傳這兩個值比較大的那一個：它的輸入或是零。如果 ReLU 的輸入值是負數，它會回傳零，如果 ReLU 的輸入值大於零，它會原封不動地回傳輸入值。

圖 4-12 是在一段範圍之內的輸入產生的 ReLU 輸出。

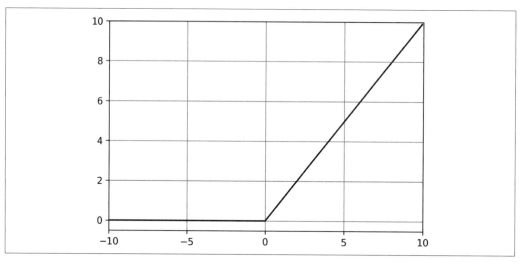

圖 4-12　對 ReLU 輸入 −10 至 10 的圖表

如果沒有觸發函數，神經元的輸出就一定是其輸入的線性函數，所以這個網路只能模擬線性關係，在整個值範圍之內，x 與 y 的比值都保持不變，因此網路無法模擬 sine 波，因為 sine 波是非線性的。

由於 ReLU 是非線性的，它可以聯合多層神經元模擬複雜的非線性關係，其中，y 值的增加幅度不會與 x 值每次的增加量一樣。

 觸發函數不是只有 ReLU 而已，但 ReLU 是最常用的。你可以到介紹觸發函數的 Wikipedia 網頁（*https://oreil.ly/Yxe-N*）瞭解一些其他的選項。每一種觸發函數都有不同的優缺點，機器學習工程師會透過實驗來找出哪種函數最適合眼前問題的網路結構。

第一層產生的觸發量會被當成輸入傳給第二層，第一層是在這一行定義的：

```
model_1.add(layers.Dense(1))
```

這一層只有一個神經元，它會接收 16 個輸入，上一層的每一個神經元有一個輸入。它的目的是結合上一層的所有觸發量，變成一個輸出值。因為它是輸出層，所以我們並未指定觸發函數，只想要得到原始的結果。

因為這個神經元有多個輸入，所以每一個輸入都有對應的權重值。神經元的輸出是用下面的公式計算的，用 Python 來表示：

```python
# 在此，`inputs` 與 `weights` 都是有 16 個元素的 NumPy 陣列
output = sum((inputs * weights)) + bias
```

輸出值的算法是將各個輸入值乘以對應的權重，將所有結果加總，再加上神經元的偏差值。

網路的權重與偏差值是在訓練時學到的。本章稍早的程式中的 `compile()` 設置了一些在訓練過程使用的重要引數，並且為模型做好訓練前的準備：

```python
model_1.compile(optimizer='rmsprop', loss='mse', metrics=['mae'])
```

`optimizer` 引數指定的是在訓練期間用來調整網路以模擬其輸入的演算法，它有很多選項可用，你通常需要累積經驗才能找出最好的一種。你可以在 Keras 文件中瞭解各種選項（*https://oreil.ly/oT-pU*）。

`loss` 引數是訓練期間用來計算網路做出來的預測離實際的情況多遠的方法。這個方法稱為**損失函數**（*loss function*）。我們在此使用 `mse`，即**均方誤差**（*mean squared error*）。這個損失函數是在回歸問題中使用的，回歸問題會試著預測一個數字。Keras 有許多損失函數可用，你可以在 Keras 文件（*https://keras.io/losses*）瞭解其中的一些選項。

`metrics` 引數可指定一些用來評估模型效果的額外函數。我們指定 `mae`，或**平均絕對誤差**（*mean absolute error*），它很適合用來衡量回歸模型的效果。這個指標會在訓練期間測量，我們在訓練結束之後讀取結果。

編譯模型之後，我們可以用這一行程式來印出一些關於模型結構的摘要：

```python
# 印出模型結構摘要
model_1.summary()
```

在 Colab 執行這個 cell 來定義模型，你會看到下面的輸出：

```
Model: "sequential"

Layer (type)                     Output Shape                  Param #
=================================================================
dense (Dense)                    (None, 16)                    32
_____
dense_1 (Dense)                  (None, 1)                     17
=================================================================
Total params: 49
Trainable params: 49
Non-trainable params: 0
```

這張表顯示網路的階層、它們的輸出外形，以及它們的**參數**數量。網路的大小（它占了多少記憶體）在很大程度上取決於它的參數數量，也就是它的權重和偏差值總數。在討論模型大小和複雜性時，這是一個有用的衡量標準。

對現在這種簡單的模型而言，權重的數量可以藉著計算模型中的神經元之間的連結的數量來取得，因為每個連結都有一個權重。

我們剛才設計的網路有兩層，第一層有 16 個連結，每個輸入與它的各個神經元之間都有一個。第二層有一個神經元，它有 16 個連結，第一層的各個神經元都有一個，所以總共有 32 個連結。

因為每個神經元都有一個偏差，網路有 17 個偏差，所以它總共有 32 + 17 = 49 個參數。

知道定義模型的程式之後，接下來要討論訓練程序。

訓練模型

定義模型之後，接下來要訓練它，並評估它的效果，看看它的表現多好。察看評量指標可以確定它是否夠好，或是否該改變設計並且再次訓練它。

要在 Keras 中訓練模型，我們只要呼叫它的 **fit()** 方法，傳入所有的資料，以及一些其他重要的引數即可。下一個 cell 的程式就是做法：

```
history_1 = model_1.fit(x_train, y_train, epochs=1000, batch_size=16,
                        validation_data=(x_validate, y_validate))
```

執行 cell 中的程式來開始訓練，你會看到一些 log 開始出現：

```
Train on 600 samples, validate on 200 samples
Epoch 1/1000
600/600 [==============================] - 1s 1ms/sample - loss: 0.7887 - mae: 0.7848 -
val_loss: 0.5824 - val_mae: 0.6867
Epoch 2/1000
600/600 [==============================] - 0s 155us/sample - loss: 0.4883 - mae: 0.6194 -
val_loss: 0.4742 - val_mae: 0.6056
```

現在模型正在訓練中，這需要花一些時間，在等待期間，我們來瞭解呼叫 fit() 的細節：

```
history_1 = model_1.fit(x_train, y_train, epochs=1000, batch_size=16,
                validation_data=(x_validate, y_validate))
```

首先，你可以看到我們將 fit() 呼叫式的回傳值指派給變數 history_1，這個變數存有關於訓練的執行的大量資訊，我們稍後會用它來察看進展情況。

接下來，我們看一下 fit() 函式的引數：

x_train, y_train

fit() 的前兩個引數是訓練資料的 x 與 y 值。還記得嗎？我們保留部分的資料來進行驗證與測試，所以只有訓練組被用來訓練網路。

epoch

下一個引數指定整個訓練組在訓練期間流經網路的次數，epoch 越大，訓練量就越多。你可能認為訓練越多次，網路就越好，但是有些網路會在某個 epoch 數之後開始過擬訓練資料，所以我們應該限制訓練量。

此外，即使沒有過擬，網路也會在某個訓練量之後停止改善。訓練需要花費時間與計算資源，所以如果網路沒辦法更好，那就最好不要訓練了！

我們先使用 1,000 個訓練 epoch。當訓練完成時，我們可以研究指標（metric）來瞭解這個數字是否正確。

batch_size

batch_size 引數是指傳入多少訓練資料之後，才評量網路的準確度並且更新它的權重和偏差量。我們可以視情況將 batch_size 設為 1，代表對一個資料點執行推斷，計算網路預測損失，更新權重與偏差來讓下一次預測更準確，再用剩餘的資料繼續進行這個循環。

因為我們有 600 個資料點，每個 epoch 會更新網路 600 次，這是大量的計算，代表訓練要花很長的時間！另一種做法是選擇多個資料點並對它們進行推斷，評量總體損失，再更新網路。

如果我們將 batch_size 設成 600，各個批次就會包含所有訓練資料。這樣每個 epoch 就只更新網路一次，訓練速度快非常多。問題是，這會產生較不準確的模型。根據研究，用大批次訓練的模型比較無法類推新資料，過擬的可能性較高。

折衷的辦法是使用介於兩者之間的批次大小。我們的訓練程式使用 16 這個大小，意思是我們會隨機選擇 16 個資料點，對它們進行推斷，計算整體損失，每個批次更新網路一次。如果我們有 600 個訓練資料點，每個 epoch 就會更新網路大約 38 次，比 600 好多了。

我們在選擇批次大小時，就是在訓練效率和模型準確度之間取得平衡。理想的批次大小因模型的不同而異。有一種好方法是先使用 16 或 32 批次大小，再試驗哪個大小的效果最好。

validation_data

這是指定驗證資料組的地方。訓練過程會讓這個資料組的資料流經網路，拿網路的預測結果來與期望的值做比較。我們將會在 log 與 history_1 物件中看到驗證結果。

訓練指標

希望現在訓練已經結束了，如果還沒有，那就先等它完成吧。

接下來我們要察看各種指標，來瞭解網路學習的效果如何。我們先看一下訓練期間寫入的紀錄，它顯示網路從隨機初始狀態開始，在訓練期間的改善情況。

這是我們的第一個與最後一個 epoch 的紀錄：

```
Epoch 1/1000
600/600 [==============================] - 1s 1ms/sample - loss: 0.7887 - mae: 0.7848 -
val_loss: 0.5824 - val_mae: 0.6867

Epoch 1000/1000
600/600 [==============================] - 0s 124us/sample - loss: 0.1524 - mae: 0.3039 -
val_loss: 0.1737 - val_mae: 0.3249
```

loss、mae、val_loss 與 val_mae 告訴我們各種事情：

loss

這是損失函數的輸出。我們使用均方誤差，它是用正數來表示的。一般來說，損失值越小越好，所以在評估網路時查看這個數字很好。

在比較第一個與最後一個 epoch 之後，我們可以發現，網路在訓練期間明顯改善了，loss 從 ~0.7 變成更小的值 ~0.15。我們來看一下其他的數字，看看這項改善是否足夠！

mae

這是訓練資料的平均絕對誤差。它顯示網路的預測值與訓練資料的預期 y 值之間的平均差。

我們可以猜到，最初的誤差是慘不忍睹的，因為它是一個未經訓練的網路產生的值，事實的確如此，網路的預測平均誤差大概是 ~0.78，鑑於可接受的範圍僅為 –1 至 1，這是個很大的數字！

但是即使在訓練後，平均絕對誤差也是 ~0.30。這代表我們的預測平均誤差大概是 ~0.30，仍然是很慘的數字。

val_loss

這是使用驗證資料時，損失函數的輸出。在最後一個 epoch，訓練損失（~0.15）比驗證損失（~0.17）低一些，暗示網路可能過擬了，因為它處理未見過的資料時表現較差。

val_mae

這是使用驗證資料時的平均絕對誤差。~0.32 這個值比使用訓練組的平均絕對誤差更糟，是網路過擬的另一個徵兆。

畫出歷史數據

顯然模型無法做出準確的預測，我們接下來的工作是找出原因。為此，我們要使用 history_1 物件收集的資料。

下一個 cell 會從 history 物件取出訓練與驗證損失資料，並畫成圖表：

```
loss = history_1.history['loss']
val_loss = history_1.history['val_loss']
```

```
epochs = range(1, len(loss) + 1)

plt.plot(epochs, loss, 'g.', label='Training loss')
plt.plot(epochs, val_loss, 'b', label='Validation loss')
plt.title('Training and validation loss')
plt.xlabel('Epochs')
plt.ylabel('Loss')
plt.legend()
plt.show()
```

history_1 物件有個 history_1.history 屬性,它是個字典,裡面有在訓練與驗證期間記錄的指標值,我們用它來收集即將畫出來的資料。我們以 epoch 數為 x 軸,這是我們看了損失資料點的數量之後決定的。執行這個 cell 會顯示圖 4-13 的圖表。

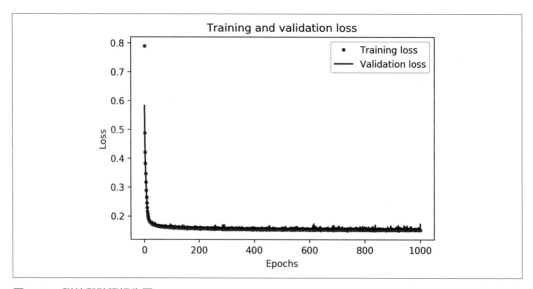

圖 4-13　訓練與驗證損失圖

如你所見,損失在前 50 個 epoch 快速下降,然後變成平地,這代表模型正在改善並且產生更準確的預測。

我們的目標是在模型再也無法改善、或是訓練損失小於驗證損失時停止訓練,否則模型就會變得太擅長預測訓練資料,以致於無法類推新資料。

因為模型的損失在前幾個 epoch 急劇下降，所以圖表其餘的部分很難看清楚。我們執行下一個 cell 來跳過前 100 個 epoch：

```
# 排除前幾個 epoch，讓圖表更易讀
SKIP = 100

plt.plot(epochs[SKIP:], loss[SKIP:], 'g.', label='Training loss')
plt.plot(epochs[SKIP:], val_loss[SKIP:], 'b.', label='Validation loss')
plt.title('Training and validation loss')
plt.xlabel('Epochs')
plt.ylabel('Loss')
plt.legend()
plt.show()
```

圖 4-14 是這個 cell 產生的圖表。

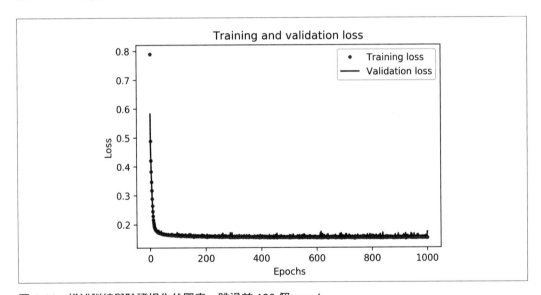

圖 4-14　描述訓練與驗證損失的圖表，跳過前 100 個 epoch

拉近視野之後，你可以看到損失持續減少，直到大約 600 epoch 為止，此時它基本上穩定下來了。這代表我們可能不需要訓練這麼久。

但是你也可以看到，最低的損失值仍然在 0.15 左右，這看起來相對較高。此外，驗證損失值甚至一直都比較高。

我們要畫出更多資料來進一步暸解模型的績效，這一次要畫平均絕對誤差，執行下一個 cell：

```
# 畫出平均絕對誤差圖，
# 這是另一種評量預測誤差的手段。
mae = history_1.history['mae']
val_mae = history_1.history['val_mae']

plt.plot(epochs[SKIP:], mae[SKIP:], 'g.', label='Training MAE')
plt.plot(epochs[SKIP:], val_mae[SKIP:], 'b.', label='Validation MAE')
plt.title('Training and validation mean absolute error')
plt.xlabel('Epochs')
plt.ylabel('MAE')
plt.legend()
plt.show()
```

圖 4-15 是產生的圖表。

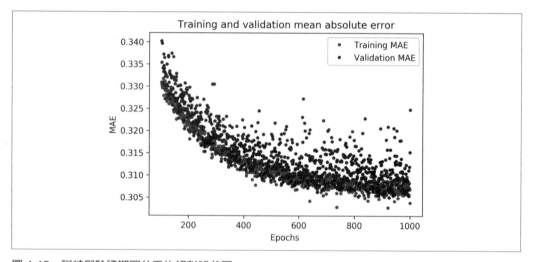

圖 4-15　訓練與驗證期間的平均絕對誤差圖

這張平均絕對誤差圖提供了更多線索。我們可以看到，平均而言，訓練資料的誤差比驗證資料的誤差更小，這意味著網路可能過擬，或是過於僵化地學習訓練資料，因而無法對新資料做出有效的預測。

此外，平均絕對誤差值很高，大約 ~0.31，這代表模型的一些預測至少錯了 0.31。因為值的範圍預期只有 –1 到 +1，誤差有 0.31 代表距離正確地模擬 sine 波還很遠。

為了更清楚地知道發生了什麼事，我們畫出網路用訓練資料來預測的結果與預期值的對比圖。

下一個 cell 就是在做這件事：

```
# 使用模型來對驗證資料進行預測
predictions = model_1.predict(x_train)

# 畫出預測結果與測試資料
plt.clf()
plt.title('Training data predicted vs actual values')
plt.plot(x_test, y_test, 'b.', label='Actual')
plt.plot(x_train, predictions, 'r.', label='Predicted')
plt.legend()
plt.show()
```

我們藉著呼叫 model_1.predict(x_train)，來用訓練資料的所有 x 執行推斷，這個方法回傳一個預測陣列，我們將它和訓練組的 y 值一起畫出來，執行 cell 可以顯示圖 4-16 的圖表。

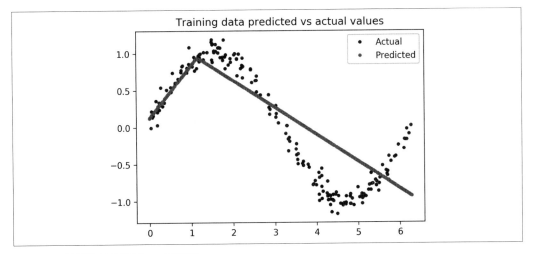

圖 4-16　訓練資料的預測 vs. 實際值

我的天！這張圖清楚地顯示網路以非常僵化的方式來學習近似 sine 函數，它的預測結果高度線性，而且只是極其粗略地擬合資料。

這種僵化的擬合說明這個模型沒有足夠的能力可以瞭解 sine 波函數的所有複雜性，因此只能用一種過於簡單的方式來近似它。我們應該可以把模型做得更大來改善它的性能。

改善模型

知道模型之所以無法瞭解資料的複雜性是因為它太小之後,我們要試著改善它。改善是機器學習工作流程的正常部分:設計模型、評估它的效果、進行改變,希望看到改善。

要讓網路更大,有一種簡單的做法是加入另一層神經元。每一層神經元都代表對輸入進行一次轉換,讓結果更接近預期的輸出,網路有越多層神經元,轉換的複雜度就越高。

接下來的 cell 使用與之前一樣的方式重新定義模型,但這次在中間加入一個具有 16 個神經元的階層:

```python
model_2 = tf.keras.Sequential()

# 第一層接收純量輸入並將它傳給 16 個「神經元」。
# 神經元根據 'relu' 觸發函數來決定是否觸發。
model_2.add(layers.Dense(16, activation='relu', input_shape=(1,)))

# 新增的第二層可協助網路學習更複雜的表徵
model_2.add(layers.Dense(16, activation='relu'))

# 最後一層是一個神經元,因為我們想要輸出一個值
model_2.add(layers.Dense(1))

# 使用標準 optimizer 與回歸損失函式來編譯模型
model_2.compile(optimizer='rmsprop', loss='mse', metrics=['mae'])

# 顯示模型的摘要
model_2.summary()
```

如你所見,這個網路的程式基本上與第一個模型一樣,只是加了一個 Dense 層。執行 cell 來看一下 summary() 結果:

```
Model: "sequential_1"
```

Layer (type)	Output Shape	Param #
dense_2 (Dense)	(None, 16)	32
dense_3 (Dense)	(None, 16)	272
dense_4 (Dense)	(None, 1)	17

```
Total params: 321
Trainable params: 321
Non-trainable params: 0
```

新模型有兩個 16 個神經元的階層，這個模型大多了，它有 (1 * 16) + (16 * 16) + (16 * 1) = 288 個權重，加上 16 + 16 + 1 = 33 個偏差值，總共有 288 + 33 = 321 個參數。原始模型總共只有 49 個參數，所以模型大小增加了 555%。希望這個額外的能力有助於表達資料的複雜性。

接下來的 cell 將訓練新模型。因為第一個模型很快就停止改善了，我們這一次訓練較少的 epoch 數，只有 600 個。執行這個 cell 即可開始訓練：

```
history_2 = model_2.fit(x_train, y_train, epochs=600, batch_size=16,
                        validation_data=(x_validate, y_validate))
```

訓練完成時，我們可以看一下最後的紀錄，來簡單地感受一下事情有沒有改善：

```
Epoch 600/600
600/600 [==============================] - 0s 150us/sample - loss: 0.0115 - mae: 0.0859 -
val_loss: 0.0104 - val_mae: 0.0806
```

哇！你可以看到模型有很大的改善，驗證損失從 0.17 降到 0.01，而且驗證平均絕對誤差從 0.32 降到 0.08，看起來很有希望。

為了瞭解事情的進展情況，執行下一個 cell。我們設定它來產生上一次用過的圖表，先畫出損失圖：

```
# 畫出損失圖，它是在訓練與驗證期間，
# 預測值與實際值之間的距離。
loss = history_2.history['loss']
val_loss = history_2.history['val_loss']

epochs = range(1, len(loss) + 1)

plt.plot(epochs, loss, 'g.', label='Training loss')
plt.plot(epochs, val_loss, 'b', label='Validation loss')
plt.title('Training and validation loss')
plt.xlabel('Epochs')
plt.ylabel('Loss')
plt.legend()
plt.show()
```

圖 4-17 是執行結果。

接下來，我們畫出同一張損失圖，但省略前 100 個 epoch，以便仔細地觀察細節：

```
# 排除前幾個 epoch，讓圖表更易讀
SKIP = 100
```

```
plt.clf()

plt.plot(epochs[SKIP:], loss[SKIP:], 'g.', label='Training loss')
plt.plot(epochs[SKIP:], val_loss[SKIP:], 'b.', label='Validation loss')
plt.title('Training and validation loss')
plt.xlabel('Epochs')
plt.ylabel('Loss')
plt.legend()
plt.show()
```

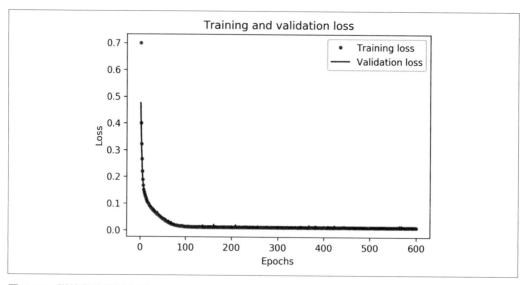

圖 4-17　訓練與驗證損失圖

圖 4-18 是輸出。

最後，我們為同一組 epoch 畫出平均絕對誤差：

```
plt.clf()

# 畫出平均絕對誤差圖，
# 這是另一種評量預測誤差的手段。
mae = history_2.history['mae']
val_mae = history_2.history['val_mae']

plt.plot(epochs[SKIP:], mae[SKIP:], 'g.', label='Training MAE')
plt.plot(epochs[SKIP:], val_mae[SKIP:], 'b.', label='Validation MAE')
plt.title('Training and validation mean absolute error')
plt.xlabel('Epochs')
```

```
plt.ylabel('MAE')
plt.legend()
plt.show()
```

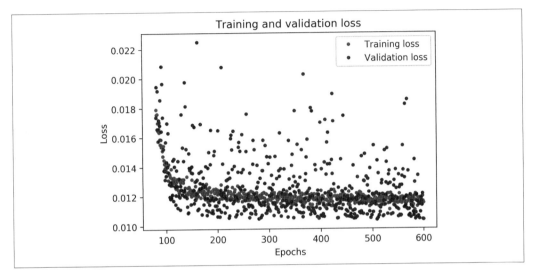

圖 4-18　描繪訓練與驗證損失的圖表，跳過前 100 個 epoch

圖 4-19 描述該圖表。

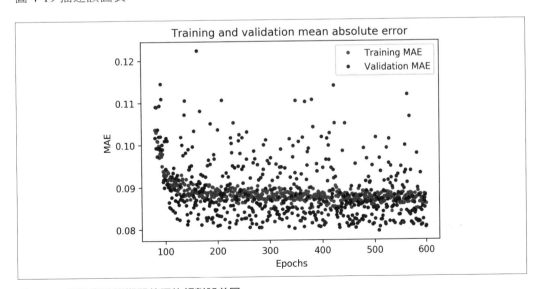

圖 4-19　訓練與驗證期間的平均絕對誤差圖

很棒的結果！從這些圖可以看到兩件令人高興的事情：

- 驗證指標普遍比訓練指標更好，代表網路沒有過擬。

- 整體損失與平均絕對損失比上一個網路好很多。

你可能會問，驗證指標為什麼會比訓練指標好，而不是相同？原因是驗證指標是在每一個 epoch 結束時計算的，而訓練指標是在訓練仍在進行中的 epoch 計算的。這意味著驗證的對象是已被訓練稍久的模型。

根據驗證資料，模型似乎有很棒的表現，但是為了確定這件事，我們必須執行最終的測試。

測試

我們曾經保留 20% 的資料，準備用來測試。如前所述，將驗證與測試資料分開非常重要，因為我們會根據網路的驗證績效來調整它，所以可能不小心將模型調整為過擬驗證組，導致它無法類推至新資料。我們可以保留一些新資料，並且用它來對模型做最終的測試，來確保過擬沒有發生。

使用測試資料之後，我們必須克制進一步調整模型的衝動。如果為了改善測試績效而進行更改，我們可能會讓它過擬測試組，而且無法知道它是否過擬，因為我們沒有其他的新資料可以用來測試了。

也就是說，如果模型處理測試資料的效果不好，我們就要從頭開始規劃，停止優化當前的模型，設計全新的結構。

瞭解這些事情之後，接下來的 cell 會用測試資料來評估模型：

```
# 計算並印出處理測試資料組的損失
loss = model_2.evaluate(x_test, y_test)

# 用測試資料組進行預測
predictions = model_2.predict(x_test)

# 畫出預測與實際值的比較圖
plt.clf()
plt.title('Comparison of predictions and actual values')
plt.plot(x_test, y_test, 'b.', label='Actual')
plt.plot(x_test, predictions, 'r.', label='Predicted')
plt.legend()
plt.show()
```

我們先用測試資料來呼叫模型的 evaluate() 方法，計算並印出損失與平均絕對誤差，以掌握模型的預測與實際值的偏離程度。接下來，我們做一系列的預測，並將它們和實際值一起畫出來。

執行 cell 看看模型的效果如何！首先，我們來看一下 evaluate() 的結果：

```
200/200 [==============================] - 0s 71us/sample - loss: 0.0103 - mae: 0.0718
```

結果顯示有 200 個資料點被計算，這是整個測試資料組。模型花 71 毫秒來進行各一次預測，損失是 0.0103，這是很棒的結果，非常接近驗證損失 0.0104。平均絕對誤差 0.0718 也很小，而且很接近驗證的對應值 0.0806。

這代表模型表現得很好，而且沒有過擬！如果模型過擬驗證資料，可以預期它處理測試組的表現會比處理驗證組的結果糟糕許多。

將預測值與實際值畫在一起可清楚地展示模型的表現，見圖 4-20。

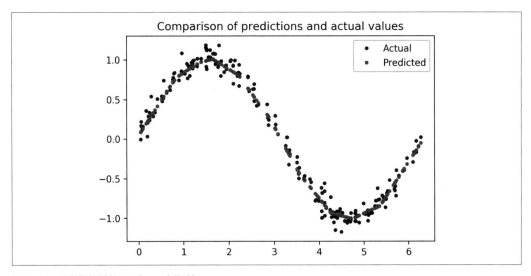

圖 4-20 測試資料的預測 vs. 實際值

你可以看到，在多數情況下，代表**預測值**的圓點沿著**實際值**的分布中心形成一條平滑的曲線。即使資料組有雜訊，我們的網路也學會近似一條 sine 曲線了！

但是仔細觀察可以看到一些不完美的地方，模型預測出來的 sine 波的波峰與波谷不像真正的 sine 波那樣平滑。模型學到訓練資料隨機分布的變異（variation）。這是一種溫和的過擬：模型不是學到平滑的 sine 函數，而是學會複製資料的精確形狀。

這種過擬對我們的目的而言不是主要的問題，我們的目的是用這個模型柔和地逐漸降低 LED 的亮度，這不需要完美平滑的波形即可做到。如果我們認為這種過擬程度有問題，我們可以試著用正則化技術或取得更多訓練資料來處理它。

對模型感到滿意之後，接下來要準備將它部署到設備上！

為 TensorFlow Lite 轉換模型

本章開頭曾經簡單地介紹 TensorFlow Lite，它是在「邊緣設備（edge device）」運行 TensorFlow 模型的工具組，邊緣設備是從手機一直到微控制器電路板的所有設備。

第 13 章會詳細介紹 TensorFlow Lite for Microcontrollers。它有兩個主要零件：

TensorFlow Lite Converter

> 它可以將 TensorFlow 模型轉換成一種特殊的、節省空間的格式，以便在記憶體有限的設備上使用。它也可以執行優化，進一步降低記憶體大小，讓它在小型設備上跑得更快。

TensorFlow Lite Interpreter

> 它可以使用對特定設備而言最高效的 op（操作）來運行經過適當轉換的 TensorFlow Lite 模型。

我們要先轉換模型，才能同時使用 TensorFlow Lite 和模型。我們用 TensorFlow Lite Converter 的 Python API 來做這件事。它會接收 Keras 模型，並且以 *FlatBuffer* 形式將它寫入磁碟，FlatBuffer 是一種節省空間的特殊檔案格式。因為我們要部署到記憶體有限的設備上，所以這種格式非常方便！第 12 章會更詳細介紹 FlatBuffer。

除了建立 FlatBuffer 之外，TensorFlow Lite Converter 也可以對模型執行優化，通常可以降低模型的大小、執行時間，或兩者。雖然優化可能會降低準確度，但幅度很小，所以值得一試。第 13 章會進一步介紹優化。

量化（*quantization*）是最實用的優化技術之一。在預設情況下，模型裡面的權重與偏差值都會被存成 32 位元浮點數，所以可以在訓練期間進行高精度計算。量化會降低這些數字的精度，讓它們可以被放入 8-bit 整數，縮小四倍。更棒的事，因為 CPU 執行整數算術比執行浮點數算術更容易，所以量化過的模型跑得更快。

量化最酷的事情是它通常只會微幅降低準確度，這意味著當你要將模型部署到低記憶體的設備時，對它進行量化幾乎都是值得的。

接下來的 cell 使用轉換器來建立及儲存模型的兩個新版本。第一個版本是轉換成 TensorFlow Lite FlatBuffer 格式，但不做任何優化，第二個版本執行量化。

執行 cell 來將模型轉換成這兩個變體：

```
# 將模型轉換成 TensorFlow Lite 格式，不做量化
converter = tf.lite.TFLiteConverter.from_keras_model(model_2)
tflite_model = converter.convert()

# 將模型存入磁碟
open("sine_model.tflite", "wb").write(tflite_model)

# 將模型轉換成 TensorFlow Lite 格式並且做量化
converter = tf.lite.TFLiteConverter.from_keras_model(model_2)
# 指出我們想要執行預設的優化，
# 其中包括量化
converter.optimizations = [tf.lite.Optimize.DEFAULT]
# 定義產生器（generator）函數，用來提供測試資料的 x 值，
# 作為代表資料組，並要求轉換器（converter）使用它
def representative_dataset_generator():
  for value in x_test:
    # 每個純量值都必須放 2D 陣列，並將它放在一個串列裡面
    yield [np.array(value, dtype=np.float32, ndmin=2)]
converter.representative_dataset = representative_dataset_generator
# 轉換模型
tflite_model = converter.convert()

# 將模型存入磁碟
open("sine_model_quantized.tflite", "wb").write(tflite_model)
```

在建立量化模型時，為了讓它以最好的效果運行，我們要提供代表資料組（representative dataset），它是一組數字，代表用來訓練模型的資料組的完整輸入值範圍。

在上一個 cell，我們將測試資料組的 x 值當成代表資料組。我們讓 representative_dataset_generator() 函式使用 yield 運算子來一個一個回傳它們。

為了證明這些模型在經過轉換與量化之後仍然準確，我們用它們來進行預測，並且拿這些預測值來與測試結果做比較。因為它們是 TensorFlow Lite 模型，所以必須用 TensorFlow Lite 解譯器來做這件事。

因為 TensorFlow Lite 解譯器旨在提升效率，所以它用起來比 Keras API 更複雜。要用 Keras 模型來進行預測，我們可以呼叫 predict() 方法並傳入輸入陣列。使用 TensorFlow Lite 時，我們必須做這些事情：

1. 實例化 Interpreter 物件。

2. 呼叫一些方法來為模型配置記憶體。

3. 將輸入寫至輸入張量。

4. 呼叫模型。

5. 從輸出張量讀取輸出。

雖然工作量似乎不少，但現在你還不用太擔心，我們會在第五章詳細討論它。現在先執行接下來的 cell 來用這兩個模型進行預測，並且將它們畫出來，連同原始的、未轉換的模型產生的結果：

```python
# 為各個模型實例化一個解譯器
sine_model = tf.lite.Interpreter('sine_model.tflite')
sine_model_quantized = tf.lite.Interpreter('sine_model_quantized.tflite')

# 為各個模型配置記憶體
sine_model.allocate_tensors()
sine_model_quantized.allocate_tensors()

# 取得輸入與輸出張量的索引
sine_model_input_index = sine_model.get_input_details()[0]["index"]
sine_model_output_index = sine_model.get_output_details()[0]["index"]
sine_model_quantized_input_index = sine_model_quantized.get_input_details()[0]["index"]
sine_model_quantized_output_index = \
  sine_model_quantized.get_output_details()[0]["index"]

# 建立陣列來儲存結果
sine_model_predictions = []
sine_model_quantized_predictions = []

# 用各個值來執行模型的解譯器，並將結果存入陣列
  for x_value in x_test:
  # 建立一個包著目前的 x 值的 2D 張量
  x_value_tensor = tf.convert_to_tensor([[x_value]], dtype=np.float32)
  # 將值寫入輸入張量
  sine_model.set_tensor(sine_model_input_index, x_value_tensor)
  # 執行推斷
  sine_model.invoke()
  # 從輸出張量讀取預測
```

```
sine_model_predictions.append(
    sine_model.get_tensor(sine_model_output_index)[0])
# 用量化的模型做同一件事
sine_model_quantized.set_tensor\
(sine_model_quantized_input_index, x_value_tensor)
sine_model_quantized.invoke()
sine_model_quantized_predictions.append(
    sine_model_quantized.get_tensor(sine_model_quantized_output_index)[0])


# 比較它們的資料
plt.clf()
plt.title('Comparison of various models against actual values')
plt.plot(x_test, y_test, 'bo', label='Actual')
plt.plot(x_test, predictions, 'ro', label='Original predictions')
plt.plot(x_test, sine_model_predictions, 'bx', label='Lite predictions')
plt.plot(x_test, sine_model_quantized_predictions, 'gx', \
  label='Lite quantized predictions')
plt.legend()
plt.show()
```

執行這個 cell 會產生圖 4-21 的圖表。

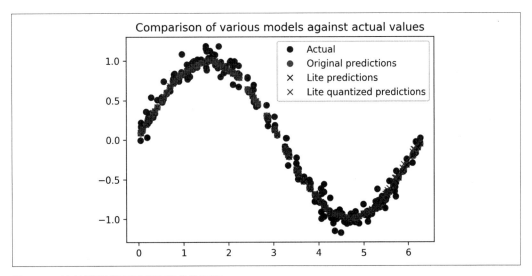

圖 4-21　比較模型的預測與實際值的圖表

我們可以從圖中看到，原始模型、轉換後的模型、量化的模型產生的預測都非常接近，幾乎無法區分。看起來效果不錯！

因為量化會讓模型變小，我們來比較這兩個轉換過的模型，看看尺寸的差異。執行接下來的 cell 來計算它們的尺寸並比較它們：

```
import os
basic_model_size = os.path.getsize("sine_model.tflite")
print("Basic model is %d bytes" % basic_model_size)
quantized_model_size = os.path.getsize("sine_model_quantized.tflite")
print("Quantized model is %d bytes" % quantized_model_size)
difference = basic_model_size - quantized_model_size
print("Difference is %d bytes" % difference)
```

你應該可以看到這個輸出：

```
Basic model is 2736 bytes
Quantized model is 2512 bytes
Difference is 224 bytes
```

量化的模型比原始版本小 224 bytes，這是件好事，但是尺寸只減少一些。這個 2.4 KB 左右的模型已經很小了，所以權重和偏差只占整體的一小部分。除了權重之外，模型裡面也有組成深度學習網路結構的所有邏輯，也就是模型的計算圖（*computation graph*）。對很小的模型而言，這些東西加起來可能比模型的權重更大，代表量化的效果不大。

複雜模型的權重多很多，代表量化節省的空間大很多，如果模型非常複雜，量化可能減少四倍。

無論確切的大小如何，量化過的模型的執行時間都會比原始版本少，這一點在微控制器上面非常重要。

轉換成 C 檔案

為模型做好準備，讓它可以搭配 TensorFlow Lite for Microcontrollers 一起使用的最後一個步驟是將它轉換成可放入 app 的 C 原始碼檔案。

我們已經用過 TensorFlow Lite 的 Python API 了，也就是說，我們已經可以使用 Interpreter 建構式從檔案載入模型檔了。

但是大多數的微控制器都沒有檔案系統，即使有，因為空間有限，從磁碟載入模型的額外程式也很浪費空間。因此我們採取優雅的解決方案，用可被二進制檔 include 的 C 原始檔來提供模型，並將它直接載入記憶體。

在檔案中，模型被定義成 bytes 陣列，幸好我們可以用一種方便的 Unix 工具 xxd 來將檔案轉換成所需的格式。

接下來的 cell 對量化的模型使用 xxd，將輸出的結果寫至一個稱為 *sine_model_quantized.cc* 的檔案，並且將它印到螢幕上：

```
# 如果尚未安裝 xxd，安裝它
!apt-get -qq install xxd
# 將檔案存為 C 原始檔
!xxd -i sine_model_quantized.tflite > sine_model_quantized.cc
# 印出原始檔
!cat sine_model_quantized.cc
```

輸出訊息很長，所以我們不列出全部內容，只列出開頭與結尾：

```
unsigned char sine_model_quantized_tflite[] = {
  0x1c, 0x00, 0x00, 0x00, 0x54, 0x46, 0x4c, 0x33, 0x00, 0x00, 0x12, 0x00,
  0x1c, 0x00, 0x04, 0x00, 0x08, 0x00, 0x0c, 0x00, 0x10, 0x00, 0x14, 0x00,
  // ...
  0x00, 0x00, 0x08, 0x00, 0x0a, 0x00, 0x00, 0x00, 0x00, 0x00, 0x00, 0x09,
  0x04, 0x00, 0x00, 0x00
};
unsigned int sine_model_quantized_tflite_len = 2512;
```

要在專案中使用這個模型，你可以複製並貼上原始碼，或是從 notebook 下載檔案。

結語

我們已經完成模型的建構，並且訓練、評估和轉換一個 TensorFlow 深度學習網路了，它可以接收一個介於 0 和 2π 之間的數字，並且輸出一個很近似它的 sine 值的值。

這是我們第一次嘗試使用 Keras 來訓練一個小模型。在未來的專案中，我們訓練的模型仍然很小，但是會複雜很多。

我們接下來要進入第五章，編寫在微控制器執行模型的程式碼。

TinyML 的「Hello World」：建構 app

模型只是機器學習 app 的一部分而已，單獨來看，它只是一團資訊，什麼事都做不了。為了使用模型，我們必須將它放在一段程式裡面，用那些程式來設定它的執行環境、提供輸入，並且用它的輸出來產生行為。圖 5-1 是模型（右邊）與基本的 TinyML app 配合的情況。

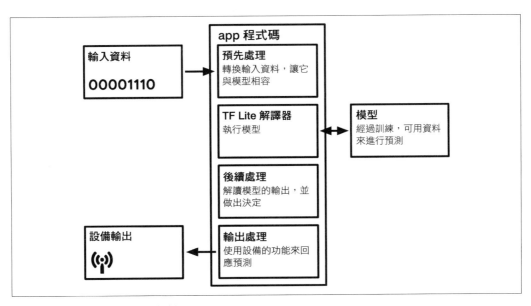

圖 5-1　基本的 TinyML app 結構

在這一章，我們將建立一個嵌入式 app，它將使用我們的 sine 模型來建立一場小型的燈光秀。我們會用一個連續的迴圈將 x 值傳給模型，執行推斷，並使用結果來開關 LED，或顯示動畫（如果設備有 LCD 螢幕）。

這個 app（*https://oreil.ly/mqkw3*）已經寫好了，它是一個 C++ 11 程式，在設計上是為了展示極簡且完整的 TinyML app，避免任何複雜的邏輯。這種簡化的做法可以幫助你學習如何使用 TensorFlow Lite for Microcontrollers，因為你可以明確地知道必要的程式碼有哪些，非必要的只有極少部分。簡化的做法也讓它成為一個實用的範本。讀完這一章之後，你會瞭解 TensorFlow Lite for Microcontrollers 程式的通用結構，並且在你自己的專案中重複使用同一種結構。

本章將逐一說明應用程式碼，並解釋它如何工作，下一章將詳細說明如何組建並且在幾種設備上部署它。如果你還不熟悉 C++，別害怕，這些程式相對簡單，我們也會詳細解釋所有東西。當你看完時，你將十分熟悉執行模型所需的所有程式，甚至可以學會一些 C++。

 請記得，因為 TensorFlow 是還在積極開發的開源專案，書中的程式碼與網路上的程式碼可能有些不同，不用擔心，即使有幾行程式不一樣，基本的原則都是相同的。

詳述測試程式

在實際編寫 app 程式之前，我們要先編寫一些測試程式，因為這有很大的幫助。測試程式是簡短的程式碼，目的是展示特定的邏輯。因為它們是由可執行的程式碼組成的，所以我們可以執行它們來證明程式做了它該做的事情。編寫測試程式之後，我們通常會讓它自動執行，以確認專案持續如期望地做事，儘管我們可能修改它的任何程式碼。它們也可以當成範例，示範如何工作。

`hello_world` 範例有一個測試程式，定義於 *hello_world_test.cc*（*https://oreil.ly/QW0SS*），它會載入模型，並且用它來進行推斷，確認它的預測一如預期。它裡面只有執行這項工作所需的程式碼，沒有其他東西，所以它很適合當成學習 TensorFlow Lite for Microcontrollers 的起點。在這一節，我們將介紹測試並解釋它的每一個部分的功能。在閱讀程式碼之後，我們將執行測試來證明它是正確的。

接下來我們要一段一段地介紹它，如果你在電腦前面，你可以打開 *hello_world_test.cc*（*https://github.com/tensorflow/tensorflow/blob/master/tensorflow/lite/micro/examples/hello_world/hello_world_test.cc*）來跟著操作。

include 依賴項目

第一個部分在授權標題（說明任何人都可以在 Apache 2.0（*https://oreil.ly/Xa5_x*）開源
授權之下使用或共享這段程式）下面：

```
#include "tensorflow/lite/micro/examples/hello_world/sine_model_data.h"
#include "tensorflow/lite/micro/kernels/all_ops_resolver.h"
#include "tensorflow/lite/micro/micro_error_reporter.h"
#include "tensorflow/lite/micro/micro_interpreter.h"
#include "tensorflow/lite/micro/testing/micro_test.h"
#include "tensorflow/lite/schema/schema_generated.h"
#include "tensorflow/lite/version.h"
```

#include 是 C++ 指定其他程式碼的指令，使用 #include 來指定程式檔案之後，你就可以
使用該檔案定義的任何邏輯或變數。我們在這個段落使用 #include 來匯入這些項目：

tensorflow/lite/micro/examples/hello_world/sine_model_data.h

　　我們之前訓練好並且用 xxd 來轉換的 sine 模型

tensorflow/lite/micro/kernels/all_ops_resolver.h

　　這個類別可讓解譯器載入我們的模型使用的 op（操作）

tensorflow/lite/micro/micro_error_reporter.h

　　這個類別可以 log 錯誤並將它輸出，來協助除錯

tensorflow/lite/micro/micro_interpreter.h

　　TensorFlow Lite for Microcontrollers 解譯器，它將執行我們的模型

tensorflow/lite/micro/testing/micro_test.h

　　編寫測試用的輕量級框架，可讓我們以測試模式執行這個檔案

tensorflow/lite/schema/schema_generated.h

　　定義 TensorFlow Lite FlatBuffer 資料結構的綱要（schema），用來說明 *sine_model_
data.h* 裡面的模型資料

tensorflow/lite/version.h

　　綱要目前的版本號碼，可讓我們確認模型是用相容的版本來定義的

我們會在討論程式碼時，更詳細地說明其中的一些依賴項目。

按照慣例,透過 #include 指令來使用的 C++ 程式碼要寫成兩個檔案,一個 *.cc* 檔,稱為原始(*source*)檔,以及一個 *.h* 檔,稱為標頭(*header*)檔。標頭檔定義的是讓程式碼和整體程式的其他部分連接的介面,它裡面有變數、類別宣告式之類的東西,但邏輯很少。原始檔則實作了實際執行計算並且讓事情發生的邏輯。當我們 #include 依賴項目時,必須指定它的標頭檔。例如,我們的測試程式 include *micro_interpreter.h*(*https://oreil.ly/60uYt*)。你可以在這個檔案裡面看到它定義了一個類別,但裡面沒有什麼邏輯,類別的邏輯在 *micro_interpreter.cc*(*https://oreil.ly/twN7J*)裡面。

設定測試

下一個部分是 TensorFlow Lite for Microcontrollers 測試框架使用的程式碼。它長這樣:

```
TF_LITE_MICRO_TESTS_BEGIN

TF_LITE_MICRO_TEST(LoadModelAndPerformInference) {
```

在 C++,你可以定義一段有名稱的程式碼,並且在別的地方 include 它們的名稱來重複使用它們,這段程式碼稱為巨集(*macro*)。TF_LITE_MICRO_TESTS_BEGIN 與 TF_LITE_MICRO_TEST 這兩個陳述式是巨集的名稱。它們是在 *micro_test.h*(*https://oreil.ly/NoGm4*)裡面定義的。

這些巨集將其餘的程式碼包在一個必要的機制裡面,讓 TensorFlow Lite for Microcontrollers 測試框架可以執行它。我們不需要關心它究竟如何運作,只要知道我們可以方便地使用這些巨集來設定測試即可。

第二個巨集 TF_LITE_MICRO_TEST 接收一個引數,我們在這裡傳入的引數是 LoadModelAndPerformInference,它是測試程式的名稱,當測試執行時,測試名稱與測試結果會被一起輸出,讓我們知道這項測試究竟通過還是失敗。

準備 log 資料

這個檔案其餘的程式都是測試邏輯。我們看一下第一個部分:

```
// 設定 logging
tflite::MicroErrorReporter micro_error_reporter;
tflite::ErrorReporter* error_reporter = &micro_error_reporter;
```

第一行定義 MicroErrorReporter 實例。MicroErrorReporter 類別是在 *micro_error_reporter. h*（*https://oreil.ly/AkZrm*）裡面定義的。它可讓我們在推斷期間 log 除錯資訊。我們會呼叫它來印出除錯資訊，而 TensorFlow Lite for Microcontrollers 解譯器會用它來印出它遇到的任何錯誤。

> 你可以在每一個型態名稱前面看到 tflite::，例如 tflite::MicroErrorReporter，它是名稱空間，它只是一種組織 C++ 程式碼的手段。TensorFlow Lite 在 tflite 名稱空間底下定義所有的方便工具，也就是說，如果有別的程式庫剛好用同一個名稱製作類別，它們不會與 TensorFlow Lite 的名稱衝突。

第一個宣告式很簡單，但看起來很奇怪的、裡面 * 與 & 的第二行是什麼意思？既然已經有 MicroErrorReporter 了，為什麼還要宣告 ErrorReporter？

```
tflite::ErrorReporter* error_reporter = &micro_error_reporter;
```

為了解釋原因，我們先來解釋一些背景資訊。

MicroErrorReporter 是 ErrorReporter 的子類別，這個類別提供一個範本，指示這種除錯 log 機制在 TensorFlow Lite 裡面應該如何運作。MicroErrorReporter 覆寫了 ErrorReporter 的一個方法，將它換成專門為了微控制器而寫的邏輯。

上面這行程式建立一個 error_reporter 變數，它的型態是 ErrorReporter。它也是個指標，因為它的宣告式裡面有個 *。

指標是一種特殊的變數，它不保存值，而是保存可以在記憶體中找到值的位置。在 C++，特定類別（例如 ErrorReporter）的指標可以指向型態為它的子類別（例如 MicroErrorReporter）的值。

前面說過，MicroErrorReporter 覆寫了 ErrorReporter 的一個方法，但當時沒有說明的是，覆寫這個方法的過程會掩蓋（obscuring）它的一些其他方法。

為了使用 ErrorReporter 未被覆寫的方法，我們必須將 MicroErrorReporter 實例視為 ErrorReporter，所以建立一個 ErrorReporter 指標，並將它指向 micro_error_reporter 變數。在這個賦值式的 micro_error_reporter 前面的 & 代表我們要指派它的指標，而不是它的值。

（呼氣！）聽起來很複雜。如果你覺得很難理解，不用擔心，C++ 不太靈活。現在你只要知道這件事即可：我們要用 error_reporter 來印出除錯資訊，還有，它是個指標。

對映模型

先撰寫除錯資訊列印機制是為了 log 接下來的程式可能出現的任何問題，我們用接下來的程式來做這件事：

```
// 將模型對映至可用的資料結構。這不涉及
// 任何複製或解析，它是非常輕量的 op。
const tflite::Model* model = ::tflite::GetModel(g_sine_model_data);
if (model->version() != TFLITE_SCHEMA_VERSION) {
error_reporter->Report(
    "Model provided is schema version %d not equal "
    "to supported version %d.\n",
    model->version(), TFLITE_SCHEMA_VERSION);
    return 1;
}
```

第一行將模型資料陣列（在 *sine_model_data.h*（*https://oreil.ly/m68Wj*）檔案裡面定義的）傳入 GetModel() 方法。這個方法會回傳一個 Model 指標，我們將它指派給 model 變數。你應該可以猜到，這個變數代表我們的模型。

Model 型態是個 *struct*，它在 C++ 裡面非常類似類別，它是在 *schema_generated.h*（*https://oreil.ly/SGNtU*）裡面定義的，它保存了模型的資料，並且可讓我們查詢關於它的資訊。

資料對齊

你可以在模型的原始檔 *sine_model_data.cc*（*https://oreil.ly/FCmuw*）裡面看到 g_sine_model_data 的定義引用一個巨集，DATA_ALIGN_ATTRIBUTE：

```
const unsigned char g_sine_model_data[] DATA_ALIGN_ATTRIBUTE = {
```

如果記憶體裡面的資料是對齊的，處理器就可以最有效率地讀取它們。對齊的意思是資料被儲存成處理器可以在一次操作之內讀取它們的結構。設定這個巨集可以確保模型資料都會盡可能地正確對齊，以提供最佳的讀取效能。如果你好奇，你可以閱讀關於對齊的維基百科文章（*https://oreil.ly/Ej5ga*）。

我們在 model 就緒之後呼叫一個方法來取得模型的版本號碼：

```
if (model->version() != TFLITE_SCHEMA_VERSION) {
```

接著拿這個版本號碼與 TFLITE_SCHEMA_VERSION 比較，TFLITE_SCHEMA_VERSION 是我們目前使用的 TensorFlow Lite 程式庫的版本。號碼相符代表我們的模型是用相容的 TensorFlow Lite Converter 版本來轉換的。檢查模型版本是好習慣，因為版本不相符可能導致難以除錯的怪異行為。

在上面的程式中，version() 是 model 的方法。注意從 model 指向 version() 的箭頭（->），它是 C++ 的箭頭運算子，當我們想要用物件的指標來使用它的成員時，就會使用這個運算子。如果我們有物件本身（而不是只有指標），就要用 . 來使用它的成員。

如果版本號碼不相符，我們同樣繼續工作，但是會用 error_reporter 來 log 一個警告：

```
error_reporter->Report(
    "Model provided is schema version %d not equal "
    "to supported version %d.\n",
    model->version(), TFLITE_SCHEMA_VERSION);
```

我們呼叫 error_reporter 的 Report() 方法來 log 這個警告。因為 error_reporter 也是個指標，我們用 -> 運算子來執行 Report()。

Report() 方法的設計很像常用的 C++ 方法 printf()（用途是 log 文件）。我們將想要 log 的字串當成它的第一個參數傳入。這個字串有兩個 %d 格式指定符，當訊息被 log 時，它們會被換成將要插入的變數。接著傳入模型版本與 TensorFlow Lite 資料綱要版本。它們會被依序插入字串，取代 %d 字元。

Report() 方法支援許多不同的格式指定符，可換成不同型態的變數。%d 是整數的佔位符，%f 是浮點數的佔位符，%s 是字串的佔位符。

建立 AllOpsResolver

到目前為止都很順利！程式可以 log 錯誤，我們也將模型載入一個方便的 struct，並確認它的版本是相容的。我們的進度有點慢，因為在過程中，我們複習了一些 C++ 概念，但事情越來越容易理解了。接下來，我們要建立 AllOpsResolver：

```
// 拉入我們需要的所有 op 實作
tflite::ops::micro::AllOpsResolver resolver;
```

這個類別是在 *all_ops_resolver.h*（*https://oreil.ly/O0qgy*）裡面定義的，它是讓 TensorFlow Lite for Microcontrollers 解譯器能夠處理 op 的類別。

第 3 章說過，機器學習模型是以各種數學 op 組成的，那些運算會依序執行，將輸入轉換成輸出。AllOpsResolver 類別知道 TensorFlow Lite for Microcontrollers 可用的所有 op，可以將它們提供給解譯器。

定義 tensor arena

我們幾乎擁有建構解譯器的所有素材了。最後一項工作是配置一個記憶體工作區域來讓模型在運行時使用：

```
// 建立一個記憶體區域，供輸入、輸出與中間陣列使用。
// 你可能要透過試誤法來找出模型的最小值。
const int tensor_arena_size = 2 × 1024;
uint8_t tensor_arena[tensor_arena_size];
```

就像註釋所說的，這塊記憶體會用來儲存模型的輸入、輸出與中間張量，我們將它稱為 *tensor arena*（張量舞台）。這個例子配置了 2,048 bytes 的陣列。我們用運算式 2 × 1024 來指定它。

那麼，tensor arena 應該多大？問得好，遺憾的是，這個問題很難回答。不同的模型結構有不同的大小與輸入、輸出、中間張量數量，所以我們很難知道需要多少記憶體。你不需要使用準確的數字（我們可以預留超出需求的記憶體），但因為微控制器的 RAM 有限，你應該盡量減少這個數字，為其餘的程式留下空間。

我們可以用試誤法來找出這個數字，這就是我們用 *n* × 1024 來表達陣列大小的原因：這樣才可以在放大和縮小數字（藉著改變 *n*）的同時，讓它維持 8 的倍數。在找出正確的陣列大小時，你可以先用比較大的數字來確保它可以動作，本書的範例使用的最大數字是 70 × 1024，然後降低這個數字，直到模型再也無法運行為止。最後一個可以運行的數字就是對的數字！

建立解譯器

宣告 tensor_arena 之後，我們可以設定解譯器了。這是它的樣子：

```
// 建立解譯器來執行模型
tflite::MicroInterpreter interpreter(model, resolver, tensor_arena,
                                     tensor_arena_size, error_reporter);

// 使用 tensor_arena 為模型的張量配置記憶體
interpreter.AllocateTensors();
```

我們先宣告一個稱為 interpreter 的 MicroInterpreter，這個類別是 TensorFlow Lite for Microcontrollers 的核心，它是一段神奇的程式，將會用我們提供的資料來執行模型，我們將截至目前為止做好的大多數物件傳給它的建構式，然後呼叫 AllocateTensors()。

在上一節，我們藉著定義 tensor_arena 陣列來保留一塊記憶體，AllocateTensors() 方法會遍歷模型定義的所有張量，並且將 tensor_arena 的記憶體指派給它們。在執行推斷之前呼叫 AllocateTensors() 非常重要，否則推斷就會失敗。

察看輸入張量

建立解譯器之後，我們要提供輸入給模型，所以將輸入資料寫至模型的輸入張量：

```
// 取得指向模型輸入張量的指標
TfLiteTensor* input = interpreter.input(0);
```

我們呼叫解譯器的 input() 方法來取得指向輸入張量的指標。因為模型可能有多個輸入張量，我們要對 input() 方法傳入一個索引，來指定想要的張量。這個例子的模型只有一個輸入張量，所以它的索引是 0。

在 TensorFlow Lite 裡面，張量是用 TfLiteTensor struct 來表示的，它的定義在 *c_api_internal.h*（*https://oreil.ly/Qvhre*）裡面。這個 struct 有一個可以用來和張量互動與瞭解它的 API。下一段程式使用這個功能來確認張量的外觀與感覺是正確的。因為我們將大量使用張量，所以接下來會仔細說明這段程式，來讓你瞭解 TfLiteTensor struct 的工作方式：

```
// 確保輸入（input）有我們期望的屬性
TF_LITE_MICRO_EXPECT_NE(nullptr, input);
// 屬性 "dims" 可讓我們知道張量的外形。
// 在裡面，每一個維度都有一個元素。
// 我們的輸入是包含 1 個元素的 2D 張量，所以 "dims" 的大小應該是 2
TF_LITE_MICRO_EXPECT_EQ(2, input->dims->size);
```

```
// 各個元素的值是對應的張量的長度。
// 我們預期有兩個單元素張量（一個在另一個裡面）。
TF_LITE_MICRO_EXPECT_EQ(1, input->dims->data[0]);
TF_LITE_MICRO_EXPECT_EQ(1, input->dims->data[1]);
// 輸入是 32 bit 浮點值
TF_LITE_MICRO_EXPECT_EQ(kTfLiteFloat32, input->type);
```

首先有兩個巨集：TFLITE_MICRO_EXPECT_NE 與 TFLITE_MICRO_EXPECT_EQ。它們是 TensorFlow Lite for Microcontrollers 測試框架的一部分，可讓我們斷言（assert）變數有某個預期的值。

例如，TF_LITE_MICRO_EXPECT_NE 巨集可斷言它呼叫的兩個變數不相等（所以它的名字裡面有 _NE，代表 Not Equal）。如果變數不相等，程式碼將繼續執行。如果它們相等，程式就會 log 錯誤，並將測試標記為失敗。

其他斷言

斷言巨集是在 *micro_test.h*（*https://oreil.ly/d69rG*）裡面定義的，你可以看一下這個檔案，瞭解它們如何動作。你可以使用的斷言有：

TF_LITE_MICRO_EXPECT(*x*)
    斷言 *x* 的值是 true。

TF_LITE_MICRO_EXPECT_EQ(*x*, *y*)
    斷言 *x* 的值等於 *y*。

TF_LITE_MICRO_EXPECT_NE(*x*, *y*)
    斷言 *x* 不等於 *y*。

TF_LITE_MICRO_EXPECT_NEAR(*x*, *y*, *epsilon*)
    斷言數值 *x* 與 *y* 的差小於或等於 *epsilon*。例如，TF_LITE_MICRO_EXPECT_NEAR(5, 7, 3) 會通過，因為 5 與 7 的差是 2。

TF_LITE_MICRO_EXPECT_GT(*x*, *y*)
    斷言數值 *x* 大於 *y*。

TF_LITE_MICRO_EXPECT_LT(*x*, *y*)
    斷言數值 *x* 小於 *y*。

```
TF_LITE_MICRO_EXPECT_GE(x, y)
```
　　斷言數值 x 大於或等於 y。

```
TF_LITE_MICRO_EXPECT_LE(x, y)
```
　　斷言數值 x 小於或等於 y。

首先，我們要檢查輸入張量確實存在，所以斷言它**不等於** nullptr，nullptr 是個特殊的 C++ 值，代表沒有指向任何資料的指標：

```
TF_LITE_MICRO_EXPECT_NE(nullptr, input);
```

接下來我們檢查輸入張量的**外形**。第 3 章說過，所有張量都有外形，外形是一種描述其維度的方式。這個模型的輸入是個純量值（也就是一個數字），但是出於 Keras 階層接收輸入的方式（*https://oreil.ly/SFiRV*），你必須使用 2D 張量並且在裡面放入一個數字來提供這個值。當輸入是 0 時，它是：

　　[[0]]

注意，在此，一個輸入純量 0 被包在兩個向量裡面，成為一個 2D 張量。

TfLiteTensor struct 有個說明張量維數的 dims 成員，這個成員是型態為 TfLiteIntArray 的 struct，它也被定義在 *c_api_internal.h* 裡面。它的 size 成員是張量的維數，因為輸入張量是 2D，所以我們斷言 size 的大小是 2：

```
TF_LITE_MICRO_EXPECT_EQ(2, input->dims->size);
```

我們可以進一步察看 dims struct 來確保張量的結構與預期的相同。它的 data 變數是一個陣列，在裡面，每一個維度有一個元素，每個元素都是一個整數，代表該維度的大小。因為我們預期 2D 張量裡面的各個維度都有一個元素，所以可以斷言兩個維度都有一個元素：

```
TF_LITE_MICRO_EXPECT_EQ(1, input->dims->data[0]);
TF_LITE_MICRO_EXPECT_EQ(1, input->dims->data[1]);
```

現在我們可以保證輸入張量有正確的外形了。最後，因為張量可能是多種不同型態的資料（整數、浮點數與布林值）構成的，我們也要確保輸入張量的型態是正確的。

我們可以用張量 struct 的 type 變數來得知該張量的資料型態。我們提供一個 32-bit 的浮點數，用常數 kTfLiteFloat32 來代表。我們可以輕鬆地斷言型態是對的：

```
TF_LITE_MICRO_EXPECT_EQ(kTfLiteFloat32, input->type);
```

很完美，現在輸入張量保證可以為輸入資料提供正確的大小和外形了，輸入資料將是一個浮點值。我們可以開始執行推斷了！

用一個輸入來執行推斷

為了執行推斷，我們要將一個值加入輸入張量，再讓解譯器呼叫（invoke）模型。呼叫之後，我們檢查模型是否正確地運行。程式如下：

```
// 提供一個輸入值
input->data.f[0] = 0.;

// 用這個輸入來執行模型，並確定它成功了
TfLiteStatus invoke_status = interpreter.Invoke();
if (invoke_status != kTfLiteOk) {
 error_reporter->Report("Invoke failed\n");
}
TF_LITE_MICRO_EXPECT_EQ(kTfLiteOk, invoke_status);
```

TensorFlow Lite 的 TfLiteTensor struct 有個 data 變數可用來設定輸入張量的內容，你可以從這一行看到它的用法：

```
input->data.f[0] = 0.;
```

data 變數是個 TfLitePtrUnion—它是個 *union*，這是一種特殊的 C++ 資料型態，可讓你在記憶體的同一個位置儲存不同的資料型態。因為收到的張量可能存有多種不同的資料型態之一（例如浮點數、整數或布林），union 型態可以協助我們完美地儲存它。

TfLitePtrUnion union 是在 *c_api_internal.h* 裡面宣告的（*https://oreil.ly/v4h7K*）。這是它的樣子：

```
// 指向特定張量記憶體的指標 union
typedef union {
  int32_t* i32;
  int64_t* i64;
  float* f;
  TfLiteFloat16* f16;
  char* raw;
  const char* raw_const;
  uint8_t* uint8;
  bool* b;
  int16_t* i16;
  TfLiteComplex64* c64;
  int8_t* int8;
} TfLitePtrUnion;
```

你可以看到它有很多成員，每一個成員都代表某種型態。每一個成員都是一個指標，可以指向資料在記憶體內的位置。當我們像之前那樣呼叫 interpreter.AllocateTensors() 時，就會設定適當的指標，指向之前為張量配置好，用來儲存其資料的記憶體區塊。因為各個張量都有特定的資料型態，只有對應型態的指標會被設定。

也就是說，我們可以在 TfLitePtrUnion 裡面使用適當的指標來儲存資料。例如，如果張量的型態是 kTfLiteFloat32，我們要使用 data.f。

因為指標指向記憶體的一個區塊，我們可以在指標名稱後面使用中括號（[]）來告訴程式應該在哪裡儲存資料。這個例子這樣做：

```
input->data.f[0] = 0.;
```

我們將指派的數字寫成 0.，它是 0.0 的簡寫。使用小數點可讓 C++ 編譯器知道這個值是個浮點數，不是整數。

我們將這個值指派給 data.f[0]，這代表我們將它指派給已配置的記憶體區塊的第一個項目。因為值只有一個，所以只要做這件事即可。

較複雜的輸入

在我們討論的範例中的模型只接收一個純量輸入，所以我們只指派一個值（input->data.f[0] = 0.）。如果模型的輸入是個包含多個值的向量，我們就要將它們加入後續的記憶體位置。

下面是包含數字 1、2、3 的向量：

```
[1 2 3]
```

在 TfLiteTensor 裡面設定這些值的做法是：

```
// 有 6 個元素的向量
input->data.f[0] = 1.;
input->data.f[1] = 2.;
input->data.f[2] = 3.;
```

但包含多個向量的矩陣怎麼設定？例如：

```
[[1 2 3]
 [4 5 6]]
```

我們只要從左到右，從上到下依序賦值，即可設定這個 TfLiteTensor，這種做法稱為壓扁（*flattening*），因為我們將二維的結構壓成一維：

```
// 有 3 個元素的向量
input->data.f[0] = 1.;
input->data.f[1] = 2.;
input->data.f[2] = 3.;
input->data.f[3] = 4.;
input->data.f[4] = 5.;
input->data.f[5] = 6.;
```

因為 TfLiteTensor struct 會記住它的實際維度,所以它知道哪個記憶體位置對映它的多維外形的哪個元素,即使記憶體的結構是扁的。後面的章節會用 2D 輸入張量來傳入圖像與其他 2D 資料。

設定輸入張量之後,進行推斷的時刻到了,這只需要一行程式:

```
TfLiteStatus invoke_status = interpreter.Invoke();
```

當我們呼叫 interpreter 的 Invoke() 時,TensorFlow Lite 解譯器就會執行模型。模型是由數學 op 圖組成的,解譯器會執行 op 圖,將輸入資料轉換成輸出。輸出會被存放在模型的輸出張量,稍後會介紹它。

Invoke() 方法會回傳一個 TfLiteStatus 物件,我們可以從它知道推斷成功了,或是有問題。它的值可能是 kTfLiteOk 或 kTfLiteError。我們檢查錯誤,並回報它是否錯誤:

```
if (invoke_status != kTfLiteOk) {
    error_reporter->Report("Invoke failed\n");
}
```

最後,我們斷言狀態必須是 kTfLiteOk 才能讓測試通過:

```
TF_LITE_MICRO_EXPECT_EQ(kTfLiteOk, invoke_status);
```

就這樣,推斷執行完畢了!接下來,我們要抓取輸出,確保它看起來很好。

讀取輸出

模型的輸出與輸入都是透過 TfLiteTensor 來存取的,取得指向它的指標也一樣簡單:

```
TfLiteTensor* output = interpreter.output(0);
```

輸出就像輸入,是個放在 2D 張量內的浮點純量值。為了測試,我們再次確認輸出張量有預期的大小、維度與型態:

```
TF_LITE_MICRO_EXPECT_EQ(2, output->dims->size);
TF_LITE_MICRO_EXPECT_EQ(1, input->dims->data[0]);
TF_LITE_MICRO_EXPECT_EQ(1, input->dims->data[1]);
TF_LITE_MICRO_EXPECT_EQ(kTfLiteFloat32, output->type);
```

很好。接下來，我們抓出輸出值並檢查它，確保它符合我們的高標準。我們先將它指派給一個 float 變數：

```
// 從張量取得輸出值
float value = output->data.f[0];
```

每次執行推斷時，輸出張量就會被新的值覆寫。這意味著，當你想要保存輸出值，並且繼續執行推斷時，你就要將輸出值從輸出張量複製出來，就像我們剛才做的那樣。

接下來，我們使用 TF_LITE_MICRO_EXPECT_NEAR 來證明值接近我們預期的值：

```
// 確認輸出值在預期值的 0.05 之內
TF_LITE_MICRO_EXPECT_NEAR(0., value, 0.05);
```

就像稍早看過的那樣，TF_LITE_MICRO_EXPECT_NEAR 可斷言第一個引數與第二個引數的差小於第三個引數。在這個陳述式中，我們測試輸出值與 0 的差在 0.05 之內，它是 0 這個輸入的數學 sine。

我們希望看到數字接近預期的值，而不是和它完全一樣有兩個主要的原因。第一個原因，我們的模型只會近似真正的 sine 值，因此它不會完全正確。第二個原因，因為在電腦上的浮點運算都有誤差範圍，這個誤差因電腦而異，例如，桌機 CPU 產生的結果可能與 Arduino 的稍微不同，藉著使用彈性的預期值，測試程式比較可能在任何平台都可以通過。

如果這項測試通過，代表我們做得很好。剩下的測試會再執行幾次推斷，目的只是為了進一步證明模型可以動作。要再次執行推斷，我們只要將輸入張量設為新值，呼叫 interpreter.Invoke()，並從輸出張量讀取輸出：

```
// 用其他值執行推斷並確認期望的輸出
input->data.f[0] = 1.;
interpreter.Invoke();
value = output->data.f[0];
TF_LITE_MICRO_EXPECT_NEAR(0.841, value, 0.05);

input->data.f[0] = 3.;
interpreter.Invoke();
value = output->data.f[0];
TF_LITE_MICRO_EXPECT_NEAR(0.141, value, 0.05);
```

```
input->data.f[0] = 5.;
interpreter.Invoke();
value = output->data.f[0];
TF_LITE_MICRO_EXPECT_NEAR(-0.959, value, 0.05);
```

注意我們重複使用同一個輸入與輸出張量指標,因為我們已經有指標了,所以不需要再次呼叫 interpreter.input(0) 或 interpreter.output(0)。

此時在測試程式中,我們證明 TensorFlow Lite for Microcontrollers 可以成功載入模型,配置適當的輸入與輸出張量,執行推斷,以及回傳預期的結果。最後一項工作是用巨集來指示測試結果:

```
}

TF_LITE_MICRO_TESTS_END
```

如此一來,我們就完成測試的說明了。接著我們要執行它們!

執行測試

雖然這段程式最終是在微控制器上面運行的,但我們仍然可以在開發電腦上組建並執行測試。使用開發電腦比較容易編寫程式與除錯,與微控制器相較之下,個人電腦更容易 log 輸出與步進執行程式碼,因此更容易找出任何 bug。此外,將程式碼部署至設備很花時間,在電腦上直接執行程式碼快多了。

好的嵌入式 app 建構流程(或者,坦白說,任何軟體)是盡量將邏輯寫在可於一般開發電腦運行的測試碼裡面,雖然一定有一些邏輯必須用實際的硬體來執行,但可以在電腦上測試的程式越多,你就越輕鬆。

事實上,這意味著你要先寫程式來預先處理輸入、用模型執行推斷,並且用一組測試程式來處理任何輸出,再試著在設備上運行它。第 7 章會介紹比這個例子複雜很多的語音辨識 app,你將會看到我們如何為它的各個零件編寫詳細的單元測試。

抓取程式碼

截至目前為止,在 Colab 與 GitHub 之間,所有事情都是在雲端做的,為了執行測試,我們要將程式碼拉到開發電腦並編譯它。

為了做這些事情，我們需要下列的軟體工具：

- 終端機模擬器，例如 macOS 的 Terminal
- bash shell（在 Catalina 之前的 macOS 及大部分 Linux 版本的預設 shell）
- Git（*https://git-scm.com/*）（macOS 與大部分 Linux 版本預先安裝）
- Make，3.82 版之後

Git 與 Make

現代作業系統通常都內建 Git 與 Make，為了確認你的系統是否安裝它們，請打開終端機，做這些事情：

Git

> 任何版本的 Git 都可以，在命令列輸入 **git** 來確認 Git 已經安裝，你應該可以看到使用說明被印出來。

Make

> 在命令列輸入 **make --version** 來確認已安裝的 Make 版本，你要使用 3.82 以上的版本。

如果你沒有其中一種工具，請在網路上尋找如何在你的作業系統上面安裝它們。

取得所有工具之後，打開終端機並輸入接下來的命令來下載 TensorFlow 原始碼，它裡面有我們正在處理的範例程式碼。它會在你執行它的地方建立一個目錄，裡面有原始碼：

```
git clone https://github.com/tensorflow/tensorflow.git
```

接下來，切換到剛才建立的 *tensorflow* 目錄：

```
cd tensorflow
```

做得好，現在你已經可以執行程式了！

使用 Make 來執行測試

如同你在工具清單中看到的，我們使用一種稱為 *Make* 的程式來執行測試。Make 是將軟體組建工作自動化的工具，1976 年就開始有人用它了，這段歷史在計算機領域中幾乎是永恆的象徵。開發者會在 *Makefiles* 這種檔案裡面使用特殊的語言來告訴 Make 如何組建與執行程式碼。TensorFlow Lite for Microcontrollers 在 *micro/tools/make/Makefile*（*https://oreil.ly/6Kvx5*）定義了一個 Makefile，第 13 章會進一步說明。

我們可以發出下面的命令來用 Make 執行測試，請在以 Git 下載的 *tensorflow* 目錄的根目錄執行它。我們先指定想要使用的 Makefile，接著是 *target*（目標），它是我們想要組建的零件：

```
make -f tensorflow/lite/micro/tools/make/Makefile test_hello_world_test
```

出於 Makefile 的設定，為了執行測試，我們的 target 要以 `test_` 開頭，並且在後面列出想要組建的元件的名稱。在這個例子中，那個元件是 *hello_world_test*，所以完整的 target 名稱是 *test_hello_world_test*。

試著執行這個命令，你會看到一大堆輸出快速閃過！它會先下載測試檔以及它的所有依賴項目，再組建測試檔以及它的所有依賴項目。我們的 Makefile 要求 C++ 編譯器組建程式碼並且建立二進制檔，再執行它。

這個過程需要幾分鐘才能完成。當文字停止捲動時，最後幾行文字應該是：

```
Testing LoadModelAndPerformInference
1/1 tests passed
~~~ALL TESTS PASSED~~~
```

好極了！這個輸出說明我們的測試一如預期地通過了。你可以看到測試的名稱 `LoadModelAndPerformInference`，這是在它的原始檔的最上面定義的。即使還不是在微控制器上執行程式，但它已經成功執行推斷了。

為了瞭解測試失敗時會怎樣，我們來加入一個錯誤。打開測試檔 *hello_world_test.cc*。它在這個路徑，相對於目錄的根目錄：

```
tensorflow/lite/micro/examples/hello_world/hello_world_test.cc
```

為了讓測試失敗，我們要提供不同的輸入給模型。這會導致模型的輸出改變，因此確認輸出值的斷言將會失敗。找到下面這一行：

```
input->data.f[0] = 0.;
```

修改設定的值：

```
input->data.f[0] = 1.;
```

儲存檔案，並使用下面的命令再次執行測試（記得在 *tensorflow* 目錄的根目錄執行它）：

```
make -f tensorflow/lite/micro/tools/make/Makefile test_hello_world_test
```

接下來會重新組建程式碼，以及執行測試，最後的輸出應該是：

```
Testing LoadModelAndPerformInference
0.0486171 near value failed at tensorflow/lite/micro/examples/hello_world/\
  hello_world_test.cc:94
0/1 tests passed
~~~SOME TESTS FAILED~~~
```

這個輸出裡面有一些實用的資訊，說明為何測試失敗了，包括失敗發生的檔案與行數（hello_world_test.cc:94）。如果問題是真正的 bug 造成的，這個輸出可以幫助你追蹤問題。

專案檔案結構

藉著測試的協助，你已經知道如何在 C++ 中使用 TensorFlow Lite for Microcontrollers 程式庫來執行推斷了。接下來，我們要說明實際 app 原始碼。

如前所述，程式是由一個持續執行的迴圈構成的，它會將一個 x 值傳入模型，執行推斷，並使用結果來產生某種視覺化的輸出（例如發亮的 LED 組成的圖案），依平台而定。

因為 app 很複雜，並且有很多檔案，我們接下來要瞭解它的結構，以及如何將所有元素組合起來。

app 的根目錄是 *tensorflow/lite/micro/examples/hello_world*，裡面有這些檔案：

BUILD

這個檔案列出可以使用 app 的原始碼組建的各種東西，包括主 app 二進制檔，以及我們之前看過的測試。目前我們還不需要特別注意它。

Makefile.inc

這是個 Makefile 檔，包含 app 裡面的組建 target 的資訊，包括 *hello_world_test*，它是我們之前執行過的測試，以及 *hello_world*，它是主 app 二進制檔。它定義了哪些原始檔屬於它們。

README.md

這是個讀我（readme）檔，裡面有組建和執行 app 的指令。

constants.h, constants.cc

這兩個檔案裡面有各種定義程式行為的重要**常數**（在程式的一生都不會變的變數）。

create_sine_model.ipynb

上一章使用的 Jupyter notebook。

hello_world_test.cc

用我們的模型執行推斷的測試。

main.cc

程式的入口，當 app 被部署到設備上時會先執行。

main_functions.h, main_functions.cc

這兩個檔案定義一個 setup() 函式，負責執行程式的所有初始化，以及一個 loop() 函式，裡面有程式的核心邏輯，設計上可以在迴圈中重複呼叫。這些函式會在程式啟動時被 *main.cc* 呼叫。

output_handler.h, output_handler.cc

這兩個函式定義每次執行推斷時，用來顯示輸出的函式。預設的實作在 *output_handler.cc* 裡面，它會將結果印到螢幕上。我們可以覆寫這個實作，讓它在不同的設備上做不同的事情。

output_handler_test.cc

證明 *output_handler.h* 與 *output_handler.cc* 裡面的程式碼正確運作的測試程式。

sine_model_data.h, sine_model_data.cc

這兩個檔案定義一個代表模型的資料陣列，它們是本章的第一部分使用 xxd 來匯出的。

除了這些檔案之外，這個目錄也有這些子目錄（可能還有其他的）：

- *arduino/*

- *disco_f76ng/*

- *sparkfun_edge/*

因為不同的微控制器平台有不同的功能與 API，我們的專案結構可以讓我們在幫特定的設備製作 app 時，使用該設備專用的原始檔版本來取代預設的版本。例如，*arduino* 目錄裡面有 *main.cc*、*constants.cc* 與 *output_handler.cc* 的客製化版本，為 Arduino 量身訂製 app。稍後會介紹這些客製化實作。

講解原始碼

知道 app 的原始檔結構之後，接下來要研究程式碼了，我們從 *main_functions.cc*（*https:// oreil.ly/BYS5k*）看起，它是施展多數魔法的地方，也是延伸至其他檔案的起點。

 這段程式有很多地方與之前的 *hello_world_test.cc* 很像，我們不會深入說明已經討論過的東西，而是把焦點放在你沒有看過的部分。

從 main_functions.cc 開始

這個檔案包含整個程式的核心邏輯，它的開頭長這樣，有我們熟悉的 #include 陳述式與一些新的：

```
#include "tensorflow/lite/micro/examples/hello_world/main_functions.h"
#include "tensorflow/lite/micro/examples/hello_world/constants.h"
#include "tensorflow/lite/micro/examples/hello_world/output_handler.h"
#include "tensorflow/lite/micro/examples/hello_world/sine_model_data.h"
#include "tensorflow/lite/micro/kernels/all_ops_resolver.h"
#include "tensorflow/lite/micro/micro_error_reporter.h"
#include "tensorflow/lite/micro/micro_interpreter.h"
#include "tensorflow/lite/schema/schema_generated.h"
#include "tensorflow/lite/version.h"
```

我們已經在 *hello_world_test.cc* 看過其中的很多行了。新增的東西有 *constants.h* 與 *output_handler.h*，之前的檔案清單已經介紹它們了。

main_functions.cc 接下來的內容是一些將會在這個檔案裡面使用的全域變數：

```
namespace {
tflite::ErrorReporter* error_reporter = nullptr;
const tflite::Model* model = nullptr;
tflite::MicroInterpreter* interpreter = nullptr;
TfLiteTensor* input = nullptr;
TfLiteTensor* output = nullptr;
int inference_count = 0;

// 建立一個記憶體區域，供輸入、輸出與中間陣列使用。
// 你可能要透過試誤法來找出模型的最小值。
constexpr int kTensorArenaSize = 2 × 1024;
uint8_t tensor_arena[kTensorArenaSize];
}  // namespace
```

你可以看到，這些變數都被包在 namespace 裡面，這代表雖然它們可以在 *main_functions. cc* 內的任何地方存取，但無法在專案的任何其他檔案裡面存取。這種做法有助於防止兩個不同的檔案剛好定義名稱相同的變數，進而造成問題。

這些變數都曾經在測試裡面出現過，我們設定變數來保存所有 TensorFlow 物件，以及 tensor_arena。這裡面唯一沒看過的東西是保存 inference_count 的 int，它的用途是追蹤程式執行了多少次推斷。

檔案接下來的部分宣告一個稱為 setup() 的函式。這個函式會在程式第一次啟動時被呼叫，但之後就再也不會被呼叫了，它的功能是執行推斷之前需要進行的所有一次性雜務。

setup() 的第一部分幾乎與測試裡面的一樣。我們設定 logging，載入模型，設定解譯器，並且配置記憶體：

```
void setup() {
  // 設定 logging
  static tflite::MicroErrorReporter micro_error_reporter;
  error_reporter = &micro_error_reporter;

  // 將模型對映至可用的資料結構，這不涉及
  // 任何複製或解析，它是非常輕量的 op。
  model = tflite::GetModel(g_sine_model_data);
  if (model->version() != TFLITE_SCHEMA_VERSION) {
    error_reporter->Report(
        "Model provided is schema version %d not equal "
        "to supported version %d.",
        model->version(), TFLITE_SCHEMA_VERSION);
    return;
```

```
  }

  // 拉入我們需要的運算實作
  static tflite::ops::micro::AllOpsResolver resolver;

  // 建構執行模型的解譯器
  static tflite::MicroInterpreter static_interpreter(
      model, resolver, tensor_arena, kTensorArenaSize, error_reporter);
  interpreter = &static_interpreter;

  // 為模型的張量配置 tensor_arena 的記憶體
  TfLiteStatus allocate_status = interpreter->AllocateTensors();
  if (allocate_status != kTfLiteOk) {
    error_reporter->Report("AllocateTensors() failed");
    return;
  }
```

到目前為止都是我們熟悉的景象，但是接下來開始有不一樣的地方了，首先，我們取得指向輸入與輸出張量的指標。

```
  // 取得指向模型的輸入與輸出張量的指標
  input = interpreter->input(0);
  output = interpreter->output(0);
```

你可能會問，我們為什麼可以在執行推斷之前跟輸出互動？之前說過，TfLiteTensor 是一個擁有 data 成員的 struct，data 指向一塊已經配置好，用來儲存輸出的記憶體區域，雖然這個 struct 的 data 成員還沒有被填入資料，但它們依然是存在的。

最後，在 setup() 函式的結尾，我們將 inference_count 變數設為 0：

```
  // 追蹤已經執行幾次推斷
  inference_count = 0;
}
```

此時，我們已經設定所有機器學習基礎架構，做好出發的準備了。我們已經擁有所有工具，可以執行推斷並取得結果了。接下來的工作是定義 app 邏輯，這段程式究竟要做什麼？

我們已經訓練模型來預測 0 到 2π 之間的任何數字的 sine，這是個完整週期的 sine 波，為了展示模型，我們可以傳入這個範圍的數字、預測它們的 sine，再以某種方式輸出值。我們可以依序做這件事，來證明模型可以正確地處理完整的範圍。這個計畫看起來很棒！

為此，我們要寫一些在迴圈中執行的程式碼。首先，我們宣告一個稱為 loop() 的函式，它是我們接下來要研究的對象。這個函式裡面的程式碼將會一而再、再而三地重複執行：

```
void loop() {
```

在 loop() 函式裡面，我們必須先確定要將什麼值傳給模型（我們稱它為 x 值）。我們用兩個常數來決定它：kXrange，指定 x 的最大值是 2π，以及 kInferencesPerCycle，定義當我們從 0 跑到 2π 的過程中推斷的次數。接下來是計算 x 值的程式：

```
// 計算傳給模型的 x 值。我們拿目前的
// inference_count 與每個循環的推斷數進行比較，
// 來確定我們的位置在模型被訓練時使用的 x 值的範圍之內，
// 並且用它來計算值。
float position = static_cast<float>(inference_count) /
                        static_cast<float>(kInferencesPerCycle);
float x_val = position * kXrange;
```

前兩行程式將 inference_count（我們到目前為止執行推斷的次數）除以 kInferencesPerCycle，來取得目前在範圍之內的哪個「位置」。下一行將這個值乘以 kXrange，代表在這個範圍內的最大值（2π）。乘法的結果 x_val 就是我們要傳入模型的值。

static_cast<float>() 的功能是將整數值 inference_count 與 kInferencesPerCycle 轉換成浮點數字，使用它是為了正確地執行除法。在 C++，當你將兩個整數相除時，結果將是整數，它的小數部分都會被去除。因為我們希望 x 值是包含小數部分的浮點數，所以要將被除數轉換成浮點數。

kInferencesPerCycle 與 kXrange 這兩個常數是在 *constants.h* 與 *constants.cc* 檔案裡面定義的。C++ 的慣例是以 k 開頭來代表常數，以便輕鬆地在程式裡面認出常數。在獨立的檔案裡面定義常數可讓你在需要它們的任何地方 include 並使用它們。

接下來的程式很熟悉，我們將 x 值寫入模型的輸入張量，執行推斷，再從輸出張量抓出結果（我們稱它 y 值）：

```
// 將算好的 x 值放入模型的輸入張量
input->data.f[0] = x_val;

// 執行推斷並回報任何錯誤
TfLiteStatus invoke_status = interpreter->Invoke();
```

```
if (invoke_status != kTfLiteOk) {
  error_reporter->Report("Invoke failed on x_val: %f\n",
                          static_cast<double>(x_val));
  return;
}

// 從模型的輸出張量讀取預測出來的 y 值
float y_val = output->data.f[0];
```

現在我們有一個 sine 波了。因為使用各個數字來執行推斷只需要很短的時間，而且這段程式是在迴圈裡面執行的，它會隨著時間產生一系列的 sine 值，這些值很適合用來控制閃爍的 LED 或動畫。接下來我們要輸出它。

下一行程式呼叫 HandleOutput() 函式，它是在 *output_handler.cc* 裡面定義的：

```
// 輸出結果。我們可以為支援的
// 各種硬體訂製 HandleOutput 函式。
HandleOutput(error_reporter, x_val, y_val);
```

我們傳入 x 與 y 值，以及 log 東西的 ErrorReporter 實例。我們來看看 *output_handler.cc*，瞭解接下來會發生什麼事情。

在 output_handler.cc 內處理輸出

output_handler.cc 檔案定義了 HandleOutput() 函式。它的實作非常簡單：

```
void HandleOutput(tflite::ErrorReporter* error_reporter, float x_value,
                  float y_value) {
  // log 目前的 X 與 Y 值
  error_reporter->Report("x_value: %f, y_value: %f\n", x_value, y_value);
}
```

這個函式的工作只有使用 ErrorReporter 實例來 log x 與 y 值。我們可以用這個非常簡單的程式來測試 app 的基本功能，例如，在開發電腦上面執行它。

但是我們的目標是將這個 app 部署到多個不同的微控制器平台，使用各個平台專屬的硬體來顯示輸出。我們為想要部署的各個平台（例如 Arduino）提供 *output_handler.cc* 的客製化版本，使用該平台的 API 來控制輸出，例如點亮一些 LED。

如前所述，這些替代檔案位於各個平台名稱的子目錄裡面：*arduino/*、*disco_f76ng/* 與 *sparkfun_edge/*。我們稍後將討論平台專屬的實作。現在先回到 *main_functions.cc*。

main_functions.cc 總結

在 loop() 函式的最後面，我們遞增 inference_count 計數變數。當它到達 kInferencesPerCycle 定義的每個週期最大推斷次數，我們就將它重設為 0：

```
// 遞增 inference_counter，如果到達
// 每個循環的總次數，我們就重設它
inference_count += 1;
if (inference_count        >= kInferencesPerCycle) inference_count = 0;
```

下一次迴圈迭代時，它會將 x 值加 1，或是當它到達範圍界限時，恢復成 0。

我們已經到了 loop() 函式的結尾了，每當它執行時，就會計算一個新的 x 值，執行推斷，並且讓 HandleOutput() 輸出結果。如果 loop() 被連續呼叫，它會用 0 至 2π 範圍內漸增的 x 值來執行推斷，再重複執行。

但 loop() 函式是如何持續重複執行的？答案在 *main.cc* 裡面。

瞭解 main.cc

C++ 標準（*https://oreil.ly/BfmkW*）指明每一個 C++ 程式都有一個全域函式 main()，它會在程式開始時執行。在我們的程式中，這個函式定義在 *main.cc* 檔案內。因為 *main.cc* 有這個 main() 函式，所以它是程式的入口，main() 裡面的程式碼會在每次微控制器啟動時執行。

main.cc 檔案非常精簡。首先，它有個納入 *main_functions.h* 的 #include 陳述式，將該檔案定義的 setup() 與 loop() 函式帶進來：

```
#include "tensorflow/lite/micro/examples/hello_world/main_functions.h"
```

接著宣告 main() 函式本身：

```
int main(int argc, char* argv[]) {
  setup();
  while (true) {
    loop();
  }
}
```

當 main() 執行時，它會先呼叫 setup() 函式。它只會做這件事一次。之後，它會進入一個 while 迴圈，在裡面一而再、再而三地持續呼叫 loop() 函式。

這個函式會永不停止地運行。什麼？如果你來自伺服器或 web 編程領域，可能會覺得這不是件好事，因為迴圈會塞住單一執行路線，而且無法跳出程式。

但是，當你為微控制器編寫軟體時，這種無止盡的迴圈其實非常普遍。因為微控制器沒有多工功能，而且只有一個 app 在執行，所以這種不斷執行的迴圈其實沒有什麼問題，只要微控制器連接電源，我們就持續進行推斷並輸出資料。

我們已經看完整個微控制器 app 了，下一節要在開發電腦上面試著執行 app 程式碼。

執行 app

我們要先組建 app 程式碼才能執行它。輸入下面的 Make 命令來為我們的程式建立一個可執行二進制檔：

```
make -f tensorflow/lite/micro/tools/make/Makefile hello_world
```

組建完成後，根據你的作業系統使用下面的命令來執行 app 二進制檔：

```
# macOS:
tensorflow/lite/micro/tools/make/gen/osx_x86_64/bin/hello_world

# Linux:
tensorflow/lite/micro/tools/make/gen/linux_x86_64/bin/hello_world

# Windows
tensorflow/lite/micro/tools/make/gen/windows_x86_64/bin/hello_world
```

如果你無法找到正確的路徑，可列出在 *tensorflow/lite/micro/tools/make/gen/* 裡面的目錄。

執行二進制檔之後，你可以看到大量的輸出快速捲動，類似這樣：

```
x_value: 1.4137159*2^1, y_value: 1.374213*2^-2

x_value: 1.5707957*2^1, y_value: -1.4249528*2^-5

x_value: 1.7278753*2^1, y_value: -1.4295994*2^-2

x_value: 1.8849551*2^1, y_value: -1.2867725*2^-1

x_value: 1.210171*2^2, y_value: -1.7542461*2^-1
```

好興奮！它們是 *output_handler.cc* 裡面的 HandleOutput() 函式寫出來的 log，每一個推斷有一個 log，x_value 值會逐漸增加，直到到達 2π，此時它會回到 0，並重新開始。

當你心滿意足之後,你可以按下 Ctrl-C 來終止程式。

 你會發現數字被顯示成帶有 2 的次方的值,例如 **1.4137159*2^1**,這種做法可以在微控制器高效地 log 浮點數,因為微控制器的硬體通常無法進行浮點數運算。

你只要用計算機就可以算出原始值了,**1.4137159*2^1** 可得到 **2.8274318**。如果你好奇,印出這些數字的程式碼位於 *debug_log_numbers.cc*(*https://oreil.ly/sb06c*)。

結語

我們已經確認程式可以在開發電腦上運行了,下一章將要讓它在微控制器上運行!

## 第六章

TinyML 的「Hello World」：
部署至微控制器

接下來要真槍實彈地操作了。在這一章，我們要將程式碼部署到三個不同的設備：

- Arduino Nano 33 BLE Sense（*https://oreil.ly/6qlMD*）

- SparkFun Edge（*https://oreil.ly/-hoL-*）

- ST Microelectronics STM32F746G Discovery kit（*https://oreil.ly/cvm4J*）

我們會解釋每一種設備的組建與部署流程。

> TensorFlow Lite 會定期加入對於新設備的支援，所以如果你想要使用以
> 上三種選項之外的設備，你可以看一下範例的 *README.md*（*https://oreil.
> ly/ez0ef*）。
>
> 如果你執行這些步驟時遇到問題，也可以看看那裡有沒有更新後的部署
> 說明。

每個設備都有自己獨特的輸出功能，從一組 LED 到完整的 LCD 螢幕都有，所以我們的
範例會幫各種設備量身製作 HandleOutput()，我們也會一一介紹它們，並說明它的邏輯
是如何運作的。就算你沒有這些設備，閱讀程式碼也是件有趣的事情，所以強烈建議你
閱讀它們。

到底什麼是微控制器？

你或許還不知道微控制器如何與其他電子零件互動，因為我們馬上要使用硬體了，所以不妨先來瞭解一些概念。

在 Arduino、SparkFun Edge 或 STM32F746G Discovery kit 這種微控制器電路板上面，微控制器其實只是焊在電路板上的電子零件之一。圖 6-1 是 SparkFun Edge 上面的微控制器。

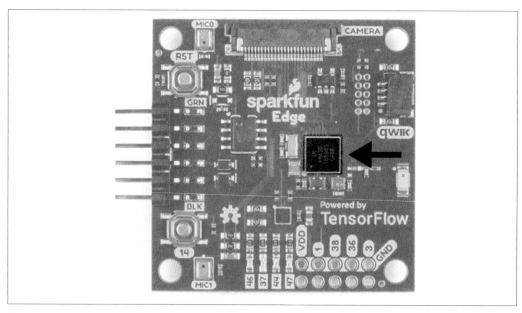

圖 6-1　箭頭處為 SparkFun Edge 電路板的微控制器

微控制器是用**接腳**（*pin*）連接電路板的，典型的微控制器有數十個接腳，它們有各式各樣的用途，有些提供電力給微控制器，有些將它接到各種重要的零件。有些接腳可以用微控制器上的程式來保留，用來接收或輸出數位訊號，它們稱為 *GPIO* 接腳，意思是 general-purpose input/output（通用輸入 / 輸出）。它們可以當成輸入來使用，判斷它們是否被施加電壓，也可以當成輸出，提供電流來為其他零件提供電力，或與它溝通。

GPIO 接腳是數位的。這意味著在輸出模式，它們就像開關，可以完全打開或完全關閉。在輸入模式，它可以偵測別的元件對它施加的電壓是否高於或低於某個閾值。

除了 GPIO 之外，有些微控制器也有類比輸入接腳，它們可以測試施加在它們上面的確切電壓。

在微控制器裡面的程式可以呼叫特殊的函式，來控制特定的接腳究竟處於輸入模式還是輸出模式。它們也可以用其他的函式來將輸出接腳打開或關閉，或讀取輸入接腳目前的狀態。

稍微認識微控制器之後，接下來要瞭解第一個設備：Arduino。

Arduino

Arduino（*https://www.arduino.cc/*）電路板有各式各樣的版本，全部都有不同的功能。它們不一定可以執行 TensorFlow Lite for Microcontrollers。本書推薦的電路板是 Arduino Nano 33 BLE Sense（*https://oreil.ly/9g1bJ*），它除了與 TensorFlow Lite 相容之外，也有一個麥克風與一個加速度計（稍後的章節會使用它們）。建議你購買有接頭的版本，免得在連接其他零件時需要進行焊接。

大多數的 Arduino 電路板都有內建 LED，我們將使用它來視覺性輸出 sine 值。圖 6-2 是 Arduino Nano 33 BLE Sense 電路板，箭頭指的地方是 LED。

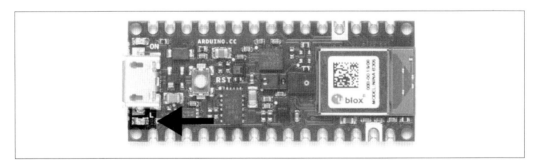

圖 6-2　Arduino Nano 33 BLE Sense 電路板及其 LED

在 Arduino 上面處理輸出

因為我們只有一顆 LED 可以使用，所以必須具備創造性思維。有一種做法是根據預測出來的最新 sine 值改變 LED 的亮度。因為值的範圍是 –1 至 1，我們可以用完全熄滅的 LED 代表 0，用完全點亮的 LED 代表 –1 與 1，用沒有全亮的 LED 代表介於中間的值。因為程式在一個迴圈裡面執行推斷，LED 會重複地慢慢變亮和熄滅。

我們可以用 kInferencesPerCycle 常數來改變整個 sine 波週期執行的推斷數。因為一次推斷需要花一些時間，調整在 *constants.cc* 裡面定義的 kInferencesPerCycle 可以調整 LED 亮滅的速度。

這個檔案的 Arduino 版本在 *hello_world/arduino/constants.cc*（*https://oreil.ly/YNsvq*）裡面，它的名稱與 *hello_world/constants.cc* 一樣，因此當你為 Arduino 組建 app 時，可以用它來取代原始的實作。

我們可以使用一種稱為脈衝寬度調變（PWM）的技術來控制 LED 的亮度。當輸出接腳被非常快速地打開與關閉時，接腳的輸出電壓是開關狀態的時間比率，如果接腳花 50% 的時間在各個狀態，它的輸出電壓將是最大值的 50%，如果接著花 75% 在開，25% 在關，它的電壓將是最大值的 75%。

PWM 只有一些 Arduino 設備透過一些接腳提供，但它很容易使用，我們只要呼叫一個函式來設定接腳輸出的電壓即可。

處理 Arduino 的輸出的程式位於 *hello_world/arduino/output_handler.cc*（*https://oreil.ly/OpLMB*），請用它來取代原始的檔案 *hello_world/output_handler.cc*。

我們來討論原始碼：

```
#include "tensorflow/lite/micro/examples/hello_world/output_handler.h"
#include "Arduino.h"
#include "tensorflow/lite/micro/examples/hello_world/constants.h"
```

首先，我們 include 一些標頭檔。*output_handler.h* 定義了這個檔案的介面。*Arduino.h* 有 Arduino 平台的介面，我們用它來控制電路板。因為我們需要使用 kInferencesPerCycle，所以也 include *constants.h*。

接著定義函式，並告訴它在第一次執行時該做什麼事情：

```
// 調整 LED 的亮度來代表目前的 y 值
void HandleOutput(tflite::ErrorReporter* error_reporter, float x_value,
                  float y_value) {
// 追蹤函式是否執行至少一次
static bool is_initialized = false;

// 只做一次這件事
if (!is_initialized) {
  // 將 LED 接腳設為輸出
  pinMode(LED_BUILTIN, OUTPUT);
  is_initialized = true;
}
```

在 C++ 的函式裡面使用 static 來宣告的變數，可以在該函式的多次執行之間保留它的值。在此，我們用 is_initialized 變數來追蹤接下來的 if (!is_initialized) 區塊裡面的程式碼有沒有執行過。

這個初始化段落呼叫 Arduino 的 pinMode()（*https://oreil.ly/6Kxep*）函式，用這個函式告訴微控制器特定的接腳究竟是輸入模式還是輸出模式，你必須先做這件事，才能使用接腳。我們在呼叫這個函式時，使用 Arduino 平台定義的兩個常數：LED_BUILTIN 與 OUTPUT。LED_BUILTIN 代表接到電路板的 LED 的接腳，OUTPUT 代表輸出模式。

將 LED 的接腳設為輸出模式之後，我們將 is_initialized 設為 true，讓這段程式不會再次執行。

接下來，我們計算 LED 的亮度：

```
// 計算 LED 的亮度，因此 y=-1 是全暗
// y=1 是全亮。LED 的亮度範圍是 0-255。
int brightness = (int)(127.5f * (y_value + 1));
```

Arduino 可讓我們設定的 PWM 輸出值是 0 至 255，0 代表全滅，225 代表全亮。y_value 是個介於 –1 與 1 之間的數字。上面的程式將 y_value 對映至 0 至 255，使得 y = -1 時，LED 會全滅，y = 0 時 LED 會半亮，y = 1 時，LED 會全亮。

接下來要實際設定 LED 的亮度：

```
// 設定 LED 的亮度。如果指定的接腳不支援 PWM，
// 這會在 y > 127 時打開 LED，否則熄滅。
analogWrite(LED_BUILTIN, brightness);
```

Arduino 平台的 analogWrite()（*https://oreil.ly/nNseR*）函式接收一個接腳數字（我們提供 LED_BUILTIN），以及一個介於 0 和 255 間的值。我們提供上一行計算出來的 brightness。呼叫這個函式之後，LED 就可以產生各種亮度了。

遺憾的是，在一些 Arduino 電路板版本上，連接內建的 LED 的接腳無法使用 PWM，也就是說，呼叫 analogWrite() 無法改變它的亮度。傳給 analogWrite() 的值大於 127 會打開 LED，小於或等於 126 就會關閉它，這代表 LED 會變成全亮全滅，而不是改變亮度，雖然它的效果不太好，但仍然可以展示 sine 波預測值。

最後，我們使用 ErrorReporter 實例來 log 亮度值：

```
// log 目前的亮度值，在 Arduino plotter 顯示
error_reporter->Report("%d\n", brightness);
```

在 Arduino 平台，ErrorReporter 透過序列埠來 log 資料。微控制器經常使用序列埠與主機電腦通訊，並且經常用來除錯。序列埠是一種通訊協定，藉著打開與關閉輸出接腳來一次通訊一個資料位元，可以用來傳送與接收任何東西，包括原始的二進制資料、文字和數字。

Arduino IDE 有一些工具可以採集與顯示透過序列埠收到的資料。其中一種工具是 Serial Plotter，它可以顯示以序列埠收到的值畫出來的圖表。我們可以輸出程式產生的亮度值串流，並且用圖表來觀察它們。見圖 6-3。

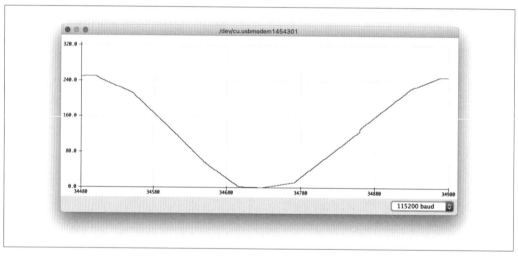

圖 6-3　Arduino IDE 的 Serial Plotter

本節稍後會說明如何使用 Serial Plotter。

你可能會問，ErrorReporter 為什麼可以用 Arduino 的序列介面來輸出資料？你可以在 *micro/arduino/debug_log.cc*（*https://oreil.ly/fkF8H*）找到它的程式碼，它取代了位於 *micro/debug_log.cc*（*https://oreil.ly/nxXgJ*）的原始實作。如同覆寫 *output_handler.cc* 的情況，在 TensorFlow Lite for Microcontrollers 中，我們可以將任何平台專屬的原始檔直接放入該平台名稱的目錄來使用它們。

執行範例

接下來要為 Arduino 組建專案，並部置到設備上。

> 在本書出版之後，組建程序可能會改變，所以請參考 *README.md*
> （*https://oreil.ly/s2mj1*）來瞭解最新的做法。

我們需要這些東西：

- 提供支援的 Arduino 電路板（我們推薦 Arduino Nano 33 BLE Sense）
- 適當的 USB 線
- Arduino IDE（*https://oreil.ly/c-rv6*）（你必須先下載並安裝才能繼續工作）

本書的專案已被列入 TensorFlow Lite Arduino 程式庫的範例程式，你可以透過 Arduino IDE，在 Tools 選單選擇 Manage Libraries 來安裝它。在彈出的視窗中，搜尋並安裝 *Arduino_TensorFlowLite* 程式庫。你應該可以使用最新的版本，但如果你遇到問題，本書測試的版本是 **1.14-ALPHA**。

> 你也可以用 *.zip* 檔來安裝程式庫，你可以從 TensorFlow Lite 團隊下載它
> （*https://oreil.ly/blgB8*），或是使用 TensorFlow Lite for Microcontrollers
> Makefile 來自行產生。如果你比較喜歡這種做法，請參考附錄 A。

安裝程式庫之後，你可以在 Examples → Arduino_TensorFlowLite 下面的 File 選單看到 **hello_world** 範例，見圖 6-4。

按下「hello_world」來載入範例。它會在新視窗出現，在裡面，每一個原始檔都有一個標籤。第一個標籤的檔案 *hello_world* 相當於之前看過的 *main_functions.cc*。

圖 6-4　Examples 選單

在 Arduino 範例程式中的差異

為了讓 Arduino 程式庫更適合在 Arduino IDE 上使用，我們在製作 Arduino 程式庫時稍微修改程式，也就是說，Arduino 範例與 TensorFlow GitHub 存放區的程式有些不同。例如，在 *hello_world* 檔案裡面，Arduino 環境會自動呼叫 setup() 與 loop() 函式，因此不需要使用 *main.cc* 檔及其 main() 函式。

Arduino IDE 也預期原始檔的副檔名是 *.cpp*，而不是 *.cc*。此外，因為 Arduino IDE 不支援子目錄，我們在 Arduino 範例裡面的檔名的前面加上它的原始子目錄名稱，例如，*arduino_constants.cpp* 相當於原本是 *arduino/constants.cc* 的檔案。

然而，除了一些極小的差異之外，其他程式幾乎都一樣。

用 USB 來連接 Arduino 設備，以執行範例。請在 Tools 選單的 Board 下拉式清單中選擇正確的設備型號，見圖 6-5。

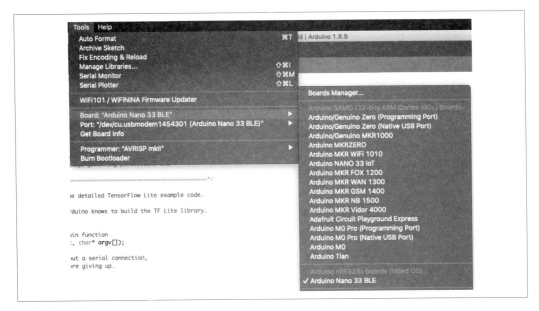

圖 6-5　Board 下拉式清單

如果清單裡面沒有你的設備，你要安裝它的支援程式包。按下 Boards Manager，在出現的視窗裡面，搜尋你的設備並安裝相應的支援程式包的最新版本。

接著，在 Port 下拉式清單中選擇設備的連接埠，它也是在 Tools 選單裡面，見圖 6-6。

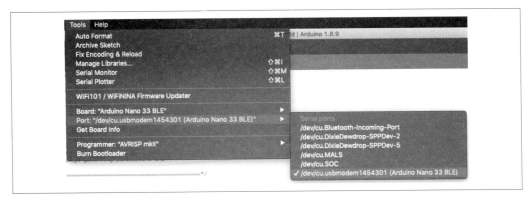

圖 6-6　Port 下拉式清單

最後，在 Arduino 視窗裡面按下上傳按鈕（見圖 6-7）來編譯程式碼，並上傳至你的 Arduino 設備。

圖 6-7　上傳按鈕，往右的箭頭

成功上傳之後，你應該可以看到 Arduino 電路板上的 LED 開始逐漸變亮熄滅，或是全亮全滅，取決於它連接的接腳是否支援 PWM。

恭喜你，你已經在設備上運行 ML 了！

 不同的 Arduino 電路板型號有不同的硬體，而且會用不同的速度執行推斷。如果你的 LED 閃爍不定，或是一直亮著，或許你要增加每個週期的推斷次數。你可以用 *arduino_constants.cpp* 裡面的 `kInferencesPerCycle` 常數來調整。

第 104 頁的「自行進行修改」會告訴你如何編輯範例的程式碼。

你也可以用圖表來觀察亮度值。在 Arduino IDE 的 Tools 選單選擇 Serial Plotter 來打開它，見圖 6-8。

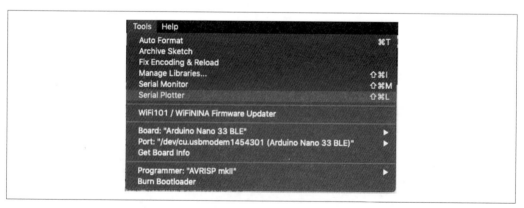

圖 6-8　Serial Plotter 選單選項

這張圖會顯示隨著時間改變的值，見圖 6-9。

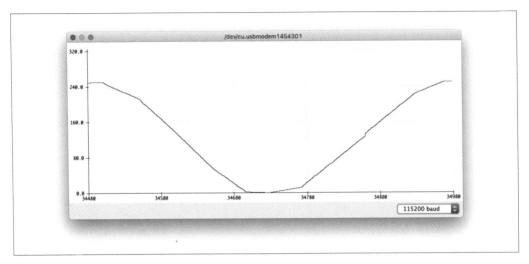

圖 6-9　Serial Plotter 畫出值

若要觀察從 Arduino 的序列埠收到的原始資料，請在 Tools 選單打開 Serial Monitor。你會看到螢幕快速顯示一系列的數字，見圖 6-10。

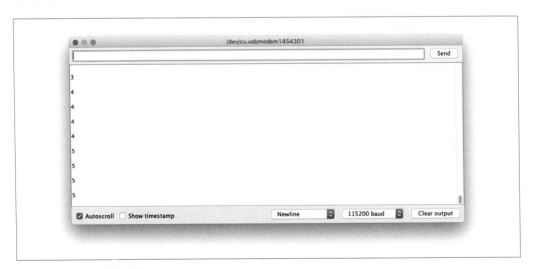

圖 6-10　顯示原始資料的 Serial Monitor

自行進行修改

你已經部署 app 了，接下來可以隨意修改程式，看看結果如何。你可以在 Arduino IDE 裡面編輯原始檔，在儲存時，它會提示你在新的位置重新儲存範例。完成修改之後，你可以在 Arduino IDE 裡面按下上傳按鈕，來進行組建與部署。

你可以進行變更，做一下這些實驗：

- 調整每個週期的推斷次數來讓 LED 閃得更慢或更快。

- 修改 *output_handler.cc*，將文字動畫 log 到序列埠。

- 使用 sine 波來控制其他零件，例如其他的 LED 或聲音產生器。

SparkFun Edge

SparkFun Edge（*https://oreil.ly/-hoL-*）開發電路板是專門為了在微型設備上試驗機器學習而設計的平台。它使用高能源效率的 Ambiq Apollo 3 微控制器，這種微控制器使用 Arm Cortex M4 處理器核心。

它有 4 個 LED，見圖 6-11。我們要用它們來視覺化輸出 sine 波。

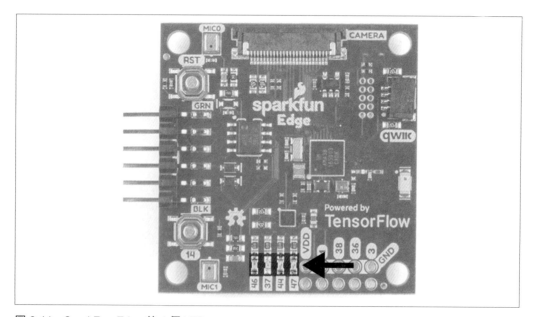

圖 6-11　SparkFun Edge 的 4 個 LED

在 SparkFun Edge 處理輸出

我們可以使用電路板的 LED 組來製作簡單的動畫，炫目的燈光最適合用來展示尖端的人工智慧技術了（*https://oreil.ly/T90fy*）。

它的 LED（紅、綠、藍與黃）按下列順序排列：

[R G B Y]

這張表說明我們將如何根據不同的 y 值來點亮 LED：

範例	LED 組
0.75 <= y <= 1	[0 0 1 1]
0 < y < 0.75	[0 0 1 0]
y = 0	[0 0 0 0]
-0.75 < y < 0	[0 1 0 0]
-1 <= y <= 0.75	[1 1 0 0]

因為每一次推斷都需要花一些時間，所以調整 *constants.cc* 裡面定義的 kInferencesPerCycle 可以調整 LED 的循環速度。

圖 6-12 是程式執行時的動態 *.gif*（*https://oreil.ly/cXdPY*）的靜態照片。

圖 6-12　SparkFun Edge 的 LED 動畫的靜態照片

幫 SparkFun Edge 處理輸出的程式位於 *hello_world/sparkfun_edge/output_handler.cc*
（*https://oreil.ly/tegLK*），請用它來取代原始的檔案，*hello_world/output_handler.cc*。

我們來講解它：

```
#include "tensorflow/lite/micro/examples/hello_world/output_handler.h"
#include "am_bsp.h"
```

首先，我們 include 一些標頭檔。*output_handler.h* 定義了這個檔案的介面。另一個檔案
am_bsp.h 來自 *Ambiq Apollo3 SDK*，Ambiq 是 SparkFun Edge 的微控制器 Apollo3 的製造
商。SDK（**軟體開發套件**的簡寫）是一些原始檔，它們定義了控制微控制器的功能的
常數與函式。

因為我們想要控制電路板的 LED，所以必須打開與關閉微控制器的接腳，這就是使用
SDK 的目的。

 Makefile 會在最終組建專案時自動下載 SDK。如果你好奇，你可以到
SparkFun 的網站（*https://oreil.ly/RHHqI*）瞭解它，或是下載程式碼來研究。

接著，我們定義 HandleOutput() 函式，並指示它在第一次執行時該做些什麼：

```
void HandleOutput(tflite::ErrorReporter* error_reporter, float x_value,
                  float y_value) {
  // 當這個方法第一次執行時，正確地設定 LED
  static bool is_initialized = false;
  if (!is_initialized) {
    // 將 LED 設為輸出
    am_hal_gpio_pinconfig(AM_BSP_GPIO_LED_RED, g_AM_HAL_GPIO_OUTPUT_12);
    am_hal_gpio_pinconfig(AM_BSP_GPIO_LED_BLUE, g_AM_HAL_GPIO_OUTPUT_12);
    am_hal_gpio_pinconfig(AM_BSP_GPIO_LED_GREEN, g_AM_HAL_GPIO_OUTPUT_12);
    am_hal_gpio_pinconfig(AM_BSP_GPIO_LED_YELLOW, g_AM_HAL_GPIO_OUTPUT_12);
    // 清除所有接腳
    am_hal_gpio_output_clear(AM_BSP_GPIO_LED_RED);
    am_hal_gpio_output_clear(AM_BSP_GPIO_LED_BLUE);
    am_hal_gpio_output_clear(AM_BSP_GPIO_LED_GREEN);
    am_hal_gpio_output_clear(AM_BSP_GPIO_LED_YELLOW);
    is_initialized = true;
  }
```

哇，我們設定好多東西！我們使用 *am_bsp.h* 提供的 am_hal_gpio_pinconfig() 函式來設
置接到電路板 LED 的接腳，將它們設為輸出模式（以 g_AM_HAL_GPIO_OUTPUT_12 常數代
表）。各個 LED 的接腳號碼是用常數來代表的，例如 AM_BSP_GPIO_LED_RED。

接著我們用 am_hal_gpio_output_clear() 來清除所有的輸出，關閉所有的 LED。如同 Arduino 的實作，我們使用靜態變數 is_initialized 來確保這個段落的程式碼只執行一次。接下來，我們要決定哪些 LED 在 y 是負數時應該點亮：

```
// 設定代表負值的 LED
if (y_value < 0) {
  // 清除沒必要的 LED
  am_hal_gpio_output_clear(AM_BSP_GPIO_LED_GREEN);
  am_hal_gpio_output_clear(AM_BSP_GPIO_LED_YELLOW);
  // 為所有負數點亮藍色 LED
  am_hal_gpio_output_set(AM_BSP_GPIO_LED_BLUE);
  // 紅色 LED 只在某些情況點亮
  if (y_value <= -0.75) {
    am_hal_gpio_output_set(AM_BSP_GPIO_LED_RED);
  } else {
    am_hal_gpio_output_clear(AM_BSP_GPIO_LED_RED);
  }
```

首先，當 y 值變成負數時，先清除（clear）兩個用來代表正數的 LED，接著呼叫 am_hal_gpio_output_set() 來點亮藍色 LED，它在負值時都是亮的。最後，如果值小於 –0.75，打開紅色 LED，否則，就將它關閉。

接著我們做同一件事，不過是針對正數的 y：

```
  // 設定代表正數的 LED
} else if (y_value > 0) {
  // 清除沒必要的 LED
  am_hal_gpio_output_clear(AM_BSP_GPIO_LED_RED);
  am_hal_gpio_output_clear(AM_BSP_GPIO_LED_BLUE);
  // 所有正數都亮綠色 LED
  am_hal_gpio_output_set(AM_BSP_GPIO_LED_GREEN);
  // 只有一些情況亮黃色 LED
  if (y_value >= 0.75) {
    am_hal_gpio_output_set(AM_BSP_GPIO_LED_YELLOW);
  } else {
    am_hal_gpio_output_clear(AM_BSP_GPIO_LED_YELLOW);
  }
}
```

這只是與 LED 有關的部分。我們的最後一項工作是將目前的輸出值 log 至監聽序列埠的任何人：

```
// log 目前的 X 與 Y 值
error_reporter->Report("x_value: %f, y_value: %f\n", x_value, y_value);
```

因為我們以自訂實作 *micro/sparkfun_edge/debug_log.cc*（*https://oreil.ly/ufEv9*）來取代原始實作 *mmicro/debug_log.cc*（*https://oreil.ly/ACaFt*），所以 ErrorReporter 能夠透過 SparkFun Edge 的序列介面輸出資料。

執行範例

現在可以組建範例程式，並將它部署到 SparkFun Edge 了。

 在本書出版之後，組建程序可能會改變，所以請參考 *README.md*（*https://oreil.ly/EcPZ8*）來瞭解最新的做法。

我們需要這些東西才能組建與部署程式：

- SparkFun Edge 電路板
- USB 編程器（我們推薦 SparkFun Serial Basic Breakout，它有 micro-B USB（*https://oreil.ly/A6oDw*）與 USB-C（*https://oreil.ly/3REjg*）版本）
- 相符的 USB 線
- Python 3 與一些依賴項目

Python 與依賴項目

這個程序需要執行一些 Python 腳本。你必須安裝 Python 3 才能繼續工作，你可以打開終端機並輸入下面的命令來檢查它有沒有在你的系統裡面：

```
python --version
```

如果你有安裝 Python 3，你會看到下面的輸出（其中的 x 與 y 是 minor 版本號碼，確切的數字無關緊要）：

```
Python 3.x.y
```

如果成功，在本節稍後你就可以使用 python 命令來執行 Python 腳本。

如果你看到不同的輸出，可嘗試這個命令：

```
python3 --version
```

你應該可以看到與之前一樣的輸出：

```
Python 3.x.y
```

若是如此，代表你可以在需要時使用 python3 命令來執行 Python 腳本。

如果沒有，你就要在系統上安裝 Python 3。請在網路尋找如何在你的作業系統安裝它。

安裝 Python 3 之後，你必須安裝一些依賴項目，執行下面的命令（如果你的 Python 命令是 python3，請使用 pip3，而不是 pip）：

```
pip install pycrypto pyserial --user
```

安裝依賴項目之後，你就可以繼續工作了。

打開終端機，複製 TensorFlow 存放區，接著進入它的目錄：

```
git clone https://github.com/tensorflow/tensorflow.git
cd tensorflow
```

接下來，我們要組建二進制檔，並執行一些命令，做好將它下載至設備的準備。你可以從 *README.md*（*https://oreil.ly/PYmUu*）複製並貼上這些命令來避免打字。

組建二進制檔

接下來的命令會下載需要的所有依賴項目，接著為 SparkFun Edge 編譯二進制檔：

```
make -f tensorflow/lite/micro/tools/make/Makefile \
  TARGET=sparkfun_edge hello_world_bin
```

 在二進制檔裡面的程式是 SparkFun Edge 硬體可以直接執行的形式。

二進制檔會被做成 *.bin* 檔，在這個位置：

```
tensorflow/lite/micro/tools/make/gen/ \
  sparkfun_edge_cortex-m4/bin/hello_world.bin
```

你可以使用這個命令來確認檔案是否存在：

```
test -f tensorflow/lite/micro/tools/make/gen/ \
  sparkfun_edge_cortex-m4/bin/hello_world.bin \
  &&  echo "Binary was successfully created" || echo "Binary is missing"
```

當你執行這個命令時，你應該可以看到主控台印出 Binary was successfully created。

如果你看到 Binary is missing，代表組建程序出問題了，你應該可以從 make 命令的輸出看到問題的線索。

簽署二進制檔

為了將二進制檔部署至設備，我們必須用密鑰簽署它。我們執行一些命令來簽署二進制檔，以便將它 flash 到 SparkFun Edge。這個腳本來自 Ambiq SDK，它是在 Makefile 執行時下載的。

輸入下面的命令來設定一些開發用的虛擬密鑰：

```
cp tensorflow/lite/micro/tools/make/downloads/AmbiqSuite-Rel2.0.0/ \
  tools/apollo3_scripts/keys_info0.py \
  tensorflow/lite/micro/tools/make/downloads/AmbiqSuite-Rel2.0.0/ \
  tools/apollo3_scripts/keys_info.py
```

接下來，執行這些命令來建立已簽署的二進制檔。必要時將 python3 換成 python：

```
python3 tensorflow/lite/micro/tools/make/downloads/ \
  AmbiqSuite-Rel2.0.0/tools/apollo3_scripts/create_cust_image_blob.py \
  --bin tensorflow/lite/micro/tools/make/gen/ \
  sparkfun_edge_cortex-m4/bin/hello_world.bin \
  --load-address 0xC000 \
  --magic-num 0xCB -o main_nonsecure_ota \
  --version 0x0
```

這會建立 *main_nonsecure_ota.bin* 檔。接著執行下面的命令來建立這個檔案的最終版本，以便在接下來的步驟中，用腳本將它 flash 到設備上：

```
python3 tensorflow/lite/micro/tools/make/downloads/ \
  AmbiqSuite-Rel2.0.0/tools/apollo3_scripts/create_cust_wireupdate_blob.py \
  --load-address 0x20000 \
  --bin main_nonsecure_ota.bin \
  -i 6 \
  -o main_nonsecure_wire \
  --options 0x1
```

現在，在你執行命令的目錄裡面有一個 *main_nonsecure_wire.bin* 檔案，它就是將要 flash 到設備上的檔案。

將二進制檔放入快閃記憶體

SparkFun Edge 會將它目前正存執行的程式存放在 1 MB 的快閃記憶體（flash memory）裡面。如果你想要讓電路板執行新程式，你就要將它傳給電路板，接著電路板會將它放在快閃記憶體內，覆寫之前儲存的任何程式。

這個程序稱為 *flashing*。我們來瞭解這些步驟。

將編程器接到電路板　為了將新程式下載到電路板，我們將使用 SparkFun USB-C Serial Basic 序列編程器，電腦可以使用設備透過 USB 與微控制器溝通。

執行下列步驟來將這個設備接到電路板：

1. 在 SparkFun Edge 找到六個接腳的接頭。

2. 將 SparkFun USB-C Serial Basic 插入這些接腳，務必將這兩個設備的 BLK 與 GRN 接腳正確地相接。

圖 6-13 是正確的接法。

圖 6-13　連接 SparkFun Edge 與 USB-C Serial Basic（由 SparkFun 提供）

將編程器接到電腦　接下來用 USB 將電路板接到電腦。為了將程式寫入電路板，你必須知道電腦怎樣稱呼設備，最好的方法是在連接設備之前，先列出電腦的所有設備，再連接設備，看看螢幕出現什麼新設備。

 因為有人回報作業系統預設的編程器驅動程式有問題，所以我們強烈建議先安裝驅動程式（*https://oreil.ly/Wkxaf*）再繼續工作。

先執行這個命令，再用 USB 連接設備：

```
# macOS:
ls /dev/cu*

# Linux:
ls /dev/tty*
```

你應該會看到電腦列出一連串已連接的設備，類似這樣：

```
/dev/cu.Bluetooth-Incoming-Port
/dev/cu.MALS
/dev/cu.SOC
```

然後將編程器接到電腦的 USB 埠，再次執行命令：

```
# macOS:
ls /dev/cu*

# Linux:
ls /dev/tty*
```

你應該可以在輸出看到其他項目，就像下面的範例。你的新項目可能有不同的名稱。新項目就是設備的名稱：

```
/dev/cu.Bluetooth-Incoming-Port
/dev/cu.MALS
/dev/cu.SOC
/dev/cu.wchusbserial-1450
```

這個名稱將會用來引用設備。但是，這個名稱可能會隨著連接編程器的 USB 埠而不同，所以如果你將電路板從電腦拔開再接上去，或許你要再次察看這個名稱。

有些用戶回報他們的清單裡面有兩個設備，如果你看到兩個設備，「wch」開頭的那一個才是正確的，例如「/dev/wchusbserial-14410」。

確認設備名稱之後，將它放在 shell 變數裡面，以備後用：

```
export DEVICENAME=< 將你的設備名稱放在這裡 >
```

在後面的程序中，當你執行需要設備名的指令時可以徵用這個變數。

執行腳本來 flash 電路板　在 flash 電路板時，你要讓它進入特殊的「bootloader」狀態，讓它做好接收新的二進制檔的準備，接著執行腳本，將二進制檔傳到電路板。

我們先建立一個環境變數來指定傳輸速率（將資料傳給設備的速度）：

```
export BAUD_RATE=921600
```

接著將下面的命令貼到終端機，但是**還不要按下** *Enter*！命令中的 ${DEVICENAME} 與 ${BAUD_RATE} 會被換成你在上一節的設定值。在必要時，記得將 python3 換成 python：

```
python3 tensorflow/lite/micro/tools/make/downloads/ \
  AmbiqSuite-Rel2.0.0/tools/apollo3_scripts/ \
  uart_wired_update.py -b ${BAUD_RATE} \
  ${DEVICENAME} -r 1 -f main_nonsecure_wire.bin -i 6
```

接著將電路板重設為 bootloader 狀態，並 flash 電路板。在電路板找到標示 RST 與 14 的按鈕，如圖 6-14 所示。

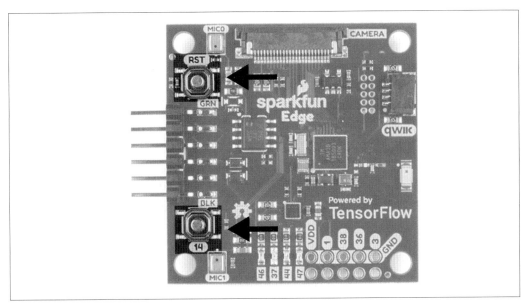

圖 6-14　SparkFun Edge 的按鈕

執行以下步驟：

1. 將電路板連接編程器，並且用 USB 將整組設備接到電腦。

2. 在電路板，按住標著 **14** 的按鈕，**持續按住它**。

3. 在按住按鈕 **14** 的同時，按下按鈕 RST 來重設電路板。

4. 在電腦按下 Enter 來執行腳本。**繼續按著按鈕 *14*。**

現在你會在螢幕上看到這些訊息：

```
Connecting with Corvette over serial port /dev/cu.usbserial-1440...
Sending Hello.
Received response for Hello
Received Status
length =  0x58
version =  0x3
Max Storage =  0x4ffa0
Status =  0x2
State =  0x7
AMInfo =
0x1
0xff2da3ff
0x55fff
0x1
0x49f40003
0xffffffff
[...lots more 0xffffffff...]
Sending OTA Descriptor =  0xfe000
Sending Update Command.
number of updates needed =  1
Sending block of size  0x158b0  from  0x0  to  0x158b0
Sending Data Packet of length  8180
Sending Data Packet of length  8180
[...lots more Sending Data Packet of length  8180...]
```

持續按住按鈕 14，直到看到 Sending Data Packet of length 8180 為止。看到它之後，你就可以放開按鈕了（但繼續按著它也無妨）。

程式會繼續在終端機印出訊息。最後你會看到這些東西：

```
[...lots more Sending Data Packet of length  8180...]
Sending Data Packet of length  8180
Sending Data Packet of length  6440
Sending Reset Command.
Done.
```

這代表你成功 flash 了。

 如果程式的輸出最後出現錯誤，看看有沒有 Sending Reset Command，如果有，代表雖然有錯誤訊息，但 flash 應該成功了，否則應該是 flash 失敗了，試著再次執行這些步驟（你可以跳過設定環境變數的部分）。

測試程式

現在二進制檔已經部署到設備了。按下 RST 按鈕來重設電路板。你應該可以看到設備的 4 個 LED 依序閃爍。幹得好！

如果不能動呢？

可能的原因，與排除的方法：

問題：在進行 flash 時，腳本在 Sending Hello. 停頓一下子，再印出錯誤。

解決方法：在執行腳本的同時一定要按下按鈕 14。請按下按鈕 14，按下按鈕 RST，然後在執行腳本的同時，一直按著按鈕 14。

問題：在 flash 完成之後，LED 都沒有亮。

解決方法：按下按鈕 RST，或先將電路板與編程器拔開，再重新接起來。如果這兩種做法都不行，試著再次 flash 電路板。

察看除錯資料

電路板會在程式執行的時候 log 除錯資訊，你可以用傳輸速率 115200 來監看電路板的序列埠輸出，以察看它們。在 macOS 與 Linux 可以使用這些命令：

```
screen ${DEVICENAME} 115200
```

你會看到許多輸出訊息快速捲過！你可以按下 Ctrl-A 再立刻按下 Esc 來停止捲動，然後用箭頭按鍵來察看輸出，它裡面有對各個 x 值執行推斷的結果：

```
x_value: 1.1843798*2^2, y_value: -1.9542645*2^-1
```

若要停止觀看螢幕上的除錯輸出，你可以按下 Ctrl-A，再立刻按下 K 鍵，接著按下 Y 鍵。

 在連接其他電腦時，screen 程式是很方便的工具，這個例子用它透過序列埠來監聽 SparkFun Edge 電路板 log 的資料。如果你的作業系統是 Windows，你可以試著使用 CoolTerm（*https://oreil.ly/sPWQP*）程式來做同一件事。

自行進行修改

部署基本 app 之後，試著稍微把玩一下，並進行一些更改。你可以在 *tensorflow/lite/micro/examples/hello_world* 資料夾找到 app 的程式碼。你只要編輯並儲存，再重複之前的操作即可將修改過的程式碼部署到設備上。

你可以嘗試這些事情：

- 調整每個週期的推斷次數來讓 LED 閃得更慢或更快。
- 修改 *output_handler.cc*，將文字動畫 log 到序列埠。
- 使用 sine 波來控制其他零件，例如其他的 LED 或聲音產生器。

ST Microelectronics STM32F746G Discovery Kit

STM32F746G（*https://oreil.ly/cvm4J*）是一種微控制器開發電路板，具備相對強大的 Arm Cortex-M7 處理器核心。

這個電路板運行 Arm 的 Mbed OS（*https://os.mbed.com*），這種嵌入式作業系統在設計上可讓你更輕鬆地組建與部署嵌入式 app。也就是說，你可以用這一節介紹的做法來為其他的 Mbed 設備組建程式式。

STM32F746G 有個 LCD 螢幕，可製作比較精巧的視覺顯示。

在 STM32F746G 處理輸出

我們有整個 LCD 可以用來畫出很棒的動畫，接下來會用螢幕的 x 軸來代表推斷數字，y 軸來代表目前的預測值。

我們會在值所在的地方畫出一個點，它會在我們循環執行 0 至 2π 的輸入範圍時移動。圖 6-15 是它的線框圖（wireframe）。

因為每一次推斷都需要一些時間，所以調整在 *constants.cc* 定義的 kInferencesPerCycle 可以調整點的移動速度與平順度。

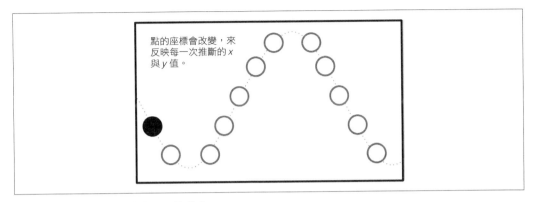

圖 6-15　將在 LCD 螢幕上顯示的動畫

圖 6-16 是取自程式執行時的動態 *.gif*（*https://oreil.ly/1EM7C*）的靜態照片。

圖 6-16　在具備 LCD 螢幕的 STM32F746G Discovery kit 上運行程式

處理 STM32F746G 的輸出的程式碼位於 *hello_world/disco_f746ng/output_handler.cc*（*https://oreil.ly/bj4iL*），請用它來取代原始檔案 *hello_world/output_handler.cc*。

我們來講解它：

```
#include "tensorflow/lite/micro/examples/hello_world/output_handler.h"
#include "LCD_DISCO_F746NG.h"
#include "tensorflow/lite/micro/examples/hello_world/constants.h"
```

首先有一些標頭檔，*output_handler.h* 定義了這個檔案的介面。*LCD_DISCO_F74NG.h* 是這塊板子的製造商提供的，它宣告了控制 LCD 螢幕的介面。我們也 include *constants.h*，因為需要使用 kInferencesPerCycle 與 kXrange。

接著宣告許多變數，首先是 LCD_DISCO_F746NG，它是在 *LCD_DISCO_F74NG.h* 定義的，提供了可用來控制 LCD 的方法：

```
// LCD 驅動程式
LCD_DISCO_F746NG lcd;
```

你可以到 Mbed 網站（*https://oreil.ly/yiPHS*）瞭解 LCD_DISCO_F746NG 類別的詳情。

接著定義一些用來控制視覺的外觀與感覺的常數：

```
// 顯示的顏色
const uint32_t background_color = 0xFFF4B400;   // 黃色
const uint32_t foreground_color = 0xFFDB4437;   // 紅色
// 顯示的圓點大小
const int dot_radius = 10;
```

顏色是用十六進制來提供的，例如 0xFFF4B400，它們的格式是 AARRGGBB，其中 AA 代表 alpha 值（或不透明度，FF 是完全不透明），而 RR、GG 與 BB 代表紅、綠和藍的程度。

你可以透過一些練習來學會閱讀十六進制值的顏色。0xFFF4B400 完全不透明，有許多紅色和相當程度的綠色，所以是漂亮的橙黃色。

你也可以藉著在 Google 搜尋來察看這種值。

接著我們再宣告一些變數來定義動畫的形狀與大小：

```
// 可繪製區域
int width;
int height;
// y 軸的中點
int midpoint;
// 每個 x_value 單位的像素
int x_increment;
```

在這些變數之後，我們定義 HandleOutput() 函式來告訴它第一次執行時該做什麼：

```
// 在螢幕上移動一個圓點來代表目前的 x 與 y 值
void HandleOutput(tflite::ErrorReporter* error_reporter, float x_value,
                  float y_value) {
  // 追蹤函式是否執行至少一次
  static bool is_initialized = false;
```

```
// 只做一次這件事
if (!is_initialized) {
  // 設定背景與前景色
  lcd.Clear(background_color);
  lcd.SetTextColor(foreground_color);
  // 計算可繪製的區域，以避免畫出邊界
  width = lcd.GetXSize() - (dot_radius * 2);
  height = lcd.GetYSize() - (dot_radius * 2);
  // 計算 y 軸的中點
  midpoint = height / 2;
  // 計算一個單位的 x_value 的小數像素
  x_increment = static_cast<float>(width) / kXrange;
  is_initialized = true;
}
```

好多程式！首先，我們用 lcd 的方法來設定背景與前景色。名稱很奇怪的
lcd.SetTextColor() 可以設定我們畫出來的任何東西的顏色，而不是只有文字而已：

```
// 設定背景與前景色
lcd.Clear(background_color);
lcd.SetTextColor(foreground_color);
```

接著，我們計算真正可以進行繪畫的螢幕空間，這樣才可以知道要在哪裡畫出圓點。如
果算錯了，我們可能會在螢幕的邊界畫圖，造成意外的結果：

```
width = lcd.GetXSize() - (dot_radius * 2);
height = lcd.GetYSize() - (dot_radius * 2);
```

接著算出螢幕中心位置，我們會在它下面畫出負的 y 值。我們也計算多少螢幕像素寬度
代表一個單位的 x 值。接著使用 static_cast 來確保我們得到浮點結果：

```
// 計算 y 軸的中點
midpoint = height / 2;
// 計算一個單位的 x_value 的小數像素
x_increment = static_cast<float>(width) / kXrange;
```

如同之前的做法，我們使用靜態變數 is_initialized 來確保這個段落的程式碼只執行
一次。

初始化完成之後，我們開始處理輸出。我們先清除之前的繪圖：

```
// 清除之前的繪圖
lcd.Clear(background_color);
```

接著使用 x_value 來計算應該在螢幕的 x 軸的哪裡畫出圓點:

```
// 計算 x 位置,確保圓點不會部分跑到螢幕外
// 這會導致崩潰
int x_pos = dot_radius + static_cast<int>(x_value * x_increment);
```

接著對 y 值做同樣的事情。這段程式比較複雜,因為我們想要將正數畫在 midpoint 的上面,將負數畫在它的下面。

```
// 計算 y 位置,確保圓點不會部分跑到螢幕外
int y_pos;
if (y_value >= 0) {
  // 因為螢幕的 y 是由上往下遞增的,所以將 y_value 反過來
  y_pos = dot_radius + static_cast<int>(midpoint * (1.f - y_value));
} else {
  // 從 midpoint 開始繪製任何負的 y_value
  y_pos =
      dot_radius + midpoint + static_cast<int>(midpoint * (0.f - y_value));
}
```

確定圓點的位置之後,將它畫出來:

```
// 畫出圓點
lcd.FillCircle(x_pos, y_pos, dot_radius);
```

最後,使用 ErrorReporter 來將 x 與 y 值 log 到序列埠:

```
// log 目前的 X 與 Y 值
error_reporter->Report("x_value: %f, y_value: %f\n", x_value, y_value);
```

 因為我們用自訂實作 *micro/disco_f746ng/debug_log.cc*(*https://oreil.ly/eL1ft*)取代位於 *micro/debug_log.cc*(*https://oreil.ly/HpJ-t*)的原始實作,所以 ErrorReporter 可以透過 STM32F746G 的序列埠來輸出資料。

執行範例

接下來要組建專案了!因為 STM32F746G 使用 Arm 的 Mbed OS,所以我們使用 Mbed 工具鏈來將 app 部署至設備。

 在本書出版之後,組建程序可能會改變,所以請參考 *README.md*(*https://oreil.ly/WuhIz*)來瞭解最新的做法。

在開始之前，我們需要這些東西：

- STM32F746G Discovery kit 電路板

- mini-USB 線

- Arm Mbed CLI（採用 Mbed 設定指南（*https://oreil.ly/TkRwd*））

- Python 3 與 pip

如同 Arduino IDE，Mbed 要求以特定方式來安排原始檔。TensorFlow Lite for Microcontrollers Makefile 知道如何為我們做這件事，產生適合 Mbed 的目錄。

執行這個命令：

```
make -f tensorflow/lite/micro/tools/make/Makefile \
  TARGET=mbed TAGS="CMSIS disco_f746ng" generate_hello_world_mbed_project
```

它會建立新目錄：

```
tensorflow/lite/micro/tools/make/gen/mbed_cortex-m4/prj/ \
  hello_world/mbed
```

這個目錄裡面有範例的所有依賴項目，並且以正確的方式來放置它們，讓 Mbed 可以組建它。

首先，進入目錄，準備在裡面執行一些命令：

```
cd tensorflow/lite/micro/tools/make/gen/mbed_cortex-m4/prj/ \
  hello_world/mbed
```

接著你可以使用 Mbed 來下載依賴項目並組建專案。

先使用下面的命令來向 Mbed 指定目前的目錄是 Mbed 專案的根目錄：

```
mbed config root .
```

接著要求 Mbed 下載依賴項目，並準備組建：

```
mbed deploy
```

在預設情況下，Mbed 會用 C++98 來組建專案，但是 TensorFlow Lite 需要 C++11，執行下面的 Python 來修改 Mbed 組態檔，讓它使用 C++11。你可以在命令列直接輸入它，或將它貼到那裡：

```
python -c 'import fileinput, glob;
for filename in glob.glob("mbed-os/tools/profiles/*.json"):
  for line in fileinput.input(filename, inplace=True):
    print(line.replace("\"-std=gnu++98\"","\"-std=c++11\", \"-fpermissive\""))'
```

最後，執行這個命令來進行編譯：

```
mbed compile -m DISCO_F746NG -t GCC_ARM
```

它會在這個路徑產生一個二進制檔：

```
cp ./BUILD/DISCO_F746NG/GCC_ARM/mbed.bin
```

像 STM32F746G 這種使用 Mbed 的電路板有一個很棒的地方是它的部署非常輕鬆。在部署時，你只要插入 STM 電路板並將檔案複製給它就可以了。在 macOS，你可以用這個命令來做這件事：

```
cp ./BUILD/DISCO_F746NG/GCC_ARM/mbed.bin /Volumes/DIS_F746NG/
```

或者，在檔案瀏覽器尋找 DIS_F746NG volume 並將檔案拉過去。複製檔案就會開始 flash 程序，完成之後，設備的螢幕就會顯示動畫了。

除了這個動畫之外，電路板也會在程式執行時 log 除錯資訊。察看的方式是以傳輸率 9600 來與電路板建立序列連結。

在 macOS 與 Linux 發出這個命令可列出設備：

```
ls /dev/tty*
```

它長得像這樣：

```
/dev/tty.usbmodem1454203
```

看到這個設備之後，使用這個命令來連接它，將 </dev/tty.devicename> 換成出現在你的 /dev 的設備名稱：

```
screen /<dev/tty.devicename> 9600
```

你會看到很多輸出快速捲過。你可以按下 Ctrl-A 再立刻按下 Esc 讓它停止捲動，再使用箭頭按鍵來觀看輸出，裡面有對各種 x 值執行推斷的結果：

```
x_value: 1.1843798*2^2, y_value: -1.9542645*2^-1
```

如果你不想察看除錯輸出了，你可以按下 Ctrl-A 再立刻按下 K 鍵，再按下 Y 鍵。

自行進行修改

部署 app 之後，把玩一下，並且進行一些更改是很有趣的事情！你可以在 *tensorflow/ lite/micro/tools/make/gen/mbed_cortex-m4/prj/hello_world/mbed* 資料夾裡面找到 app 的程式碼。你只要編輯並儲存，再重複之前的操作即可將修改過的程式碼部署到設備上。

你可以嘗試這些事情：

- 調整每個週期的推斷次數，來讓圓點跑得更慢或更快。

- 修改 *output_handler.cc*，將文字動畫 log 到序列埠。

- 使用 sine 波來控制其他零件，例如 LED 或揚聲器。

結語

在過去的三章，我們已經完成一個完整的端對端流程了，包括訓練模型、為 TensorFlow Lite 轉換它、為它編寫 app，以及將它部署到微型設備。在接下來的章節，我們將探索一些比較精密且令人期待的範例，實際運用嵌入式機器學習。

首先，我們要使用一個極小型，只有 18 KB 的模型來建構可以辨識語音指令的 app。

## 第七章

喚醒詞偵測：建構 app

雖然 TinyML 是新詞彙，但它最廣泛的應用可能已經在你家、你的車，甚至在你的口袋裡面運作了，猜得到它是什麼嗎？

數位助理在過去幾年裡日益興起，這種產品都有語音用戶介面（UI），可讓大家在不需要使用螢幕或鍵盤的情況下取得資訊。在 Google Assistant、Apple 的 Siri 與 Amazon Alexa 之中，這些數位助理幾乎無處不在。幾乎每一款手機都內建了某種版本，無論是旗艦型的，或是為新興市場設計的語音優先設備，在智慧型喇叭、電腦與汽車裡面也可以看到它們。

在多數情況下，辨識語音、處理自然語言以及針對用戶的請求產生回應等繁重的工作，都是在運行大規模 ML 模型的強大雲端伺服器上完成的。當使用者詢問問題時，它會將音訊串流送到伺服器，伺服器會瞭解它的意思，尋找用戶請求的資訊，並回傳適當的回應。

但是語音助理的魅力是它們可以隨時待命，隨時準備幫助你，你只要說「Hey Google」或「Alexa」就可以喚醒助理，不必按下按鈕就可以告訴它你需要什麼。這意味著它必須全天候地監聽你的聲音，無論你坐在客廳、在高速公路上開車，還是在戶外拿著手機。

雖然在伺服器上進行語音辨識很簡單，但是從設備發送源源不斷的音訊到資料中心是不可行的。從隱私的角度來看，將採集到的每一秒音訊送到遠端伺服器絕對是一場災難，即使可以，它也需要大量的頻寬，以及浪費好幾個小時的行動資費。此外，網路通訊需要電力，傳送源源不斷的資料流會快速耗盡設備的電池。更重要的是，將請求送到伺服器再回傳會讓助理變得延遲並且卡頓。

助理真正需要的音訊是喚醒詞（例如「Hey Google」）之後的部分。如果可以在不發送資料的情況下偵測喚醒詞，並且在聽到之後才開始傳送音訊流呢？這樣我們就可以保護用戶隱私，節省電池電力與頻寬，並且在不必等待網路的情況下喚醒助理。

這就是 TinyML 的作用所在。我們可以訓練一個微型模型來監聽喚醒詞，並且在低電力晶片上運行模型。將它嵌入手機之後，它就可以一直監聽喚醒詞了，當它聽到喚醒詞時，它會通知手機的作業系統（OS），讓作業系統開始採集音訊，並將它傳給伺服器。

TinyML 非常適合用來偵測喚醒詞。它很適合用來執行隱私、高效、高速且離線的推斷。用微型、高效的模型來「喚醒」更大型、更需要資源的模型稱為 *cascading*（串聯）。

在這一章，我們將研究如何使用訓練好的語音偵測模型與微型控制器來提供永續開啟的喚醒詞偵測功能。在第 8 章，我們將研究如何訓練模型，以及如何建立我們自己的模型。

我們要製作什麼？

我們將製作一個運用 18 KB 模型的嵌入式 app，這個模型是用語音指令資料組訓練的，用來分類語音訊號。我們會讓這個模型學會辨識「yes」與「no」，以及區分未知單字與靜音或背景噪音。

這個 app 會用麥克風監聽周圍的環境，並根據設備的功能，在偵測到單字時，亮起 LED 或在螢幕上顯示資料。當你瞭解這段程式之後，你就學會如何用語音控制任何電子專案了。

 如同第 5 章，你可以在 TensorFlow GitHub 存放區取得這個 app 的原始碼（*https://oreil.ly/Bql0J*）。

我們將採取類似第 5 章的模式，先討論測試程式，再說明 app 程式碼，最後介紹在各種設備上運作範例的邏輯。

我們將介紹如何在以下設備上部署 app：

- Arduino Nano 33 BLE Sense（*https://oreil.ly/6qlMD*）
- SparkFun Edge（*https://oreil.ly/-hoL-*）
- ST Microelectronics STM32F746G Discovery kit（*https://oreil.ly/cvm4J*）

TensorFlow Lite 會定期加入新設備的支援，所以如果你想要使用的設備不在其中，你可以察看範例的 *README.md*（*https://oreil.ly/OE3Pn*）。如果你在執行這些步驟時遇到問題，也可以看看那裡有沒有更新後的部署說明。

這個 app 顯然比「hello world」複雜，我們先瞭解它的結構。

app 結構

在之前幾章，你已經知道機器學習 app 會依序處理這些事情：

1. 取得輸入
2. 預先處理輸入來提出適合傳給模型的特徵
3. 用處理過的輸入來執行推斷
4. 對模型的輸出進行後續處理，來理解它
5. 使用產生的資訊來做事

「hello world」例子以非常直觀的形式執行這些步驟，它會接收一個用簡單的計數器產生的浮點數輸入，再輸出另一個浮點數，我們用這個數字來控制視覺輸出。

喚醒詞 app 比較複雜，原因如下：

- 它需要接收音訊資料。你將看到，我們要先進行繁重的預先處理才能將它傳入模型。
- 它的模型是個輸出類別機率的分類器，我們要解析這個輸出，來瞭解它的意義。
- 它的設計可使用即時資料永續執行推斷，我們必須用程式來瞭解一連串的推斷結果。
- 這個模型更大且更複雜。我們會將硬體的功能發揮到極致。

因為這些複雜性大部分都來自即將使用的模型，所以我們來稍微認識它。

介紹模型

如前所述，本章使用的模型是訓練來辨識單字「yes」與「no」的，它也可以區分未知的單字與靜音或背景噪音。

這個模型是用 Speech Commands 資料組（*https://oreil.ly/qtOSI*）訓練的，它有 65,000 組一秒鐘的單字發音，每組 30 個單字，透過線上眾包來製作。

雖然這個資料組有 30 個不同的單字，但模型被訓練成只區分四個種類：單字「yes」與「no」、「不明」單字（代表資料組的其他 28 個單字）以及靜音。

這個模型每次都接收一秒鐘的資料，它會輸出四個機率分數，四個類別的每個類別一個，預測那一筆資料是其中一種類別的機率多大。

但是這個模型不是接收原始的音訊樣本資料，而是**聲譜**（*spectrogram*），這是以頻率資訊片段組成的兩維陣列，每一個片段都是從不同的時間窗口取得的。

圖 7-1 是某人說「yes」的一秒鐘音訊片段產生的聲譜視覺化圖像。圖 7-2 是單字「no」的同一個東西。

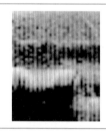

圖 7-1　「yes」的聲譜

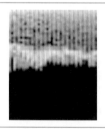

圖 7-2　「no」的聲譜

在預先處理期間隔離出頻率資訊可讓模型更輕鬆地工作，如此一來，在訓練期間，它就不需要學習如何解讀原始的音訊資料，只要處理包含最實用的資訊的高層抽象即可。

稍後會介紹聲譜是如何產生的，現在你只要知道模型接收的是聲譜即可。因為聲譜是個二維陣列，所以我們用 2D 張量的形式將它傳給模型。

有時我們想要處理的多維張量資訊是成群的相鄰值之間的關係，此時可以使用一種為這種張量而設計的神經網路結構—摺積神經網路（CNN）。

這種資料最常見的案例就是圖像，其中成群的相鄰像素可能是一種形狀、圖案或紋理。在訓練期間，CNN 能夠識別這些特徵，並學習它們代表什麼東西。

它可以學習簡單的圖像特徵（例如線或邊）如何組成更複雜的特徵（例如眼睛或耳朵），進而學習更複雜的特徵如何組成輸入圖像，例如人臉照片。也就是說，CNN 可以學習區分不同的輸入圖像類別，例如人的照片與狗的照片之間的不同。

雖然 CNN 經常被用來處理圖像（2D 像素網格），但它們可以處理任何多維向量輸入，事實上，它們非常適合處理聲譜資料。

第 8 章會介紹如何訓練這個模型。在那之前，我們先討論 app 的結構。

所有元件

如前所述，我們的喚醒詞 app 比「hello world」範例更複雜。圖 7-3 是它的元件。

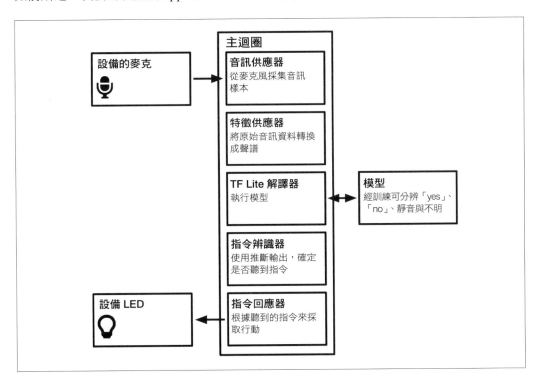

圖 7-3　喚醒詞 app 的元件

我們來看一下各個元件的作用：

主迴圈

如同「hello world」範例，這個 app 會在一個持續運行的迴圈裡面執行。所有後續程序都在迴圈裡面執行，並且會持續執行，它的速度與微控制器可以執行的速度一樣快，也就是每秒好幾次。

音訊供應器（*Audio provider*）

音訊供應器會從麥克風採集原始音訊資料。因為採集音訊的方法因設備而異，所以你可以覆寫或自訂這個元件。

特徵供應器（*Feature provider*）

特徵供應器會將原始音訊資料轉換成模型需要的聲譜格式，它是主迴圈的一部分，會持續不斷且定期地做這件事，為解譯器提供一系列重疊的一秒窗口。

TF Lite 解譯器（*TF Lite interpreter*）

解譯器會執行 TensorFlow Lite 模型，將輸入聲譜轉換成一組機率。

模型

我們以資料陣列的形式 include 模型，並且用解譯器執行它。模型陣列位於 *tiny_conv_micro_features_model_data.cc*（*https://oreil.ly/XIUz9*）。

指令辨識器（*Command recognizer*）

因為推斷每秒執行多次，RecognizeCommands 類別會收集結果，並確定平均而言是否聽到已知的單字。

指令回應器（*Command responder*）

聽到指令時，指令回應器會使用設備的輸出功能來讓用戶知道。取決於設備，你可能會點亮 LED，或是在 LCD 螢幕顯示資料。你可以根據不同的設備類型覆寫它。

在 GitHub 上的範例檔裡面有各個元件的測試程式。接下來我們要研究它們，瞭解它們如何運作。

詳述測試程式

如同第 5 章，我們可以使用測試程式來瞭解 app 是如何運作的。因為之前已經探討許多 C++ 與 TensorFlow Lite 基本知識了，所以接下來不需要解釋每一行，我們把注意力放在各項測試最重要的部分，並解釋它們做了什麼事情。

我們將研究下列測試程式，你可以在 GitHub 存放區找到它們（*https://oreil.ly/YiSbu*）。

micro_speech_test.cc (https://oreil.ly/FiBEN)
展示如何使用聲譜資料來執行推斷並解讀結果

audio_provider_test.cc (https://oreil.ly/bQOKd)
展示如何使用音訊供應器

feature_provider_mock_test.cc (https://oreil.ly/V9rK8)
展示如何使用特徵供應器，使用 *mock*（假）音訊供應器來傳入假資料

recognize_commands_test.cc (https://oreil.ly/P9pCG)
展示如何解譯模型的輸出，從而確定是否聽到指令

command_responder_test.cc (https://oreil.ly/OqftF)
展示如何呼叫指令回應器來觸發輸出

這個範例還有許多測試，但研究這幾個就可以讓你瞭解重要的可動元件了。

基本流程

micro_speech_test.cc 測試的基本流程與我們看過的「hello world」範例一樣：載入模型，設定解譯器，並配置張量。

但是它們之間有一個重要的差異。在「hello world」範例裡面，我們使用 `AllOpsResolver` 來拉入運行模型需要的所有深度學習 op，雖然這種做法很安全，卻也很浪費空間，因為模型應該不會用到全部的幾十種 op。將 app 部署到設備時，這些沒必要的 op 會占用寶貴的記憶體，所以最好的做法是只 include 我們需要的部分。

為此，我們在測試檔的最上面定義模型需要的 op：

```
namespace tflite {
namespace ops {
namespace micro {
TfLiteRegistration* Register_DEPTHWISE_CONV_2D();
TfLiteRegistration* Register_FULLY_CONNECTED();
TfLiteRegistration* Register_SOFTMAX();
}  // namespace micro
}  // namespace ops
}  // namespace tflite
```

接著設定 logging，並載入模型，與之前一樣：

```
// 設定 logging
tflite::MicroErrorReporter micro_error_reporter;
tflite::ErrorReporter* error_reporter = &micro_error_reporter;
// 將模型對映至可用的資料結構，這不涉及
// 任何複製或解析，它是非常輕量的 op。
const tflite::Model* model =
    ::tflite::GetModel(g_tiny_conv_micro_features_model_data);
if (model->version() != TFLITE_SCHEMA_VERSION) {
  error_reporter->Report(
      "Model provided is schema version %d not equal "
      "to supported version %d.\n",
      model->version(), TFLITE_SCHEMA_VERSION);
}
```

載入模型之後，我們宣告 MicroMutableOpResolver，並使用它的方法 AddBuiltin() 來加入之前列出的 op：

```
tflite::MicroMutableOpResolver micro_mutable_op_resolver;
micro_mutable_op_resolver.AddBuiltin(
    tflite::BuiltinOperator_DEPTHWISE_CONV_2D,
    tflite::ops::micro::Register_DEPTHWISE_CONV_2D());
micro_mutable_op_resolver.AddBuiltin(
    tflite::BuiltinOperator_FULLY_CONNECTED,
    tflite::ops::micro::Register_FULLY_CONNECTED());
micro_mutable_op_resolver.AddBuiltin(tflite::BuiltinOperator_SOFTMAX,
                                     tflite::ops::micro::Register_SOFTMAX());
```

你可能會想，如何知道該為模型 include 哪些 op？有一種做法是試著使用 MicroMutableOpResolver 執行模型，但完全不呼叫 AddBuiltin()，造成推斷失敗，你可以從錯誤訊息知道缺少並且需要加入哪些 op。

MicroMutableOpResolver 是 在 *tensorflow/lite/micro/micro_mutable_op_resolver.h*（*https://oreil.ly/TGVZz*）定義的，你必須將它加入你的 include 陳述式。

設定 MicroMutableOpResolver 之後，我們按照之前的做法，設定解譯器和它的工作記憶體：

```
// 建立一個記憶體區域，供輸入、輸出與中間陣列使用。
const int tensor_arena_size = 10 * 1024;
uint8_t tensor_arena[tensor_arena_size];
// 建構執行模型的解譯器
tflite::MicroInterpreter interpreter(model, micro_mutable_op_resolver, tensor_arena,
                                     tensor_arena_size, error_reporter);
interpreter.AllocateTensors();
```

在「hello world」app，我們只為 tensor_arena 配置 2 * 1,024 bytes，因為那個模型非常小。語音模型大很多，而且它處理的輸入與輸出更複雜，所以需要更多空間（10 * 1,024），這個空間是用試誤法找出來的。

接著我們看一下輸入張量大小。但是這一次它有些不同：

```
// 取得模型的輸入所使用的記憶體區域的資訊
TfLiteTensor* input = interpreter.input(0);
// 確保輸入有我們期望的屬性
TF_LITE_MICRO_EXPECT_NE(nullptr, input);
TF_LITE_MICRO_EXPECT_EQ(4, input->dims->size);
TF_LITE_MICRO_EXPECT_EQ(1, input->dims->data[0]);
TF_LITE_MICRO_EXPECT_EQ(49, input->dims->data[1]);
TF_LITE_MICRO_EXPECT_EQ(40, input->dims->data[2]);
TF_LITE_MICRO_EXPECT_EQ(1, input->dims->data[3]);
TF_LITE_MICRO_EXPECT_EQ(kTfLiteUInt8, input->type);
```

因為我們處理的輸入是聲譜，輸入張量有更多維度，總共有四個。第一維只是個包含一個元素的包裝，第二與第三維是聲譜的「列」與「行」，有 49 列與 40 行，第四維是輸入張量最裡面的維度，它的大小是 1，保存聲譜的各個「像素」。稍後會介紹聲譜的結構。

接下來，抓取一個「yes」聲譜樣本，它在 g_yes_micro_f2e59fea_nohash_1_data 常數裡面，這個常數是在 *micro_features/yes_micro_features_data.cc*（*https://oreil.ly/rVn8O*）檔案裡面定義的，這個測試程式有 include 它。聲譜是 1D 陣列，我們直接迭代它來將它複製到輸入張量：

```
// 將某人說「Yes」的 .wav 音訊檔產生的聲譜
// 複製到輸入用的記憶體區域
const uint8_t* yes_features_data = g_yes_micro_f2e59fea_nohash_1_data;
for (int i = 0; i < input->bytes; ++i) {
  input->data.uint8[i] = yes_features_data[i];
}
```

指派輸入之後，我們執行推斷，並察看輸出張量的大小與外形：

```
// 用這個輸入執行模型並確保它成功
TfLiteStatus invoke_status = interpreter.Invoke();
if (invoke_status != kTfLiteOk) {
  error_reporter->Report("Invoke failed\n");
}
TF_LITE_MICRO_EXPECT_EQ(kTfLiteOk, invoke_status);

// 取得模型的輸出，並確保它的大小與型態符合預期。
TfLiteTensor* output = interpreter.output(0);
TF_LITE_MICRO_EXPECT_EQ(2, output->dims->size);
TF_LITE_MICRO_EXPECT_EQ(1, output->dims->data[0]);
TF_LITE_MICRO_EXPECT_EQ(4, output->dims->data[1]);
TF_LITE_MICRO_EXPECT_EQ(kTfLiteUInt8, output->type);
```

輸出有兩個維度，第一個只是個包裝，第二個有四個元素。這個結構保存了四個類別
（靜音、不明、「yes」與「no」）的匹配機率。

下一段程式檢查機率是否符合預期。因為輸出張量的元素一定代表某個類別，所以我們
知道哪個索引代表哪個類別，它們的順序是在訓練期間定義的：

```
// 輸出張量有四個可能的類別，每一個都有一個分數。
const int kSilenceIndex = 0;
const int kUnknownIndex = 1;
const int kYesIndex = 2;
const int kNoIndex = 3;

// 確保預期的「Yes」分數比其他類別更高。
uint8_t silence_score = output->data.uint8[kSilenceIndex];
uint8_t unknown_score = output->data.uint8[kUnknownIndex];
uint8_t yes_score = output->data.uint8[kYesIndex];
uint8_t no_score = output->data.uint8[kNoIndex];
TF_LITE_MICRO_EXPECT_GT(yes_score, silence_score);
TF_LITE_MICRO_EXPECT_GT(yes_score, unknown_score);
TF_LITE_MICRO_EXPECT_GT(yes_score, no_score);
```

因為我們傳入一個「yes」聲譜，所以可以預期變數 yes_score 儲存的機率比 silence_
score、unknown_score、no_score 更高。

滿意「yes」的結果之後，我們用「no」聲譜來做同一件事。我們先複製輸入並執行推斷：

```
// 現在用不同的輸入來測試，來自「No」的錄音
const uint8_t* no_features_data = g_no_micro_f9643d42_nohash_4_data;
for (int i = 0; i < input->bytes; ++i) {
  input->data.uint8[i] = no_features_data[i];
}
// 用這個「No」輸入來執行模型
invoke_status = interpreter.Invoke();
if (invoke_status != kTfLiteOk) {
  error_reporter->Report("Invoke failed\n");
}
TF_LITE_MICRO_EXPECT_EQ(kTfLiteOk, invoke_status);
```

完成推斷之後，我們確認「no」得到最高分：

```
// 確認期望的「No」分數比其他類別高
silence_score = output->data.uint8[kSilenceIndex];
unknown_score = output->data.uint8[kUnknownIndex];
yes_score = output->data.uint8[kYesIndex];
no_score = output->data.uint8[kNoIndex];
TF_LITE_MICRO_EXPECT_GT(no_score, silence_score);
TF_LITE_MICRO_EXPECT_GT(no_score, unknown_score);
TF_LITE_MICRO_EXPECT_GT(no_score, yes_score);
```

這樣就完成了！

你可以在 TensorFlow 存放區的根目錄執行下列命令來執行這個測試：

```
make -f tensorflow/lite/micro/tools/make/Makefile \
  test_micro_speech_test
```

接著我們來看一下提供所有音訊資料的元素：音訊供應器。

音訊供應器

音訊供應器是將設備的麥克風硬體與我們的程式碼接起來的東西。每一個設備都有不同的音訊擷取機制，因此，*audio_provider.h*（*https://oreil.ly/89FGG*）定義一個用來請求音訊資料的介面，開發者可以為任何平台撰寫他們自己的實作。

我們的範例包含 Arduino、STM32F746G、SparkFun Edge 與 macOS 的音訊供應器實作。如果你想要讓這個例子支援新設備，你可以閱讀既有的實作來瞭解如何完成。

音訊供應器的核心部分是 GetAudioSamples() 函式，它的定義位於 *audio_provider.h*。它長這樣：

```
TfLiteStatus GetAudioSamples(tflite::ErrorReporter* error_reporter,
                             int start_ms, int duration_ms,
                             int* audio_samples_size, int16_t** audio_samples);
```

正如 *audio_provider.h* 所述，這個函式會回傳一個包含 16-bit 脈衝編碼調變（PCM）音訊資料的陣列。PCM 是很常見的數位音訊格式。

我們在呼叫這個函式時使用 ErrorReporter 實例、開始時間（start_ms）、持續時間（duration_ms）與兩個指標。

GetAudioSamples() 使用這些指標來提供資料。呼叫方必須以正確的型態宣告變數，並且在呼叫這個函式時，傳入指向那些變數的指標。函式的實作會將這兩個指標解參考（dereference），並設定變數的值。

第一個指標 audio_samples_size 會接收音訊資料中的 16-bit 樣本的總數。第二個指標 audio_samples 會接收一個陣列，裡面有音訊資料本身。

我們可以藉著閱讀測試程式來瞭解實際的動作。*audio_provider_test.cc*（*https://oreil.ly/ 9XgFg*）裡面有兩項測試，但我們只要看第一個測試就可以知道如何使用音訊供應器了：

```
TF_LITE_MICRO_TEST(TestAudioProvider) {
  tflite::MicroErrorReporter micro_error_reporter;
  tflite::ErrorReporter* error_reporter = &micro_error_reporter;

  int audio_samples_size = 0;
  int16_t* audio_samples = nullptr;
  TfLiteStatus get_status =
      GetAudioSamples(error_reporter, 0, kFeatureSliceDurationMs,
                      &audio_samples_size, &audio_samples);
  TF_LITE_MICRO_EXPECT_EQ(kTfLiteOk, get_status);
  TF_LITE_MICRO_EXPECT_LE(audio_samples_size, kMaxAudioSampleSize);
  TF_LITE_MICRO_EXPECT_NE(audio_samples, nullptr);

  // 確保我們可以讀取所有回傳的記憶體位置
  int total = 0;
  for (int i = 0; i < audio_samples_size; ++i) {
    total += audio_samples[i];
  }
}
```

我們可以從這項測試看到如何使用一些值與指標來呼叫 GetAudioSamples()，這項測試確認函式被呼叫之後，指標都有被正確地指派。

 kFeatureSliceDurationMs 與 kMaxAudioSampleSize 等常數是在訓練模型時選擇的值，你可以在 *micro_features/micro_model_settings.h*（*https://oreil.ly/WLuug*）裡面找到它們。

audio_provider.cc 的預設實作只會回傳一個空陣列，為了證明它的大小是正確的，測試會迭代它，迭代的次數是預期的樣本數。

除了 GetAudioSamples() 之外，音訊供應器也有一個稱為 LatestAudioTimestamp() 的函式，它的功能是回傳最新的音訊資料的擷取時間，單位是毫秒。特徵供應器需要這項資訊來確定該抓取哪個音訊資料。

你可以使用下列命令來執行音訊供應器測試：

```
make -f tensorflow/lite/micro/tools/make/Makefile \
  test_audio_provider_test
```

特徵供應器將音訊供應器當成新鮮音訊樣本來源，我們接著來介紹它。

特徵供應器

特徵供應器會將音訊供應器提供的原始音訊轉換成可傳給模型的聲譜。它會在主迴圈之中被呼叫。

它的介面是在 *feature_provider.h*（*https://oreil.ly/59uTO*）定義的，介面長這樣：

```
class FeatureProvider {
 public:
  // 建立供應器，並將它綁到一個記憶體區域，這塊記憶體
  // 在供應器物件的活動期間要維持可用狀態，
  // 因為後續的呼叫都對它填入特徵資料。供應器不對這些資料
  // 進行記憶體管理。
  FeatureProvider(int feature_size, uint8_t* feature_data);
  ~FeatureProvider();

  // 填入特徵資料，其中有來自音訊輸入的資訊，
  // 並回傳有多少特徵片段被更新
  TfLiteStatus PopulateFeatureData(tflite::ErrorReporter* error_reporter,
                                   int32_t last_time_in_ms, int32_t time_in_ms,
                                   int* how_many_new_slices);
```

```
private:
 int feature_size_;
 uint8_t* feature_data_;
 // 如果這是第一次呼叫供應器，
 // 確保我們沒有試著使用快取的資訊
 bool is_first_run_;
};
```

為了瞭解它的用法，我們來看一下 *feature_provider_mock_test.cc* 的測試程式（*https:// oreil.ly/N3YPu*）。

為了讓特徵供應器有音訊資料可以使用，這些測試使用特殊的假音訊供應器版本（這種版本稱為 mock）來提供音訊資料，它的定義位於 *audio_provider_mock.cc*（*https://oreil. ly/aQSP8*）。

 測試程式的組建指令用 mock 音訊供應器來取代真正的供應器，你可以在 *Makefile.inc*（*https://oreil.ly/51m0b*）裡面的 FEATURE_PROVIDER_MOCK_TEST_ SRCS 底下看到。

feature_provider_mock_test.cc 檔案裡面有兩個測試，這是第一個：

```
TF_LITE_MICRO_TEST(TestFeatureProviderMockYes) {
  tflite::MicroErrorReporter micro_error_reporter;
  tflite::ErrorReporter* error_reporter = &micro_error_reporter;

  uint8_t feature_data[kFeatureElementCount];
  FeatureProvider feature_provider(kFeatureElementCount, feature_data);

  int how_many_new_slices = 0;
  TfLiteStatus populate_status = feature_provider.PopulateFeatureData(
      error_reporter, /* last_time_in_ms= */ 0, /* time_in_ms= */ 970,
      &how_many_new_slices);
  TF_LITE_MICRO_EXPECT_EQ(kTfLiteOk, populate_status);
  TF_LITE_MICRO_EXPECT_EQ(kFeatureSliceCount, how_many_new_slices);

  for (int i = 0; i < kFeatureElementCount; ++i) {
    TF_LITE_MICRO_EXPECT_EQ(g_yes_micro_f2e59fea_nohash_1_data[i],
                            feature_data[i]);
  }
}
```

我們呼叫 FeatureProvider 的建構式並傳入 feature_size 與 feature_data 引數來建立它：

```
FeatureProvider feature_provider(kFeatureElementCount, feature_data);
```

第一個引數代表聲譜裡面應該有多少資料元素，第二個引數是將要填入聲譜資料的陣列的指標。

聲譜裡面的元素數量是在訓練模型時決定的，它的定義是 *micro_features/micro_model_settings.h* 內的 kFeatureElementCount（*https://oreil.ly/FdUCq*）。

我們呼叫 feature_provider.PopulateFeatureData() 來取得過去一秒的音訊的特徵：

```
TfLiteStatus populate_status = feature_provider.PopulateFeatureData(
    error_reporter, /* last_time_in_ms= */ 0, /* time_in_ms= */ 970,
    &how_many_new_slices);
```

我們提供一個 ErrorReporter 實例，一個代表這個方法上一次被呼叫的時間的整數（last_time_in_ms），目前的時間（time_in_ms），以及一個整數指標（how_many_new_slices），那個整數會被換成我們收到的新特徵片段（*feature slice*）數量，片段只是聲譜中的一列（row），代表一段時間。

因為我們始終想要取得最後一秒的音訊，特徵供應器會比較它上次被呼叫的時間（last_time_in_ms）與目前的時間（time_in_ms），用這段時間抓到的音訊建立聲譜資料，再更新 feature_data 陣列，加入任何額外的片段，並移除任何早於一秒的片段。

當 PopulateFeatureData() 執行時，它會從 mock 音訊供應器請求音訊，mock 會給它代表「yes」的音訊，讓特徵供應器處理它並提供結果。

呼叫 PopulateFeatureData() 之後，我們檢查結果是否一如預期。我們拿它產生的資料與 mock 音訊供應器提供的「yes」的已知正確聲譜進行比較：

```
TF_LITE_MICRO_EXPECT_EQ(kTfLiteOk, populate_status);
TF_LITE_MICRO_EXPECT_EQ(kFeatureSliceCount, how_many_new_slices);
for (int i = 0; i < kFeatureElementCount; ++i) {
  TF_LITE_MICRO_EXPECT_EQ(g_yes_micro_f2e59fea_nohash_1_data[i],
                          feature_data[i]);
}
```

mock 音訊供應器可以提供「yes」或「no」的音訊，取決它收到的開始與結束時間。在 *feature_provider_mock_test.cc* 裡面的第二項測試做的事情與第一個一模一樣，不過它處理的是代表「no」的音訊。

使用這個命令來執行測試：

```
make -f tensorflow/lite/micro/tools/make/Makefile \
  test_feature_provider_mock_test
```

特徵供應器如何將音訊轉換成聲譜

特徵供應器的實作位於 *feature_provider.cc*（*https://oreil.ly/xzLzE*），我們來瞭解它如何運作。

如前所述，它的工作是填寫一個一秒的音訊聲譜陣列。它設計上是在迴圈裡面呼叫的，所以為了避免沒必要的工作，它只會產生現在的時間與上次被呼叫的時間之間的新特徵。如果它上次在不到一秒之前被呼叫，它會保留一些上次的輸出，並且只產生缺少的部分。

在程式中，每一個聲譜都是用 2D 陣列來表示的，裡面有 40 行、49 列，每一列代表 30 毫秒（ms）的音訊樣本，每個樣本被分成 43 個頻率桶（frequency bucket）。

在建立每一列時，我們使用**快速傅立葉轉換**（FFT）演算法來處理 30 ms 的音訊片段，這項技術會分析音訊的頻率分布，建立一個包含 256 個頻率桶的陣列，各個頻率桶的值在 0 至 255 之間，再計算每六個的平均值，總共得到 43 個頻率桶。

做 這 件 事 的 程 式 位 於 *micro_features/micro_features_generator.cc* 檔（*https://oreil.ly/HVU2G*），它會被特徵供應器呼叫。

為了建立整個 2D 陣列，我們對 49 個連續的 30-ms 音訊片段執行 FFT，再將所有結果結合起來，每一個片段都與上一個重疊 10 ms。圖 7-4 說明這項工作的情況。

在圖中有一個 30-ms 的樣本窗口，它每次往前移動 20 ms，直到涵蓋整個一秒鐘的樣本為止，最後的聲譜即可傳入模型。

我們可以在 *feature_provider.cc* 裡面瞭解這個程序如何發生。首先，它根據 PopulateFeatureData() 上次被呼叫的時間來決定它實際上需要產生哪個片段。

```
// 將時間量化為長度與窗口寬度一樣的單步（step），
// 如此一來我們才可以算出需要擷取哪一些音訊資料。
const int last_step = (last_time_in_ms / kFeatureSliceStrideMs);
const int current_step = (time_in_ms / kFeatureSliceStrideMs);

int slices_needed = current_step - last_step;
```

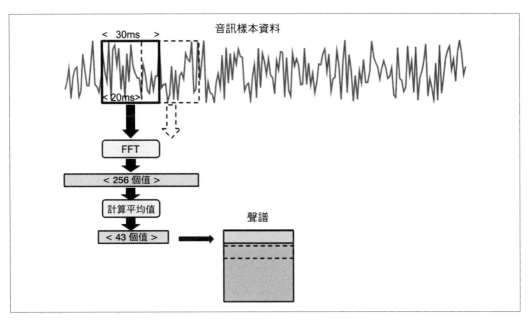

圖 7-4　音訊樣本處理圖

如果它之前沒有執行過，或它上一次的執行在一秒鐘之前，它會產生最大的片段數量：

```
if (is_first_run_) {
  TfLiteStatus init_status = InitializeMicroFeatures(error_reporter);
  if (init_status != kTfLiteOk) {
    return init_status;
  }
  is_first_run_ = false;
  slices_needed = kFeatureSliceCount;
}
if (slices_needed > kFeatureSliceCount) {
  slices_needed = kFeatureSliceCount;
}
*how_many_new_slices = slices_needed;
```

產生的數字被寫至 how_many_new_slices。

接下來，它會計算需要保留多少既有的片段，並且移動陣列內的資料，來為新資料挪出空間：

```
const int slices_to_keep = kFeatureSliceCount - slices_needed;
const int slices_to_drop = kFeatureSliceCount - slices_to_keep;
// 如果我們可以避免重新計算一些片段，只要在聲譜中，
```

```
// 將既有的資料往上移，執行類似這樣的操作：
// 上一次的時間 = 80ms         目前的時間 = 120ms
// +-----------+              +-----------+
// | data@20ms |         -->  | data@60ms |
// +-----------+        --    +-----------+
// | data@40ms |     -- -->   | data@80ms |
// +-----------+   --  --     +-----------+
// | data@60ms | -- --        |  <empty>  |
// +-----------+   --         +-----------+
// | data@80ms | --           |  <empty>  |
// +-----------+              +-----------+
if (slices_to_keep > 0) {
  for (int dest_slice = 0; dest_slice < slices_to_keep; ++dest_slice) {
    uint8_t* dest_slice_data =
        feature_data_ + (dest_slice * kFeatureSliceSize);
    const int src_slice = dest_slice + slices_to_drop;
    const uint8_t* src_slice_data =
        feature_data_ + (src_slice * kFeatureSliceSize);
    for (int i = 0; i < kFeatureSliceSize; ++i) {
      dest_slice_data[i] = src_slice_data[i];
    }
  }
}
```

 如果你是老練的 C++ 程式員，可能想問，為什麼我們不使用標準程式庫來做複製資料之類的事情？原因是我們試著避免納入沒必要的依賴項目，盡量縮小二進制檔的大小。因為嵌入式平台的記憶體極其有限，app 二進制檔比較小意味著我們有更多空間來容納更大型且更準確的深度學習模型。

在移動資料之後，它開始執行一個迴圈，為它需要的每一個新片段迭代執行一次。在這個迴圈裡面，它先使用 GetAudioSamples() 來向音訊供應器請求該片段的音訊：

```
for (int new_slice = slices_to_keep; new_slice < kFeatureSliceCount;
    ++new_slice) {
  const int new_step = (current_step - kFeatureSliceCount + 1) + new_slice;
  const int32_t slice_start_ms = (new_step * kFeatureSliceStrideMs);
  int16_t* audio_samples = nullptr;
  int audio_samples_size = 0;
  GetAudioSamples(error_reporter, slice_start_ms, kFeatureSliceDurationMs,
                  &audio_samples_size, &audio_samples);
  if (audio_samples_size < kMaxAudioSampleSize) {
    error_reporter->Report("Audio data size %d too small, want %d",
                           audio_samples_size, kMaxAudioSampleSize);
```

```
        return kTfLiteError;
    }
```

在完成迴圈迭代前，它將那筆資料傳入 GenerateMicroFeatures()，這個函式是在 *micro_features/micro_features_generator.h* 定義的。它就是執行 FFT 並回傳音訊頻率資訊的函式。

它也傳入一個指標，new_slice_data，這個指標指向新資料應寫入的記憶體位置：

```
    uint8_t* new_slice_data = feature_data_ + (new_slice * kFeatureSliceSize);
    size_t num_samples_read;
    TfLiteStatus generate_status = GenerateMicroFeatures(
        error_reporter, audio_samples, audio_samples_size, kFeatureSliceSize,
        new_slice_data, &num_samples_read);
    if (generate_status != kTfLiteOk) {
      return generate_status;
    }
}
```

用這個程序來處理每一個片段之後，我們就有最新且完整的一秒聲譜了。

> 產生 FFT 的函式是 GenerateMicroFeatures()，如果你有興趣，你可以在 *micro_features/micro_features_generator.cc*（*https://oreil.ly/L0juB*）看一下它的定義。
>
> 如果你在建立自己的 app 時想要使用聲譜，你可以重複使用這段程式。當你訓練模型時，你要用同一段程式來預先處理資料，將它變成聲譜。

有了聲譜之後，我們就可以讓模型執行推斷了。執行推斷之後，我們要解讀結果，這是接下來要研究的類別的工作，RecognizeCommands。

指令辨識器

當模型輸出上一秒的音訊包含已知單字的一組機率之後，我們用 RecognizeCommands 類別來判斷結果是否代表成功偵測。

或許你認為這項工作很簡單：當特定類別的機率高於某個閾值時，就代表有人說了那個單字，但是在真實世界中，事情沒那麼簡單。

前面說過，我們每秒會執行多次推斷，每一次都處理一個一秒窗口的資料。這代表我們會對任何特定單字執行多次推斷，在多次窗口中。

從圖 7-5 可以看到「noted」這個單字的語音波形，它外面的方框代表被擷取的一秒窗口。

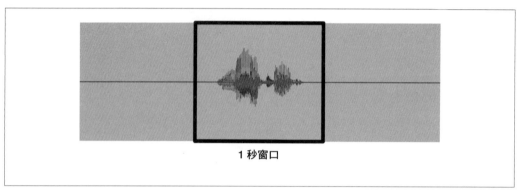

圖 7-5　「noted」單字被窗口擷取

我們的模型是訓練來偵測「no」的，它瞭解「noted」是不一樣的東西。如果我們對這個一秒窗口執行推斷，「no」在它的輸出中（應該）有很低的機率。但是如果窗口在這個音訊流前面一點的地方，就像圖 7-6 那樣呢？

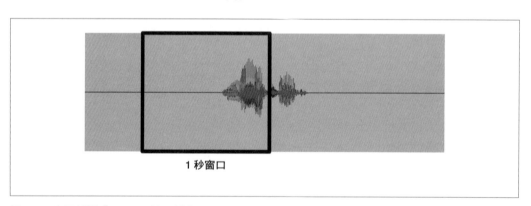

圖 7-6　窗口抓到「noted」的一部分

此時，出現在窗口裡面的只有「noted」的第一個音節。因為「noted」的第一個音節聽起來很像「no」，模型極可能認為它有很高的機率是「no」。

這個問題意味著我們不能憑藉一次推斷來確認某個單字是否被說出來，所以我們使用 `RecognizeCommands`！

這個識別器會計算各個單字在過去幾次推斷的平均分數，再判斷分數是否高到足以視為「偵測到了」。為此，我們會在收到各個推斷結果的時候，將推斷結果傳給它。

它的介面在 *recognize_commands.h*（*https://oreil.ly/5W3Ea*），部分轉載於此：

```
class RecognizeCommands {
 public:
  explicit RecognizeCommands(tflite::ErrorReporter* error_reporter,
                             int32_t average_window_duration_ms = 1000,
                             uint8_t detection_threshold = 200,
                             int32_t suppression_ms = 1500,
                             int32_t minimum_count = 3);

  // 以模型處理樣本資料之後，用結果呼叫它
  TfLiteStatus ProcessLatestResults(const TfLiteTensor* latest_results,
                                    const int32_t current_time_ms,
                                    const char** found_command, uint8_t* score,
                                    bool* is_new_command);
```

RecognizeCommands 類別的建構式定義了一些東西的預設值：

- 平均窗口長度（average_window_duration_ms）

- 可視為「偵測到了」的最小平均分數（detection_threshold）

- 聽完一個指令之後，需要等多久才能辨識第二個指令（suppression_ms）

- 在窗口中至少要推斷幾次才能計算結果（3）

這個類別有一個方法，ProcessLatestResults()。它接收一個指向 TfLiteTensor 的指標，裡面有模型的輸出（latest_results），你必須使用目前的時間（current_time_ms）來呼叫它。

它也接收三個用來輸出的指標。第一個指標用來提供偵測到的單字的名稱（found_command），它也提供指令的平均分數（score），以及指令究竟是新的，還是在前面的一段時間之內進行推斷時已經聽過了（is_new_command）。

在處理時間序列資料時，計算多個推斷結果的平均值是一種實用且常見的技術。接下來幾頁將討論 *recognize_commands.cc*（*https://oreil.ly/lAh-0*）的程式，並說明它如何工作。你不需要瞭解每一行，但認識它們，可讓你知道有哪些程式可以在自己的專案中使用。

首先，我們確保輸入張量有正確的外形與型態：

```
TfLiteStatus RecognizeCommands::ProcessLatestResults(
    const TfLiteTensor* latest_results, const int32_t current_time_ms,
    const char** found_command, uint8_t* score, bool* is_new_command) {
  if ((latest_results->dims->size != 2) ||
      (latest_results->dims->data[0] != 1) ||
      (latest_results->dims->data[1] != kCategoryCount)) {
    error_reporter_->Report(
        "The results for recognition should contain %d elements, but there are "
        "%d in an %d-dimensional shape",
        kCategoryCount, latest_results->dims->data[1],
        latest_results->dims->size);
    return kTfLiteError;
  }

  if (latest_results->type != kTfLiteUInt8) {
    error_reporter_->Report(
        "The results for recognition should be uint8 elements, but are %d",
        latest_results->type);
    return kTfLiteError;
  }
```

接著檢查 current_time_ms 來確認它在平均（averaging）窗口之中的最新結果之後：

```
  if ((!previous_results_.empty()) &&
      (current_time_ms < previous_results_.front().time_)) {
    error_reporter_->Report(
        "Results must be fed in increasing time order, but received a "
        "timestamp of %d that was earlier than the previous one of %d",
        current_time_ms, previous_results_.front().time_);
    return kTfLiteError;
  }
```

接下來將最新結果加入將要計算平均值的結果串列：

```
  // 將最新結果加入佇列的開頭
  previous_results_.push_back({current_time_ms, latest_results->data.uint8});
  // 將對平均窗口而言太舊，不能用來的任何早期結果移除
  const int64_t time_limit = current_time_ms - average_window_duration_ms_;
  while ((!previous_results_.empty()) &&
         previous_results_.front().time_ < time_limit) {
    previous_results_.pop_front();
```

如果在平均窗口裡面的結果數量小於最少數量（用 minimum_count_ 定義，預設是 3），代表我們無法提供有效的平均值，此時，我們設定輸出指標，指出 found_command 是最近的第一名指令，分數是 0，而且那一個指令不是新的：

```
// 如果結果太少，我們假設結果不可靠，並退出
const int64_t how_many_results = previous_results_.size();
const int64_t earliest_time = previous_results_.front().time_;
const int64_t samples_duration = current_time_ms - earliest_time;
if ((how_many_results < minimum_count_) ||
    (samples_duration < (average_window_duration_ms_ / 4))) {
  *found_command = previous_top_label_;
  *score = 0;
  *is_new_command = false;
  return kTfLiteOk;
}
```

否則繼續工作，計算窗口內的所有分數的平均值：

```
// 計算窗口內的所有結果的平均分數
int32_t average_scores[kCategoryCount];
for (int offset = 0; offset < previous_results_.size(); ++offset) {
  PreviousResultsQueue::Result previous_result =
      previous_results_.from_front(offset);
  const uint8_t* scores = previous_result.scores_;
  for (int i = 0; i < kCategoryCount; ++i) {
    if (offset == 0) {
      average_scores[i] = scores[i];
    } else {
      average_scores[i] += scores[i];
    }
  }
}
for (int i = 0; i < kCategoryCount; ++i) {
  average_scores[i] /= how_many_results;
}
```

現在我們有足夠資訊可以識別哪個類別勝出了，這項工作很簡單：

```
// 找出目前最高分的類別
int current_top_index = 0;
int32_t current_top_score = 0;
for (int i = 0; i < kCategoryCount; ++i) {
  if (average_scores[i] > current_top_score) {
    current_top_score = average_scores[i];
    current_top_index = i;
  }
}
const char* current_top_label = kCategoryLabels[current_top_index];
```

邏輯的最後一個部分負責確定結果是不是有效的偵測，它會確保分數高於偵測閾值（預設為 200），而且不是在上一次的有效偵測之後太快發生，否則可能是錯誤的結果：

```
// 如果最近有另一個標籤觸發，
// 假設接下來太快出現的不是好的結果。
int64_t time_since_last_top;
if ((previous_top_label_ == kCategoryLabels[0]) ||
    (previous_top_label_time_ == std::numeric_limits<int32_t>::min())) {
  time_since_last_top = std::numeric_limits<int32_t>::max();
} else {
  time_since_last_top = current_time_ms - previous_top_label_time_;
}
if ((current_top_score > detection_threshold_) &&
    ((current_top_label != previous_top_label_) ||
     (time_since_last_top > suppression_ms_))) {
  previous_top_label_ = current_top_label;
  previous_top_label_time_ = current_time_ms;
  *is_new_command = true;
} else {
  *is_new_command = false;
}
*found_command = current_top_label;
*score = current_top_score;
```

如果結果是有效的，將 is_new_command 設為 true，呼叫方可用它來判斷是否真正發現一個單字。

測試程式（在 *recognize_commands_test.cc*（*https://oreil.ly/rOkMb*）裡面）會測試在平均窗口內的輸入與結果的各種組合。

我們來看其中一個測試 RecognizeCommandsTestBasic，它展示 RecognizeCommands 的用法。我們先建立類別的實例：

```
TF_LITE_MICRO_TEST(RecognizeCommandsTestBasic) {
  tflite::MicroErrorReporter micro_error_reporter;
  tflite::ErrorReporter* error_reporter = &micro_error_reporter;

  RecognizeCommands recognize_commands(error_reporter);
```

接著建立一個張量，裡面有一些假的推斷結果，ProcessLatestResults() 會用它來確定是否聽到一個指令：

```
TfLiteTensor results = tflite::testing::CreateQuantizedTensor(
    {255, 0, 0, 0}, tflite::testing::IntArrayFromInitializer({2, 1, 4}),
    "input_tensor", 0.0f, 128.0f);
```

接著，我們宣告一些變數，它們會被設為 ProcessLatestResults() 的輸出：

```
const char* found_command;
uint8_t score;
bool is_new_command;
```

最後，我們呼叫 ProcessLatestResults()，提供指向這些變數的指標，以及存有結果的張量。我們斷言函式會回傳 kTfLiteOk，代表輸入被成功處理了：

```
TF_LITE_MICRO_EXPECT_EQ(
    kTfLiteOk, recognize_commands.ProcessLatestResults(
                   &results, 0, &found_command, &score, &is_new_command));
```

檔案內的其他測試會執行更詳盡的檢查，確保功能正常運行。你可以閱讀它們來進一步瞭解。

你可以用這個命令來執行所有測試：

```
make -f tensorflow/lite/micro/tools/make/Makefile \
  test_recognize_commands_test
```

確定我們是否偵測到指令之後，接下來就是與世界分享成果的時刻了（至少是電路板 LED）。這項任務是由指令回應器執行的。

指令回應器

指令回應器是最後一塊拼圖，它是產生輸出並且讓我們知道有個單字已被偵測的機制。

指令回應器在設計上可被各種設備的實作覆寫，本章稍後會探討各種設備專屬的實作。

目前我們先來看一下它的參考實作，這個實作非常簡單，只會將偵測結果 log 為文字，它在 *command_responder.cc* 檔案（*https://oreil.ly/kMjg2*）裡面：

```
void RespondToCommand(tflite::ErrorReporter* error_reporter,
                      int32_t current_time, const char* found_command,
                      uint8_t score, bool is_new_command) {
  if (is_new_command) {
    error_reporter->Report("Heard %s (%d) @%dms", found_command, score,
                           current_time);
  }
}
```

就這樣！這個檔案只實作一個函式：RespondToCommand()。它期望收到的參數有 error_reporter、目前時間（current_time）、上次偵測到的口令（found_command）、它收到的分數（score），以及聽到的指令是不是新的（is_new_command）。

需要注意的是，在程式的主迴圈裡面，每當有推斷執行時，這個函式就會被呼叫，即使沒有偵測到指令也是如此。所以我們應該檢查 is_new_command，來確定需不需要做任何事情。

這個函式的測試程式在 *command_responder_test.cc*（*https://oreil.ly/loLZo*），它同樣很簡單。測試程式只會呼叫這個函式，因為它無法確認函式是否產生正確的輸出：

```
TF_LITE_MICRO_TEST(TestCallability) {
  tflite::MicroErrorReporter micro_error_reporter;
  tflite::ErrorReporter* error_reporter = &micro_error_reporter;

  // 這樣有難以發覺的外部副作用
  // （例如在除錯主控台印出資訊，或點亮 LED），
  // 所以我們頂多只能確保呼叫不會造成崩潰。
  RespondToCommand(error_reporter, 0, "foo", 0, true);
}
```

在終端機輸入這個命令來執行這項測試：

```
make -f tensorflow/lite/micro/tools/make/Makefile \
  test_command_responder_test
```

我們已經探討 app 的所有元件了，接下來，我們看一下它們如何組成一個程式。

監聽喚醒詞

你可以在 *main_functions.cc*（*https://oreil.ly/n2eD1*）裡面找到下面的程式，這個檔案定義了核心的 setup() 與 loop() 函式。我們來一併研究它們！

你已經是經驗豐富的 TensorFlow Lite 專家了，這段程式看起來應該很熟悉，所以我們把焦點放在新東西上面。

首先，我們列出想要使用的 op：

```
namespace tflite {
namespace ops {
namespace micro {
TfLiteRegistration* Register_DEPTHWISE_CONV_2D();
TfLiteRegistration* Register_FULLY_CONNECTED();
```

```
TfLiteRegistration* Register_SOFTMAX();
}  // namespace micro
}  // namespace ops
}  // namespace tflite
```

接著宣告全域變數：

```
namespace {
tflite::ErrorReporter* error_reporter = nullptr;
const tflite::Model* model = nullptr;
tflite::MicroInterpreter* interpreter = nullptr;
TfLiteTensor* model_input = nullptr;
FeatureProvider* feature_provider = nullptr;
RecognizeCommands* recognizer = nullptr;
int32_t previous_time = 0;

// 建立一個記憶體區域，供輸入、輸出與中間陣列使用。
// 它的大小將取決於你使用的模型，
// 可能要透過實驗來決定。
constexpr int kTensorArenaSize = 10 * 1024;
uint8_t tensor_arena[kTensorArenaSize];
}  // namespace
```

注意，除了常見的 TensorFlow 元素之外，我們也宣告了 FeatureProvider 與 RecognizeCommands，還有一個稱為 g_previous_time 的變數，用來追蹤上次收到新樣本的時間。

接下來，在 setup() 函式裡面，我們載入模型，設定解譯器，加入 op，並配置張量：

```
void setup() {
  // 設定 logging
  static tflite::MicroErrorReporter micro_error_reporter;
  error_reporter = &micro_error_reporter;

  // 將模型對映至可用的資料結構，這不涉及
  // 任何複製或解析，它是非常輕量的 op。
  model = tflite::GetModel(g_tiny_conv_micro_features_model_data);
  if (model->version() != TFLITE_SCHEMA_VERSION) {
    error_reporter->Report(
        "Model provided is schema version %d not equal "
        "to supported version %d.",
        model->version(), TFLITE_SCHEMA_VERSION);
    return;
  }

  // 只拉入我們需要的 op 實作
```

```
static tflite::MicroMutableOpResolver micro_mutable_op_resolver;
micro_mutable_op_resolver.AddBuiltin(
    tflite::BuiltinOperator_DEPTHWISE_CONV_2D,
    tflite::ops::micro::Register_DEPTHWISE_CONV_2D());
micro_mutable_op_resolver.AddBuiltin(
    tflite::BuiltinOperator_FULLY_CONNECTED,
    tflite::ops::micro::Register_FULLY_CONNECTED());
micro_mutable_op_resolver.AddBuiltin(tflite::BuiltinOperator_SOFTMAX,
                                     tflite::ops::micro::Register_SOFTMAX());

// 建構執行模型的解譯器
static tflite::MicroInterpreter static_interpreter(
    model, micro_mutable_op_resolver, tensor_arena, kTensorArenaSize,
    error_reporter);
interpreter = &static_interpreter;

// 為模型的張量配置 tensor_arena 的記憶體
TfLiteStatus allocate_status = interpreter->AllocateTensors();
if (allocate_status != kTfLiteOk) {
  error_reporter->Report("AllocateTensors() failed");
  return;
}
```

配置張量之後，我們確認輸入張量有正確的外形與型態：

```
// 取得模型的輸入所使用的記憶體區域的資訊
model_input = interpreter->input(0);
if ((model_input->dims->size != 4) || (model_input->dims->data[0] != 1) ||
    (model_input->dims->data[1] != kFeatureSliceCount) ||
    (model_input->dims->data[2] != kFeatureSliceSize) ||
    (model_input->type != kTfLiteUInt8)) {
  error_reporter->Report("Bad input tensor parameters in model");
  return;
}
```

有趣的來了，我們先實例化 FeatureProvider，將它指向輸入張量：

```
// 準備讀取聲譜，它可能來自麥克風，
// 或其他將會提供輸入給神經網路的來源
static FeatureProvider static_feature_provider(kFeatureElementCount,
                                               model_input->data.uint8);
feature_provider = &static_feature_provider;
```

接著建立 RecognizeCommands 實例，並初始化 previous_time 變數：

```
static RecognizeCommands static_recognizer(error_reporter);
recognizer = &static_recognizer;
```

```
    previous_time = 0;
  }
```

接下來是 loop() 函式。如同之前的範例，這個函式會被無限期地反覆呼叫。在迴圈裡面，我們先使用特徵供應器來建立聲譜：

```
void loop() {
// 抓取目前時間的聲譜
  const int32_t current_time = LatestAudioTimestamp();
  int how_many_new_slices = 0;
  TfLiteStatus feature_status = feature_provider->PopulateFeatureData(
      error_reporter, previous_time, current_time, &how_many_new_slices);
  if (feature_status != kTfLiteOk) {
    error_reporter->Report("Feature generation failed");
    return;
  }
  previous_time = current_time;
  // 如果從上次以來沒有收到新音訊樣本，
  // 那就不需要執行網路模型
  if (how_many_new_slices == 0) {
    return;
  }
```

如果從上次迭代以來沒有新資料，我們就不執行推斷。

取得輸入之後，我們呼叫解譯器：

```
  // 用聲譜來執行模型，並確認它成功
  TfLiteStatus invoke_status = interpreter->Invoke();
  if (invoke_status != kTfLiteOk) {
    error_reporter->Report("Invoke failed");
    return;
  }
```

現在模型的輸出張量已經被填入各個類別的機率了，我們使用 RecognizeCommands 實例來解讀它們。我們取得指向輸出張量的指標，接著宣告新變數來接收 ProcessLatestResults() 輸出：

```
  // 取得指向輸出張量的指標
  TfLiteTensor* output = interpreter->output(0);
  // 根據推斷的輸出來確認是否辨識出指令
  const char* found_command = nullptr;
  uint8_t score = 0;
  bool is_new_command = false;
  TfLiteStatus process_status = recognizer->ProcessLatestResults(
      output, current_time, &found_command, &score, &is_new_command);
```

```
if (process_status != kTfLiteOk) {
  error_reporter->Report("RecognizeCommands::ProcessLatestResults() failed");
  return;
}
```

最後，我們呼叫指令回應器（command responder）的 RespondToCommand() 方法，讓它可以通知用戶是否有個單字被偵測到了：

```
// 根據辨識到的指令來做某些事情。預設的實作
// 只是在主控台印出錯誤，但是在真正的 app 中，
// 你應該將它換成你自己的函式。
RespondToCommand(error_reporter, current_time, found_command, score,
                 is_new_command);
}
```

就這樣！呼叫 RespondToCommand() 就是迴圈的最後一項工作。從特徵生成開始之後的所有工作都會無止盡地重複，檢查音訊是否有已知單字，如果確認有，就產生某些輸出。

main.cc 定義的 main() 函式會呼叫 setup() 與 loop() 函式，main() 會在 app 啟動時開始執行迴圈：

```
int main(int argc, char* argv[]) {
  setup();
  while (true) {
    loop();
  }
}
```

執行 app

這個範例有個與 macOS 相容的音訊供應器。如果你使用 Mac，你可以在開發電腦上執行範例，先使用這個命令來組建它：

```
make -f tensorflow/lite/micro/tools/make/Makefile micro_speech
```

組建完成之後，用下面的命令來執行範例：

```
tensorflow/lite/micro/tools/make/gen/osx_x86_64/bin/micro_speech
```

你可能會看到彈出視窗請求使用麥克風，若是如此，答應它，程式就會啟動。

試著說「yes」與「no」。你應該會看到這種輸出：

```
Heard yes (201) @4056ms
Heard no (205) @6448ms
Heard unknown (201) @13696ms
```

```
Heard yes (205) @15000ms
Heard yes (205) @16856ms
Heard unknown (204) @18704ms
Heard no (206) @21000ms
```

上面的每一個偵測到的單字後面的數字是它的分數。在預設情況下，指令辨識器認為匹配分數超過 200 分的指令才是有效的，所以你看到的分數都至少有 200 分。

在分數後面的數字是程式啟動之後過了多少毫秒。

如果你沒有看到任何輸出，確保你已經在 Mac 的 Sound 選單裡面選擇 Mac 的內部麥克風，而且它的輸入音量開到夠大。

我們已經確認程式可在 Mac 上運作了。接著，我們讓它在一些嵌入式硬體上運作。

部署至微控制器

在這一節，我們將部署到三種不同的設備：

- Arduino Nano 33 BLE Sense（*https://oreil.ly/ztU5E*）
- SparkFun Edge（*https://oreil.ly/-hoL-*）
- ST Microelectronics STM32F746G Discovery kit（*https://oreil.ly/cvm4J*）

我們將說明每一種的組建與部署程序。

因為每一種設備都有它自己的音訊採集機制，所以它們各有不同的 *audio_provider.cc* 實作。它們的輸出也各有不同，所以也有不同版本的 *command_responder.cc*。

audio_provider.cc 實作很複雜，而且是特定設備專用的，與機器學習也沒有直接的關係，因此，本章不介紹它們。但是附錄 B 會介紹 Arduino 版本，如果你自己的專案需要採集音訊，歡迎在你自己的程式裡面重複使用這些實作。

除了說明如何部署之外，我們也會講解各種設備的 *command_responder.cc* 實作。首先介紹 Arduino。

Arduino

在寫這本書時，具備麥克風的 Arduino 電路板只有 Arduino Nano 33 BLE Sense（*https://oreil.ly/hjOzL*），本節將使用它。如果你使用不同的 Arduino 電路板，並連接你自己的麥克風，你就要編寫自己的 *audio_provider.cc*。

Arduino Nano 33 BLE Sense 也有 LED，我們會用它來表示有單字被認出來了。

圖 7-7 是這塊電路板和它的 LED。

圖 7-7 Arduino Nano 33 BLE Sense 電路板及其 LED

接著，我們來看如何用這個 LED 來代表有單字被偵測到了。

在 Arduino 回應命令

每一塊 Arduino 電路板都內建 LED，它有一個方便的常數 LED_BUILTIN，我們可以用它來取得 LED 的接腳號碼，這個號碼因不同的電路板而異。為了讓程式碼可移植，我們約束自己只使用這一個 LED 來輸出。

我們要做的事情如下，為了展示推斷正在執行，我們會在每次推斷時打開關閉 LED 的開關來閃爍它。但是，當我們聽到「yes」時，我們會打開 LED 幾秒鐘。

那「no」呢？因為這只是個示範，所以我們不想弄得太麻煩。但是，我們會將所有偵測到的指令 log 到序列埠，所以我們可以連接這個設備，察看每一次的匹配。

供 Arduino 使用的指令回應器位於 *arduino/command_responder.cc*（*https://oreil.ly/URkYi*），
我們來看一下它的原始碼。它先 include 指令回應器（command responder）標頭檔，以
及 Arduino 平台的程式庫標頭檔：

```
#include "tensorflow/lite/micro/examples/micro_speech/command_responder.h"
#include "Arduino.h"
```

接著開始實作函式：

```
// 在每次推斷時亮滅 LED，並且在聽到「yes」時
// 讓它亮 3 秒
void RespondToCommand(tflite::ErrorReporter* error_reporter,
                      int32_t current_time, const char* found_command,
                      uint8_t score, bool is_new_command) {
```

下一步是讓內建 LED 的接腳進入輸出模式，這樣才可以將它打開與關閉。我們在一個
只執行一次的 if 陳述式裡面做這件事，使用稱為 is_initialized 的 static bool。之前
說過，static 變數會在每一次的函式呼叫之間保留狀態：

```
static bool is_initialized = false;
if (!is_initialized) {
  pinMode(LED_BUILTIN, OUTPUT);
  is_initialized = true;
}
```

接著我們宣告兩個 static 變數來追蹤上次「yes」被偵測到的時間，以及推斷已經執行
幾次：

```
static int32_t last_yes_time = 0;
static int count = 0;
```

現在有趣的來了。如果 is_new_command 引數是 true，代表我們已經聽到某個東西了，所
以用 ErrorReporter 實例來 log 它。而且如果我們聽到「yes」（藉著檢查 found_command
字元陣列的第一個字元來確認），我們就儲存目前的時間，並點亮 LED：

```
if (is_new_command) {
  error_reporter->Report("Heard %s (%d) @%dms", found_command, score,
                         current_time);
  // 在聽到「yes」時，打開 LED 並儲存時間
  if (found_command[0] == 'y') {
    last_yes_time = current_time;
    digitalWrite(LED_BUILTIN, HIGH);
  }
}
```

接下來是幾秒鐘之後關閉 LED 的行為,準確地說,3 秒:

```
// 如果 last_yes_time 不是 0,但在 >3 秒之前,
// 將它設為 0,並關閉 LED。
if (last_yes_time != 0) {
  if (last_yes_time < (current_time - 3000)) {
    last_yes_time = 0;
    digitalWrite(LED_BUILTIN, LOW);
  }
  // 如果不是 0,但 <3 秒之前,不做事。
  return;
}
```

當 LED 關閉時,我們也將 last_yet_time 設為 0,如此一來,在下一次聽到「yes」之前,我們就不會進入這個 if 陳述式了。return 陳述式非常重要,如果我們最近聽到「yes」,它可以避免任何輸出程式的執行,讓 LED 穩定地亮著。

到目前為止,我們的實作會在聽到「yes」時打開 LED 大約 3 秒。下一個部分會在每一次進行推斷時開關 LED—除非當時正處於「yes」模式,我們使用上述的 return 陳述式來避免跑到這裡。

這是最後一段程式:

```
// 否則,在每次執行推斷時開關 LED
++count;
if (count & 1) {
  digitalWrite(LED_BUILTIN, HIGH);
} else {
  digitalWrite(LED_BUILTIN, LOW);
}
```

我們在每次推斷時遞增 count 變數來追蹤執行過的總推斷次數。在 if 條件式內,我們以 & 運算子使用變數 count 與數字 1 進行二進制 AND 運算。

讓 count 與 1 執行 AND 可以留下 count 最小的位元,如果最小位元是 0,代表 count 是奇數,結果將是 0。在 C++ if 陳述式中,它被估值為 false。

否則結果是 **1**，代表偶數。因為 **1** 被估值為 **true**，LED 會在偶數時打開，奇數時關閉。
這就是切換它的做法。

就這樣！我們已經完成 Arduino 的指令回應器了。接下來要執行它，看看它的動作。

執行範例

我們需要這些東西來部署這個範例：

- 一塊 Arduino Nano 33 BLE Sense 電路板

- 一條 micro-USB 線

- Arduino IDE

> 在本書出版之後，組建程序可能會改變，所以請參考 *README.md*
> （*https://oreil.ly/7VozJ*）來瞭解最新的做法。

你可以在 TensorFlow Lite Arduino 程式庫的範例程式取得本書的專案。如果你還沒有安
裝程式庫，打開 Arduino IDE，並且在 Tools 選單選擇 Manage Libraries。在彈出的視窗
中，搜尋並安裝 *Arduino_TensorFlowLite* 程式庫。你應該可以使用最新的版本，但如果你
遇到問題，本書測試的版本是 1.14-ALPHA。

> 你也可以用 *.zip* 檔來安裝程式庫，你可以從 TensorFlow Lite 團隊下載它
> （*https://oreil.ly/blgB8*），或 是 使 用 TensorFlow Lite for Microcontrollers
> Makefile 來自行產生。如果你比較喜歡第二種做法，請參考附錄 A。

安裝程式庫之後，你可以在 File 選單的 Examples → Arduino_TensorFlowLite 底下看到
`micro_speech` 範例，見圖 7-8。

按下「micro_speech」來載入範例。它會在新視窗裡面出現，其中每一個原始檔都有一
個標籤。第一個標籤的檔案 *micro_speech* 相當於我們之前看過的 *main_functions.cc*。

圖 7-8　Examples 選單

 第 99 頁的「執行範例」已經解譯過 Arduino 範例的結構了，所以在此不再贅述。

用 USB 來連接 Arduino 設備，以執行範例。請在 Tools 選單的下拉式清單裡面選擇正確的設備類型，見圖 7-9。

如果清單裡面沒有你的設備，你就要安裝它的支援程式包。按下 Boards Manager，在彈出來的視窗中搜尋你的設備，接著安裝相應支援程式包的最新版本，然後在 Port 下拉式清單中選擇設備的連接埠，它也在 Tools 選單裡面，見圖 7-10。

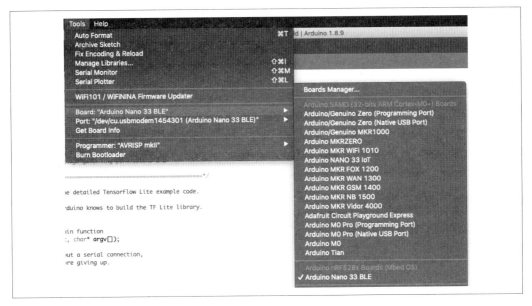

圖 7-9　Board 下拉式清單

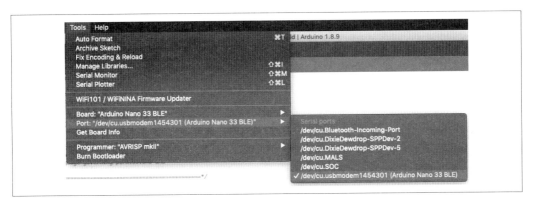

圖 7-10　Port 下拉式清單

最後，在 Arduino 視窗中，按下上傳按鈕（見圖 7-11）來編譯程式碼，並上傳至 Arduino 設備。

圖 7-11　上傳按鈕，往右的箭頭

成功完成上傳之後，你應該可以看到 Arduino 上的 LED 開始閃爍。

說「yes」來測試程式，當它偵測到「yes」時，LED 會保持亮著大約 3 秒。

 如果程式無法辨識你的「yes」，試著連續說幾次。

你也可以從 Arduino Serial Monitor 看到推斷的結果，做法是打開 Tools 選單的 Serial Monitor，然後說「yes」、「no」與其他單字。你應該可以看到類似圖 7-12 的情況。

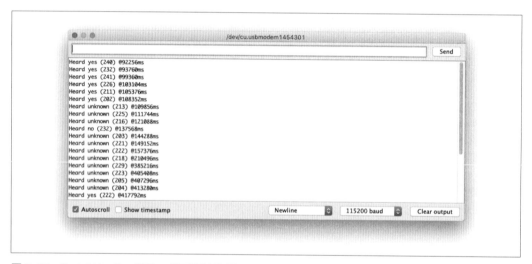

圖 7-12　Serial Monitor 顯示一些匹配的案例

 我們的模型很小，也不完美，你應該會發現它比較擅長偵測「yes」，但是處理「no」的效果較差。從這個例子可以看到對小型模型的大小進行優化將導致準確度的下降。我們將在第 8 章進一步討論這個主題。

自行進行修改

部署 app 之後，試著把玩一下模型！你可以在 Arduino IDE 裡面編輯原始檔。當你儲存時，它會提示你在新的位置重新儲存範例。進行變更之後，你可以在 Arduino IDE 按下上傳按鈕來進行組建與部署。

你可以嘗試這些功能：

- 更改範例，在說出「no」時點亮 LED，而不是「yes」。

- 讓 app 回應特定順序的「yes」與「no」指令，類似密碼口令。

- 使用「yes」與「no」指令來控制其他元件，例如其他的 LED 或伺服設備。

SparkFun Edge

SparkFun Edge 有麥克風和 4 個彩色 LED（紅、藍、綠、黃），用來顯示結果很方便。
圖 7-13 是 SparkFun Edge 及其 LED。

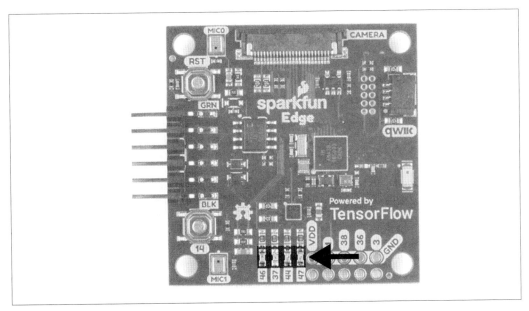

圖 7-13　SparkFun Edge 的 4 個 LED

在 SparkFun Edge 回應指令

為了明確表示程式正在執行，我們在每次推斷時閃爍藍色 LED。我們會在聽到「yes」
時亮起黃色 LED，在聽到「no」時亮起紅色 LED，在聽到不明指令時，亮起綠色
LED。

SparkFun Edge 的指令回應器在 *sparkfun_edge/command_responder.cc*（*https://oreil.ly/i-3eJ*）
裡面。這個檔案先 include 一些東西：

```
#include "tensorflow/lite/micro/examples/micro_speech/command_responder.h"
#include "am_bsp.h"
```

command_responder.h 是這個檔案的標頭檔。*am_bsp.h* 是 Ambiq Apollo3 SDK，你可以在
最後一章看到它。

在函式定義式裡面，我們的第一項工作是將接到 LED 的接腳設為輸出：

```
// 這個實作會根據不同的指令
// 點亮電路板的 LED。
void RespondToCommand(tflite::ErrorReporter* error_reporter,
                      int32_t current_time, const char* found_command,
                      uint8_t score, bool is_new_command) {
  static bool is_initialized = false;
  if (!is_initialized) {
    am_hal_gpio_pinconfig(AM_BSP_GPIO_LED_RED, g_AM_HAL_GPIO_OUTPUT_12);
    am_hal_gpio_pinconfig(AM_BSP_GPIO_LED_BLUE, g_AM_HAL_GPIO_OUTPUT_12);
    am_hal_gpio_pinconfig(AM_BSP_GPIO_LED_GREEN, g_AM_HAL_GPIO_OUTPUT_12);
    am_hal_gpio_pinconfig(AM_BSP_GPIO_LED_YELLOW, g_AM_HAL_GPIO_OUTPUT_12);
    is_initialized = true;
  }
```

我們呼叫 Apollo3 SDK 的 **am_hal_gpio_pinconfig()** 函式來將全部的 4 個 LED 接腳設為
輸出模式，它是用常數 **g_AM_HAL_GPIO_OUTPUT_12** 來表示的。我們使用 **is_initialized**
static 變數來確保這件事只做一次！

接下來是開關藍色 LED 的程式，我們用 **count** 變數來做這件事，做法與 Arduino 實作
一樣：

```
  static int count = 0;
  // 每在進行推斷時開關藍色 LED
  ++count;
  if (count & 1) {
    am_hal_gpio_output_set(AM_BSP_GPIO_LED_BLUE);
  } else {
    am_hal_gpio_output_clear(AM_BSP_GPIO_LED_BLUE);
  }
```

這段程式使用 **am_hal_gpio_output_set()** 與 **am_hal_gpio_output_clear()** 函式來將藍色
LED 的接腳打開或關閉。

我們在每一次推斷時遞增 count 變數來追蹤已經執行過的推斷總數。在 if 條件式內，我們以 & 運算子對著變數 count 與數字 1 進行二進制 AND 運算。

對 count 與 1 執行 AND 可以留下 count 最小的位元。如果最小位元是 0，代表 count 是奇數，結果將是 0。在 C++ if 陳述式中，它被估值為 false。

否則結果是 1，代表偶數。因為 1 被估值為 true，LED 會在偶數時打開，奇數時關閉。這就是切換它的做法。

接著我們根據剛才聽到的單字來點亮相應的 LED。在預設情況下，我們會清除所有 LED，所以如果最近沒有聽到單字，LED 都不會亮：

```
am_hal_gpio_output_clear(AM_BSP_GPIO_LED_RED);
am_hal_gpio_output_clear(AM_BSP_GPIO_LED_YELLOW);
am_hal_gpio_output_clear(AM_BSP_GPIO_LED_GREEN);
```

接著我們使用簡單的 if 陳述式來根據聽到的指令來打開相應的 LED：

```
if (is_new_command) {
  error_reporter->Report("Heard %s (%d) @%dms", found_command, score,
                         current_time);
  if (found_command[0] == 'y') {
    am_hal_gpio_output_set(AM_BSP_GPIO_LED_YELLOW);
  }
  if (found_command[0] == 'n') {
    am_hal_gpio_output_set(AM_BSP_GPIO_LED_RED);
  }
  if (found_command[0] == 'u') {
    am_hal_gpio_output_set(AM_BSP_GPIO_LED_GREEN);
  }
}
```

如前所述，唯有 RespondToCommand() 是用真正的新指令來呼叫的時候，is_new_command 才會是 ture，所以如果沒有聽到新指令，LED 就會保持關閉。否則使用 am_hal_gpio_output_set() 函式來打開相應的 LED。

執行範例

瞭解程式如何點亮 SparkFun Edge 的 LED 之後，接下來要啟動並執行範例。

 在本書出版之後，組建程序可能會改變，所以請參考 README.md（*https://oreil.ly/U3Cgo*）來瞭解最新的做法。

我們需要這些東西才能組建與部署程式：

- SparkFun Edge 電路板

- USB 編程器（我們推薦 SparkFun Serial Basic Breakout，它有 micro-B USB 版本
  （*https://oreil.ly/2GMNf*）與 USB-C 版本（*https://oreil.ly/lp39T*））

- 相符的 USB 線

- Python 3 與一些依賴項目

 第 6 章介紹如何確認你是否安裝正確版本的 Python。如果你已經確認過
了，很好，如果沒有，請翻回去第 108 頁的「執行範例」瞭解一下。

在終端機複製 TensorFlow 存放區，並進入它的目錄：

```
git clone https://github.com/tensorflow/tensorflow.git
cd tensorflow
```

接下來，我們要組建二進制檔，並執行一些命令，做好將它下載至設備的準備。你可以
從 *README.md*（*https://oreil.ly/xY-Rj*）複製與貼上這些命令來免除打字的麻煩。

組建二進制檔 接下來的命令會下載所有需要的依賴項目，再為 SparkFun Edge 編譯二
進制檔：

```
make -f tensorflow/lite/micro/tools/make/Makefile \
  TARGET=sparkfun_edge TAGS=cmsis-nn micro_speech_bin
```

產生的二進制檔是個 *.bin* 檔，它在這個地方：

```
tensorflow/lite/micro/tools/make/gen/ \
  sparkfun_edge_cortex-m4/bin/micro_speech.bin
```

你可以使用這個命令來確認檔案是否存在：

```
test -f tensorflow/lite/micro/tools/make/gen/ \
  sparkfun_edge_cortex-m4/bin/micro_speech.bin \
  &&  echo "Binary was successfully created" || echo "Binary is missing"
```

執行這個命令時，你應該可以看到主控台印出 Binary was successfully created。如果
你看到 Binary is missing，那就代表組建程序出問題了，或許你可以在 make 命令的輸出
資訊中找到出錯的線索。

簽署二進制檔　為了將二進制檔部署至設備，你必須用密鑰簽署它。我們來執行一些簽署二進制檔的命令，讓它可被 flash 至 SparkFun Edge。這個腳本來自 Ambiq SDK，它是在 Makefile 執行時下載的。

輸入下面的命令來設定一些開發用的虛擬密鑰：

```
cp tensorflow/lite/micro/tools/make/downloads/AmbiqSuite-Rel2.0.0/ \
  tools/apollo3_scripts/keys_info0.py \
  tensorflow/lite/micro/tools/make/downloads/AmbiqSuite-Rel2.0.0/ \
  tools/apollo3_scripts/keys_info.py
```

接下來，執行這些命令來建立已簽署的二進制檔。必要時將 **python3** 換成 **python**：

```
python3 tensorflow/lite/micro/tools/make/downloads/ \
  AmbiqSuite-Rel2.0.0/tools/apollo3_scripts/create_cust_image_blob.py \
  --bin tensorflow/lite/micro/tools/make/gen/ \
  sparkfun_edge_cortex-m4/bin/micro_speech.bin \
  --load-address 0xC000 \
  --magic-num 0xCB -o main_nonsecure_ota \
  --version 0x0
```

這會建立 *main_nonsecure_ota.bin* 檔。接下來執行這個命令來建立最終版本的檔案，好讓後續步驟可以使用腳本來將它 flash 至設備：

```
python3 tensorflow/lite/micro/tools/make/downloads/ \
  AmbiqSuite-Rel2.0.0/tools/apollo3_scripts/create_cust_wireupdate_blob.py \
  --load-address 0x20000 \
  --bin main_nonsecure_ota.bin \
  -i 6 -o main_nonsecure_wire \
  --options 0x1
```

現在，在你執行命令的目錄裡面有一個 *main_nonsecure_wire.bin* 檔案，它就是將要 flash 到設備上的檔案。

flash 二進制檔　SparkFun Edge 會將它目前正存執行的程式放在 1 MB 的快閃記憶體（flash memory）裡面。如果你想要讓電路板執行新程式，你就要將它傳給電路板，接著電路板會將它放在快閃記憶體內，覆寫之前儲存的任何程式。

將編程器接到電路板　為了將新程式下載到電路板，我們將使用 SparkFun USB-C Serial Basic 序列編程器。這個設備可讓電腦透過 USB 與微控制器溝通。

執行下列步驟來將這個設備接到電路板：

1. 在 SparkFun Edge 找到六個接腳的接頭。

2. 將 SparkFun USB-C Serial Basic 插入這些接腳，確保這兩個設備的 BLK 與 GRN 的
   接腳正確相接，如圖 7-14 所示。

圖 7-14　連接 SparkFun Edge 與 USB-C Serial Basic（由 SparkFun 提供）

將編程器接到電腦　用 USB 將電路板接到電腦，為了將程式寫入電路板，你必須知道
設備在你的電腦上叫做什麼，最好的做法是先列出電腦的所有設備再連接設備，看看出
現什麼新設備。

 有人回報作業系統預設的編程器驅動程式有問題，所以我們強烈建議你先
安裝驅動程式（*https://oreil.ly/kohTX*）再繼續工作。

先執行這個命令，再用 USB 連接設備：

```
# macOS:
ls /dev/cu*

# Linux:
ls /dev/tty*
```

你應該會看到電腦列出一連串已連接的設備，類似這樣：

```
/dev/cu.Bluetooth-Incoming-Port
/dev/cu.MALS
/dev/cu.SOC
```

然後將編程器接到電腦的 USB 埠，再次執行命令：

```
# macOS:
ls /dev/cu*

# Linux:
ls /dev/tty*
```

你應該可以在輸出資訊中看到額外項目，如同接下來的案例。你的新項目可能使用不同的名稱，這個新項目就是設備的名稱：

```
/dev/cu.Bluetooth-Incoming-Port
/dev/cu.MALS
/dev/cu.SOC
/dev/cu.wchusbserial-1450
```

我們將用這個名稱來引用設備。但是，這個名稱可能會隨著編程器連接的 USB 埠而不同，所以如果你將電路板從電腦拔開再接上去，你應該再次確認這個名稱。

 有些用戶回報在清單裡面有兩個設備。如果你看到兩個設備，「wch」開頭的那一個才是正確的，例如「/dev/wchusbserial-14410」。

確認設備名稱之後，將它放在 shell 變數裡面，以備後用：

```
export DEVICENAME=<將你的設備名稱放在這裡>
```

在後面的程序中，當你執行需要設備名稱的指令時可以使用這個變數。

執行腳本來 flash 電路板　要 flash 電路板，你必須讓電路板進入特殊的「bootloader」狀態，讓它準備接收新的二進制檔，接著執行腳本，將二進制檔傳到電路板。

我們先建立一個環境變數來指定傳輸速率（將資料傳給設備的速度）：

```
export BAUD_RATE=921600
```

接著將下面的命令貼到終端機，但是**還不要按下** *Enter*！命令中的 ${DEVICENAME} 與 ${BAUD_RATE} 會被換成你在上一節設定的值。在必要時，記得將 python3 換成 python：

```
python3 tensorflow/lite/micro/tools/make/downloads/ \
  AmbiqSuite-Rel2.0.0/tools/apollo3_scripts/uart_wired_update.py \
  -b ${BAUD_RATE} ${DEVICENAME} \
  -r 1 -f main_nonsecure_wire.bin \
  -i 6
```

接著將電路板重設為 bootloader 狀態，並 flash 電路板。在電路板找到標示 RST 與 14 的
按鈕，如圖 7-15 所示。執行以下步驟：

1. 將電路板連接編程器，並且用 USB 將整組設備接到電腦。

2. 在電路板，按住標著 14 的按鈕，**持續按住它**。

3. 在按住按鈕 14 的同時，按下按鈕 RST 來重設電路板。

4. 在電腦按下 Enter 來執行腳本。**繼續按著按鈕 14。**

現在你會在螢幕上看到這些訊息：

```
Connecting with Corvette over serial port /dev/cu.usbserial-1440...
Sending Hello.
Received response for Hello
Received Status
length =  0x58
version =  0x3
Max Storage =  0x4ffa0
Status =  0x2
State =  0x7
AMInfo =
0x1
0xff2da3ff
0x55fff
0x1
0x49f40003
0xffffffff
[...lots more 0xffffffff...]
Sending OTA Descriptor =  0xfe000
Sending Update Command.
number of updates needed =  1
Sending block of size  0x158b0  from  0x0  to  0x158b0
Sending Data Packet of length  8180
Sending Data Packet of length  8180
[...lots more Sending Data Packet of length  8180...]
```

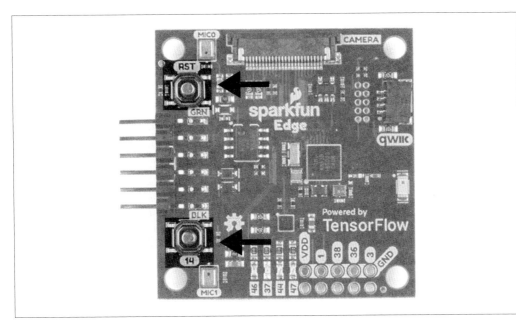

圖 7-15　SparkFun Edge 的按鈕

持續按住按鈕 14，直到看到 Sending Data Packet of length 8180 為止。看到它之後，你就可以放開按鈕了（但繼續按著它也無妨）。程式會繼續在終端機印出訊息，最後你會看到這些東西：

```
[...lots more Sending Data Packet of length  8180...]
Sending Data Packet of length  8180
Sending Data Packet of length  6440
Sending Reset Command.
Done.
```

這代表你成功 flash 了。

如果程式的輸出最後出現錯誤，看看有沒有 Sending Reset Command。如果有，代表雖然有錯誤訊息，但 flash 應該成功了，否則應該是 flash 失敗了，試著再次執行這些步驟（你可以跳過設定環境變數的部分）。

測試程式

按下 RST 按鈕來確保程式正在執行。你應該可以看到藍色 LED 在閃爍。

說「yes」來測試程式,當它偵測到「yes」時,橘色 LED 會閃爍,這個模型也學會辨識「no」以及不明單字,它聽到「no」時會閃爍紅色 LED,不明單字閃爍綠色。

如果程式無法辨識你的「yes」,試著連續說幾次:「yes, yes, yes」。

我們使用的模型很小而且不完美,你應該可以發現它比較擅長偵測「yes」,但對於「no」則沒那麼在行,通常將它視為「不明」。從這個例子可以看到對小型模型的大小進行優化會如何導致準確度的下降。我們將在第 8 章討論這個主題。

如果不能動呢?

以下是可能的原因,與排除的方法:

問題:在 flash 時,腳本在 Sending Hello. 停頓一下子,再印出錯誤。

解決方法:你必須在執行腳本的同時按下按鈕 14。請按下按鈕 14,按下按鈕 RST,接著在執行腳本的同時,一直按著按鈕 14。

問題:在 flash 之後,LED 都沒有亮。

解決方法:按下按鈕 RST,或先將電路板與編程器拔開,再重新接起來。如果這兩種做法都不行,試著再次 flash 電路板。

察看除錯資料

這段程式也會將成功的辨識結果 log 到序列埠。我們可以用傳輸速率 115200 監看電路板的序列埠輸出來察看它們。在 macOS 與 Linux 可以使用這些命令:

```
screen ${DEVICENAME} 115200
```

你應該可以看到下面的初始輸出:

```
Apollo3 Burst Mode is Available

                        Apollo3 operating in Burst Mode (96MHz)
```

試著說「yes」或「no」來發出一些指令,你應該可以看到電路板為各個指令印出除錯資訊:

```
Heard yes (202) @65536ms
```

若要停止觀看螢幕上的除錯輸出,你可以按下 Ctrl-A,再立刻按下 K 鍵,接著按下 Y 鍵。

自行進行修改

部署基本 app 之後，試著稍微把玩一下，並進行一些更改。你可以在 *tensorflow/lite/micro/examples/micro_speech* 資料夾找到 app 的程式碼。你只要進行編輯並儲存，再重複之前的操作即可將修改過的程式碼部署到設備上。

你可以嘗試這些東西：

- RespondToCommand() 的 score 引數是預測分數，將 LED 當成儀表來顯示匹配的強度。
- 讓 app 回應特定順序的「yes」與「no」指令，類似密碼口令。
- 使用「yes」與「no」指令來控制其他元件，例如其他的 LED 或伺服設備。

ST Microelectronics STM32F746G Discovery Kit

因為 STM32F746G 具備華麗的 LCD 螢幕，我們可以用它來展示偵測到哪個喚醒詞，如圖 7-16 所示。

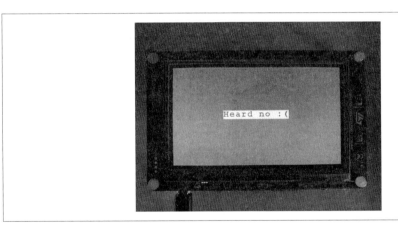

圖 7-16　STM32F746G 顯示「no」

在 STM32F746G 回應指令

STM32F746G 的 LCD 驅動程式有一些方法可用來在螢幕上寫字。在這個範例中，我們用它來顯示下列訊息之一，取決於聽到的指令：

- "Heard yes!"
- "Heard no :("

- "Heard unknown"

- "Heard silence"

我們也會根據聽到的指令來設定不同的背景色。

一開始，先 include 一些標頭檔：

```
#include "tensorflow/lite/micro/examples/micro_speech/command_responder.h"
#include "LCD_DISCO_F746NG.h"
```

第一個檔案 *command_responder.h* 只是負責為這個檔案宣告介面。第二個檔案，*LCD_DISCO_F74NG.h* 提供一個介面讓我們控制設備的 LCD 螢幕。你可以到 Mbed 網站（*https://oreil.ly/6oirs*）更深入瞭解它。

接著，我們實例化一個 LCD_DISCO_F746NG 物件，它裡面有用來控制 LCD 的方法：

```
LCD_DISCO_F746NG lcd;
```

在接下來幾行中，我們宣告 RespondToCommand() 函式，並確認它是不是用新指令呼叫的：

```
// 偵測到指令時，將它寫至螢幕，
// 並將它 log 至序列埠。
void RespondToCommand(tflite::ErrorReporter *error_reporter,
                      int32_t current_time, const char *found_command,
                      uint8_t score, bool is_new_command) {
  if (is_new_command) {
    error_reporter->Report("Heard %s (%d) @%dms", found_command, score,
                           current_time);
```

當我們知道它是新指令時，使用 error_reporter 來將它 log 至序列埠。

接下來，我們使用一個大型的 if 陳述式來決定聽到各個指令時做什麼事。首先是「yes」：

```
  if (*found_command == 'y') {
    lcd.Clear(0xFF0F9D58);
    lcd.DisplayStringAt(0, LINE(5), (uint8_t *)"Heard yes!", CENTER_MODE);
```

我們使用 lcd.Clear() 來清除螢幕的內容，並設定新的背景色，就像刷了一層新的油漆。顏色 0xFF0F9D58 是漂亮的深綠色。

在綠色背景上，我們使用 `lcd.DisplayStringAt()` 來畫一些文字。第一個引數指定 *x* 座標，第二個指定 *y* 座標。文字的位置大概在螢幕中間，我們使用協助函式 `LINE()` 來算出螢幕的第五行文字的 *y* 座標。

第三個引數是將要顯示的文字字串，第四個引數是文字的對齊方式，我們用 `CENTER_MODE` 來指定文字置中。

接下來的 `if` 陳述式涵蓋剩餘的三種可能性：「no」、「不明」與「靜音」（它是由 `else` 區塊處理的）：

```
} else if (*found_command == 'n') {
  lcd.Clear(0xFFDB4437);
  lcd.DisplayStringAt(0, LINE(5), (uint8_t *)"Heard no :(", CENTER_MODE);
} else if (*found_command == 'u') {
  lcd.Clear(0xFFF4B400);
  lcd.DisplayStringAt(0, LINE(5), (uint8_t *)"Heard unknown", CENTER_MODE);
} else {
  lcd.Clear(0xFF4285F4);
  lcd.DisplayStringAt(0, LINE(5), (uint8_t *)"Heard silence", CENTER_MODE);
}
```

就這樣！因為 LCD 程式庫提供方便的高階控制函式，所以不需要太多程式碼就可以輸出結果。我們來部署範例，看一下它們的動作。

執行範例

我們可以使用 Mbed 工具鏈來將 app 部署至設備。

> 在本書出版之後，組建程序可能會改變，所以請參考 *README.md*（*https://oreil.ly/1INIO*）來瞭解最新的做法。

在開始之前，我們需要這些東西：

- STM32F746G Discovery kit 電路板

- mini-USB 線

- Arm Mbed CLI（按照 Mbed 設定指南（*https://oreil.ly/tR57j*））

- Python 3 與 pip

如同 Arduino IDE，Mbed 要求以特定方式來安排原始檔。TensorFlow Lite for Microcontrollers Makefile 知道如何為我們做這件事，以產生適合 Mbed 的目錄。

執行這個命令：

```
make -f tensorflow/lite/micro/tools/make/Makefile \
  TARGET=mbed TAGS="cmsis-nn disco_f746ng" generate_micro_speech_mbed_project
```

它會建立新目錄：

```
tensorflow/lite/micro/tools/make/gen/mbed_cortex-m4/prj/ \
  micro_speech/mbed
```

這個目錄裡面有範例的所有依賴項目，並且以正確的方式來放置它們，讓 Mbed 可以組建它。

首先，進入目錄，準備在裡面執行一些命令：

```
cd tensorflow/lite/micro/tools/make/gen/mbed_cortex-m4/prj/micro_speech/mbed
```

接著使用 Mbed 來下載依賴項目並組建專案。

使用下面的命令告訴 Mbed 目前的目錄是 Mbed 專案的根目錄：

```
mbed config root .
```

接著要求 Mbed 下載依賴項目，並準備組建：

```
mbed deploy
```

在預設情況下，Mbed 使用 C++98 組建專案。但是 TensorFlow Lite 需要 C++11，執行下面的 Python 來修改 Mbed 組態檔，讓它使用 C++11。你可以在命令列直接輸入它或將它貼到那裡：

```
python -c 'import fileinput, glob;
for filename in glob.glob("mbed-os/tools/profiles/*.json"):
  for line in fileinput.input(filename, inplace=True):
    print(line.replace("\"-std=gnu++98\"","\"-std=c++11\", \"-fpermissive\""))'
```

最後，執行這個命令來進行編譯：

```
mbed compile -m DISCO_F746NG -t GCC_ARM
```

它會在這個路徑產生一個二進制檔：

```
./BUILD/DISCO_F746NG/GCC_ARM/mbed.bin
```

STM32F746G 電路板有一個很棒的地方就是它的部署很簡單。在部署時，你只要插入 STM 電路板並將檔案複製給它就可以了。在 macOS，你可以使用這個命令：

```
cp ./BUILD/DISCO_F746NG/GCC_ARM/mbed.bin /Volumes/DIS_F746NG/
```

或者，在檔案瀏覽器尋找 DIS_F746NG volume 並將檔案拉過去。

複製檔案即可開始 flash 程序。

測試程式

完成之後，試著說「yes」。你應該會在螢幕上看到正確的文字，以及背景顏色改變。

如果程式無法辨識你的「yes」，試著連續說幾次，像是「yes, yes, yes」。

我們使用的模型很小而且不完美，你應該可以發現它比較擅長偵測「yes」，但對於「no」則沒那麼在行，通常將它視為「不明」。從這個例子可以看到對小型模型的大小進行優化會如何導致準確度的下降。我們將在第 8 章討論這個主題。

察看除錯資料

程式也會 log 成功的辨識紀錄至序列埠，察看的方式是以傳輸率 9600 來與電路板建立序列連結。

在 macOS 與 Linux 發出這個命令可列出設備：

```
ls /dev/tty*
```

它長得像這樣：

```
/dev/tty.usbmodem1454203
```

看到這個設備之後，使用這個命令來連接它，將 *</dev/tty.devicename>* 換成出現在你的 */dev* 的設備名稱：

```
screen /dev/<tty.devicename 9600>
```

試著說「yes」或「no」來發出一些指令，你應該可以看到電路板為各個指令印出除錯資訊：

```
Heard yes (202) @65536ms
```

若要停止觀看螢幕上的除錯輸出，你可以按下 Ctrl-A，再立刻按下 K 鍵，接著按下 Y 鍵。

如果你不確定如何在你的平台建立序列連結，可嘗試 CoolTerm（*https://oreil.ly/FP7gK*），它可以在 Windows、macOS 與 Linux 上運作。電路板應該會在 CoolTerm 的 Port 下拉式清單中出現，務必將傳輸率設為 9600。

自行進行修改

部署 app 之後，你可以把玩一下，並且進行一些更改，享受過程的樂趣！你可以在 *tensorflow/lite/micro/tools/make/gen/mbed_cortex-m4/prj/micro_speech/mbed* 資料夾裡面找到 app 的程式碼。你只要編輯並儲存程式，再重複之前的操作即可將修改過的程式碼部署到設備上。

你可以嘗試這些事情：

- RespondToCommand() 的 score 引數是預測分數，在 LCD 螢幕上製作視覺化的指示計。
- 讓 app 回應特定順序的「yes」與「no」指令，類似密碼口令。
- 使用「yes」與「no」指令來控制其他元件，例如其他的 LED 或伺服設備。

結語

這個 app 程式的主要動作是從硬體獲得資料，再提取適合用來推斷的特徵。實際將資料傳入模型以及執行推斷的部分相對較少，與第 6 章介紹過的例子非常相似。

這是相當典型的機器學習專案。這個模型已經訓練好了，所以我們的工作只是將適當的資料傳給它。作為一位使用 TensorFlow Lite 的嵌入式開發者，你的多數時間都是在提取感測器資料、將它處理成特徵，再根據模型的輸出做出回應。推斷本身很快而且很簡單。

但是嵌入式 app 只占了一部分，真正有趣的東西是模型。你將會在第 8 章學習如何訓練自己的語音模型來監聽不同的單字。你也會學到它究竟如何工作。

喚醒詞偵測：訓練模型

在第七章，我們建立 app 來讓它使用一個學會辨識「yes」與「no」的模型。在這一章，我們要訓練一個可以辨識不同單字的模型。

我們的程式碼非常通用，它的工作只是採集與處理音訊、將它傳給 TensorFlow Lite，並且用輸出的結果來做一些事情。app 通常不在乎模型想要聽到什麼單字，也就是說，當新模型被訓練好之後，就可以直接放入 app，然後 app 就立刻可以正常工作了。

以下是訓練新模型時需要考慮的事情：

輸入

訓練新模型時必須使用有相同外形與格式的輸入資料，並且採取和 app 程式一樣的預先處理程序。

輸出

新模型的輸出必須使用相同的格式，也就是存有機率的張量，每個類別有一個機率。

訓練資料

無論選擇哪些新單字，都要取得很多人說那些字的錄音，以便訓練新模型。

優化

你必須優化模型，讓它可以在記憶體有限的微控制器高效地運行。

幸運的是，既有的模型是用 TensorFlow 團隊公開的腳本來訓練的，我們可以用那個腳本來訓練新模型。我們也可以免費取得語音資料組，當成訓練資料來使用。

在下一節，我們將探討使用這個腳本來訓練模型的程序。接著，在第 194 頁的「在專案中使用模型」中，我們會將新模型放入既有的 app 程式碼。之後，在第 200 頁的「模型如何運作」，你將學會模型的實際運作方式。最後，在第 210 頁的「用你自己的資料來訓練」中，你會知道如何使用自己的資料組來訓練模型。

訓練新模型

我們的模型是用 TensorFlow Simple Audio Recognition（*https://oreil.ly/E292V*）腳本來訓練的，這個腳本是為了展示如何使用 TensorFlow 來組建與訓練音訊辨識模型而設計的。

你可以用這個腳本非常輕鬆地訓練音訊辨識模型。它可以讓我們做這些事情：

- 下載一個資料組，裡面有 20 句口說單字的音訊。
- 選擇用哪些單字來訓練模型。
- 指定要對音訊進行哪種預先處理。
- 可選擇多種不同的模型結構。
- 使用量化來優化模型，以供微控制器使用。

當我們執行腳本時，它會下載資料組、訓練模型，並輸出一個代表訓練好的模型的檔案。接著我們使用一些其他的工具來將這個檔案轉換成正確的形式，供 TensorFlow Lite 使用。

 許多模型的作者都會製作這種訓練腳本，以便輕鬆地實驗各種不同的模型結構與超參數，以及分享他們的成果。

在 Colaboratory（Colab）notebook 裡面執行訓練腳本是最簡單的做法，接下來的小節會這樣做。

在 Colab 中訓練

Google Colab 是很棒的模型訓練場所，它提供強大的雲端計算資源，並且提供一些工具，可用來監看訓練程序，它也是完全免費的。

在這一節，我們將使用 Colab notebook 來訓練新模型。你可以在 TensorFlow 存放區取得我們使用的 notebook。

打開 notebook（*https://oreil.ly/0Z2ra*）並按下「Run in Google Colab」按鈕，如圖 8-1 所示。

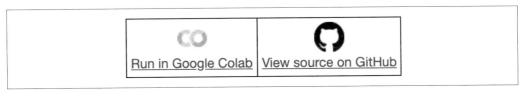

圖 8-1　「Run in Google Colab」按鈕

 在行文之此時，GitHub 有一個 bug，它會在顯示 Jupyter notebook 時產生間歇性的錯誤訊息。如果你試著使用 notebook 時看到「Sorry, something went wrong. Reload?」，請按照第 31 頁的「建構我們的模型」的指示操作。

notebook 將會指引我們完成模型訓練程序。它會執行這些步驟：

- 設置參數
- 安裝正確的依賴項目
- 使用 TensorBoard 來監看訓練
- 執行訓練腳本
- 將訓練輸出轉換成我們可使用的模型

使用 GPU 訓練

我們曾經在第 4 章使用少量的資料來訓練非常簡單的模型，現在要訓練的模型複雜許多，有大很多的資料組，而且需要更長的訓練時間。普通的現代電腦 CPU 需要花三到四個小時來訓練它。

我們可以使用 *GPU 加速* 這種技術來減少訓練模型所需的時間。GPU（圖形處理單元）是一種協助電腦快速處理圖像資料的硬體，可讓電腦流暢地算繪用戶介面與遊戲。大部分的電腦都有 GPU。

圖像處理需要平行執行許多工作，訓練深度學習網路也是如此，我們可以使用 GPU 硬體來提升深度學習訓練速度，通常在 GPU 執行訓練比 CPU 快 5 到 10 倍。

因為我們的訓練程序需要對音訊進行預先處理，所以速度不會大量提升，但是在 GPU 訓練模型仍然快很多，總共只需要大約一至兩個小時。

幸運的是，Colab 支援用 GPU 進行訓練，這項功能不是預設啟用的，但打開它很簡單。前往 Colab 的 Runtime 選單，按下「Change runtime type」，如圖 8-2 所示。

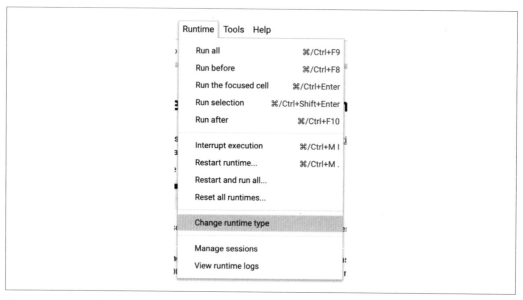

圖 8-2　Colab 的「Change runtime type」選項

當你選擇這個選項時，會看到圖 8-3 所示的「Notebook settings」框。

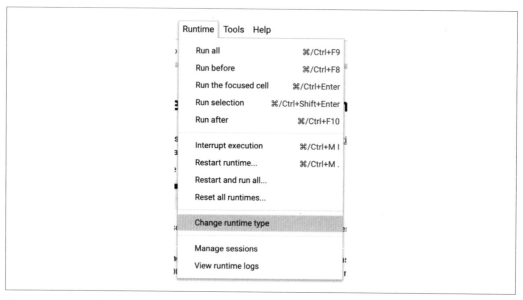

圖 8-3　「Notebook settings」框

在「Hardware accelerator」下拉式清單中選擇 GPU，如圖 8-4 所示，再按下 SAVE。

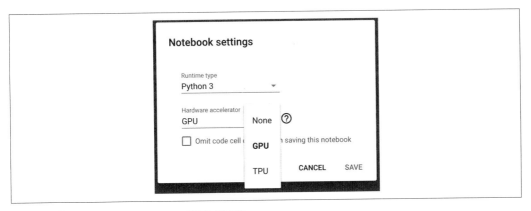

圖 8-4 「Hardware accelerator」下拉式清單

接下來，Colab 會在具備 GPU 的後端電腦（稱為 *runtime*）運行它的 Python。

下一步是用我們想要訓練的單字來設置 notebook。

設置訓練

訓練腳本是用一堆命令列旗標來設置的，這些旗標控制了從模型結構到它將要學習分類的單字之間的一切事物。

為了讓腳本更容易執行，這個 notebook 的第一個 cell 在環境變數中儲存一些重要的值，在執行時，它們會被換成腳本的命令列旗標。

第一個是 WANTED_WORDS，可讓我們選擇用來訓練模型的單字：

```
os.environ["WANTED_WORDS"] = "yes,no"
```

預設選擇的單字是「yes」與「no」，但我們可以提供下列單字的任何組合，單字資料組裡面都有這些單字：

- 常見的指令：*yes, no, up, down, left, right, on, off, stop, go, backward, forward, follow, learn*

- 從零到九的數字：*zero, one, two, three, four, five, six, seven, eight, nine*

- 隨機單字：*bed, bird, cat, dog, happy, house, Marvin, Sheila, tree, wow*

選擇單字的方法是將它們放入一個以逗號分隔的串列。我們選擇以「on」與「off」來訓練新模型：

```
os.environ["WANTED_WORDS"] = "on,off"
```

在訓練模型時，未被納入串列的任何單字都會被歸類為「不明（unknown）」分類。

 你可以選擇兩個單字以上，只要稍微調整一下 app 程式碼即可。第 194 頁的「在專案中使用模型」會告訴你做法。

此外還有 TRAINING_STEPS 與 LEARNING_RATE 變數：

```
os.environ["TRAINING_STEPS"]="15000,3000"
os.environ["LEARNING_RATE"]="0.001,0.0001"
```

第 3 章告訴我們，模型的權重與偏差值會被逐漸調整，讓模型的輸出隨著時間的過去越來越符合期望的值。TRAINING_STEPS 設定要讓一個批次的訓練資料通過網路幾次來更新權重與偏差值。LEARNING_RATE 則是設置調整率。

當學習速度（learning rate）比較高時，權重與偏差值在每一次迭代的調整幅度比較大，意味著收斂會更快發生。但是這種大跳躍意味著你可能會不斷跳過理想值，因此比較難以停在理想值。使用較低的學習速度時，跳躍幅度較小，所以需要更多步驟才能收斂，但最終結果可能比較好。每一個模型的最佳學習速度是透過試誤法來決定的。

在上述變數中，training steps 與 learning rate 都是用以逗號分隔的串列來定義的，它們定義了各個訓練階段的學習速度。根據剛才的值，這個模型會用學習速度 0.001 訓練 15,000 步，然後用學習速度 0.0001 訓練 3,000 步。總步數是 18,000 步。

所以，我們會用高學習速度來執行大量的迭代，讓網路快速收斂。然後用低學習速度來進行較少量的迭代，微調權重與偏差值。

目前我們先不理會這些值，不過知道它們的作用是有好處的。執行 cell 會顯示下面的輸出：

```
Training these words: on,off
Training steps in each stage: 15000,3000
Learning rate in each stage: 0.001,0.0001
Total number of training steps: 18000
```

它們是模型將會被如何訓練的摘要。

安裝依賴項目

接下來要抓取一些執行腳本必須的依賴項目。

執行下兩個 cell 來做這些事情：

- 安裝 TensorFlow pip 程式包的特定版本，來 include 訓練所需的 op。
- 複製相應的 TensorFlow GitHub 存放區版本，以便取得訓練腳本。

載入 TensorBoard

我們使用 TensorBoard 來監看訓練程序（*https://oreil.ly/wginD*），它是一個用戶介面，可以顯示圖表、統計數據，以及其他可以用來瞭解訓練情況的資訊。

當訓練完成時，你會看到類似圖 8-5 的螢幕擷圖。本章稍後會告訴你這些圖表的意思。

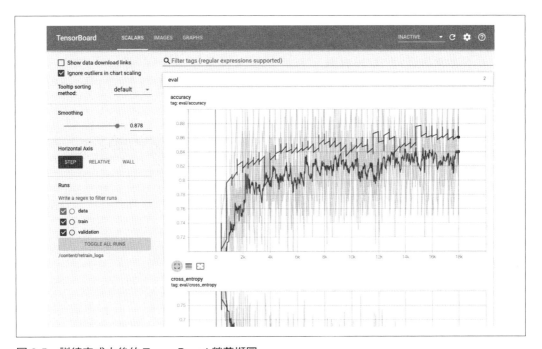

圖 8-5　訓練完成之後的 TensorBoard 螢幕擷圖

執行下一個 cell 來載入 TensorBoard。它會在 Colab 裡面出現，但是在開始訓練之前不會顯示任何有趣的東西。

開始訓練

接下來的 cell 會執行腳本來開始進行訓練。你可以看到它有許多命令列引數：

```
!python tensorflow/tensorflow/examples/speech_commands/train.py \
--model_architecture=tiny_conv --window_stride=20 --preprocess=micro \
--wanted_words=${WANTED_WORDS} --silence_percentage=25 --unknown_percentage=25 \
--quantize=1 --verbosity=WARN --how_many_training_steps=${TRAINING_STEPS} \
--learning_rate=${LEARNING_RATE} --summaries_dir=/content/retrain_logs \
--data_dir=/content/speech_dataset --train_dir=/content/speech_commands_train
```

有些引數使用之前定義的環境變數來設置我們正在建立的模型，例如 `--wanted_words=${WANTED_WORDS}`。有些引數設定腳本的輸出，例如 `--train_dir=/content/speech_commands_train` 定義訓練好的模型要放到哪裡。

保持引數不變，並執行 cell。你會看到一些輸出資訊通過螢幕，它會在下載 Speech Commands 資料組的時候暫停一下：

```
>> Downloading speech_commands_v0.02.tar.gz 18.1%
```

完成之後，你會看到更多輸出資訊，裡面可能有一些警告資訊，只要 cell 持續執行，它們都是可以忽略的。此時，你應該移回去 TensorBoard，它看起來很像圖 8-6。如果你沒有看到任何圖表，按下 SCALARS 標籤。

圖 8-6　在開始訓練時的 TensorBoard 螢幕擷圖

太棒了！這代表訓練開始了，你剛才執行的 cell 會在訓練期間持續執行，總共需要兩個小時才會完成。這個 cell 不會輸出任何 log 了，但關於訓練執行情況的資料會出現在 TensorBoard 裡面。

如圖 8-7 所示，你可以看到 TensorBoard 顯示兩張圖表，「accuracy」與「cross_entropy」。這兩張圖的 x 軸都是目前的步數。「accuracy」圖的 y 軸是模型的準確度，代表模型能夠正確偵測一個單字的機率。「cross_entropy」圖展示模型的損失，將模型的預測值與正確值之間的差距量化。

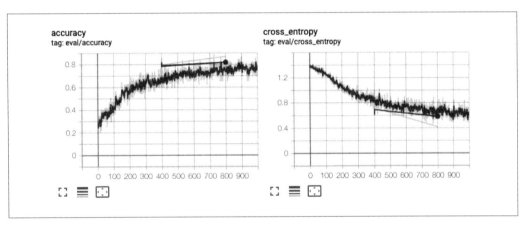

圖 8-7　「accuracy」與「cross_entropy」圖

cross entropy（交叉熵）是一種經常用來衡量分類式機器學習模型的損失的指標，分類式模型的目標是預測它的輸入屬於哪一個類別。

圖中的鋸齒線代表模型處理訓練資料組的效果，直線代表處理驗證資料組的效果。因為驗證會週期性進行，所以圖中的驗證資料點比較少。

新資料會隨著時間的過去出現在圖中，但你必須調整它們的比例才能顯示它。你可以按下在每張圖下面最右邊的按鈕來做這件事，見圖 8-8。

圖 8-8　按下這個按鈕來調整圖表的比例，以顯示所有的資料

按下圖 8-9 的按鈕可以放大圖表。

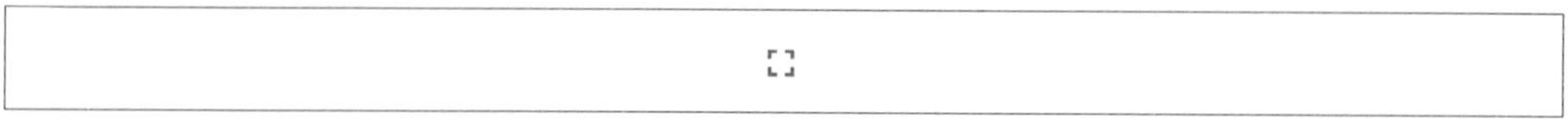

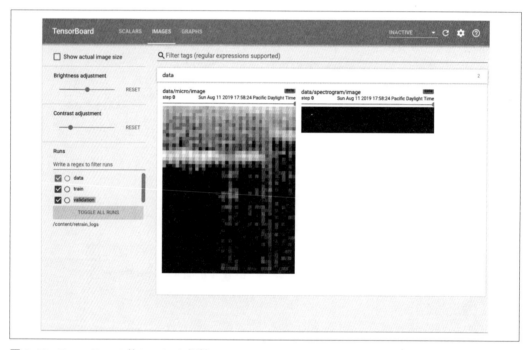

圖 8-9　按下這個按鈕可放大圖表

除了圖表之外，TensorBoard 也可以顯示傳給模型的輸入。按下 IMAGES 標籤，你會看到類似圖 8-10 的畫面。這是在訓練期間傳入模型的一個聲譜案例。

圖 8-10　TensorBoard 的 IMAGES 標籤

等待訓練完成

訓練模型需要一到兩個小時，所以我們只能耐心等待。幸好我們有 TensorBoard 的漂亮圖表可以欣賞。

隨著訓練的進行，你可以發現指標往往在一個範圍之內跳動。這是正常的現象，但它會讓圖表變模糊且難以閱讀，我們可以使用 TensorFlow 的 Smoothing 功能來更輕鬆地看到訓練的情況。

圖 8-11 是使用預設平滑度（Smoothing）的圖表，注意它有多麼模糊。

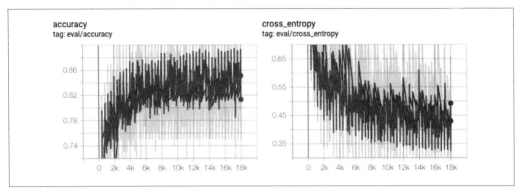

圖 8-11　使用預設平滑度的訓練圖表

我們可以調整圖 8-12 的 Smoothing 滑桿來提升平滑度，讓趨勢更明顯。

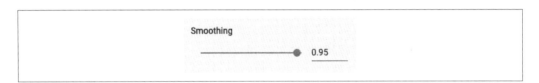

圖 8-12　TensorBoard 的平滑度滑桿

圖 8-13 是使用較高平滑度的同一組圖表。原始的資料是在它下面顏色比較淺的部分。

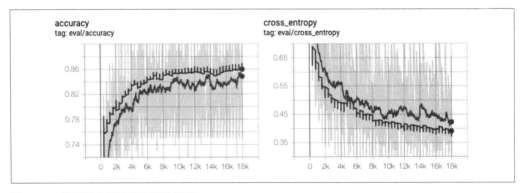

圖 8-13　使用更高平滑度的訓練圖表

讓 Colab 持續運行 為了防止被遺棄的專案浪費資源,如果 runtime 沒有被積極使用,Colab 會關閉它。因為訓練會花一些時間,我們必須防止這種情況發生,所以必須考慮幾件事。

首先,如果我們沒有主動與 Colab 瀏覽器標籤互動,web 用戶介面會切斷與執行訓練腳本的後端 runtime 之間的連結。這會在幾分鐘之後發生,導致你的 TensorBoard 圖表停止更新成最新的訓練指標。發生這種情況時不要驚慌,你的訓練仍然在後端執行。

如果你的 runtime 斷開連接了,你可以在 Colab 的用戶介面看到一個 Reconnect 按鈕,如圖 8-14 所示,按下這個按鈕即可重新連接 runtime。

Reconnect ▾

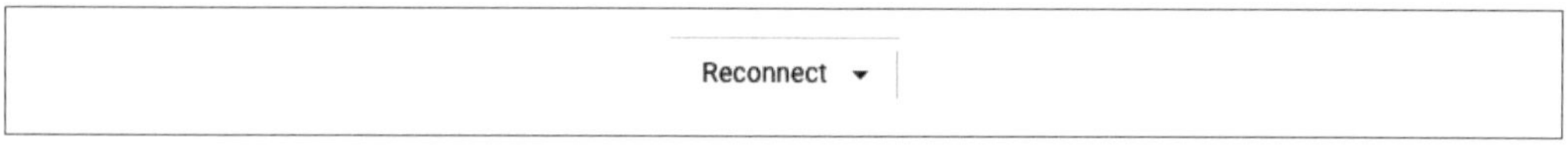

圖 8-14　Colab 的 Reconnect 按鈕

雖然斷開連結的 runtime 不是什麼問題,但 Colab 的下一個逾時就值得關注了,*如果你連續 90 分鐘沒有和 Colab 互動,你的 runtime 實例就會被回收*。這是一個問題:你會失去所有的訓練進度,以及存放在實例內的任何資料!

為了避免這種情況,你至少每隔 90 分鐘就要與 Colab 互動一次,請打開標籤,確保你有連接 runtime,並且欣賞一下漂亮的圖表。只要你在 90 分鐘到達之前做這件事,連結就會保持開啟。

即使你的 Colab 標籤關閉了,runtime 也會在背景持續運行 90 分鐘,只要你用瀏覽器打開原始的 URL,你就可以重新連接 runtime 繼續工作。

但是當你關閉標籤時,TensorBoard 會消失,如果你重新打開標籤時訓練仍在執行,你就不能再次看到 TensorBoard,除非訓練完成。

最後,*Colab runtime 最多只能運行 12 小時*。如果你的訓練超過 12 小時,很不幸,Colab 會在訓練完成之前關閉並重啟你的實例。如果你的訓練時間可能會這麼長,那就不要使用 Colab,改用第 198 頁的「其他的腳本執行方式」介紹的替代方案。幸運的是,訓練喚醒詞模型不需要這麼久。

當你的圖表顯示 18,000 步的資料時,訓練就完成了!現在我們必須再執行一些命令來準備部署模型。別擔心,這個部分快多了。

凍結圖表

本書稍早說過，訓練就是在不斷調整模型的權重與偏差值，直到它產生有用的預測為止。訓練腳本會將這些權重與偏量值寫到**檢查點**（*checkpoint*）檔案。我們每一百步就會寫入一次檢查點，也就是說，如果訓練在中途失敗了，它可以從最近的檢查點重新開始訓練，而不會遺失進度。

我們在呼叫 *train.py* 腳本時使用 `--train_dir` 引數，它指定這些檢查點檔案會被寫到哪裡。在 Colab 裡面，它設成 */content/speech_commands_train*。

你可以打開 Colab 的左面板的檔案瀏覽器察看檢查點檔案，請按下圖 8-15 的按鈕。

圖 8-15　用來打開 Colab 邊欄的按鈕

在這個面板裡面，按下 Files 標籤來察看 runtime 的檔案系統。打開 *speech_commands_train/* 目錄即可看到檢查點檔案，如圖 8-16 所示。各個檔名中的數字代表儲存該檢查點時的步數。

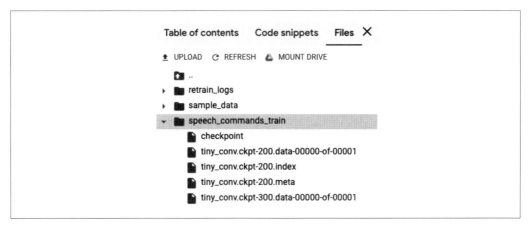

圖 8-16　Colab 的檔案瀏覽器以及檢查點檔案

TensorFlow 模型有兩個主要成分：

- 訓練產生的權重與偏差值

- 操作圖，這張圖可結合模型的輸入以及這些權重與偏差值來產生模型的輸出

此時，模型的 op 是在 Python 腳本裡面定義的，而訓練得到的權重與偏差值都被放在最新的檢查點檔案裡面，我們要將兩者合併成一種特定格式的模型檔案，這個檔案可以用來執行推斷。建立這個模型檔案的程序稱為 *freezing*，使用這個名稱是因為我們要建立圖的靜態表示法，並且將權重凍結到它裡面。

我們藉著執行腳本來凍結模型。你可以在下一個 cell 的「Freeze the graph」部分看到它。我們這樣呼叫腳本：

```
!python tensorflow/tensorflow/examples/speech_commands/freeze.py \
  --model_architecture=tiny_conv --window_stride=20 --preprocess=micro \
  --wanted_words=${WANTED_WORDS} --quantize=1 \
  --output_file=/content/tiny_conv.pb \
  --start_checkpoint=/content/speech_commands_train/tiny_conv. \
ckpt-${TOTAL_STEPS}
```

為了讓腳本指向想要凍結的正確操作圖，我們傳入訓練時使用的同一組引數，並傳入最終檢查點檔案的路徑，最終檢查點檔案是檔名的結尾是訓練總步數的那一個。

執行這個 cell 來凍結圖，凍結之後的圖會被輸出至 *tiny_conv.pb* 檔案。

這個檔案就是經過完整訓練的 TensorFlow 模型，你可以用 TensorFlow 來載入它，並且用它來執行推斷。雖然結果很好，但它的格式仍然是供常規的 TensorFlow 使用的，不是供 TensorFlow Lite 使用的，所以下一個步驟是將模型轉換成 TensorFlow Lite 格式。

轉換成 TensorFlow Lite

轉換也很簡單，我們只要執行一個命令即可。我們已經有一個凍結的圖檔案可以使用了，接下來我們要使用 toco，它是 TensorFlow Lite 轉換器的命令列介面。

在「Convert the model」部分，執行第一個 cell：

```
!toco
  --graph_def_file=/content/tiny_conv.pb --output_file= \
  /content/tiny_conv.tflite \
  --input_shapes=1,49,40,1 --input_arrays=Reshape_2
  --output_arrays='labels_softmax' \
  --inference_type=QUANTIZED_UINT8 --mean_values=0 --std_dev_values=9.8077
```

我們在引數中指定想要轉換的模型、TensorFlow Lite 模型檔的輸出位置，以及一些與模型結構有關的值。因為模型在訓練期間已經被量化了，我們也用一些引數（`inference_type`、`mean_values` 與 `std_dev_values`）來告訴轉換器如何將低精度的值對映成實數。

你可能想問，為什麼 `input_shape` 引數的寬、高與通道參數的前面有個 1？它是批次大小，雖然為了提升訓練期間的效率，我們一次傳入大量的輸入，但是在即時的 app 中運行時，我們一次只處理一個樣本，這就是將批次大小固定為 1 的原因。

轉換後的模型會被寫至 *tiny_conv.tflite*。恭喜你，這是一個完整的模型！

為了瞭解這個模型多小，在下一個 cell 執行這段程式：

```
import os
model_size = os.path.getsize("/content/tiny_conv.tflite")
print("Model is %d bytes" % model_size)
```

輸出資訊顯示這個模型超小的：`Model is 18208 bytes`。

下一步是將這個模型轉換成可部署至微控制器的形式。

建立 C 陣列

在第 62 頁的「轉換成 C 檔案」中，我們使用 xxd 命令來將 TensorFlow Lite 模型轉換成 C 陣列。下一個 cell 會做同一件事：

```
# 如果尚未安裝 xxd，安裝它
!apt-get -qq install xxd
# 將檔案存為 C 原始檔
!xxd -i /content/tiny_conv.tflite > /content/tiny_conv.cc
# 印出原始檔
!cat /content/tiny_conv.cc
```

輸出的最後一個部分是檔案的內容，裡面有一個 C 陣列，以及一個存有其長度的整數，如下所示（你看到的值可能稍有不同）：

```
unsigned char _content_tiny_conv_tflite[] = {
  0x1c, 0x00, 0x00, 0x00, 0x54, 0x46, 0x4c, 0x33, 0x00, 0x00, 0x00, 0x00,
  0x00, 0x00, 0x0e, 0x00, 0x18, 0x00, 0x04, 0x00, 0x08, 0x00, 0x0c, 0x00,
  // ...
  0x00, 0x09, 0x06, 0x00, 0x08, 0x00, 0x07, 0x00, 0x06, 0x00, 0x00, 0x00,
  0x00, 0x00, 0x00, 0x04
};
unsigned int _content_tiny_conv_tflite_len = 18208;
```

這段程式碼也會被寫入 *tiny_conv.cc* 檔案，你可以用 Colab 的檔案瀏覽器來下載它。因為 Colab runtime 會在 12 小時之後到期，所以現在就將這個檔案下載到電腦比較好。

接下來，我們要將這個剛訓練好的模型與 `micro_speech` 專案整合，以便部署到硬體上。

在專案中使用模型

為了使用新模型，我們必須做三件事：

1. 在 *micro_features/tiny_conv_micro_features_model_data.cc*（*https://oreil.ly/EAR0U*）裡面，將原始模型資料換成新模型。

2. 將 *micro_features/micro_model_settings.cc*（*https://oreil.ly/bqw67*）裡面的標籤名稱換成新的「on」與「off」標籤。

3. 更新設備專屬的 *command_responder.cc* 來採取我們想要根據新標籤採取的行動。

更換模型

為了更換模型，用文字編譯器打開 *micro_features/tiny_conv_micro_features_model_data.cc*。

> 如果你使用 Arduino，這個檔案會出現在 Arduino IDE 的一個標籤，標籤的名稱是 *micro_features_tiny_conv_micro_features_model_data.cpp*。如果你使用 SparkFun Edge，你可以在 TensorFlow 存放區的本地版本中直接編輯檔案。如果你使用 STM32F746G，你要在 Mbed 專案目錄裡面編輯檔案。

tiny_conv_micro_features_model_data.cc 檔案裡面有這個陣列宣告式：

```
const unsigned char
    g_tiny_conv_micro_features_model_data[] DATA_ALIGN_ATTRIBUTE = {
        0x18, 0x00, 0x00, 0x00, 0x54, 0x46, 0x4c, 0x33, 0x00, 0x00, 0x0e, 0x00,
        0x18, 0x00, 0x04, 0x00, 0x08, 0x00, 0x0c, 0x00, 0x10, 0x00, 0x14, 0x00,
        //...
        0x00, 0x09, 0x06, 0x00, 0x08, 0x00, 0x07, 0x00, 0x06, 0x00, 0x00, 0x00,
        0x00, 0x00, 0x00, 0x04};
const int g_tiny_conv_micro_features_model_data_len = 18208;
```

如果這個陣列有改變的話，你必須換掉它的內容以及 g_tiny_conv_micro_features_model_data_len 常數的值。

為此，打開你在上一節結束時下載的 *tiny_conv.cc* 檔，複製陣列的內容，而不是它的定義，然後貼到 *tiny_conv_micro_features_model_data.cc* 裡面定義的陣列。務必覆寫陣列的內容，而不是它的宣告式。

在 *tiny_conv.cc* 底下有個 _content_tiny_conv_tflite_len，這個變數的值是陣列的長度。回到 *tiny_conv_micro_features_model_data.cc*，將 g_tiny_conv_micro_features_model_data_len 的值換成這個變數的值，儲存檔案，這樣就完成更改了。

更改標籤

接著打開 *micro_features/micro_model_settings.cc*，這個檔案裡面有個類別標籤陣列：

```
const char* kCategoryLabels[kCategoryCount] = {
    "silence",
    "unknown",
    "yes",
    "no",
};
```

我們為新模型進行調整，將「yes」與「no」換成「on」與「off」。我們讓標籤的順序與模型輸出張量的元素順序一樣。讓它們的順序與訓練腳本裡面的相同非常重要。

我們希望產生的程式碼是：

```
const char* kCategoryLabels[kCategoryCount] = {
    "silence",
    "unknown",
    "on",
    "off",
};
```

如果你用來訓練模型的標籤超過兩個，只要將它們都加入這個串列即可。

現在已經將模型換掉了，最後一個步驟是修改使用這些標籤的輸出程式碼。

修改 command_responder.cc

這個專案的 *command_responder.cc* 有供 Arduino、SparkFun Edge 與 STM32F746G 使用的設備專屬實作。接下來的小節將說明如何更改它們。

Arduino

Arduino 指令回應器位於 *arduino/command_responder.cc*，它會在聽到「yes」時亮起 LED 3 秒。我們將它改成聽到「on」或「off」時亮起 LED。在檔案裡面找到這個 if 陳述式：

```
// 在聽到「yes」時，打開 LED 並儲存時間
if (found_command[0] == 'y') {
  last_yes_time = current_time;
  digitalWrite(LED_BUILTIN, HIGH);
}
```

這個 if 陳述式會測試指令的第一個字母是不是「yes」的「y」。如果我們將這個「y」改成「o」，LED 就會在聽到「on」或「off」時點亮，因為它們都是「o」開頭的：

```
if (found_command[0] == 'o') {
  last_yes_time = current_time;
  digitalWrite(LED_BUILTIN, HIGH);
}
```

專案點子

因為透過說「off」來打開 LED 有點奇怪，所以你可以試著修改程式，透過說「on」來點亮 LED，說「off」來關閉它。

你可以用 found_command[1] 取得各個指令的第二個字母，並用它來區分「on」與「off」：

```
if (found_command[0] == 'o' && found_command[1] == 'n') {
```

修改這些程式之後，部署至你的設備，操作看看。

SparkFun Edge

SparkFun Edge 指令供應器位於 *sparkfun_edge/command_responder.cc*，它會根據聽到「yes」或是「no」來點亮不同的 LED。在檔案裡面找到這些 if 陳述式：

```
if (found_command[0] == 'y') {
  am_hal_gpio_output_set(AM_BSP_GPIO_LED_YELLOW);
}
if (found_command[0] == 'n') {
  am_hal_gpio_output_set(AM_BSP_GPIO_LED_RED);
}
if (found_command[0] == 'u') {
```

```
    am_hal_gpio_output_set(AM_BSP_GPIO_LED_GREEN);
}
```

修改它們來用「on」與「off」點亮不同的 LED 很簡單：

```
if (found_command[0] == 'o' && found_command[1] == 'n') {
  am_hal_gpio_output_set(AM_BSP_GPIO_LED_YELLOW);
}
if (found_command[0] == 'o' && found_command[1] == 'f') {
  am_hal_gpio_output_set(AM_BSP_GPIO_LED_RED);
}
if (found_command[0] == 'u') {
  am_hal_gpio_output_set(AM_BSP_GPIO_LED_GREEN);
}
```

因為這兩個指令的開頭字母相同，所以我們用它們的第二個字母來區分它們。現在黃色 LED 會在聽到「on」時點亮，紅色會在聽到「off」時點亮。

專案點子

試著修改程式，讓你可以說「on」來持續亮起 LED，說「off」來關閉它。

修改完成之後，使用第 165 頁的「執行範例」中的程序來部署並執行程式。

STM32F746G

STM32F746G 指令回應器位於 *disco_f746ng/command_responder.cc*，它會根據聽到的指令來顯示不同的單字。在檔案裡面找到這個 if 陳述式：

```
if (*found_command == 'y') {
  lcd.Clear(0xFF0F9D58);
  lcd.DisplayStringAt(0, LINE(5), (uint8_t *)"Heard yes!", CENTER_MODE);
} else if (*found_command == 'n') {
  lcd.Clear(0xFFDB4437);
  lcd.DisplayStringAt(0, LINE(5), (uint8_t *)"Heard no :(", CENTER_MODE);
} else if (*found_command == 'u') {
  lcd.Clear(0xFFF4B400);
  lcd.DisplayStringAt(0, LINE(5), (uint8_t *)"Heard unknown", CENTER_MODE);
} else {
  lcd.Clear(0xFF4285F4);
  lcd.DisplayStringAt(0, LINE(5), (uint8_t *)"Heard silence", CENTER_MODE);
}
```

將它改成回應「on」與「off」很簡單：

```
if (found_command[0] == 'o' && found_command[1] == 'n') {
  lcd.Clear(0xFF0F9D58);
  lcd.DisplayStringAt(0, LINE(5), (uint8_t *)"Heard on!", CENTER_MODE);
} else if (found_command[0] == 'o' && found_command[1] == 'f') {
  lcd.Clear(0xFFDB4437);
  lcd.DisplayStringAt(0, LINE(5), (uint8_t *)"Heard off", CENTER_MODE);
} else if (*found_command == 'u') {
  lcd.Clear(0xFFF4B400);
  lcd.DisplayStringAt(0, LINE(5), (uint8_t *)"Heard unknown", CENTER_MODE);
} else {
  lcd.Clear(0xFF4285F4);
  lcd.DisplayStringAt(0, LINE(5), (uint8_t *)"Heard silence", CENTER_MODE);
}
```

與之前一樣，因為這兩個指令的開頭是同一個字母，我們用它們的第二個字母來區分它們。接下來我們要為各個指令顯示正確的文字。

專案點子

試著修改程式碼，讓你可以藉著說「on」來顯示機密訊息，說「off」來隱藏它。

其他的腳本執行方式

如果你無法使用 Colab，建議你也可以採取兩種模型訓練方式：

- 具備 GPU 的雲端虛擬機器（VM）

- 在你的本地工作站

使用 GPU 來訓練所需的驅動程式只有 Linux 提供，如果沒有 Linux，訓練將會花費大約 4 小時。因此，建議你使用具備 GPU 的雲端 VM，或是有類似配備的 Linux 工作站。

如何設定 VM 或工作站不在本書範圍內，但是我們可以提供一些建議，如果你使用 VM，你可以啟動 Google Cloud Deep Learning VM Image（*https://oreil.ly/PVRtP*），它預先配置了 GPU 訓練所需的所有依賴項目。如果你使用 Linux 工作站，TensorFlow GPU Docker image（*https://oreil.ly/PFYVr*）有你需要的所有東西。

為了訓練模型，你必須安裝 nightly 版的 TensorFlow，你可以使用下面的命令來反安裝任何既有的版本，並將它換成已確認可運作的：

```
pip uninstall -y tensorflow tensorflow_estimator
pip install -q tf-estimator-nightly==1.14.0.dev2019072901 \
  tf-nightly-gpu==1.15.0.dev20190729
```

接著打開命令列，進入你儲存程式碼的目錄，使用下面的命令來複製 TensorFlow，並打開已確認可運作的特定 commit：

```
git clone -q https://github.com/tensorflow/tensorflow
git -c advice.detachedHead=false -C tensorflow checkout 17ce384df70
```

現在可以執行 *train.py* 腳本來訓練模型了，它會訓練模型來辨識「yes」與「no」，並將檢查點檔案輸出至 */tmp*：

```
python tensorflow/tensorflow/examples/speech_commands/train.py \
  --model_architecture=tiny_conv --window_stride=20 --preprocess=micro \
  --wanted_words="on,off" --silence_percentage=25 --unknown_percentage=25 \
  --quantize=1 --verbosity=INFO --how_many_training_steps="15000,3000" \
  --learning_rate="0.001,0.0001" --summaries_dir=/tmp/retrain_logs \
  --data_dir=/tmp/speech_dataset --train_dir=/tmp/speech_commands_train
```

訓練之後，執行下面的腳本來凍結模型：

```
python tensorflow/tensorflow/examples/speech_commands/freeze.py \
  --model_architecture=tiny_conv --window_stride=20 --preprocess=micro \
  --wanted_words="on,off" --quantize=1 --output_file=/tmp/tiny_conv.pb \
  --start_checkpoint=/tmp/speech_commands_train/tiny_conv.ckpt-18000
```

接著，將模型轉換成 TensorFlow Lite 格式：

```
toco
  --graph_def_file=/tmp/tiny_conv.pb --output_file=/tmp/tiny_conv.tflite \
  --input_shapes=1,49,40,1 --input_arrays=Reshape_2 \
  --output_arrays='labels_softmax' \
  --inference_type=QUANTIZED_UINT8 --mean_values=0 --std_dev_values=9.8077
```

最後，將檔案轉換成可以編譯到嵌入式系統裡面的 C 原始檔：

```
xxd -i /tmp/tiny_conv.tflite > /tmp/tiny_conv_micro_features_model_data.cc
```

模型如何運作

知道如何訓練自己的模型之後,我們來瞭解它如何運作。到目前為止,我們都將機器學習模型視為黑盒子,因為我們將訓練資料傳給某個東西,讓它尋找預測結果的方法。雖然你不需要瞭解引擎蓋下面的東西就可以使用模型了,但瞭解它可以幫助你除錯,而且這件事本身也很有趣。本節將告訴你模型如何做出預測。

將輸入視覺化

圖 8-17 是實際傳入神經網路的東西。它是個單通道 2D 陣列,所以我們可以用單色圖像來將它視覺化。我們處理的是 16 KHz 音訊樣本資料,如何將那種來源變成這種表示法?這種程序在機器學習中稱為「特徵生成(feature generation)」,它的目標是將比較難以處理的輸入格式(在這個例子,它是代表 1 秒音訊的 16,000 個數值)轉換成機器學習比較容易理解的東西。如果你曾經研究深度學習的機器視覺用例,你應該沒有遇過這種程序,因為圖像不需要經過太多預先處理就可以傳給網路,但是許多其他領域往往需要先轉換資料,才能傳給模型,例如音訊與自然語言處理。

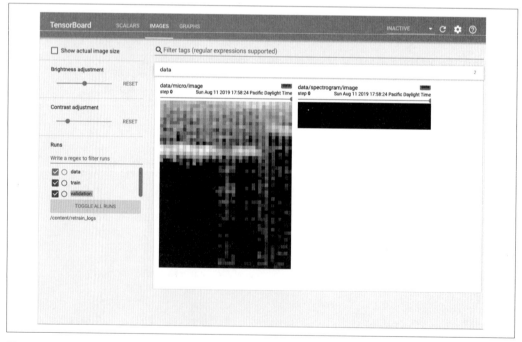

圖 8-17　TensorBoard 的 IMAGES 標籤

為了讓你直覺地瞭解為何模型比較容易處理經過預先處理的輸入，我們來看一些錄音的原始表示法，見圖 8-18 至 8-21。

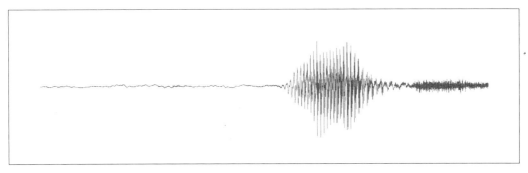

圖 8-18　某人說「yes」的錄音波形

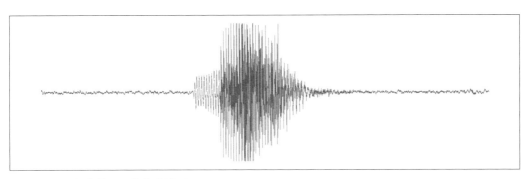

圖 8-19　某人說「no」的錄音波形

圖 8-20　某人說「yes」的另一個錄音波形

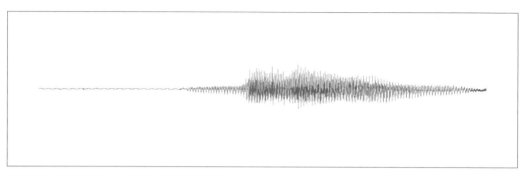

圖 8-21　某人說「no」的另一個錄音波形

如果沒有標籤，你很難認出哪一對波形代表同一個字。現在看一下圖 8-22 到 8-25，它們是用特徵生成來處理這些一秒錄音的結果。

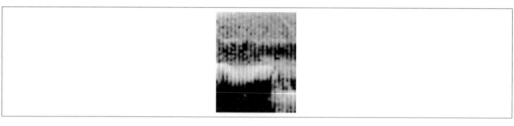

圖 8-22　某人說「yes」的錄音聲譜

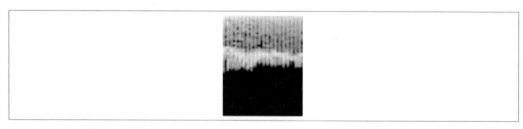

圖 8-23　某人說「no」的錄音聲譜

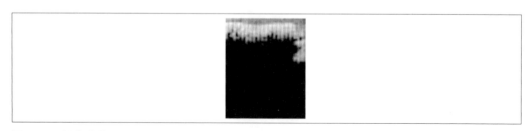

圖 8-24　某人說「yes」的另一個錄音聲譜

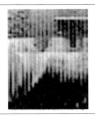

圖 8-25　某人說「no」的另一個錄音聲譜

雖然它們也不太容易解讀，但你應該可以看到兩個「yes」聲譜都有類似顛倒的 L 的形狀，而「no」特徵的形狀略有不同。與原始波形相比，我們更容易辨別聲譜的不同，所以你應該可以直觀地知道，模型也可以更輕鬆地辨別它們。

這個技術的另一個層面是，生成的聲譜比樣本資料小很多。聲譜是由 1,960 個數值構成的，但波形有 16,000 個。聲譜是音訊資料的摘要，可減少神經網路的工作量。事實上，有些專用的模型可以接收原始的樣本資料，例如 DeepMind 的 WaveNet（*https://oreil.ly/IH9J3*），但是與特徵生成和神經網路這個組合相較之下，它產生的模型往往涉及更多計算，所以對嵌入式系統這種資源有限的環境而言，我們比較喜歡這裡採取的做法。

特徵生成如何運作？

如果你曾經做過音訊處理，你應該熟悉梅爾頻率倒頻譜係數（MFCCs）（*https://oreil.ly/HTAev*）這類的方法。雖然外界經常使用這種做法來產生聲譜，但我們的範例其實使用一種相關但不同的做法。Google 也在生產環境採用同一種做法，因此，它經歷了大量的實際驗證，但它還沒有被發表在研究文獻中。我們在此只大致說明它的工作原理，如果你想瞭解細節，最佳參考資料就是程式碼本身（*https://oreil.ly/NeOnW*）。

這個程序首先對特定的時間片段進行傅立葉轉換（也稱為快速傅立葉轉換，或 FFT），在例子中，時間片段是 30 ms 的音訊資料。這個 FFT 是用已被 Hann 窗口（*https://oreil.ly/jhn8c*）篩選過的資料來產生的，Hann 是一種鐘形的函式，可降低窗口兩端 30-ms 的樣本造成的影響。傅立葉轉換會幫每一個頻率產生一個包含實數與虛數的複數，但我們只關心整體的能量（energy），所以計算這兩個元素的平方和，再算出平方根，來取得各個頻率桶的大小。

如果樣本有 N 個,傅立葉轉換會產生 $N/2$ 個頻率的資訊。當每秒有 16,000 個樣本時,
30 ms 有 480 個樣本,因為 FFT 演算法需要 2 的次方的輸入,我們將它填為 512 個樣
本,所以有 256 個頻率桶。這個大小超出我們的需求,為了將它縮小,我們計算相鄰頻
率的平均值,變成 40 個降取樣的頻率桶。但是這個降取樣不是線性的,它使用針對人
耳設計的梅爾頻率刻度,讓較低頻率有較多權重,因此它們有較多頻率桶,而較高頻率
則合併成更寬的頻率桶。圖 8-26 描述這個程序。

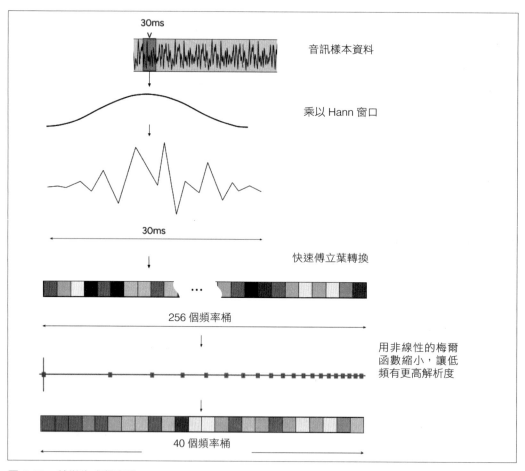

圖 8-26　特徵生成程序圖

這個特徵產生器有一個特別的地方在於,接下來它有一個雜訊降低步驟。它的做法是保
存頻率桶的移動平均值,再將目前的值減去這個平均值。這樣做是因為背景雜訊在時間
軸上相當穩定,而且有特定的頻率。藉著減去移動平均值,我們極可能消除雜訊的一些

影響，讓我們感興趣的、快速變化的語音維持不變。麻煩的地方在於，為了追蹤各個頻率桶的移動平均值，特徵產生器會保留狀態（state），所以如果你試著用特定的輸入來重現相同的聲譜輸出（就像我們在測試時嘗試做的（*https://oreil.ly/HtPve*）），你必須將那個狀態重設為正確的值。

這個雜訊降低步驟另一個令人吃驚的部分在於，它讓奇偶數的頻率桶使用不同的係數，這會產生最終的特徵圖那種獨特的梳齒狀圖案（圖 8-22 至 8-25）。我們原本以為它是 bug，但詢問原創者之後知道它是故意加入來提升性能的。Yuxuan Wang 等人寫 的「Trainable Frontend for Robust and Far-Field Keyword Spotting」（*https://oreil.ly/QZ4Yb*）的 4.3 節詳細說明這種做法，這份文獻也有關於這個特徵生成管道的其他設計決策的背景。我們也曾經使用我們的模型對它進行實證檢驗，發現不分別對待奇數與偶數頻率桶時，評估的準確度會明顯降低。

接下來，我們使用逐通道振幅正規化（per-channel amplitude normalization，PCAN）自動增益（auto-gain），用移動平均雜訊來增強訊號。最後，我們讓所有頻率桶值使用對數刻度，如此一來，在聲譜中相對較吵的頻率就不會被隱藏在較安靜的部分之中，正規化可協助後續的模型使用這些特徵。

這個程序總共重複 49 次，在每次迭代時，有個 30-ms 的窗口往前移動 20 ms，來涵蓋音訊輸入資料的完整 1 秒。這個程序會產生一個 2D 陣列，裡面的值有 40 元素寬（每一個頻率桶一個），49 列高（每個時間片段一列）。

如果你覺得它實作起來很麻煩，不用擔心，因為實作它的程式碼是完全開源的，你可以在自己的音訊專案中重複使用它。

瞭解模型結構

我們使用的神經網路模型被定義成小型的操作圖。可以在 `create_tiny_conv_model()` 函式（*https://oreil.ly/fMARv*）找到在訓練期定義它的程式碼，圖 8-27 是將結果視覺化的情況。

這個模型包含一個摺積層，接下來有個完全連接層，最後是 softmax 層。這張圖將摺積層標為「DepthwiseConv2D」，不過這只是 TensorFlow Lite 轉換器的一種怪癖（事實上，使用單通道輸入圖像的摺積層也可以用深向摺積（depthwise convolution）來表示）。有一層結構被標為「Reshape_1」，但它只是個輸入佔位符，而不是實際的 op。

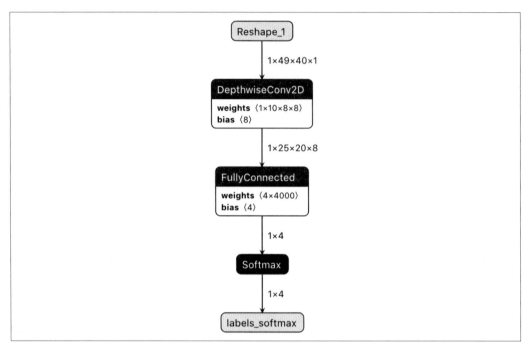

圖 8-27　視覺化的語音辨識模型圖，由 Netron 工具（https://oreil.ly/UiuXU）提供

摺積層的作用是在輸入圖像中發現 2D 圖案。每一個過濾器（filter）都是一個由值組成的矩形陣列，模型會將它當成滑動窗口，在整個輸入上移動，輸出圖像是輸入與過濾器在每一點的匹配程度。你可以將摺積 op 想成把一系列的矩形過濾器滑過圖像，每一個過濾器在每一個像素的結果相當於該過濾器與那一塊圖像的相似程度。在我們的例子中，每一個過濾器是 8 像素寬與 10 像素高，總共有 8 個。圖 8-28 至 8-35 是它們的樣子。

圖 8-28　第一個過濾器圖像

圖 8-29　第二個過濾器圖像

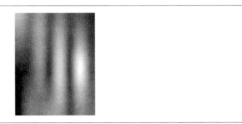

圖 8-30　第三個過濾器圖像

圖 8-31　第四個過濾器圖像

圖 8-32　第五個過濾器圖像

圖 8-33　第六個過濾器圖像

圖 8-34　第七個過濾器圖像

圖 8-35　第八個過濾器圖像

你可以將這些過濾器當成一小塊輸入圖像，這項 op 的目的是試著用它來找出輸入圖像中看起來相似的部分。如果圖像類似過濾器，我們就將一個大的值寫到輸出圖像的對映部分。直觀地說，各個過濾器就是模型應該學著在訓練輸入資料中尋找的圖案，以協助它區分各種不同類別。

因為我們有 8 個過濾器，所以有 8 個不同的輸出圖像，每一個都是相應的過濾器滑過輸入產生的匹配值。這些過濾器輸出會被結合成一個 8 通道輸出圖像。我們將兩個方向的步幅（stride）設為 2，代表每次都會將各個過濾器移動兩個像素，而不是只移動一個像素，因為每次都會跳過一個像素，所以輸出圖像的大小是輸入的一半。

你可以在視覺化的圖像中看到，輸入圖像是 49 像素高，40 像素寬，有 1 個通道，根據上一節討論的特徵聲譜，這就是我們期望得到的。因為每次在輸入上面滑動摺積過濾器時，都在橫向與縱向跳過一個像素，所以摺積的輸出的大小只有一半，有 25 像素高與 20 像素寬。但是過濾器有 8 個，所以圖像變成 8 個通道深。

下一個 op 是個完全連接層。它是另一種圖案匹配程序，但它不是在輸入上面滑動一塊小窗口，而是讓輸入張量的每個值都有一個權重。它產生的結果指出在比較每個值之後，輸入與權重的匹配程度。你可以將它當成全域的圖案比對，其中，你的理想結果是輸入，而輸出則是那個理想（被保存在權重之中）與實際的輸入之間的差距。模型的每一個類別都有它自己的權重，所以「靜音」、「不明」、「是」與「否」都有一個理想的模式，並且會產生 4 個輸出。輸入有 4,000 個值 (25 * 20 * 8)，所以各個類別是用 4,000 個權重表示的。

最後一層是 softmax。它可以有效地協助增加最高的輸出與最接近的競爭者之間的差異，並且不會改變它們的相對順序（在完全連接層為各個類別產生的值中，最大的那一個會維持最大），但有助於產生更有用的分數。這個分數通常被非正式地稱為機率（*probability*），但嚴格來說，如果你沒有進一步調校輸入資料的組合，這個分數就不可靠。舉個例子，如果偵測器可以偵測更多單字，「antidisestablishmentarianism」這種罕見的單字的出現頻率應該比「okay」更低，但是因為訓練資料的分布，這種情況可能不會反映在原始分數上。

除了這些主要的階層之外，完全連接與摺積層的輸出也被加上偏差值，來協助調整它們的輸出，在這兩層的後面也有一個整流線性單位（ReLU）觸發函數。這個 ReLU 的作用只是將負數結果都設為最小的 0 值，確保任何輸出都不小於零。這種觸發函數是讓深度學習變得越來越高效的突破之一，它可以讓訓練程序的收斂速度比其他網路更快。

瞭解模型輸出

模型的最終結果是 softmax 層的輸出。它有四個數字，分別代表「靜音」、「不明」、「yes」與「no」。這些值是各個分類的分數，最高分的是模型的預測結果，分數代表模型對於這個預測的信心程度。舉個例子，如果模型的輸出是 [10, 4, 231, 80]，代表它預測第三個分類「yes」是最有可能的結果，其分數為 231 分（我們以量化的形式來提供這些值，介於 0 至 255 之間，但因為它們只是相對分數，所以應該不需要將它們變回實際值）。

如果你必須分析完整的最後一秒音訊才能得到結果，事情比較麻煩。如果每秒只做一次分析，我們可能得到一半是上一秒，一半是下一秒的語音。任何模型都不可能只聽到單字的部分就可以很正確地辨識單字，所以在這種情況下，辨識單字會失敗。為了克服這個問題，我們必須更頻繁地運行模型，而不是每秒鐘運行一次，來盡量提升在一秒鐘的窗口中採集完整單字的機會。在實務上，我們發現每秒鐘只要執行 10 或 15 次就可以得到很好的效果。

當我們讓所有結果如此快速地流入時，如何決定何時分數夠高？我們實作了一個後續處理類別，它會計算一段時間的平均值，唯有當某個單字在短時間內出現多次高分時，才觸發辨識。你可以在 RecognizeCommands 類別（*https://oreil.ly/FuYfL*）裡面看到它的實作，它接收來自模型的原始結果，再使用累積與平均演算法來決定是否有任何類別跨過閾值，然後將這些後續處理結果傳給 CommandResponder（*https://oreil.ly/b8ArK*）來採取行動，取決於平台的輸出功能。

模型的參數都是從訓練資料學到的，但指令辨識器使用的演算法是手動建立的，所以所有的閾值（*https://oreil.ly/tfNfr*）（例如觸發辨識的分數值，或陽性結果所需的時間窗口）都是手工挑選的。這意味著它們不保證是最好的，所以如果你在自己的 app 沒有得到好的結果，你可能要自行調整。

比較先進的語音辨識模型通常使用能夠接收串流資料的模型（例如遞迴神經網路）而不是本章介紹的單層摺積網路。在設計模型時考慮串流代表你不需要做後續處理就可以取得準確的結果，雖然這會讓訓練更加複雜。

用你自己的資料來訓練

你自己的產品應該不會只需要回應「yes」與「no」，你應該會訓練一個可以感測你在乎的音訊的模型。我們之前使用的訓練腳本在設計上可讓你用自己的資料建立自訂模型。這個程序最困難的部分通常是收集足夠大量的資料組，並且確保它適合你的問題。我們會在第 16 章討論資料收集與整理的一些方法，本節只介紹一些用來訓練自己的音訊模型的方法。

Speech Commands 資料組

train.py 腳本在預設情況下會下載 Speech Commands 資料組。它是一個開源的集合，裡面有超過 100,000 個一秒的 WAV 檔，涵蓋不同的人說的短單字。它是由 Google 發布的，但這些語音來自世界各地的自願者。Aakanksha Chowdhery 等人所著的「Visual Wake Words Dataset」（*https://oreil.ly/EC6nd*）有更多細節。

除了 *yes* 與 *no* 之外，這個資料組也包含 8 種其他常見的單字（*on*、*off*、*up*、*down*、*left*、*right*、*stop* 與 *go*），以及從 *zero* 至 *nine* 的 10 個數字。每一個單字都有幾千個樣本，此外也有其他樣本較少的單字，例如 *Marvin*。這些指令單字的目的是提供足夠的語音讓大家訓練合理的模型來辨識它們。其他的單字是用來填補**不明**類別的，這樣模型才可以在聽到訓練時未聽到的單字時發現它，而不是將它誤認為指令。

因為訓練腳本使用這個資料組，你可以將擁有許多樣本的一些命令單字組合起來，並且用它們來輕鬆地訓練模型。如果你將 --wanted_words 引數換成訓練組有的一串單字，以逗號分隔，並且重頭執行訓練，你應該可以建立一個實用的模型。需要注意的事情是，你只能使用 10 個常見的單字與（或）數字，否則你就沒有足夠的樣本可以準確地訓練，而且如果你想要使用的單字有兩個以上，你就要將 --silence_percentage 與 --unknown_percentage 值調低，這兩個引數控制在訓練期間要混入多少靜音與不明樣本。**靜音**樣本其實不是完全無聲，而是從背景噪音的錄音中隨機選出來的一秒片段，來自資料組的 *background* 資料夾的 WAV。**不明**樣本是從訓練組中，不屬於 wanted_words 串列的任何單字語音選出的。這就是我們在資料組中放入一些相對較少的雜項單字語音的原因，它讓我們有機會意識到，其實還有許多單字不是我們想要的。這種問題在語音與音訊辨識中特別重要，因為我們的產品往往在環境中運作，那些環境有許多在訓練時從來沒遇過的單字與噪音。普通英語可能有成千上萬個不同的單字，若要訓練真正有用的模型，你必須讓模型學會忽略它沒有學過的單字。這就是在實務上**不明**分類如此重要的原因。

這是用既有的資料組以不同的單字進行訓練的例子：

```
python tensorflow/examples/speech_commands/train.py \
  --model_architecture=tiny_conv --window_stride=20 --preprocess=micro \
  --wanted_words="up,down,left,right" --silence_percentage=15 \
  --unknown_percentage=15 --quantize=1
```

用你自己的資料組進行訓練

訓練腳本預設使用 Speech Commands，但是如果你有自己的資料組，你可以藉由 --data_dir 引數來改用它。你的目錄結構應該與 Speech Commands 的一樣，你要幫想要辨識的每個類別建立一個子目錄，每個子目錄都有一組 WAV 檔。你也要建立一個特殊的 *background* 子目錄，用來存放你預計 app 會遇到的背景噪音的較長的 WAV 錄音。如果預設的一秒辨識時長（duration）不適合你的用例，你也要使用 --sample_duration_ms 引數來指定你的識別時長。接下來，你可以用 --wanted_words 引數來設定你想要辨識的類別，雖然名稱使用「words」，但類別可以是任何一種音訊，例如玻璃破碎聲或笑聲，只要各個類別有夠多的 WAV，訓練程序就可以像處理語音那樣正常運作。

如果你在根目錄 */tmp/my_wavs* 裡面建立名為 *glass* 與 *laughter* 的 WAV 目錄，這是訓練你自己的模型的做法：

```
python tensorflow/examples/speech_commands/train.py \
  --model_architecture=tiny_conv --window_stride=20 --preprocess=micro \
  --data_url="" --data_dir=/tmp/my_wavs/ --wanted_words="laughter,glass" \
  --silence_percentage=25 --unknown_percentage=25 --quantize=1
```

訓練程序最困難的部分是找到足夠的資料。例如，打破玻璃的聲音其實與電影中的音效有很大的差異，這意味著你必須找到既有的錄音，或是自行錄製一些。因為訓練程序可能需要每一個類別的上千個樣本，而且這些樣本必須涵蓋它們在實際 app 中可能出現的各種變化，所以這個資料收集程序可能令人備感挫折、成本高昂，並且耗時。

對圖像模型而言，有一種常見的解決方案是使用**遷移學習**，你可以取得已經用大型公用資料組訓練過的模型，並且使用其他資料來微調它處理不同類別時的權重。這種做法的第二階段使用的資料組不需要像從頭開始訓練那麼多，通常可以產生高準確度的結果。可惜的是，語音模型的遷移學習還在研究中，你可以持續關注這個領域。

如何錄製你自己的音訊

如果你需要採集你在乎的單字音訊，比較方便的做法是用一種工具來提示說話者，並且將結果拆成有標籤的檔案。Speech Commands 資料組是用 Open Speech Recording app （*https://oreil.ly/UWsG3*）來錄製的，它是一種代管（hosted）app，可讓用戶透過常見的瀏覽器錄製語音。使用者會先看到一個網頁，請求他們同意錄音，以及一個可以輕鬆修改的預設 Google 協議（*https://oreil.ly/z5vka*）。使用者同意之後，他會看到一個新網頁，裡面有一些錄音控制項，當他按下錄音按鈕時，他會看到提示單字，他看到每個字之後說出來的聲音都會被錄下來。錄好所有請求的單字之後，app 會要求使用者將結果送給伺服器。

在 README 裡面有如何在 Google Cloud 上運行它的說明，但它是用 Python 寫成的 Flask app，所以你應該可以將它移植到其他環境。如果你使用 Google Cloud，你必須修改 *app.yaml*（*https://oreil.ly/dV2kv*）檔，來指向你自己的儲存 bucket，並提供你自己的隨機對話（session）密碼（它只是用來進行雜湊，所以可為任何值）。為了自訂想要錄音的單字，你必須在用戶端 JavaScript（*https://oreil.ly/XcJIe*）編寫一些陣列：其中一個陣列是經常重複的主要單字，另一個陣列是次要的填充字。

錄音檔案會以 OGG 壓縮音訊的形式存放在 Google Cloud bucket，但訓練時需要使用 WAV，所以你必須轉換它們。有些錄音裡面可能有錯誤，例如有人忘了說出單字，或說得太快，所以設法自動過濾這些錯誤是很有幫助的。如果你已經在 BUCKET_NAME 變數裡面設定 bucket 名稱了，你可以先使用這些 bash 命令來將檔案複製到本地電腦：

```
mkdir oggs
gsutil -m cp gs://${BUCKET_NAME}/* oggs/
```

OGG 壓縮格式有一個很好的特性是安靜或無聲的音訊會產生非常小型的檔案，所以移除特別小的檔案是很好的第一步，例如：

```
find ${BASEDIR}/oggs -iname "*.ogg" -size -5k -delete
```

我們發現將 OGG 轉換成 WAV 最簡單的方法是使用 FFmpeg 專案（*https://ffmpeg.org/*），它提供了命令列工具。這一組命令可以將整個目錄的 OGG 檔轉換成我們需要的格式：

```
mkdir -p ${BASEDIR}/wavs
find ${BASEDIR}/oggs -iname "*.ogg" -print0 | \
  xargs -0 basename -s .ogg | \
  xargs -I {} ffmpeg -i ${BASEDIR}/oggs/{}.ogg -ar 16000 ${BASEDIR}/wavs/{}.wav
```

Open Speech Recording app 會幫每一個單字錄製超過一秒，所以即使使用者說話的時間比預期的早一些或晚一些，我們也可以收集到他們的語音。訓練程序需要使用一秒的錄音，而且當錄音的單字都被置中時，效果最好。我們已經製作一個小型的開源工具來察看每一段錄音的音量，試著將單字置中，並修剪音訊，讓它只有一秒。在你的終端機輸入下面的命令來使用它：

```
git clone https://github.com/petewarden/extract_loudest_section \
  /tmp/extract_loudest_section_github
pushd /tmp/extract_loudest_section_github
make
popd
```

```
mkdir -p ${BASEDIR}/trimmed_wavs
/tmp/extract_loudest_section/gen/bin/extract_loudest_section \
  ${BASEDIR}'/wavs/*.wav' ${BASEDIR}/trimmed_wavs/
```

你會得到一個資料夾，裡面有具備正確格式和長度的檔案，但我們要按照標籤將 WAV 放入子目錄，因為各個檔案的檔名裡面有標籤，所以我們有一個 Python 腳本（*https://oreil.ly/BpQBJ*）可利用檔名來將它們分類至相應的目錄中。

資料擴增

資料擴增是另一種有效地增加訓練資料並改善準確度的方法。在實務上，這代表對錄製好的語音進行音訊轉換，再用它們來進行訓練，這些轉換包括改變音量、混合背景噪音，或稍微修剪錄音的開頭或結尾。訓練腳本在預設情況下會執行全部的轉換，但你可以用命令列引數來調整它們的使用頻率以及強度。

 雖然這種擴增可以幫助小型的資料組發揮更大效用，但它不能創造奇蹟。過度轉換可能過度篡改訓練輸入，即使人類都無法辨識它們，導致模型對錯誤類別的聲音產生錯誤的反應。

以下是使用命令列引數來控制擴增的做法：

```
python tensorflow/examples/speech_commands/train.py \
  --model_architecture=tiny_conv --window_stride=20 --preprocess=micro \
  --wanted_words="yes,no" --silence_percentage=25 --unknown_percentage=25 \
  --quantize=1 --background_volume=0.2 --background_frequency=0.7 \
  --time_shift_ms=200
```

模型結構

我們稍早訓練的「yes」/「no」模型被設計得既小且快。它只有 18 KB，執行一次需要 400,000 次算術運算，為了滿足這些限制，它在準確度方面做一些取捨。如果你要設計自己的 app，你可能會做出不同的取捨，尤其是當你試著辨識超過兩個類別時。你可以修改 *models.py* 檔案，接著使用 --model_architecture 引數來指定自己的模型結構。你必須自行編寫模型建立函式，例如 create_tiny_conv_model0，並且在模型中使用你想使用的層數。接著，你可以更改 create_model0 裡面的 if 陳述式，來為你的結構取一個名字，在命令列使用結構引數來傳入它，藉以呼叫新的建構函式。你可以研讀一些既有的模型建立函式來取得靈感，包括如何處理卸除（dropout）。如果你需要加入自己的模型程式碼，這是呼叫它的方式：

```
python tensorflow/examples/speech_commands/train.py \
  --model_architecture=my_model_name --window_stride=20 --preprocess=micro \
  --wanted_words="yes,no" --silence_percentage=25 \--unknown_percentage=25 \
  --quantize=1
```

結語

用少量的記憶體來辨識語音單字是麻煩的工作，處理這個工作需要使用的元件比前面那個簡單的範例更多。大多數的生產環境機器學習 app 都需要考慮特徵生成、模型結構的選擇、資料擴增、尋找最適合的訓練資料，以及如何將模型的結果轉換成可操作的資訊等問題。

你要根據產品的實際需求考慮許多權衡因素，希望你已經知道從訓練到部署的過程中，有哪些選項可以使用了。

在下一章，我們要探索如何用不同類型的資料來執行推斷，雖然它們看起來比音訊複雜，但處理起來卻出人意外的簡單。

## 第九章

人體偵測：建構 app

如果你問別人哪一種官能對他的日常生活影響最大，很多人都會回答視覺[1]。

視覺是一種非常有用的官能。無數的自然生物用它來探索環境、找到食物、避免危險。身為人類，視覺協助我們認識朋友、解讀符號資訊，以及瞭解周圍的世界，不必靠得太近。

機器在不久之前才獲得視力。大多數的機器人都只是使用觸覺和接近感測器來探索世界，從一系列的碰撞中，收集關於世界的構造的知識。人類只要稍微瞄一下就可以說出物體的形狀、屬性與用途，完全不需要與它互動。機器人沒有那麼幸運，因為視覺資訊非常模糊、沒有結構性，而且難以解讀。

隨著摺積神經網路的演進，建構**具備視力**的程式已經變得很簡單了。CNN 受哺乳動物視覺皮層結構的啟發，可以學習如何理解我們的視覺世界，將大量複雜的輸入篩成已知圖案與形狀的映射（map），這些元素的組合可讓我們知道在特定的數位圖像裡面有什麼東西。

如今，視覺模型已經被用來執行許多不同的任務了。自動駕駛汽車使用視覺來察覺馬路上的危險，工廠機器人用鏡頭抓出有缺陷的零件，研究員已經訓練出可以用醫學影像來診斷疾病的模型了。你的智慧型手機應該可以在拍照時辨識人臉，以確保完美地聚焦。

具備視覺的機器可以協助家庭和城市的轉型，將過往不可能做到的家務事自動化。但視覺是一種私密的官能，我們大多不喜歡自己的行為被記錄下來，也不喜歡自己的日常生活被送到雲端，但雲端通常是 ML 執行推斷的地方。

---

1 在 2018 年的一項 YouGov 民調（*https://oreil.ly/KvzGk*）中，70% 的受訪者表示，在五種官能中，視覺是他們萬一失去時最想要恢復的一種。

試想一些家用電器可以用內建鏡頭來「看」東西的情境，那個電器可能是個探測入侵者的安全系統、可能是一個知道有沒有人正在看著它的爐子，也可能是一台可以在房間裡面沒有人的時候自行關閉的電視。在這些情境中，隱私都至關重要。雖然這些錄影不會被任何人看到，但是大多數的消費者認為內建連網鏡頭並且永遠開啟的產品有安全隱患，因而沒有太大吸引力。

但 TinyML 可翻轉整個局面。想像一下，智慧型爐子可以在長時間沒人看管的情況下自動關閉爐火。如果它可以在不需要連接網際網路的情況下，使用微控制器「看到」附近有一位廚師，我們就可以獲得智慧型設備的所有好處，而不需要用任何隱私來交換。

更棒的是，具備視覺的微型設備可以前往無視覺的機器不敢去的地方。由於電力消耗量極低，微控制器視覺系統可以用微型電池運行數月甚至數年之久，可以放在叢林或珊瑚礁裡面，在不需要連網的情況下計算瀕危動物的數量。

這種技術也可以將視覺感測器做成獨立的電子元件，在某個物體出現在視野裡面時輸出 1，沒有出現時輸出 0，而且絕不會外流鏡頭收集的任何影像資料。這種感測器可以嵌入任何一種產品，從智慧型居家系統，到個人車輛。腳踏車可以在後面有車子的時候閃燈，空調可以知道有沒有人在家。而且因為影像資料絕對不會離開獨立的感測器，所以它絕對是安全的，即使產品被連接到網際網路也是如此。

本章探討的 app 使用一種預先訓練的人體偵測模型，我們會在連接鏡頭的微控制器上運行它，用來得知有沒有人進入視野。第 10 章會說明這個模型如何運作，以及如何訓練自己的模型來偵測你想偵測的物體。

讀完這一章之後，你會瞭解如何在微控制器上使用鏡頭資料、如何使用視覺模型來執行推斷，以及解讀輸出。你可能會驚訝它竟然如此簡單！

我們要製作什麼？

我們將建立一個嵌入式 app，讓它使用模型來分類鏡頭採集的影像。這個模型已經學會辨識何時有人出現在鏡頭輸入裡面，這意味著 app 能夠偵測是否有人出現，並產生相應的輸出。

這實際上就是稍早談過的智慧型視覺感測器，範例程式會在偵測到人體的時候亮起 LED，但你可以擴展它，用來控制各式各樣的專案。

如同第 7 章製作的 app，你可以在 TensorFlow GitHub 存放區找到這個 app 的原始碼（*https://oreil.ly/9aLhs*）。

如同之前的章節，我會先講解測試程式碼與 app 程式碼，再探討讓範例在各種設備上運作的邏輯。

我們將介紹如何將 app 部署至下列的微控制器平台：

- Arduino Nano 33 BLE Sense（*https://oreil.ly/6qlMD*）
- SparkFun Edge（*https://oreil.ly/-hoL-*）

TensorFlow Lite 會定期加入對於新設備的支援，所以如果你想要使用的設備不是這兩種，你可以看一下範例的 *README.md*（*https://oreil.ly/6gRlo*）。如果你在執行這些步驟時遇到問題，也可以看一下那裡有沒有更新後的部署說明。

與前幾章不同的是，你需要一些其他硬體才能執行這個 app。因為這些電路板都沒有鏡頭，我們建議你購買鏡頭模組。介紹各種設備的小節會告訴你這方面的資訊。

鏡頭模組

鏡頭模組是使用**影像感測器**來建構的電子元件，它們用數位的方式來採集影像資料。鏡頭模組將影像感測器與鏡頭和控制電子零件組裝起來，做成可以輕鬆連接電子項目的形式。

我們先來討論 app 的結構。它應該比你想像的簡單。

app 結構

我們已經知道嵌入式機器學習 app 會做這些事情了：

1. 取得輸入。
2. 預先處理輸入來提取適合傳入模型的特徵。
3. 用處理過的輸入來執行推斷。

4. 後續處理模型的輸出，來賦予它意義。

5. 使用得到的資訊來做事。

我們在第 7 章知道這個程序可以用來偵測喚醒詞，當時的輸入是音訊，這一次的輸入是影像資料，雖然這次聽起來比較複雜，但它其實比處理音訊簡單許多。

影像資料通常是用像素值陣列來表示的。我們將會從嵌入式鏡頭模組取得影像資料，這種模組就是用這種格式來提供所有資料的。我們的模型也是接收像素值陣列，因此，我們不需要做太多預先處理就可以將資料傳入模型。

因為不需要做太多預先處理，所以 app 將非常簡單。它會從鏡頭取得資料快照，將它傳入模型，再確定偵測到哪個輸出類別，接著以簡單的方式顯示結果。

在繼續介紹之前，我們要先稍微瞭解即將使用的模型。

介紹模型

我們在第 7 章學到，摺積神經網路是為了妥善處理多維張量而設計的神經網路，那種張量的資訊位於值的多組相鄰群體之間。摺積網路特別適合用來處理影像資料。

我們的人體偵測模型是用 Visual Wake Words 資料組（*https://oreil.ly/EC6nd*）訓練的摺積神經網路，這個資料組有 115,000 張影像，每一張都有一個標籤，指出它裡面有沒有人體。

這個模型有 250 KB，比我們的語音模型大很多，額外的大小除了佔去更多記憶體之外，也代表執行一次推斷需要更久。

這個模型接收 96×96 像素的灰階影像，每一張影像都要用外形為 (96, 96, 1) 的 3D 張量來提供，它的最後一維有個 8-bit 值，代表一個像素，這個值指定像素的色階，從 0（全黑）到 255（全白）。

鏡頭模組可以回傳各種解析度的影像，所以我們必須將影像的大小調整為 96×96 像素。我們也要將全彩影像轉換成灰階影像來讓模型使用。

或許你覺得 96×96 是很小的解析度，但它已經足以讓我們在影像中偵測人體了。處理影像的模型通常只要接收出人意外的低解析度影像。提升模型的輸入大小會降低它的效益，而且網路的複雜度也會隨著輸入大小的擴增而大幅提升，因此，即使是最先進的影像分類模型，通常最多也只處理 320×320 像素。

這個模型會輸出兩項機率：一個指出輸入影像裡面有人的機率,另一個指出裡面沒有人的機率,它們的範圍是 0 至 255。

我們的人體偵測模型使用 *MobileNet* 結構,它是一種著名且具備實戰經驗的結構,是針對手機等設備的影像分類功能而設計的。第 10 章會說明如何修改這個模型來將它放入微控制器,以及如何訓練自己的模型。我們先繼續探討我們的 app 如何運作。

所有元件

圖 9-1 是人體偵測 app 的結構。

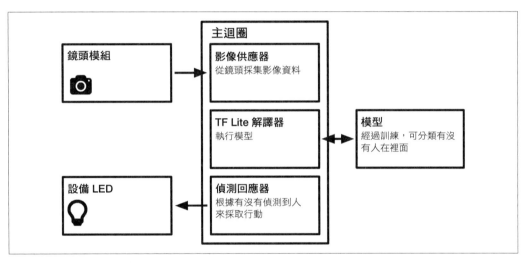

圖 9-1　人體偵測 app 的元件

如前所述,這個 app 比喚醒詞 app 簡單許多,因為我們可以將影像資料直接傳入模型,不需要進行預先處理。

它比較簡單的另一個層面是我們不需要取模型輸出的平均值。喚醒詞模型每秒執行多次,所以我們必須平均它的輸出來取得穩定的結果。但是這個人體偵測模型大很多,而且它會花更多時間來執行推斷,這代表我們不需要平均它的輸出。

它的程式有五大部分：

主迴圈

如同其他範例，我們的 app 在一個持續不斷的迴圈中運行，但是，因為模型大很多而且更複雜，所以它需要更多時間來執行推斷。取決於設備，我們可以預期它每隔幾秒推斷一次，而不是每秒推斷幾次。

影像供應器（*Image provider*）

這個元件會從鏡頭採集影像資料，並將它寫到輸入張量。採集影像的方法因設備而異，所以這是可以覆寫與訂製的元件。

TensorFlow Lite 解譯器

這個解譯器會執行 TensorFlow Lite 模型，將輸入影像轉換成一組機率。

模型

模型會被放在一個資料陣列裡面讓解譯器執行。這個 250 KB 的模型太大了，將它送到 TensorFlow GitHub 不太合理，所以 Makefile 會在專案組建時下載它。如果你想要看一下它，你可以自行用 *tf_lite_micro_person_data_grayscale.zip*（*https://oreil.ly/Ylq9m*）下載它。

偵測回應器（*Detection responder*）

偵測回應器接收模型的機率輸出，並使用設備的輸出機率來顯示它們。我們可以為不同的設備覆寫它。在我們的範例中，它會點亮 LED，但你可以擴展它來做任何事情。

為了瞭解這些元件如何合作，我們來看一下它們的測試程式。

詳述測試程式

這個 app 非常精簡，因為它只有少量的測試程式需要瞭解。你可以在 GitHub 存放區找到它們（*https://oreil.ly/31vB5*）：

person_detection_test.cc（*https://oreil.ly/r4ny8*）

展示如何對一個代表單一影像的陣列執行推斷

image_provider_test.cc（*https://oreil.ly/Js6M3*）

　　展示如何使用影像供應器來採集影像

detection_responder_test.cc（*https://oreil.ly/KBVLF*）

　　展示如何使用偵測回應器來輸出偵測結果

我們先來研究 *person_detection_test.cc*，瞭解如何用影像資料來執行推斷。因為這是我們討論的第三個範例，所以你應該已經很熟悉這段程式了。你已經越來越像一位嵌入式 ML 開發者了！

基本流程

首先是 *person_detection_test.cc*。我們先拉入模型需要的 op：

```
namespace tflite {
namespace ops {
namespace micro {
TfLiteRegistration* Register_DEPTHWISE_CONV_2D();
TfLiteRegistration* Register_CONV_2D();
TfLiteRegistration* Register_AVERAGE_POOL_2D();
}  // namespace micro
}  // namespace ops
}  // namespace tflite
```

接著定義一個大小適合模型的張量 arena。與之前一樣，這個數字是用試誤法找出來的：

```
const int tensor_arena_size = 70 * 1024;
uint8_t tensor_arena[tensor_arena_size];
```

接著進行一些典型的設定工作，來為解譯器做好準備，包括使用 `MicroMutableOpResolver` 註冊必要的 op：

```
// 設定 logging
tflite::MicroErrorReporter micro_error_reporter;
tflite::ErrorReporter* error_reporter = &micro_error_reporter;

// 將模型對映至可用的資料結構，這不涉及
// 任何複製或解析，它是非常輕量的 op。
const tflite::Model* model = ::tflite::GetModel(g_person_detect_model_data);
if (model->version() != TFLITE_SCHEMA_VERSION) {
error_reporter->Report(
    "Model provided is schema version %d not equal "
    "to supported version %d.\n",
    model->version(), TFLITE_SCHEMA_VERSION);
```

```
  }

  // 只拉入我們需要的 op 實作
  tflite::MicroMutableOpResolver micro_mutable_op_resolver;
  micro_mutable_op_resolver.AddBuiltin(
      tflite::BuiltinOperator_DEPTHWISE_CONV_2D,
      tflite::ops::micro::Register_DEPTHWISE_CONV_2D());
  micro_mutable_op_resolver.AddBuiltin(tflite::BuiltinOperator_CONV_2D,
                                       tflite::ops::micro::Register_CONV_2D());
  micro_mutable_op_resolver.AddBuiltin(
      tflite::BuiltinOperator_AVERAGE_POOL_2D,
      tflite::ops::micro::Register_AVERAGE_POOL_2D());

  // 建構執行模型的解譯器
  tflite::MicroInterpreter interpreter(model, micro_mutable_op_resolver,
                                       tensor_arena, tensor_arena_size,
                                       error_reporter);
  interpreter.AllocateTensors();
```

下一個步驟是察看輸入張量,我們檢查它的維數是否符合預期,以及它的維度大小是否
正確:

```
  // 取得模型的輸入資料所使用的記憶體區域的資訊
  TfLiteTensor* input = interpreter.input(0);

  // 確保輸入資料有我們期望的屬性
  TF_LITE_MICRO_EXPECT_NE(nullptr, input);
  TF_LITE_MICRO_EXPECT_EQ(4, input->dims->size);
  TF_LITE_MICRO_EXPECT_EQ(1, input->dims->data[0]);
  TF_LITE_MICRO_EXPECT_EQ(kNumRows, input->dims->data[1]);
  TF_LITE_MICRO_EXPECT_EQ(kNumCols, input->dims->data[2]);
  TF_LITE_MICRO_EXPECT_EQ(kNumChannels, input->dims->data[3]);
  TF_LITE_MICRO_EXPECT_EQ(kTfLiteUInt8, input->type);
```

從這裡可以看到輸入資料在技術上是個 5D 張量。第一維只是個包含一個元素的包裝,
後續的兩個維度代表影像像素的列與行,最後一個維度保存各個像素的顏色通道數量。

維度的常數是在 *model_settings.h* (*https://oreil.ly/ae2OI*) 裡面定義的,包括 kNumRows、
kNumCols 與 kNumChannels,它們長這樣:

```
  constexpr int kNumCols = 96;
  constexpr int kNumRows = 96;
  constexpr int kNumChannels = 1;
```

如你所見，這個模型期望收到 96×96 像素的點陣圖。這張影像是灰階的，每一個像素有一個顏色通道。

在接下來的程式中，我們使用一個簡單的 for 迴圈來將測試影像複製到輸入張量裡面：

```
// 將有人的影像複製到輸入資料的記憶體區域。
const uint8_t* person_data = g_person_data;
for (int i = 0; i < input->bytes; ++i) {
    input->data.uint8[i] = person_data[i];
}
```

儲存影像資料的變數 g_person_data 是在 *person_image_data.h* 定義的。為了避免在存放區存放大型的檔案，資料本身是在測試第一次執行時，隨著模型一起用 *tf_lite_micro_person_data_grayscale.zip* 下載的。

填寫輸入張量之後，我們執行推斷。做法與之前一樣簡單：

```
// 用這個輸入執行模型並確保它成功
TfLiteStatus invoke_status = interpreter.Invoke();
if (invoke_status != kTfLiteOk) {
    error_reporter->Report("Invoke failed\n");
}
TF_LITE_MICRO_EXPECT_EQ(kTfLiteOk, invoke_status);
```

接著檢查輸出張量，來確保它有預期的大小與外形：

```
TfLiteTensor* output = interpreter.output(0);
TF_LITE_MICRO_EXPECT_EQ(4, output->dims->size);
TF_LITE_MICRO_EXPECT_EQ(1, output->dims->data[0]);
TF_LITE_MICRO_EXPECT_EQ(1, output->dims->data[1]);
TF_LITE_MICRO_EXPECT_EQ(1, output->dims->data[2]);
TF_LITE_MICRO_EXPECT_EQ(kCategoryCount, output->dims->data[3]);
TF_LITE_MICRO_EXPECT_EQ(kTfLiteUInt8, output->type);
```

模型的輸出有四個維度。前三個只是包著第四個的包裝，在輸出資料裡面，訓練模型時使用的每個類別都有一個元素。

常數 kCategoryCount 是類別的總數，它在 *model_settings.h* 裡面，這個檔案也有其他有用的值：

```
constexpr int kCategoryCount = 3;
constexpr int kPersonIndex = 1;
constexpr int kNotAPersonIndex = 2;
extern const char* kCategoryLabels[kCategoryCount];
```

正如 kCategoryCount 所說的，輸出有三個類別。第一個是未使用的類別，我們可以忽略它，第二個是「person」類別，我們可以從它的索引（常數 kPersonIndex）知道這一點，第三個是「not a person」，它的索引是 kNotAPersonIndex。

此外還有一個類別標籤陣列 kCategoryLabels，它的實作在 *model_settings.cc*（*https://oreil.ly/AB0zS*）裡面：

```
const char* kCategoryLabels[kCategoryCount] = {
    "unused",
    "person",
    "notperson",
};
```

額外的維度

輸入張量的結構有一些多餘的地方，為什麼需要保存的值只有三個，每一個類別機率一個，它卻有四個維度？還有，為什麼我們只想要判斷「person」與「not a person」，它卻有三個類別？

你以後也會發現有些模型的輸入與輸出外形有點特別，或是有似乎沒什麼作用的額外類別，有時這是它們的結構的特性，有時只是個實作細節。不管原因如何，我們都不用太在乎它。因為張量的資料內容是以平坦的記憶體內部陣列來儲存的，它有沒有被包在沒必要的額外維度裡面沒有太大的區別，我們仍然可以輕鬆地使用索引來存取特定的元素。

下一段程式 log「person」與「no person」分數，並斷言「person」分數比較高—因為我們傳入有人的影像，所以結果本該如此：

```
uint8_t person_score = output->data.uint8[kPersonIndex];
uint8_t no_person_score = output->data.uint8[kNotAPersonIndex];
error_reporter->Report(
    "person data.  person score: %d, no person score: %d\n", person_score,
    no_person_score);
TF_LITE_MICRO_EXPECT_GT(person_score, no_person_score);
```

因為輸出張量的資料內容只是三個代表類別分數的 uint8 值，第一個是未使用的，所以我們可以直接使用 output->data.uint8[kPersonIndex] 與 output->data.uint8[kNotAPersonIndex] 來讀取分數。因為分數的型態是 uint8，所以它的最小值是 0，最大值是 255。

如果「person」與「no person」分數相近，代表模型對它的預測不太有信心，此時，你可能會認為結果沒有定論。

接著，我們測試沒有人的影像，由 g_no_person_data 保存：

```
const uint8_t* no_person_data = g_no_person_data;
for (int i = 0; i < input->bytes; ++i) {
    input->data.uint8[i] = no_person_data[i];
}
```

執行推斷之後，我們斷言「not a person」分數比較高：

```
person_score = output->data.uint8[kPersonIndex];
no_person_score = output->data.uint8[kNotAPersonIndex];
error_reporter->Report(
    "no person data.  person score: %d, no person score: %d\n", person_score,
    no_person_score);
TF_LITE_MICRO_EXPECT_GT(no_person_score, person_score);
```

如你所見，這裡沒有什麼特別的地方，雖然我們傳入影像，而不是純量或聲譜，但推斷的程序類似之前的做法。

執行測試同樣很簡單，你只要在 TensorFlow 存放區的根目錄發出下面的命令即可：

```
make -f tensorflow/lite/micro/tools/make/Makefile \
  test_person_detection_test
```

第一次執行測試時，它會下載模型與影像資料。如果你想要看看下載的檔案，你可以在 *tensorflow/lite/micro/tools/make/downloads/person_model_grayscale* 找到它們。

接下來，我們檢查影像供應器的介面。

影像供應器

影像供應器負責從鏡頭抓取資料，並且用適合寫至模型輸入張量的格式來回傳它。它的介面是在 *image_provider.h*（*https://oreil.ly/5Vjbe*）檔案定義的：

```
TfLiteStatus GetImage(tflite::ErrorReporter* error_reporter, int image_width,
                      int image_height, int channels, uint8_t* image_data);
```

因為它是平台專屬的實作，*person_detection/image_provider.cc*（*https://oreil.ly/QoQ3O*）裡面有個參考實作，它會回傳虛擬資料。

在 *image_provider_test.cc*（*https://oreil.ly/Nbl9x*）裡面的測試程式會呼叫這個參考實作來展示它的用法。我們的首要任務是建立一個陣列來保存影像資料，這一行就是做這件事：

```
uint8_t image_data[kMaxImageSize];
```

常數 kMaxImageSize 來自我們的老朋友，*model_settings.h*（*https://oreil.ly/5naFK*）。

定義這個陣列之後，我們呼叫 GetImage() 函式，從鏡頭採集影像：

```
TfLiteStatus get_status =
    GetImage(error_reporter, kNumCols, kNumRows, kNumChannels, image_data);
TF_LITE_MICRO_EXPECT_EQ(kTfLiteOk, get_status);
TF_LITE_MICRO_EXPECT_NE(image_data, nullptr);
```

我們在呼叫它時傳入 ErrorReporter 實例、我們想要的行、列與通道，以及指向 image_data 陣列的指標。這個函式會將影像資料寫入陣列。我們可以檢查函式的回傳值來確定採集程序是否成功，如果有問題，它會被設為 kTfLiteError，否則設為 kTfLiteOk。

最後，測試程式遍歷回傳的資料，來確認所有的記憶體位置都是可讀的。雖然影像在技術上有列、行與通道，但是在實務上，資料會被壓扁成 1D 陣列：

```
uint32_t total = 0;
for (int i = 0; i < kMaxImageSize; ++i) {
    total += image_data[i];
}
```

你可以使用這個指令來執行這項測試：

```
make -f tensorflow/lite/micro/tools/make/Makefile \
  test_image_provider_test
```

本章稍後將檢視 *image_provider.cc* 的設備專屬實作，現在我們先來看一下偵測回應器的介面。

偵測回應器

我們的最後一項測試展示如何使用偵測回應器，它是負責傳達推斷結果的程式。它的介面是在 *detection_responder.h*（*https://oreil.ly/cTptj*）定義的，測試程式位於 *detection_responder_test.cc*（*https://oreil.ly/Igx7a*）。

介面十分簡單：

```
void RespondToDetection(tflite::ErrorReporter* error_reporter,
                        uint8_t person_score, uint8_t no_person_score);
```

我們用「person」與「not a person」類別的分數來呼叫它，由它決定要用它們來做什麼。

detection_responder.cc（*https://oreil.ly/5Wjjt*）的參考實作只會 log 這些值。在 *detection_responder_test.cc* 裡面的測試程式會呼叫這個函式幾次：

```
RespondToDetection(error_reporter, 100, 200);
RespondToDetection(error_reporter, 200, 100);
```

你可以使用這個命令來執行測試並察看結果：

```
make -f tensorflow/lite/micro/tools/make/Makefile \
  test_detection_responder_test
```

探討所有測試程式，以及它們測試的介面之後，我們來講解程式本身。

偵測人體

這個 app 的核心功能位於 *main_functions.cc*（*https://oreil.ly/64oHW*）。它們都很精簡，我們已經在測試程式中看過它們的許多邏輯了。

首先，我們拉入模型需要的所有 op：

```
namespace tflite {
namespace ops {
namespace micro {
TfLiteRegistration* Register_DEPTHWISE_CONV_2D();
TfLiteRegistration* Register_CONV_2D();
TfLiteRegistration* Register_AVERAGE_POOL_2D();
}  // namespace micro
}  // namespace ops
}  // namespace tflite
```

接著宣告一些變數來保存重要的元件：

```
tflite::ErrorReporter* g_error_reporter = nullptr;
const tflite::Model* g_model = nullptr;
tflite::MicroInterpreter* g_interpreter = nullptr;
TfLiteTensor* g_input = nullptr;
```

接下來為張量 op 配置一些工作記憶體：

```
constexpr int g_tensor_arena_size = 70 * 1024;
static uint8_t tensor_arena[kTensorArenaSize];
```

在 setup() 函式裡面（它會在所有事情發生之前運行），我們建立一個錯誤回報器，載入模型，設定解譯器實例，並抓取指向模型輸入張量的參考：

```cpp
void setup() {
  // 設定 logging
  static tflite::MicroErrorReporter micro_error_reporter;
  g_error_reporter = &micro_error_reporter;

  // 將模型對映至可用的資料結構，這不涉及
  // 任何複製或解析，它是非常輕量的 op。
  g_model = tflite::GetModel(g_person_detect_model_data);
  if (g_model->version() != TFLITE_SCHEMA_VERSION) {
    g_error_reporter->Report(
        "Model provided is schema version %d not equal "
        "to supported version %d.",
        g_model->version(), TFLITE_SCHEMA_VERSION);
    return;
  }

  // 只拉入我們需要的 op 實作
  static tflite::MicroMutableOpResolver micro_mutable_op_resolver;
  micro_mutable_op_resolver.AddBuiltin(
      tflite::BuiltinOperator_DEPTHWISE_CONV_2D,
      tflite::ops::micro::Register_DEPTHWISE_CONV_2D());
  micro_mutable_op_resolver.AddBuiltin(tflite::BuiltinOperator_CONV_2D,
                                       tflite::ops::micro::Register_CONV_2D());
  micro_mutable_op_resolver.AddBuiltin(
      tflite::BuiltinOperator_AVERAGE_POOL_2D,
      tflite::ops::micro::Register_AVERAGE_POOL_2D());

  // 建構執行模型的解譯器
  static tflite::MicroInterpreter static_interpreter(
      model, micro_mutable_op_resolver, tensor_arena, kTensorArenaSize,
      error_reporter);
  interpreter = &static_interpreter;

  // 為模型的張量配置 tensor_arena 的記憶體
  TfLiteStatus allocate_status = interpreter->AllocateTensors();
  if (allocate_status != kTfLiteOk) {
    error_reporter->Report("AllocateTensors() failed");
    return;
  }

  // 取得模型的輸入資料所使用的記憶體區域的資訊
  input = interpreter->input(0);
}
```

下一個部分會在主迴圈裡面被持續呼叫，它先使用影像供應器抓取一張影像，傳遞輸入張量的參考，讓影像可被直接寫到那裡：

```
void loop() {
  // 從供應器取得影像。
  if (kTfLiteOk != GetImage(g_error_reporter, kNumCols, kNumRows, kNumChannels,
                            g_input->data.uint8)) {
    g_error_reporter->Report("Image capture failed.");
  }
```

接著執行推斷，取得輸出張量，並且從裡面讀取「person」與「no person」分數，將這些分數傳給偵測回應器的 RespondToDetection() 函式：

```
  // 用這個輸入執行模型並確保它成功
  if (kTfLiteOk != g_interpreter->Invoke()) {
    g_error_reporter->Report("Invoke failed.");
  }

  TfLiteTensor* output = g_interpreter->output(0);

  // 處理推斷結果。
  uint8_t person_score = output->data.uint8[kPersonIndex];
  uint8_t no_person_score = output->data.uint8[kNotAPersonIndex];
  RespondToDetection(g_error_reporter, person_score, no_person_score);
}
```

當 RespondToDetection() 輸出結果之後，loop() 函式會 return，準備讓主迴圈再度呼叫。

迴圈本身是在程式的 main() 函式裡面定義的。main() 位於 *main.cc*（*https://oreil.ly/_PR3L*），它會呼叫 setup() 函式一次，接著反復且不停地呼叫 loop()：

```
int main(int argc, char* argv[]) {
  setup();
  while (true) {
    loop();
  }
}
```

這就是所有程式！這個範例很棒的地方在於，它讓我們看到使用精密的機器學習模型竟然可以如此簡單。所有複雜性都被包在模型裡面，我們只要將資料傳給它就可以了。

在繼續講解之前，你可以在本地執行並嘗試一下這個程式。影像供應器的參考實作只會回傳虛擬資料，所以你不會得到有意義的辨識結果，但至少你可以看到程式碼的運作。

首先，使用這個命令來組建程式：

```
make -f tensorflow/lite/micro/tools/make/Makefile person_detection
```

組建完成後，用下面的命令來執行範例：

```
tensorflow/lite/micro/tools/make/gen/osx_x86_64/bin/ \
person_detection
```

你會看到程式的輸出訊息不斷顯示，直到你按下 Ctrl-C 來終止它為止：

```
person score:129 no person score 202
person score:129 no person score 202
person score:129 no person score 202
person score:129 no person score 202
person score:129 no person score 202
person score:129 no person score 202
```

下一節將介紹設備專屬的程式，它們可以採集鏡頭影像，以及在各個平台輸出結果。我們也會展示如何部署與執行這段程式。

部署至微控制器

在這一節，我們要將程式部署到兩個熟悉的設備：

- Arduino Nano 33 BLE Sense（*https://oreil.ly/6qlMD*）
- SparkFun Edge（*https://oreil.ly/-hoL-*）

這一次有很大的不同：因為這些設備都沒有內建鏡頭，我們建議你為你的設備購買鏡頭模組。每一個設備都有它自己的 *image_provider.cc* 實作，它們會和鏡頭模組對接，來採集影像。此外在 *detection_responder.cc* 裡面也有設備專屬的輸出程式。

因為這段程式很精簡，所以如果你要建立自己的視覺 ML app，它是個很棒的初始模板。

我們先來探討 Arduino 實作。

Arduino

作為 Arduino 電路板，Arduino Nano 33 BLE Sense 可以使用龐大且相容的第三方硬體和程式庫生態系統。我們將使用一種為 Arduino 設計的第三方鏡頭模組，以及一些和鏡頭模組對接並且賦予它輸出的資料意義的 Arduino 程式庫。

該購買哪一個鏡頭模組

這個範例使用 Arducam Mini 2MP Plus（*https://oreil.ly/LAwhb*）鏡頭模組，它可以輕鬆地連接 Arduino Nano 33 BLE Sense，而且可以使用 Arduino 電路板的電源。它有一個大鏡頭，能夠採集高品質的 200 萬像素影像，不過我們將使用它的板載影像縮放功能來取得較小的解析度。它不是特別省電，但它的高畫質讓它成為建構攝像 app 的理想選擇，例如記錄野生動物。

在 Arduino 採集影像

我們用一些接腳來將 Arducam 模組接到 Arduino 板。為了取得影像資料，我們會從 Arduino 電路板傳送命令給 Arducam 來指示它採集影像，Arducam 會將影像存入它的內部資料緩衝區。接著我們傳送更多命令，來從 Arducam 的內部緩衝區讀取影像資料，並將它存入 Arduino 的記憶體。我們使用官方的 Arducam 程式庫來做這些事。

Arducam 鏡頭模組有 200 萬像素的影像感測器，它的解析度是 1920×1080，但是人體偵測模型的輸入大小只有 96×96，所以不需要它的所有資料。事實上，Arduino 本身沒有足夠的記憶體可以容納 200 萬像素影像，這種影像需要好幾 MB。

幸好 Arducam 硬體能夠將它的輸出的大小縮至小很多的解析度，160×120 像素。我們可以在程式中輕鬆地將它裁剪為 96×96，只保留中央的 96×96 像素。但是比較麻煩的是，Arducam 調整大小之後的輸出影像是用 JPEG（*https://oreil.ly/gwWDh*）來編碼的，它是一種常見的影像壓縮格式。我們的模型需要使用像素陣列，不是以 JPEG 編碼的影像，所以我們要先將 Arducam 的輸出解碼才能使用它。我們可以用一種開源程式庫來做這件事。

最後一項工作是將 Arducam 輸出的彩色影像轉換成灰階，這是我們的人體偵測模型希望收到的東西。我們會將灰階資料寫入模型的輸入張量。

影像供應器是在 *arduino/image_provider.cc*（*https://oreil.ly/kGx0-*）裡面實作的。因為這些程式是 Arducam 鏡頭模組專屬的，所以我們不會詳細地解說，而是逐步說明更高層次發生的事情。

GetImage() 函式是影像供應器與外界的介面。app 的主迴圈會呼叫它來取得影像資料的一幀（frame）。我們第一次呼叫它時，必須將鏡頭初始化，這件事是藉由呼叫 InitCamera() 函式來執行的，如下所示：

```
static bool g_is_camera_initialized = false;
if (!g_is_camera_initialized) {
  TfLiteStatus init_status = InitCamera(error_reporter);
  if (init_status != kTfLiteOk) {
    error_reporter->Report("InitCamera failed");
    return init_status;
  }
  g_is_camera_initialized = true;
}
```

InitCamera() 函式的定義位於 *image_provider.cc*，我們不會一一解釋它，因為它是設備專屬的，如果你想要在自己的程式中使用它，你可以直接複製並貼上它。它設置了 Arduino 的硬體來與 Arducam 溝通，接著確認溝通正在進行。最後，它指示 Arducam 輸出 160×120 像素的 JPEG 影像。

GetImage() 呼叫的下一個函式是 PerformCapture()：

```
TfLiteStatus capture_status = PerformCapture(error_reporter);
```

我們也不詳細說明它。它的工作只是傳送命令給鏡頭模組，要求它採集影像，並將影像資料存入它的內部緩衝區。接著它會等待確認影像已被拍攝的訊息。此時，在 Arducam 的內部緩衝區有影像資料等著被使用了，但是在 Arduino 本身還沒有任何影像資料。

我們呼叫的下一個函式是 ReadData()：

```
TfLiteStatus read_data_status = ReadData(error_reporter);
```

ReadData() 函式使用更多指令來從 Arducam 抓取影像資料。當這個函式執行之後，全域變數 jpeg_buffer 會被填入來自鏡頭的 JPEG 影像資料。

取得 JPEG 影像之後，下一步是將它解碼為原始影像資料，這是在 DecodeAndProcessImage() 函式裡面做的：

```
TfLiteStatus decode_status = DecodeAndProcessImage(
    error_reporter, image_width, image_height, image_data);
```

這個函式使用 JPEGDecoder 程式庫來解碼 JPEG 資料，並將它直接寫入模型的輸入張量。在過程中，它會裁剪影像，捨棄一些 160×120 資料，只保留 96×96 像素，大概是影像的中心區域。它也會將影像的 16-bit 彩色降為 8-bit 灰階。

採集影像並將它存入輸入張量之後，我們就可以執行推斷了。接下來，我們要展示如何顯示模型的輸出。

在 Arduino 回應偵測結果

Arduino Nano 33 BLE Sense 有內建的 RGB LED，這個零件有獨立的紅色、綠色和藍色 LED，你可以分別控制它們。偵測回應器的實作會在每次執行推斷時閃爍藍色 LED，偵測到人體時，它會點亮綠色 LED，沒有偵測到人體時，它會點亮紅色 LED。

它的實作位於 *arduino/detection_responder.cc*（*https://oreil.ly/-WsSN*）。我們來快速說明。

RespondToDetection() 函式接收兩個分數，一個是「person」類別的，另一個是「not a person」類別的。當它第一次被呼叫時，它會將藍色、綠色與黃色 LED 設為輸出：

```
void RespondToDetection(tflite::ErrorReporter* error_reporter,
                        uint8_t person_score, uint8_t no_person_score) {
  static bool is_initialized = false;
  if (!is_initialized) {
    pinMode(led_green, OUTPUT);
    pinMode(led_blue, OUTPUT);
    is_initialized = true;
  }
```

接著，為了指示推斷剛剛完成，我們關閉所有 LED，再短暫地閃爍藍色 LED：

```
// 注意：在 Arduino Nano 33 BLE Sense 上的 RGB LED
// 在接腳為 LOW 時點亮，在接腳為 HIGH 時熄滅。

// 將 person/not person LED 熄滅
digitalWrite(led_green, HIGH);
digitalWrite(led_red, HIGH);

// 在每次推斷之後閃爍藍色 LED
digitalWrite(led_blue, LOW);
delay(100);
digitalWrite(led_blue, HIGH);
```

你可以看到，與 Arduino 的內建 LED 不同的是，這些 LED 在 LOW 時打開，在 HIGH 時關閉，原因出在 LED 與電路板的連接方式。

接下來，我們根據哪個類別的分數比較高來打開與關閉正確的 LED：

```
// 偵測到人體時打開綠色 LED，
// 沒有偵測到人體時打開紅色
if (person_score > no_person_score) {
  digitalWrite(led_green, LOW);
  digitalWrite(led_red, HIGH);
} else {
  digitalWrite(led_green, HIGH);
  digitalWrite(led_red, LOW);
}
```

最後，我們使用 error_reporter 實例來將分數輸出至序列埠：

```
error_reporter->Report("Person score: %d No person score: %d", person_score,
                       no_person_score);
}
```

就這樣！這個函式的核心是個基本的 if 陳述式，你可以輕鬆地使用類似的邏輯來控制其他類型的輸出。能夠將這些複雜的視覺輸入轉換成單一布林輸出：「person」或「no person」是令人振奮的事情。

執行範例

執行這個範例比其他的 Arduino 範例複雜一些，因為我們需要將 Arducam 接到 Arduino 電路板。我們也必須安裝與設置 Arducam 的介面程式庫，並且解碼它的 JPEG 輸出。但是別擔心，它仍然非常簡單！

我們需要這些東西來部署這個範例：

- 一塊 Arduino Nano 33 BLE Sense 電路板

- Arducam Mini 2MP Plus

- 跳接線（也可以選擇麵包板）

- 一條 micro-USB 線

- Arduino IDE

我們的第一個工作是使用跳接線將 Arducam 接到 Arduino。這不是一本介紹電子學的書，所以我們不會詳述如何使用跳接線。表 9-1 介紹如何連接接腳，各個設備都有標示這些接腳。

表 9-1　將 Arducam Mini 2MP Plus 接到 Nano 33 BLE Sense 的方式

Arducam 接腳	Arduino 接腳
CS	D7（無標示，D6 的右邊那一個）
MOSI	D11
MISO	D12
SCK	D13
GND	GND（標為 GND 的接腳都可以）
VCC	3.3 V
SDA	A4
SCL	A5

設定好硬體之後，你就可以繼續安裝軟體了。

在本書出版之後，組建程序可能會改變，所以請參考 *README.md*（*https://oreil.ly/CR5Pb*）來瞭解最新的做法。

你可以在 TensorFlow Lite Arduino 程式庫的範例程式取得本書的專案。如果你還沒有安裝程式庫，打開 Arduino IDE，並且在 Tools 選單選擇 Manage Libraries。在彈出的視窗中，搜尋並安裝 *Arduino_TensorFlowLite* 程式庫。你應該可以使用最新的版本，但如果你遇到問題，本書測試的版本是 1.14-ALPHA。

你也可以用 *.zip* 檔來安裝程式庫，你可以從 TensorFlow Lite 團隊下載它（*https://oreil.ly/blgB8*），或是使用 TensorFlow Lite for Microcontrollers Makefile 來自行產生。如果你比較喜歡第二種做法，請參考附錄 A。

安裝程式庫之後，在 Examples → Arduino_TensorFlowLite 的 File 選單裡面就會出現 person_detection 範例，如圖 9-2 所示。

圖 9-2　Examples 選單

按下「person_detection」來載入範例。它會在新視窗裡面出現，其中每一個原始檔都有一個標籤。第一個標籤的檔案 *person_detection* 相當於稍早看過的 *main_functions.cc*。

第 99 頁的「執行範例」已經解譯過 Arduino 範例的結構了，所以在此不再贅述。

除了 TensorFlow 程式庫之外，我們要安裝兩個其他的程式庫：

- Arducam 程式庫，讓我們的程式碼可以和硬體對接

- JPEGDecoder 程式庫，以便解碼 JPEG 影像

你可以在 GitHub 取得 Arducam Arduino 程式庫（*https://oreil.ly/93OKK*）。請下載或複製存放區來安裝它，接下來，將它的 *ArduCAM* 子目錄複製到你的 *Arduino/libraries* 目錄裡面。要在你的電腦上尋找程式庫，你可以在 Arduino IDE 的 Preferences 視窗檢查 Sketchbook 位置。

下載程式庫之後，你要編輯它的一個檔案，來確保它為 Arducam Mini 2MP Plus 設置組態，請打開 *Arduino/libraries/ArduCAM/memorysaver.h*。

你應該會看到一堆 #define 陳述式，將 #define OV2640_MINI_2MP_PLUS 之外的程式碼全部改成註解，如下所示：

```
// 第 1 步：選擇硬體平台，一次只有一個
//#define OV2640_MINI_2MP
//#define OV3640_MINI_3MP
//#define OV5642_MINI_5MP
//#define OV5642_MINI_5MP_BIT_ROTATION_FIXED
#define OV2640_MINI_2MP_PLUS
//#define OV5642_MINI_5MP_PLUS
//#define OV5640_MINI_5MP_PLUS
```

儲存檔案之後，你就設置好 Arducam 程式庫了。

> 這個範例是用 Arducam 程式庫的 commit #e216049 來開發的，如果你在使用這個程式庫時遇到問題，可以試著下載這個 commit，來確保你使用一模一樣的程式碼。

下一步是安裝 JPEGDecoder 程式庫，你可以在 Arduino IDE 裡面做這件事。在 Tools 選單裡面，選擇 Manage Libraries 選項，並搜尋 JPEGDecoder。你應該安裝這個程式庫的 1.8.0 版本。

安裝程式庫之後，你必須設置它來停用一些與 Arduino Nano 33 BLE Sense 不相容的非必要零件。打開 *Arduino/libraries/JPEGDecoder/src/User_Config.h*，並確保 #define LOAD_SD_LIBRARY 與 #define LOAD_SDFAT_LIBRARY 都已經被改為註解，如下列摘錄所示：

```
// 如果你沒有使用 SD 卡來儲存 JPEG
// 將下面的 #defines 改為註解
// 將它們改為註解不是必要的，但如果你不需要讀取 SD 卡，
// 這可以節省一些 FLASH 空間。注意：SdFat 的使用情況目前還沒有被測試過！

//#define LOAD_SD_LIBRARY // 預設的 SD 卡程式庫
//#define LOAD_SDFAT_LIBRARY // 改用 SdFat 程式庫，
                             // 因此 SD 卡 SPI 可被 bit bash
```

儲存檔案之後，你就安裝好程式庫了。現在可以執行人體偵測 app 了！

先用 USB 插入 Arduino 設備，在 Tools 選單的 Board 下拉式清單中選擇正確的設備類型，如圖 9-3 所示。

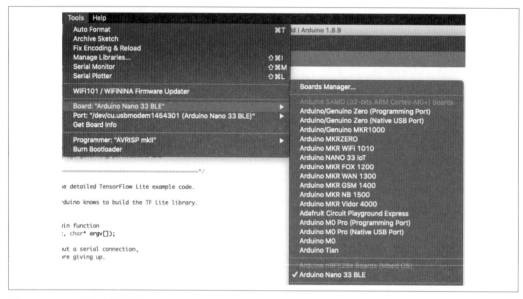

圖 9-3　Board 下拉式清單

如果清單裡面沒有你的設備，你就要安裝它的支援程式包。按下 Boards Manager，在出現的視窗裡面，搜尋你的設備並安裝相應支援程式包的最新版本。

在 Tools 選單的 Port 下拉式清單中選擇設備的連接埠，如圖 9-4 所示。

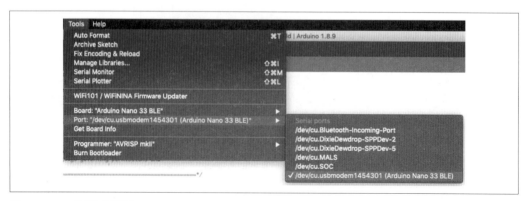

圖 9-4　Port 下拉式清單

最後，在 Arduino 視窗裡面，按下上傳按鈕（見圖 9-5）來編譯程式，並將它上傳到你的 Arduino 設備。

圖 9-5　上傳按鈕

成功上傳後，程式就會執行。

若要測試它，先將設備的鏡頭對著顯然不是人的東西，或直接遮住鏡頭，下次藍色 LED 閃爍時，設備會從鏡頭採集一幀，並開始執行推斷。因為偵測人體的視覺模型相對較大，所以需要花較久時間來推斷，在行文至此時，大概要 19 秒，不過以後 TensorFlow Lite 應該會變快。

推斷完成時，結果會被轉換成點亮另一個 LED。因為你將鏡頭指向不是人的東西，所以紅色 LED 應該會亮起來。

接著試著將設備的鏡頭對著你自己！下一次藍色 LED 閃爍時，設備會採集另一張影像並開始執行推斷。大約 19 秒之後，綠色 LED 會點亮。

請記住，在每次推斷之前，當藍色 LED 閃爍時，影像資料會被採集成一張快照，鏡頭在那個時候看到的東西會被傳給模型，無論鏡頭對著什麼東西，藍色 LED 在下一次採集影像時才會再度閃爍。

如果你得到看起來錯誤的結果，確保你的環境有良好的照明。你也要確保鏡頭的方向是正確的，接腳是朝下的，這樣它採集的影像才是朝上的，這個模型還不會辨識倒過來的人。此外，請記得，這是個微型模型，它的大小是用準確度交換的，雖然它的效果很好，但沒辦法每次都對。

你也可以從 Arduino Serial Monitor 看到推斷的結果，在 Tools 選單打開 Serial Monitor，你會看到詳細的 log，展示當 app 執行時發生什麼事。你也可以勾選「Show timestamp」方塊，看看程序的各個部分花多長時間：

```
14:17:50.714 -> Starting capture
14:17:50.714 -> Image captured
14:17:50.784 -> Reading 3080 bytes from ArduCAM
14:17:50.887 -> Finished reading
```

```
14:17:50.887 -> Decoding JPEG and converting to greyscale
14:17:51.074 -> Image decoded and processed
14:18:09.710 -> Person score: 246 No person score: 66
```

我們可以從這個 log 看到，它花了大約 170 ms 從鏡頭模組採集與讀取影像資料，花了 180 ms 來解碼 JPEG 以及將它轉換成灰階，花了 18.6 秒來執行推斷。

自行進行修改

部署基本的 app 之後，你可以試著把玩一下，並且修改一下程式。你只要在 Arduino IDE 裡面編輯檔案並儲存，接著重複之前的說明來將修改過的程式碼部署至設備即可。

你可以嘗試這些事情：

- 修改偵測回應器，讓它忽略模糊的輸入，也就是「person」與「no person」的分數差異極小的那些輸入。
- 使用人體偵測的結果來控制其他零件，例如其他的 LED 或伺服設備。
- 建立智慧型安全鏡頭來儲存或傳輸影像，但只限於裡面有人的那些。

SparkFun Edge

SparkFun Edge 是特別為了低耗電而優化的電路板。它可以和具備類似高效率的鏡頭模組組成理想的平台，方便大家做出可在裝電池的設備上運行的視覺 app。我們可以使用電路板的帶狀纜線配接器來輕鬆地插入鏡頭模組。

該購買哪一個鏡頭模組

這個範例使用 SparkFun 的 Himax HM01B0 接線鏡頭模組（*https://oreil.ly/H24xS*），它使用 320×320 像素的影像感測器，消耗的電力極小，當它每秒拍攝 30 幀（FPS）時，只需要少於 2 mW。

在 SparkFun Edge 採集影像

我們必須先將鏡頭初始化才能使用 Himax HM01B0 鏡頭模組來採集影像，完成之後，每當我們需要影像時，就可以從鏡頭讀取一幀。一幀是一個 bytes 陣列，代表鏡頭目前看到什麼。

為了使用鏡頭，你必須大量使用 Ambiq Apollo3 SDK（在組建程序中下載）以及 HM01B0 驅動程式，它位於 *sparkfun_edge/himax_driver*（*https://oreil.ly/OhBj0*）。

影像供應器是在 *sparkfun_edge/image_provider.cc*（*https://oreil.ly/ZdU9N*）裡面實作的，我們不會太詳細地講解它，因為這段程式是 SparkFun 電路板與 Himax 相機模組專用的。我們會逐步說明更高層次發生的事情。

GetImage() 函式是影像供應器與外界的介面。app 的主迴圈會呼叫它來取得影像資料的一幀（frame）。當它第一次被呼叫時，鏡頭必須初始化，這件事是藉由呼叫 InitCamera() 函式來執行的，如下所示：

```
// 採集一幀。傳入幀指標來降低記憶體使用量。
// 這可讓程式使用輸入張量，不需要額外的副本。
TfLiteStatus GetImage(tflite::ErrorReporter* error_reporter, int frame_width,
                      int frame_height, int channels, uint8_t* frame) {
  if (!g_is_camera_initialized) {
    TfLiteStatus init_status = InitCamera(error_reporter);
    if (init_status != kTfLiteOk) {
      am_hal_gpio_output_set(AM_BSP_GPIO_LED_RED);
      return init_status;
    }
```

如果 InitCamera() 回傳 kTfLiteOk 狀態之外的東西，我們就打開電路板的紅色 LED（使用 am_hal_gpio_output_set(AM_BSP_GPIO_LED_RED)）來指示問題。這對除錯很有幫助。

InitCamera() 函式的定義位於 *image_provider.cc*，我不會一一解釋它，因為它是設備專用的，如果你想要在自己的程式中使用它，你可以直接複製並貼上它。

它呼叫許多 Apollo3 SDK 函式來設置微控制器的輸入與輸出，讓它可以和鏡頭模組溝通。它也啟用**中斷**，這是鏡頭用來傳送新影像資料的機制。設定所有東西之後，它使用鏡頭驅動程式來打開鏡頭，並設置它來開始持續採集影像。

這個鏡頭模組有一個自動曝光功能，它會在採集幀時，自動調校曝光設定。為了讓它在我們試著執行推斷之前有機會調校，GetImage() 函式的下一個部分使用鏡頭驅動程式的 hm01b0_blocking_read_oneframe_scaled() 函式來採集幾幀。我們不會用採集到的資料做任何事情，做這件事的目的只是為了提供一些素材給鏡頭模組的自動曝光功能使用：

```
// 拍下幾幀，直到自動曝光被調校
for (int i = 0; i < kFramesToInitialize; ++i) {
  hm01b0_blocking_read_oneframe_scaled(frame, frame_width, frame_height,
                                       channels);
}
g_is_camera_initialized = true;
}
```

設置完成之後，GetImage() 函式的其餘部分非常簡單。我們只是呼叫 hm01b0_blocking_read_oneframe_scaled() 來採集一張影像：

```
hm01b0_blocking_read_oneframe_scaled(frame, frame_width, frame_height,
                                     channels);
```

當 GetImage() 在 app 的主迴圈執行期間被呼叫時，frame 是一個指向輸入張量的變數，所以鏡頭驅動程式會將資料直接寫入分配給輸入張量的記憶體區域。我們也指定想要的寬、高與通道數。

完成這些程式之後，我們就可以從相機模組採集影像資料了。接下來，我們來看一下如何回應模型的輸出。

在 SparkFun Edge 回應偵測

偵測回應器的實作很像喚醒詞範例的指令回應器。它會在每次執行推斷時亮滅設備的藍色 LED。偵測到人體時，它會點亮綠色 LED，沒有偵測到人體時，它會點亮黃色 LED。

它的實作位於 *sparkfun_edge/detection_responder.cc*（*https://oreil.ly/OeN1M*）。我們來快速說明。

RespondToDetection() 函式接收兩個分數，一個是「person」類別的，另一個是「not a person」的。當它第一次被呼叫時，它會將藍色、綠色與黃色 LED 設為輸出：

```
void RespondToDetection(tflite::ErrorReporter* error_reporter,
                        uint8_t person_score, uint8_t no_person_score) {
  static bool is_initialized = false;
  if (!is_initialized) {
    // 將 LED 設為輸出。不設定紅色 LED，因為它在 image_provider
    // 裡面是 sparkfun_edge 的錯誤指示器。
    am_hal_gpio_pinconfig(AM_BSP_GPIO_LED_BLUE, g_AM_HAL_GPIO_OUTPUT_12);
    am_hal_gpio_pinconfig(AM_BSP_GPIO_LED_GREEN, g_AM_HAL_GPIO_OUTPUT_12);
    am_hal_gpio_pinconfig(AM_BSP_GPIO_LED_YELLOW, g_AM_HAL_GPIO_OUTPUT_12);
    is_initialized = true;
  }
```

因為這個函式會在每次推斷時被呼叫一次，所以下一段程式在每次執行推斷時，讓它開關藍色 LED：

```
// 每在進行推斷時開關藍色 LED
static int count = 0;
if (++count & 1) {
```

```
    am_hal_gpio_output_set(AM_BSP_GPIO_LED_BLUE);
} else {
    am_hal_gpio_output_clear(AM_BSP_GPIO_LED_BLUE);
}
```

最後，如果偵測到人體，打開綠色 LED，如果沒有，打開藍色 LED。它也會使用 ErrorReporter 實例來 log 分數：

```
am_hal_gpio_output_clear(AM_BSP_GPIO_LED_YELLOW);
am_hal_gpio_output_clear(AM_BSP_GPIO_LED_GREEN);
if (person_score > no_person_score) {
    am_hal_gpio_output_set(AM_BSP_GPIO_LED_GREEN);
} else {
    am_hal_gpio_output_set(AM_BSP_GPIO_LED_YELLOW);
}

error_reporter->Report("person score:%d no person score %d", person_score,
                        no_person_score);
```

就這樣！這個函式的核心是個基本的 if 陳述式，你可以輕鬆地使用類似的邏輯來控制其他類型的輸出。能夠將這些複雜的視覺輸入轉換成單一布林輸出：「person」或「no person」是令人振奮的事情。

執行範例

知道 SparkFun Edge 實作如何運作之後，我們來讓它開始運行。

 在本書出版之後，組建程序可能會改變，所以請參考 *README.md*（*https://oreil.ly/kaSXN*）來瞭解最新的做法。

我們需要這些東西才能組建與部署程式：

- SparkFun Edge 電路板，連接 Himax HM01B0（*https://oreil.ly/jNtyv*）
- USB 編程器（我們推薦 SparkFun Serial Basic Breakout，它有 micro-B USB（*https://oreil.ly/wXo-f*）與 USB-C（*https://oreil.ly/-YvfN*）版本）
- 相符的 USB 線
- Python 3 與一些依賴項目

如果你不確定是否安裝正確的 Python 版本，可參考第 108 頁的「執行範例」來瞭解如何確認。

在終端機複製 TensorFlow 存放區並進入它的目錄：

```
git clone https://github.com/tensorflow/tensorflow.git
cd tensorflow
```

接下來，我們要組建二進制檔，並執行一些命令，做好將它下載至設備的準備。你可以從 *README.md*（*https://oreil.ly/kaSXN*）複製並貼上這些命令來避免打字。

組建二進制檔　接下來的命令會下載所有需要的依賴項目，再為 SparkFun Edge 編譯二進制檔：

```
make -f tensorflow/lite/micro/tools/make/Makefile \
  TARGET=sparkfun_edge person_detection_bin
```

產生的二進制檔是個 *.bin* 檔，它在這個地方：

```
tensorflow/lite/micro/tools/make/gen/
  sparkfun_edge_cortex-m4/bin/person_detection.bin
```

你可以使用這個命令來確認檔案是否存在：

```
test -f tensorflow/lite/micro/tools/make/gen \
  /sparkfun_edge_cortex-m4/bin/person_detection.bin \
  &&  echo "Binary was successfully created" || echo "Binary is missing"
```

當你執行這個命令時，應該可以看到主控台印出 Binary was successfully created。

如果你看到 Binary is missing，那就代表組建程序出問題了，若是如此，或許你可以在 make 命令的輸出資訊中找到出錯的線索。

簽署二進制檔　為了將二進制檔部署至設備，你必須用密鑰簽署它。我們來執行一些簽署二進制檔的命令，讓它可被 flash 至 SparkFun Edge。這個腳本來自 Ambiq SDK，它是在 Makefile 執行時下載的。

輸入下面的命令來設定一些開發用的虛擬密鑰：

```
cp tensorflow/lite/micro/tools/make/downloads/AmbiqSuite-Rel2.0.0 \
  /tools/apollo3_scripts/keys_info0.py \
tensorflow/lite/micro/tools/make/downloads/AmbiqSuite-Rel2.0.0 \
  /tools/apollo3_scripts/keys_info.py
```

接下來，執行這些命令來建立已簽署的二進制檔。必要時將 python3 換成 python：

```
python3 tensorflow/lite/micro/tools/make/downloads/ \
  AmbiqSuite-Rel2.0.0/tools/apollo3_scripts/create_cust_image_blob.py \
  --bin tensorflow/lite/micro/tools/make/gen/ \
  sparkfun_edge_cortex-m4/bin/person_detection.bin \
  --load-address 0xC000 \
  --magic-num 0xCB \
  -o main_nonsecure_ota \
  --version 0x0
```

這會建立 *main_nonsecure_ota.bin* 檔。接著執行下面的命令來建立這個檔案的最終版本，以便在接下來的步驟中，用腳本將它 flash 到設備上：

```
python3 tensorflow/lite/micro/tools/make/downloads/ \
  AmbiqSuite-Rel2.0.0/tools/apollo3_scripts/create_cust_wireupdate_blob.py \
  --load-address 0x20000 \
  --bin main_nonsecure_ota.bin \
  -i 6 \
  -o main_nonsecure_wire \
  --options 0x1
```

現在，在你執行命令的目錄裡面有一個 *main_nonsecure_wire.bin* 檔案，它就是將要 flash 到設備上的檔案。

flash 二進制檔　SparkFun Edge 會將它目前正在執行的程式存放在 1 MB 的快閃記憶體（flash memory）裡面。如果你想要讓電路板執行新程式，你就要將它傳給電路板，接著電路板會將它放在快閃記憶體內，覆寫之前儲存的任何程式。

本書介紹過，這個程序稱為 *flashing*。

將編程器接到電路板　為了將新程式下載到電路板，我們將使用 SparkFun USB-C Serial Basic 序列編程器。這個設備可讓電腦透過 USB 與微控制器溝通。

執行下列步驟來將這個設備接到電路板：

1. 在 SparkFun Edge 找到六個接腳的接頭。

2. 將 SparkFun USB-C Serial Basic 插入這些接腳，確保這兩個設備的 BLK 與 GRN 的接腳正確相接，如圖 9-6 所示。

圖 9-6　連接 SparkFun Edge 與 USB-C Serial Basic（由 SparkFun 提供）

將編程器接到電腦　用 USB 將電路板接到電腦，為了對著電路板寫程式，你必須知道設備在你的電腦上叫做什麼。最好的方法是在連接設備之前，先列出電腦的所有設備，再連接它，看看出現什麼新設備。

> 有人回報作業系統預設的編程器驅動程式有問題，所以我們強烈建議你先安裝驅動程式（*https://oreil.ly/yI-NR*）再繼續工作。

先執行這個命令，再用 USB 連接設備：

```
# macOS:
ls /dev/cu*

# Linux:
ls /dev/tty*
```

你應該會看到電腦列出一連串已連接的設備，類似這樣：

```
/dev/cu.Bluetooth-Incoming-Port
/dev/cu.MALS
/dev/cu.SOC
```

接著將編程器接到電腦的 USB 埠，並再次執行命令：

```
# macOS:
ls /dev/cu*

# Linux:
ls /dev/tty*
```

你應該可以在輸出看到其他項目，就像下面的範例。你的新項目可能有不同的名稱，新項目就是設備的名稱：

```
/dev/cu.Bluetooth-Incoming-Port
/dev/cu.MALS
/dev/cu.SOC
/dev/cu.wchusbserial-1450
```

我們將用這個名稱來引用設備。但是，這個名稱可能會隨著編程器連接的 USB 埠而不同，所以如果你將電路板從電腦拔開再接上去，你應該再次確認這個名稱。

> 有些用戶回報在清單裡面有兩個設備，如果你看到兩個設備，「wch」開頭的那一個才是正確的，例如「/dev/wchusbserial-14410」。

確認設備名稱之後，將它放在 shell 變數裡面，以備後用：

```
export DEVICENAME=< 將你的設備名稱放在這裡 >
```

在接下來的程序中，當你執行需要設備名稱的指令時可以使用這個變數。

執行腳本來 flash 電路板 要 flash 電路板，你要讓它進入特殊的「bootloader」狀態，讓它準備接收新的二進制檔，接著執行腳本，將二進制檔傳到電路板。

我們先建立一個環境變數來指定傳輸速率（將資料傳給設備的速度）：

```
export BAUD_RATE=921600
```

接著將下面的命令貼到你的終端機，但**還不要按下** *Enter*！命令中的 ${DEVICENAME} 與 ${BAUD_RATE} 會被換成你在上一節的設定值。在必要時，記得將 python3 換成 python：

```
python3 tensorflow/lite/micro/tools/make/downloads/ \
   AmbiqSuite-Rel2.0.0/tools/apollo3_scripts/uart_wired_update.py -b \
   ${BAUD_RATE} ${DEVICENAME} -r 1 -f main_nonsecure_wire.bin -i 6
```

接著將電路板重設為 bootloader 狀態，並 flash 電路板。在電路板找到標示 RST 與 14 的按鈕，如圖 9-7 所示。

執行以下步驟：

1. 將電路板連接編程器，並且用 USB 將整組設備接到電腦。

2. 在電路板，按住標著 14 的按鈕，**持續按住它**。

3. 在按住按鈕 14 的同時，按下按鈕 RST 來重設電路板。

4. 在電腦按下 Enter 來執行腳本。繼續按住按鈕 14。

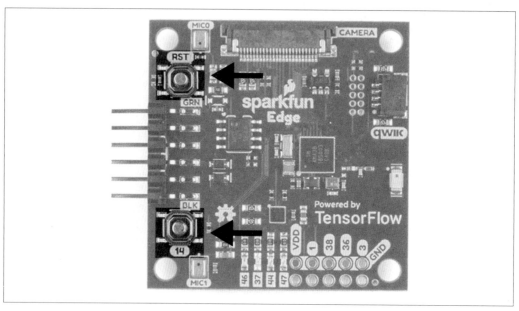

圖 9-7　SparkFun Edge 的按鈕

現在你會在螢幕上看到這些訊息：

```
Connecting with Corvette over serial port /dev/cu.usbserial-1440...
Sending Hello.
Received response for Hello
Received Status
length =  0x58
version =  0x3
Max Storage =  0x4ffa0
Status =  0x2
State =  0x7
AMInfo =
0x1
0xff2da3ff
0x55fff
0x1
0x49f40003
0xffffffff
[...lots more 0xffffffff...]
Sending OTA Descriptor =  0xfe000
```

```
Sending Update Command.
number of updates needed =  1
Sending block of size  0x158b0  from  0x0  to  0x158b0
Sending Data Packet of length  8180
Sending Data Packet of length  8180
[...lots more Sending Data Packet of length  8180...]
```

持續按住按鈕 14，直到看到 `Sending Data Packet of length 8180` 為止。看到它之後，你就可以放開按鈕了（但繼續按著它也無妨）。

程式會繼續在終端機印出訊息。最後你會看到這些東西：

```
[...lots more Sending Data Packet of length  8180...]
Sending Data Packet of length  8180
Sending Data Packet of length  6440
Sending Reset Command.
Done.
```

這代表你成功 flash 了。

如果程式的輸出最後出現錯誤，看看有沒有 `Sending Reset Command`。如果有，代表雖然有錯誤訊息，但 flash 應該成功了，否則應該是 flash 失敗了，試著再次執行這些步驟（你可以跳過設定環境變數的部分）。

測試程式

先按下 RST 按鈕，確保程式正在執行。

當程式正在執行時，藍色 LED 會打開並關閉，每一次推斷開關一次。因為我們用來偵測人體的視覺模型相對較大，它需要花更久時間執行推斷，總共大約 6 秒。

我們先將設備的鏡頭對著絕對不是人的東西，或直接遮住鏡頭，下次藍色 LED 亮滅時，設備會從鏡頭採集一幀，並開始執行推斷，經過大約 6 秒左右，推斷結果將會被轉換成另一個閃爍的 LED。因為你將鏡頭對著不是人的東西，橘色 LED 會亮起。

接著將設備的鏡頭對著你自己！下一次藍色 LED 亮滅時，設備會採集另一幀並開始執行推斷，這一次綠色 LED 會亮起。

請記住，在每次推斷之前，當藍色 LED 亮滅時，影像資料會被採集為一張快照，鏡頭在那個時候看到的東西會被傳給模型。無論鏡頭對著什麼東西，藍色 LED 在下一次採集幀時才會再度閃爍。

如果你得到的結果好像是錯誤的，確保你的環境有良好的照明。此外，請記得，這是個微型模型，它的大小是用準確度換來的。雖然它的效果很好，但沒辦法每次都對。

如果不能動呢？

以下是可能的原因，與排除的方法：

問題：在 flash 時，腳本在 Sending Hello. 停頓一下子，再印出錯誤。

解決方法：你必須在執行腳本的同時按下按鈕 14。請按下按鈕 14，按下按鈕 RST，接著在執行腳本的同時，一直按著按鈕 14。

問題：在 flash 之後，LED 都沒有亮。

解決方法：按下按鈕 RST，或先將電路板與編程器拔開，再重新接起來。如果這兩種做法都不行，試著再次 flash 電路板。

問題：紅色 LED 在閃爍之後亮著。

解決方法：紅色 LED 亮起來代表鏡頭模組有問題，確認鏡頭模型有正確地接著，如果有，試著將它拔開再重新接起來。

察看除錯資料

程式會將偵測結果 log 至序列埠。我們可以用傳輸速率 115200 監看電路板的序列埠輸出來察看它們。在 macOS 與 Linux 可以使用這些命令：

```
screen ${DEVICENAME} 115200
```

你應該可以看到下面的初始輸出：

```
Apollo3 Burst Mode is Available

                    Apollo3 operating in Burst Mode (96MHz)
```

當電路板採集幀並執行推斷時，你應該可以看到它印出除錯資訊：

```
Person score: 130 No person score: 204
Person score: 220 No person score: 87
```

若要停止觀看螢幕上的除錯輸出，你可以按下 Ctrl-A，再立刻按下 K 鍵，接著按下 Y 鍵。

自行進行修改

部署基本 app 之後，試著稍微把玩一下，並進行一些更改。你可以在 *tensorflow/lite/micro/examples/person_detection* 資料夾找到 app 的程式碼。你只要編輯並儲存，再重複之前的操作即可將修改過的程式碼部署到設備上。

你可以嘗試這些事情：

- 修改偵測回應器，讓它忽略模糊的輸入，也就是「person」與「no person」的分數差異極小的那些輸入。

- 使用人體偵測的結果來控制其他零件，例如其他的 LED 或伺服設備。

- 建立智慧型安全鏡頭來儲存或傳輸影像，但只限於裡面有人的那些。

結語

本章使用的視覺模型是很神奇的東西，它只需要原始的、雜亂的輸入，不需要進行預先處理，就可以提供一個漂亮簡單的輸出：是的，有人，或是沒有，沒人。這就是機器學習的魔力，它可以從雜訊中過濾資訊，只留下我們關心的訊號。身為開發者，我們可以輕鬆地使用這些訊號來為用戶建構驚奇的體驗。

我們建構機器學習 app 時，經常會使用這種預先訓練好的模型，它已經具備執行任務所需的知識了。模型很像程式庫，封裝了特定的功能，而且很容易讓不同的專案共用。將來你會經常搜尋與評估模型，尋找適合你的任務的模型。

第 10 章將研究人體偵測模型是如何運作的。你將知道如何訓練自己的視覺模型來認出不同種類的物體。

人體偵測：訓練模型

第 9 章介紹如何部署預先訓練好的、可辨識影像中的人體的模型，但沒有解釋那個模型的來源。如果你的產品有不同的需求，你就要訓練自己的版本，本章告訴你怎麼做。

選擇機器

訓練這個影像模型需要用到比上一個範例更多的計算能力，所以如果你希望在合理的時間之內完成訓練工作，你就要使用具備高端圖形處理單元（GPU）的電腦。除非你認為你將執行大量的訓練工作，否則我們建議你先租用雲端實例，而不是購買特殊電腦。遺憾的是，我們在前幾章用來訓練小模型的 Google Colaboratory 免費服務無法使用，你必須付費使用機器。雖然優秀的供應商有很多，但我們的說明將假設你使用 Google Cloud Platform，因為它是我們最熟悉的服務。如果你已經在使用 Amazon Web Services（AWS）或 Microsoft Azure 了，它們也支援 TensorFlow，而且訓練方式應該是一樣的，但你必須按照他們的教學來設定機器。

設定 Google Cloud Platform 實例

你可以在 Google Cloud Platform 租用預先安裝 TensorFlow 與 NVIDIA 驅動程式，以及支援 Jupyter Notebook web 介面的虛擬機器，它很方便。但是設定它的程序有一定的難度，在 2019 年 9 月時，建立機器的步驟是：

1. 登入 *console.cloud.google.com*（*https://oreil.ly/Of6oo*）。如果你還沒有 Google 帳號，你必須建立一個，並且設定帳單來支付實例的費用。如果你還沒有專案，你必須建立一個。

2. 在螢幕的左上角，打開漢堡選單（圖示為三條橫線的主選單，如圖 10-1 所示）並且往下捲動，直到看到 Artificial Intelligence 區域為止。

3. 在這個區域，選擇 AI Platform → Notebooks，如圖 10-1 所示。

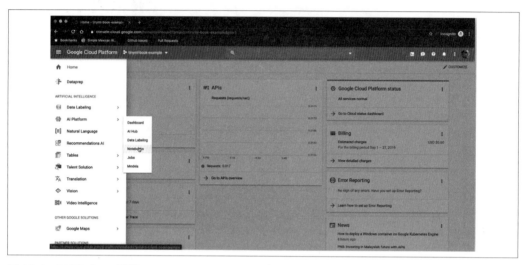

圖 10-1　AI Platform 選單

4. 你可能會看到一個提示訊息，要求你啟用 Compute Engine API 來繼續進行，如圖 10-2 所示，請批准它。這需要花幾分鐘才能完成。

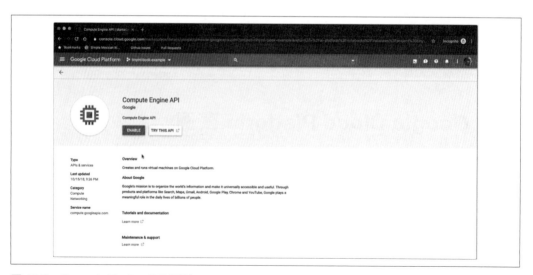

圖 10-2　Compute Engine API 畫面

5. 你會看到「Notebook instances」畫面，在上面的選單列選擇 NEW INSTANCE，在打開的子目錄裡面選擇「Customize instance」，如圖 10-3 所示。

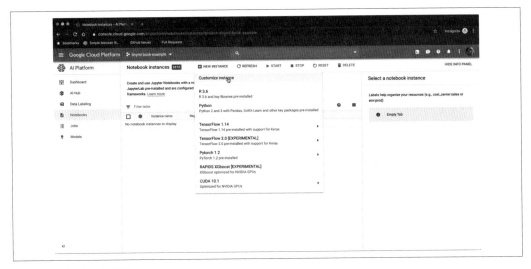

圖 10-3 實例建立選單

6. 在「New notebook instance」網頁的「instance name」框裡面幫你的機器取一個名字，如圖 10-4 所示，接著往下捲動，準備設定環境。

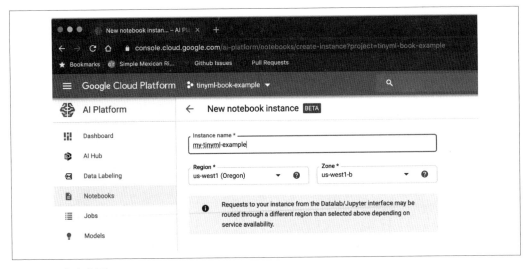

圖 10-4 命名介面

7. 在 2019 年 9 月時，正確的 TensorFlow 版本是 TensorFlow 1.14。當你閱讀至此時，建議版本應該會提升至 2.0 或以上，但可能會有一些不相容的情況，所以可以的話，先選擇 1.14 或 1.x 分支的其他版本。

8. 在「Machine configuration」區域選擇至少 4 個 CPU 與 15 GB 的 RAM，如圖 10-5 所示。

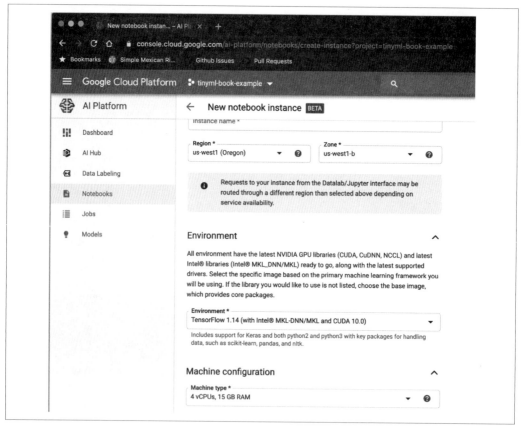

圖 10-5　CPU 與版本介面

9. GPU 的選擇會讓訓練速度有很大的差異，這件事有點麻煩，因為並非所有區域（zone）都提供相同種類的硬體。在我們的例子中，我們使用的 region 是「us-west1 (Oregon)」，zone 是「us-west-1b」，因為我們知道它們目前提供高端的 GPU。你可以使用 Google Cloud Platform 的價格計算機（*https://oreil.ly/t2XO0*）來取得詳細的價格資訊，不過在這個例子中，我們選擇一個 NVIDIA Tesla V100 GPU，如圖 10-6 所示，它每個月的運行費用是 $1,300，但可以在一天左右的時間之內訓練好人體偵測模型，所以模型訓練費用大約是 $45。

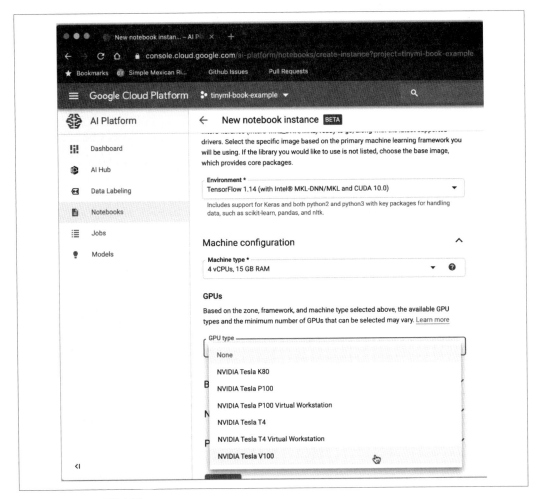

圖 10-6　GPU 選擇介面

　這些高端的機器的運行費用很貴，所以當你沒有積極使用它來進行訓練時，務必停用你的實例。否則，你就要為閒置的機器付費。

10. 自動安裝 GPU 驅動程式可以讓你輕鬆很多,所以務必選擇該選項,如圖 10-7 所示。

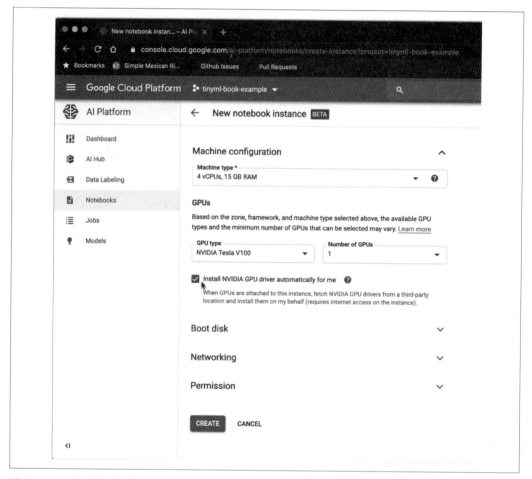

圖 10-7　GPU 驅動程式介面

11. 因為你要將資料組下載到這個機器，我們建議你讓啟動磁碟比預設的 100 GB 大一些，或許可以到達 500 GB，如圖 10-8 所示。

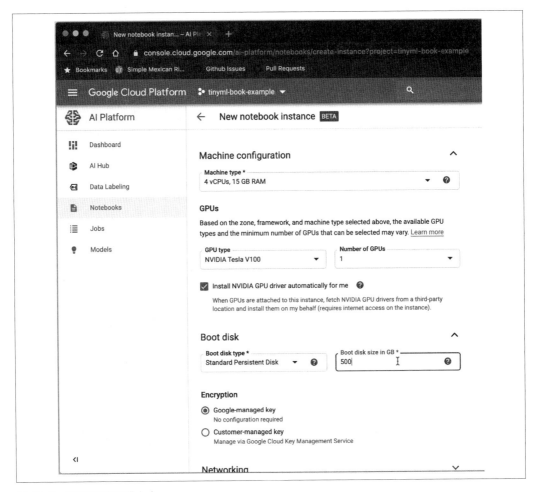

圖 10-8　增加啟動磁碟大小

12. 設定所有選項之後，在網頁的最下面，按下 CREATE 按鈕，回到「Notebook instances」畫面。你應該可以在清單裡面看到一個新實例，名稱是你為機器取的名稱。在設定實例時，它的旁邊有個持續幾分鐘的旋轉圖樣。當它完成之後，按下 OPEN JUPYTERLAB 連結，如圖 10-9 所示。

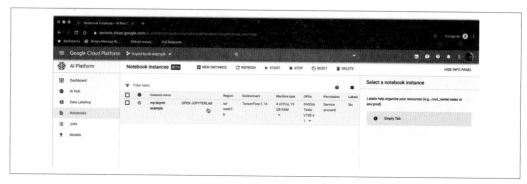

圖 10-9　實例畫面

13. 在打開的畫面中，選擇建立 Python 3 notebook（見圖 10-10）。

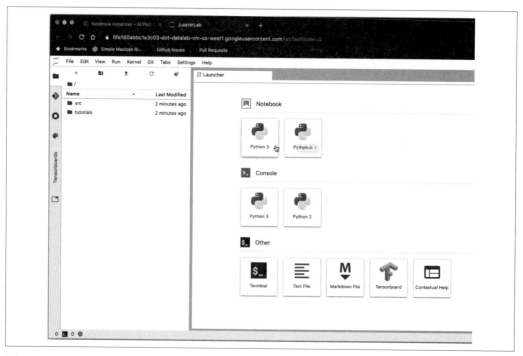

圖 10-10　notebook 選擇畫面

這會讓你得到一個連接你的實例的 Jupyter notebook。如果你不熟悉 Jupyter，它可讓你使用很棒的 web 介面來操作在機器上運行的 Python 解譯器，並且將命令與結果存入一個可共享的 notebook。啟動它的方法是在右邊的面板裡面輸入 **print("Hello World!")**，再按下 Shift+Return。你應該可以在下面看到「Hello World!」，如圖 10-11 所示。若是如此，代表你已經成功設定機器實例了。這個教學的其餘部分會將這個 notebook 當成輸入命令的地方。

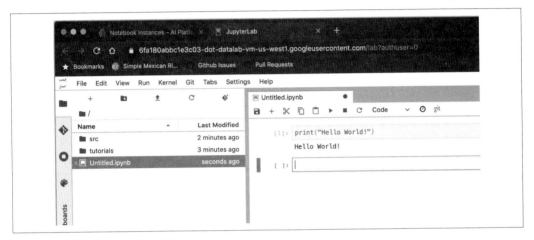

圖 10-11 「hello world」範例

接下來的許多命令都假設你是在 Jupyter notebook 上運行的，所以它們的開頭有個 !，代表它們是 shell 命令，而不是 Python 陳述式。如果你在終端機直接執行（例如在你打開 Secure Shell 連結，來與實例溝通之後），你可以移除開頭的 !。

訓練框架選項

我們建議你用 Keras 介面來建構 TensorFlow 模型，但是在創造人體偵測模型時，它還沒有支援我們需要的所有功能，因此，我們將展示如何使用較舊的介面 *tf.slim* 來訓練模型。現在仍然有很多人使用它，但它已被廢棄了，所以未來的 TensorFlow 版本可能不會支援這種做法。我們希望將來在網路發表 Keras 的說明，請參考 tinymlbook.com/persondetector（*https://oreil.ly/sxP6q*）的最新資訊。

Slim 的模型定義是 TensorFlow 模型存放區的一部分（*https://oreil.ly/iamdB*），所以你要先從 GitHub 下載它：

```
! cd ~
! git clone https://github.com/tensorflow/models.git
```

 接下來的指南假設你已經在主（home）目錄裡面完成這件事了，所以模型存放區（repository）程式碼位於 ~/*models*，除非特別說明，否則所有命令都是在主目錄執行的。你可以將存放區放在別的地方，但你必須更改指向它的所有參考。

要使用 Slim，你必須確保 Python 可以找到它的模組，並安裝一項依賴項目。以下是在 iPython notebook 執行這項工作的方式：

```
! pip install contextlib2
import os
new_python_path = (os.environ.get("PYTHONPATH") or '') + ":models/research/slim"
%env PYTHONPATH=$new_python_path
```

像這樣用 EXPORT 陳述式來更新 PYTHONPATH，只能在目前的 Jupyter 對話（session）操作，所以如果你使用 bash 目錄，你應該將它加入一個持久保存的啟動腳本，用這種方式執行：

```
echo 'export PYTHONPATH=$PYTHONPATH:models/research/slim' >> ~/.bashrc
source ~/.bashrc
```

如果你在執行 Slim 腳本時看到匯入錯誤，請確認是否正確設定 PYTHONPATH，以及 contextlib2 是否已經安裝。你可以在存放區的 README（*https://oreil.ly/azuvk*）找到關於 *tf.slim* 的其他資訊。

建構資料組

為了訓練人體偵測模型，我們需要大量的影像，而且這些影像都有說明它裡面有沒有人的標籤。被廣泛用來訓練影像分類器的 ImageNet 1,000 類別資料組沒有關於人的標籤，但很幸運 COCO 資料組（*http://cocodataset.org/#home*）有。

這個資料組是設計來訓練定位（localization）模型的，所以裡面的影像並非使用我們想訓練的「person」、「not person」類別標籤，而是有一系列的方框，圍繞著它裡面的所有物體。「Person」是這些物體類別的其中一種，所以為了取得我們想要的分類標籤，我們必須找出裡面有人體方框的影像。為了確保人體不會太小以致於難以辨識，我們也要排除非常小的方框。Slim 有一個方便的腳本可下載資料，並且將方框轉換成標籤：

```
! python download_and_convert_data.py \
  --dataset_name=visualwakewords \
  --dataset_dir=data/visualwakewords
```

這是個大型的下載檔案，大約有 40 GB，所以你要等一段時間，並且確保磁碟至少有 100 GB 的空間，來進行解壓縮以及後續處理。如果這個程序花大約 20 分鐘完成，不要被嚇到。當它完成時，你的 *data/visualwakewords* 裡面就有一組 TFRecords，存有帶標籤的影像資訊。這個資料組是 Aakanksha Chowdhery 創作的，稱為 Visual Wake Words 資料組（*https://oreil.ly/EC6nd*），它是為了進行嵌入式電腦視覺的基準測試而設計的，因為電腦視覺是必須在極有限的資源之下完成的常見任務。我們希望看到它可以幫助大家做出更好的模型來執行這個任務與類似任務。

訓練模型

使用 *tf.slim* 來進行訓練有一件很棒的事情在於，經常需要修改的參數可以用命令列引數來提供，所以我們可以呼叫標準的 *train_image_classifier.py* 腳本來訓練模型。你可以使用這個命令來建構這個範例使用的模型：

```
! python models/research/slim/train_image_classifier.py \
    --train_dir=vww_96_grayscale \
    --dataset_name=visualwakewords \
    --dataset_split_name=train \
    --dataset_dir=data/visualwakewords \
    --model_name=mobilenet_v1_025 \
    --preprocessing_name=mobilenet_v1 \
    --train_image_size=96 \
    --use_grayscale=True \
    --save_summaries_secs=300 \
    --learning_rate=0.045 \
    --label_smoothing=0.1 \
    --learning_rate_decay_factor=0.98 \
    --num_epochs_per_decay=2.5 \
    --moving_average_decay=0.9999 \
    --batch_size=96 \
    --max_number_of_steps=1000000
```

在單一 GPU V100 實例上，完成全部的 100 萬個步驟需要好幾天的時間，但如果你想要早一點進行實驗，訓練幾個小時之後應該就可以產生一個相當準確的模型。下面是一些額外的注意事項：

- 檢查點與摘要會被存放在以 --train_dir 引數提供的資料夾裡面，它就是察看結果的地方。

- --dataset_dir 參數應該與你儲存 Visual Wake Words 組建腳本的 TFRecords 的地方一樣。

- 我們使用的結構是用 --model_name 引數定義的。開頭的 mobilenet_v1 代表腳本使用第一版的 MobileNet。我們也曾經使用較新的版本做實驗，但它們使用更多 RAM 作為中間觸發緩衝區，所以目前我們仍然使用原來的版本。025 是要使用的深度乘法器，它主要影響權重參數的數量，設成這個小的值可確保模型可放入 250 KB 的快閃記憶體內。

- --preprocessing_name 控制如何修改輸入影像，再傳入模型。mobilenet_v1 版本可將影像的寬與高縮為以 --train_image_size 提供的大小（我們的例子使用 96 像素，因為我們想要降低計算需求）。它也會將像素值從 0 至 255 的整數調整為 −1.0 至 +1.0 的浮點數（不過我們會在訓練後將它們量化）。

- 我們在 SparkFun Edge 電路板使用的 HM01B0 鏡頭（*https://oreil.ly/RGciN*）是單色的，為了取得最好的結果，我們必須用黑白照片來訓練模型。我們傳入 --use_grayscale 旗標來啟用這項預先處理。

- --learning_rate、--label_smoothing、--learning_rate_decay_factor、--num_epochs_per_decay、--moving_average_decay 與 --batch_size 參數都控制權重在訓練過程中如何更新。訓練深度神經網路仍然是一門黑藝術，所以這些值是我們透過對模型進行試驗找出來的。你可以試著調整它們來加快訓練或小幅提升準確度，但我們無法教你如何進行更改，何況往往有些組合會導致訓練準確度永遠無法收斂。

- --max_number_of_steps 定義訓練應該持續多久。目前沒有好的方法可以事先建立這個閾值，你必須進行實驗來確認何時模型的準確度不再提高，進而得知何時該讓它停止。我們的例子預設 100 萬步，因為對這個模型而言，我們知道它是個很好的停止點。

啟動腳本之後，你應該可以看到這種輸出：

```
INFO:tensorflow:global step 4670: loss = 0.7112 (0.251 sec/step)
  I0928 00:16:21.774756 140518023943616 learning.py:507] global step 4670: loss
  = 0.7112 (0.251 sec/step)
```

```
INFO:tensorflow:global step 4680: loss = 0.6596 (0.227 sec/step)
  I0928 00:16:24.365901 140518023943616 learning.py:507] global step 4680: loss
  = 0.6596 (0.227 sec/step)
```

別擔心有重複的地方，這只是 TensorFlow log 列印功能與 Python 互動的副作用。每一行輸出都有關於訓練過程的關鍵資訊。global step 是我們經歷了多少訓練步數，因為我們設定的限制是 100 萬步，所以在這個案例中，我們完成了將近 5%。這項資訊與每一步的估計秒數非常方便，因為你可以用它來估計整個訓練程序大概持續多久。在這個例子中，我們每秒完成 4 步，所以 100 萬步需要大約 70 個小時，或 3 天。另一項重要的資訊是損失（loss），它是還沒完全訓練好的模型做出來的預測與正確值之間距離多少，這個值越小越好。它會經常改變，但在訓練期間，如果模型正在學習，平均而言應該會逐漸降低。因為雜訊很多，所以它在短時間內會來回變化，但是如果訓練順利，經過一小時之後，你會看到它明顯地下降。這種變化在圖表中比較容易看出來，這也是使用 TensorBoard 的主因之一。

TensorBoard

TensorBoard 是一種 web app，可讓你察看 TensorFlow 訓練對話（session）的視覺化資料，而且大多數的雲端實例都預設安裝它。如果你使用 Google Cloud AI Platform，你可以在 notebook 介面的左標籤打開命令面板來啟動新的 TensorBoard 對話，接著往下捲動，選擇「Create a new tensorboard」，接著你會看到一個提示，要求你提供摘要紀錄的位置。輸入你在訓練腳本中，為 --train_dir 設定的路徑，在之前的範例中，資料夾名稱是 *vww_96_grayscale*。有一個必須注意的常見錯誤是在路徑的結尾加上一個斜線，這會讓 TensorBoard 無法找到目錄。

如果你在不同環境用命令列啟動 TensorBoard，你必須用 --logdir 引數來將這個路徑傳給 TensorBoard 命令列工具，並且讓你的瀏覽器指向 *http://localhost:6006*（或運行它的機器的位址）。

導覽至 TensorBoard 位址或透過 Google Cloud 打開對話之後，你應該可以看到類似圖 10-12 的畫面。因為腳本每隔五分鐘儲存一次摘要，所以你可能要過一段時間才能在圖中看到有用的內容。圖 10-12 是訓練超過一天之後得到的結果。最重要的圖表稱為「clone_loss」，它顯示 logging 輸出中同一個損失值的進展情況。你可以看到，在這個範例中，雖然它的波動很大，但整體的趨勢是隨著時間下降的。如果你經過幾小時的訓練沒有看到這種進展，很有可能代表模型沒有收斂到良好的解，你可能要在資料組或訓練參數裡面尋找哪裡出錯了。

TensorBoard 在開啟時預設顯示 SCALARS 標籤，但是在訓練期間，IMAGES 也很好用（圖 10-13）。它會顯示目前隨機選擇用來訓練模型的照片，包括任何失真或其他預先處理。在圖中，你可以看到影像被翻轉，並且被轉換成灰階，再傳給模型。雖然這項資訊不像損失圖那麼重要，但它可以幫助你確認資料組符合你的預期，而且，可以在訓練進行過程中看到樣本的更新也是件有趣的事情。

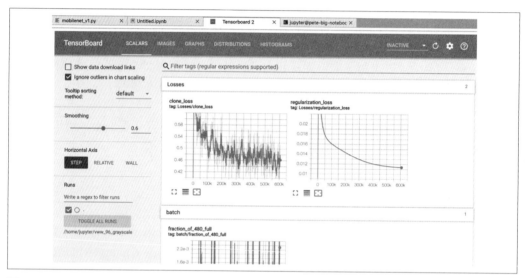

圖 10-12　在 TensorBoard 裡面的圖表

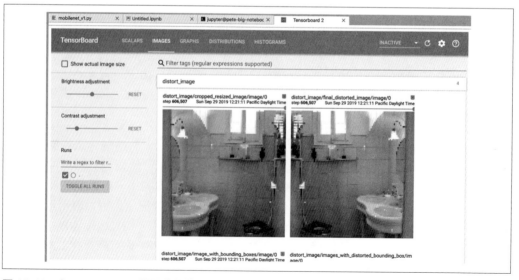

圖 10-13　在 TensorBoard 裡面的影像

評估模型

雖然損失函數與模型訓練效果有關，但它不是直接的、可理解的指標。我們真正在乎的是模型正確偵測出多少人，但為了讓它計算這個數據，我們需要單獨運行一個腳本。你不需要等待模型完全訓練好就可以檢查 --train_dir 資料夾裡面的任何檢查點的準確度，做法是執行這個命令：

```
! python models/research/slim/eval_image_classifier.py \
    --alsologtostderr \
    --checkpoint_path=vww_96_grayscale/model.ckpt-698580 \
    --dataset_dir=data/visualwakewords \
    --dataset_name=visualwakewords \
    --dataset_split_name=val \
    --model_name=mobilenet_v1_025 \
    --preprocessing_name=mobilenet_v1 \
    --use_grayscale=True \
    --train_image_size=96
```

你要確保 --checkpoint_path 指向一組有效的檢查點資料，檢查點會被儲存在三個不同的檔案裡面，所以它的值是它們的共同前綴詞。例如，如果你有一個稱為 *model.ckpt-5179.data-00000-of-00001* 的檢查點檔案，它的前綴詞是 *model.ckpt-5179*。腳本應該產生類似這樣的輸出：

```
INFO:tensorflow:Evaluation [406/406]
I0929 22:52:59.936022 140225887045056 evaluation.py:167] Evaluation [406/406]
eval/Accuracy[0.717438412]eval/Recall_5[1]
```

在這裡，準確度（accuracy）是很重要的數字。它展示被正確分類的影像的比例，在這個例子中，這個值轉換成百分比之後是 72%。如果你遵循範例腳本，預計完整訓練 100 萬步之後的模型可以取得大約 84% 的準確度，大約有 0.4 的損失。

將模型匯出至 TensorFlow Lite

當模型已經訓練成你滿意的準確度時，你必須將 TensorFlow 訓練環境裡面的結果轉換成可在嵌入式設備上運作的形式。我們在前幾章看過，這可能是個複雜的程序，而且 *tf.slim* 也有一些它自己的麻煩。

匯出至 GraphDef Protobuf 檔案

Slim 在每次運行腳本時，都會根據 model_name 產生結構，所以若要在 Slim 外面使用模型，你必須將模型存為常見的格式。我們即將使用 GraphDef protobuf 序列化格式，因為 Slim 與 TensorFlow 的其他部分都能理解它：

```
! python models/research/slim/export_inference_graph.py \
    --alsologtostderr \
    --dataset_name=visualwakewords \
    --model_name=mobilenet_v1_025 \
    --image_size=96 \
    --use_grayscale=True \
    --output_file=vww_96_grayscale_graph.pb
```

如果它成功執行，你的主目錄應該有一個新的 *vww_96_grayscale_graph.pb* 檔案，它裡面有模型內的 op 的布局（layout），但它還沒有任何權重資料。

凍結權重

將訓練好的權重與操作圖一起存起來的程序稱為凍結（*freezing*）。它會從檢查點檔案載入所有變數的值，再將圖中的所有變數轉換成常數。下面的命令使用 100 萬訓練步的檢查點，但你可以提供任何有效的檢查點路徑。負責將圖凍結的腳本放在 TensorFlow 主目錄裡面，所以你要先從 GitHub 下載它，再執行這個命令：

```
! git clone https://github.com/tensorflow/tensorflow
! python tensorflow/tensorflow/python/tools/freeze_graph.py \
    --input_graph=vww_96_grayscale_graph.pb \
    --input_checkpoint=vww_96_grayscale/model.ckpt-1000000 \
    --input_binary=true --output_graph=vww_96_grayscale_frozen.pb \
    --output_node_names=MobilenetV1/Predictions/Reshape_1
```

完成之後，你應該可以看到一個稱為 *vww_96_grayscale_frozen.pb* 的檔案。

量化與轉換至 TensorFlow Lite

量化是一種麻煩且複雜的程序，它在很大程度上仍然是個活躍的研究領域，所以將截至目前為止訓練出來的浮動數圖轉換成 8 位元的實體需要很多程式碼。第 15 章會更詳細說明什麼是量化，以及它如何運作，但是在這裡，我們將告訴你如何對我們訓練好的模型使用它。接下來的程式大部分都在幫範例影像做好傳入訓練過的網路的準備，以便衡量一般用法下的觸發層範圍。我們使用 TFLiteConverter 類別來處理量化，以及轉換成供推斷引擎使用的 TensorFlow Lite FlatBuffer 檔：

```python
import tensorflow as tf
import io
import PIL
import numpy as np

def representative_dataset_gen():

  record_iterator = tf.python_io.tf_record_iterator
      (path='data/visualwakewords/val.record-00000-of-00010')

  count = 0
  for string_record in record_iterator:
    example = tf.train.Example()
    example.ParseFromString(string_record)
    image_stream = io.BytesIO
        (example.features.feature['image/encoded'].bytes_list.value[0])
    image = PIL.Image.open(image_stream)
    image = image.resize((96, 96))
    image = image.convert('L')
    array = np.array(image)
    array = np.expand_dims(array, axis=2)
    array = np.expand_dims(array, axis=0)
    array = ((array / 127.5) - 1.0).astype(np.float32)
    yield([array])
    count += 1
    if count > 300:
        break

converter = tf.lite.TFLiteConverter.from_frozen_graph \
    ('vww_96_grayscale_frozen.pb', ['input'], ['MobilenetV1/Predictions/ \
    Reshape_1'])
converter.inference_input_type = tf.lite.constants.INT8
converter.inference_output_type = tf.lite.constants.INT8
converter.optimizations = [tf.lite.Optimize.DEFAULT]
converter.representative_dataset = representative_dataset_gen

tflite_quant_model = converter.convert()
open("vww_96_grayscale_quantized.tflite", "wb").write(tflite_quant_model)
```

轉換成 C 原始檔

轉換器（converter）會輸出一個檔案，但大部分的嵌入式設備都沒有檔案系統，為了在
程式中存取序列化之後的資料，我們必須將它編譯成可執行檔，並且將它存入快閃記憶
體。最簡單的做法是將檔案轉換成 C 資料陣列，就像上一章的做法：

```
# 如果尚未安裝 xxd，安裝它
! apt-get -qq install xxd
# 將檔案存為 C 原始檔
! xxd -i vww_96_grayscale_quantized.tflite > person_detect_model_data.cc
```

現在你可以將既有的 *person_detect_model_data.cc* 檔案換成訓練好的版本，並且在嵌入式
設備中執行你自己的模型了。

訓練其他類別

COCO 資料組有超過 60 種不同的物體種類，所以自訂模型最簡單的做法是在建構訓練
資料組時，選擇其中一種類別來取代人體，這是尋找車輛的範例：

```
! python models/research/slim/datasets/build_visualwakewords_data.py \
    --logtostderr \
    --train_image_dir=coco/raw-data/train2014 \
    --val_image_dir=coco/raw-data/val2014 \
    --train_annotations_file=coco/raw-data/annotations/instances_train2014.json \
    --val_annotations_file=coco/raw-data/annotations/instances_val2014.json \
    --output_dir=coco/processed_cars \
    --small_object_area_threshold=0.005 \
    --foreground_class_of_interest='car'
```

你應該可以採取和製作人體偵測器一樣的步驟，將之前的 data/visualwakewords 的地方
換成新的 coco/processed_cars 路徑。

如果 COCO 裡面沒有你有興趣的物體，或許你可以使用遷移學習來訓練你收集的資料
組，即使它小很多。雖然我們還沒有範例可以分享，但你可以到 *tinymlbook.com* 察看這
種做法的最新資訊。

瞭解結構

MobileNets（*https://oreil.ly/tK57G*）是一系列的結構，它的設計是為了盡量減少權重參
數與算術運算，同時提供很好的準確度。現在它有很多版本，但是在我們的例子中，
我們將使用原始的 v1，因為它在 runtime 需要最少量的 RAM。這個結構的核心概念是
深度可分離摺積，它是精典的 2D 摺積的變體，可以用高效許多的方式來運作，且不
需要犧牲太多準確度。常規的摺積是對著輸入的所有通道使用特定大小的過濾器來計算

輸出值，這意味著每一個輸出牽涉的計算次數是過濾器的寬度乘以高度，再乘以輸入通道的數量。深度摺積可將這種大規模的計算分解成不同的部分，首先，它會用一或多個矩形的過濾器來過濾每一個輸入通道，產生中間值，接著使用點摺積（pointwise convolution）來組合這些值，這可以大幅減少所需的計算次數，並且在實際情況下，產生與常規摺積類似的結果。

MobileNet v1 有 14 個這種深度可分離摺積層、一個平均池，接著有個完全連接層，最後有一個 softmax。我們指定 0.25 的**寬乘數**，與標準模型相較之下，它可以將各個觸發層的通道數量縮小 75%，來將計算次數降低至每次推斷大約 6000 萬次，基本上，它在運作時很像一個正常的摺積神經網路，每一層都從輸入學習圖案。前面的階層比較像邊緣辨識過濾器，可發現影像的低階結構，後面的階層會將這些資訊合成比較抽象的圖案，來協助完成最終的物體分類。

結語

使用機器學習來辨識影像需要大量的資料與許多處理能力。在這一章，你已經學會如何從零開始訓練模型，僅使用一個資料組，以及如何將那個模型轉換成為了嵌入式設備進行優化的形式。

這些經驗應該可以幫你打下良好的基礎，讓你可以解決你的產品的機器視覺問題。電腦能夠看到並且理解周圍世界仍然有些神奇，所以我們迫不及待想看看你能想出什麼好東西！

## 第十一章

魔杖：建構 app

到目前為止，我們的範例 app 都處理人類可以輕鬆理解的資料。我們的大腦有一整塊專門用來理解語言與視覺的區域，所以對我們來說，解讀視覺或音訊資料以及瞭解現在發生什麼事情並不難。

但有許多資料不太容易理解。機器與它們的感測器會產生不太容易對映至人類官能的大量資訊串流。即使將它們視覺化，我們的大腦也很難掌握資料蘊含的趨勢與模式。

例如，圖 11-1 與圖 11-2 是有人將手機放在前口袋並且做運動時，手機捉到的感測器資料。這個感測器是個**加速度計**，測量三個維度的加速度（稍後會進一步說明）。圖 11-1 是某人跳躍時的加速度資料，圖 11-2 是同一個人走下樓梯時的資料。

如你所見，這兩種活動很難區分，即使那些資料代表一種簡單且可關聯（relatable）的活動。想像一下當我們試著區分複雜的工業機器的各種運作狀態時的情況，它可能有上百個感測器，負責測量各式各樣模糊的屬性。

通常你可以親手編寫演算法來理解這類的資料。例如，或許人類步態專家能夠辨識走上樓梯的訊號，並且能夠用程式函式來表達這種知識，這種函式稱為 *heuristic*（**啟發法、探索法**），並且被廣泛地用在各式各樣的 app，從工業自動化到醫療設備。

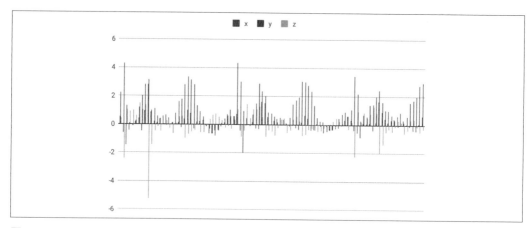

圖 11-1　用正在跳躍的人的資料畫出來的圖表（MotionSense 資料組）（https://oreil.ly/ZUPV5）

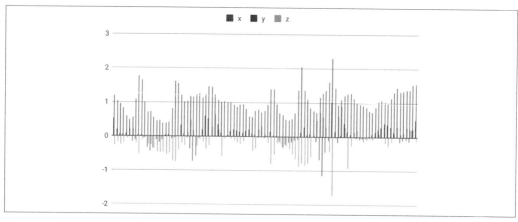

圖 11-2　用走下樓梯的人的資料畫出來的圖表（MotionSense 資料組）（https://oreil.ly/ZUPV5）

建立 heuristic 需要兩項東西，第一項是領域知識，heuristic 演算法代表人類的知識與理解，所以為了編寫它，你必須先瞭解資料的意義。想像有一項 heuristic 可以根據一個人的體溫來確定他是否發燒，製作它的人必須瞭解體溫怎樣變化代表發燒。

建構 heuristic 的第二項需求是懂得編寫程式與數學專業知識，雖然確定一個人的體溫是否過高很簡單，但其他的問題可能複雜許多。你必須瞭解一些高級技術（例如統計分析或訊號處理）才能根據許多資料流裡面的複雜模式來判斷系統的狀態。例如，如果你要建立一個 heuristic 根據加速度計的資料來區分走路與奔跑，你可能必須知道如何用數學來過濾加速度資料，以取得步頻的估計值。

雖然有時 heuristic 相當實用，但因為它們需要領域知識與編程專業，所以建構它們可能有挑戰性。首先，你不一定有領域知識可用。例如，小型公司可能沒有資源可以進行必要的基礎研究，來瞭解一個狀態與另一個狀態的區別。就算有領域知識，並非每個人都有專業能力可用程式來設計與實作 heuristic 演算法。

機器學習為我們帶來簡化這些需求的機會。用帶標籤的資料訓練出來的模型可以學會辨識哪種訊號代表哪種類別，這意味著我們比較不需要很深的領域知識。例如，模型可以學會體溫如何波動代表發燒，而不需要知道具體重要的溫度有哪些，它只需要被標上「發燒」與「未發燒」的體溫資料即可。此外，運用機器學習所需的工程技術可能比實作複雜的 heuristic 所需的技術更容易掌握。

機器學習開發者可以找出一種合適的模型結構，收集資料組並加上標籤，再透過訓練與評估來反覆建立一個模型，而不必從零開始設計 heuristic 演算法。雖然領域知識仍然有很大幫助，但它可能不是完成一項工作的先決條件了。而且有時我們得到的模型可能比最好的手寫演算法更準確。

事實上，最近有一篇論文[1]指出，只要使用一個簡單的摺積神經網路，就可以用一次心跳檢測出患者的鬱血性心衰竭，*準確度高達 100%*，它的效果比任何之前的診斷技術都要好。這篇論文很迷人，即使你不瞭解任何細節。

藉著訓練深度學習模型來瞭解複雜的資料，並且將它嵌入微控制器程式，我們可以建立能夠瞭解環境複雜性、並且以高階形式告訴我們發生了什麼事情的智慧型感測器。這對許多領域都有巨大的影響。以下是一些潛在的應用：

- 在連線品質低劣的偏遠地區監控環境
- 即時調整問題的自動化工業程序
- 可對複雜的外部刺激做出反應的機器人
- 無需醫療人員的疾病診斷
- 瞭解物理運動的計算機介面

這一章要製作最後一種專案：數位「魔杖」，它的主人可以藉著揮舞它來施展各種魔法。它會接收複雜的、多維的、人類無法理解的感測器資料，輸出簡單的分類，如果最近出現幾種手勢之一，它就會提醒我們。我們來看看深度學習如何將奇怪的數值資料轉換成有意義的資訊，實現神奇的效果。

1　Mihaela Porumb et al., "A convolutional neural network approach to detect congestive heart failure." *Biomedical Signal Processing and Control* (Jan 2020). *https://oreil.ly/4HBFt*

我們要製作什麼?

我們可以用「魔杖」來施展幾種魔法。如圖 11-3 所示,施法的方式是用三種手勢之一揮舞魔杖,分別是「翼(wing)」、「環(ring)」與「坡(slope)」。

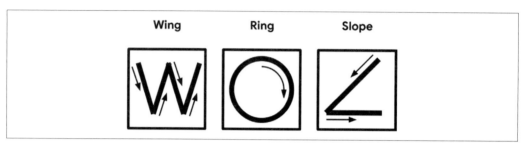

圖 11-3　三種魔杖手勢

魔杖會藉著亮起 LED 來反應各種魔法。如果電子燈光不夠刺激,它也可以將資訊輸出至序列埠,用來控制連接的電腦。

為了瞭解物理手勢,魔杖 app 使用設備的加速度計來收集關於它在空中運動的資訊。加速度計測量的是它所經歷的加速度程度,例如,假設我們在一輛車上安裝加速度計,它在紅燈時停下來,正準備開走。

當綠燈亮起來時,汽車開始往前開,速度不斷增加,直到它到達速限為止。在此期間,加速度會輸出一個值,指出汽車的加速率。當汽車的速度穩定下來之後,它就不再加速,所以加速度計會輸出零。

SparkFun Edge 與 Arduino Nano 33 BLE Sense 電路板都配備了三軸加速度計,它在一個被焊在電路板上的零件裡面。它們可以測量三個方向的加速度,也就是說,它們可以用來追蹤設備在 3D 空間裡面的運動。為了製作魔法棒,我們將微控制器電路板裝在一根棍子的末端,這樣就可以像巫師一樣揮舞它。接著我們將加速度計的輸入傳給一個深度學習模型,它會執行分類,來告訴我們是否做出已知的手勢。

我們將說明如何將這個 app 部署至這些微控制器平台:

- Arduino Nano 33 BLE Sense(*https://oreil.ly/6qlMD*)
- SparkFun Edge(*https://oreil.ly/-hoL-*)

因為 ST Microelectronics STM32F746G Discovery kit（*https://oreil.ly/SSsVJ*）沒有加速度計（而且它的體積太大了，無法裝在魔杖的末端），所以在此就不予討論了。

 TensorFlow Lite 會定期加入對新設備的支援，所以如果你想要使用的設備不在其中，你可以察看範例的 *README.md*（*https://oreil.ly/dkZfA*）。如果你遇到問題，你也可以看看這個檔案裡面有沒有新的部署說明。

下一節要介紹 app 的結構，並說明它的模型如何運作。

app 結構

我們的 app 將再次遵循熟悉的模式，也就是取得輸入、執行推斷、處理輸出，以及使用產生的資訊來做事。

三軸加速度計會輸出三個代表設備的 x、y 與 z 軸的加速度量的值。在 SparkFun Edge 電路板上面的加速度計可以每秒做這件事 25 次（速率為 25 Hz）。我們的模型會直接將這些值當成輸入，也就是說，我們不需要做任何預先處理。

抓到資料並執行推斷之後，app 將判斷是否偵測到有效的手勢，在終端機印出一些輸出，並點亮一顆 LED。

介紹模型

我們的手勢偵測模型是一種摺積神經網路，大約有 20 KB 大，可接收加速度計的原始值。它一次接收 128 組 x、y 與 z 值，因為速率是 25 Hz，所以加起來是 5 秒多一點的資料。每一個值都是一個 32-bit 浮點數，代表該方向的加速度量。

這個模型是用許多人揮舞四種手勢來訓練的。它會輸出四種類別的機率分數，每一種手勢（「翼」、「環」與「坡」）一個，以及一個代表無法辨識的手勢。機率分數的總和是 1，分數大於 0.8 就會被視為有信心的。

因為推斷每秒執行多次，我們必須確保手勢正在揮舞時的一次錯誤推斷不會影響結果，我們的做法是除非一個手勢已經被一定數量的推斷證實，否則不會將它視為已被偵測。由於每個手勢的揮舞時間不同，因此每個手勢的推斷次數各不相同，最佳次數需要透過實驗來找出。同樣的，不同設備有不同的推斷速率，所以這些閾值也是按設備來設定的。

第 12 章會探索如何用我們自己的手勢資料來訓練模型,並且更深入說明模型如何運作,在那之前,我們先來瞭解 app。

所有元件

圖 11-4 是魔杖 app 的結構。

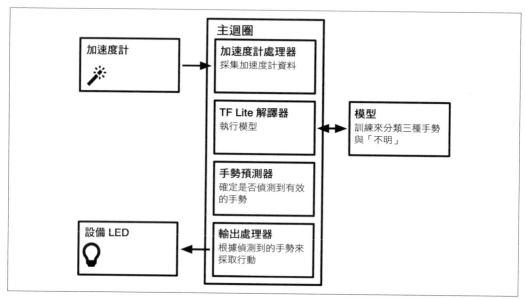

圖 11-4　魔杖 app 的元件

如你所見,它幾乎與人體偵測 app 一樣簡單。模型會接收原始的加速度計資料,這代表我們不需要做任何預先處理。

程式碼的六大部分與人體偵測範例有類似的結構。我們來依序講解它們:

主迴圈

app 是在一個持續運行的迴圈中執行的,因為它的模型很小而且很簡單,而且不需要預先處理,所以每秒可以執行多次推斷。

加速度計處理器

這個元件會從加速度計採集資料,並將它寫入模型的輸入張量。它使用緩衝區來保存資料。

TF Lite 解譯器

這個解譯器會執行 TensorFlow Lite 模型，與之前的範例一樣。

模型

模型會被放在一個資料陣列裡面讓解譯器執行。它很精巧，大約只有 19.5 KB。

手勢預測器

這個零件接收模型的輸出，並根據機率閾值與連續陽性預測次數閾值來決定是否偵測到手勢。

輸出處理器

輸出處理器會點亮 LED，並根據辨識到的手勢，將輸出印到序列埠。

詳述測試程式

你可以在 GitHub 存放區（*https://oreil.ly/h4iYb*）裡面找到 app 的測試程式：

magic_wand_test.cc（*https://oreil.ly/X0AJP*）

展示如何使用加速度計資料樣本來執行推斷

accelerometer_handler_test.cc（*https://oreil.ly/MwM7g*）

展示如何使用加速度計處理器來取得新資料

gesture_predictor_test.cc（*https://oreil.ly/cGbim*）

展示如何使用手勢預測器來解讀推斷結果

output_handler_test.cc（*https://oreil.ly/MYwUW*）

展示如何使用輸出處理器來展示推斷結果

我們先來介紹 *magic_wand_test.cc*，你可以從中看到模型的端對端推斷程序。

基本流程

我們來講解 *magic_wand_test.cc* 裡面的基本流程。

我們先列出模型需要的 op：

```
namespace tflite {
namespace ops {
namespace micro {
TfLiteRegistration* Register_DEPTHWISE_CONV_2D();
TfLiteRegistration* Register_MAX_POOL_2D();
TfLiteRegistration* Register_CONV_2D();
TfLiteRegistration* Register_FULLY_CONNECTED();
TfLiteRegistration* Register_SOFTMAX();
}  // namespace micro
}  // namespace ops
}  // namespace tflite
```

測試程式本身一開始先（一如往常）設定推斷所需的每一樣東西，並且抓取一個指向模型的輸入張量的指標：

```
// 設定 logging
tflite::MicroErrorReporter micro_error_reporter;
tflite::ErrorReporter* error_reporter = &micro_error_reporter;

// 將模型對映至可用的資料結構，這不涉及
// 任何複製或解析，它是非常輕量的 op。
const tflite::Model* model =
    ::tflite::GetModel(g_magic_wand_model_data);
if (model->version() != TFLITE_SCHEMA_VERSION) {
error_reporter->Report(
    "Model provided is schema version %d not equal "
    "to supported version %d.\n",
    model->version(), TFLITE_SCHEMA_VERSION);
}

static tflite::MicroMutableOpResolver micro_mutable_op_resolver;
micro_mutable_op_resolver.AddBuiltin(
    tflite::BuiltinOperator_DEPTHWISE_CONV_2D,
    tflite::ops::micro::Register_DEPTHWISE_CONV_2D());
micro_mutable_op_resolver.AddBuiltin(
    tflite::BuiltinOperator_MAX_POOL_2D,
    tflite::ops::micro::Register_MAX_POOL_2D());
micro_mutable_op_resolver.AddBuiltin(
    tflite::BuiltinOperator_CONV_2D,
    tflite::ops::micro::Register_CONV_2D());
micro_mutable_op_resolver.AddBuiltin(
    tflite::BuiltinOperator_FULLY_CONNECTED,
    tflite::ops::micro::Register_FULLY_CONNECTED());
micro_mutable_op_resolver.AddBuiltin(tflite::BuiltinOperator_SOFTMAX,
                                     tflite::ops::micro::Register_SOFTMAX());
```

```
// 建立一個記憶體區域，供輸入、輸出與中間陣列使用。
// 你可能要透過試誤法來找出模型的最小值。
const int tensor_arena_size = 60 * 1024;
uint8_t tensor_arena[tensor_arena_size];

// 建立解譯器來執行模型
tflite::MicroInterpreter interpreter(model, micro_mutable_op_resolver, tensor_arena,
                                     tensor_arena_size, error_reporter);

// 使用 tensor_arena 為模型的張量配置記憶體
interpreter.AllocateTensors();

// 取得指向模型輸入張量的指標
TfLiteTensor* input = interpreter.input(0);
```

接著我們檢查輸入張量，來確保它有預期的外形：

```
// 確保輸入（input）有我們期望的屬性
TF_LITE_MICRO_EXPECT_NE(nullptr, input);
TF_LITE_MICRO_EXPECT_EQ(4, input->dims->size);
// 各個元素的值是對應的張量的長度。
TF_LITE_MICRO_EXPECT_EQ(1, input->dims->data[0]);
TF_LITE_MICRO_EXPECT_EQ(128, input->dims->data[1]);
TF_LITE_MICRO_EXPECT_EQ(3, input->dims->data[2]);
TF_LITE_MICRO_EXPECT_EQ(1, input->dims->data[3]);
// 輸入是 32 bit 浮點值
TF_LITE_MICRO_EXPECT_EQ(kTfLiteFloat32, input->type);
```

輸入的外形是 (1, 128, 3, 1)。它的第一維只是包著第二維的包裝，第二維保存 128 個三軸加速度計讀數。每一個讀數都有三個值，每個軸一個，每一個值都被包在一個單元素張量裡面。輸入值都是 32-bit 浮點值。

確認輸入外形之後，我們將一些資料寫入輸入張量：

```
// 提供一個輸入值
const float* ring_features_data = g_circle_micro_f9643d42_nohash_4_data;
error_reporter->Report("%d", input->bytes);
for (int i = 0; i < (input->bytes / sizeof(float)); ++i) {
    input->data.f[i] = ring_features_data[i];
}
```

常數 g_circle_micro_f9643d42_nohash_4_data 是在 *circle_micro_features_data.cc* 裡面定義的，它裡面有一個浮點值陣列，代表有人試著做出圓圈手勢。 for 迴圈裡面，我們遍歷這些資料，並將每個值寫入輸入。我們只寫入輸入張量可以保存的浮點值數量。

接著，我們用熟悉的方式執行推斷：

```
// 用這個輸入來執行模型，並確定它成功了
TfLiteStatus invoke_status = interpreter.Invoke();
if (invoke_status != kTfLiteOk) {
  error_reporter->Report("Invoke failed\n");
}
TF_LITE_MICRO_EXPECT_EQ(kTfLiteOk, invoke_status);
```

接下來檢查輸出張量，以確保它有我們期望的外形：

```
// 取得指向輸出張量的指標，
// 並確保它有我們期望的屬性。
TfLiteTensor* output = interpreter.output(0);
TF_LITE_MICRO_EXPECT_EQ(2, output->dims->size);
TF_LITE_MICRO_EXPECT_EQ(1, output->dims->data[0]);
TF_LITE_MICRO_EXPECT_EQ(4, output->dims->data[1]);
TF_LITE_MICRO_EXPECT_EQ(kTfLiteFloat32, output->type);
```

它應該有兩個維度：一個單一元素包裝，以及一組四個值，代表四個機率（「翼」、「環」、「坡」與「不明」）。它們都是 32-bit 浮點數。

接著我們測試資料，來確保推斷結果符合預期。因為我們傳入圓圈手勢的資料，所以預期「環」分數是最高的：

```
// 輸出張量有四個可能的類別，每一個都有一個分數。
const int kWingIndex = 0;
const int kRingIndex = 1;
const int kSlopeIndex = 2;
const int kNegativeIndex = 3;

// 確保預期的「環」分數比其他類別高。
float wing_score = output->data.f[kWingIndex];
float ring_score = output->data.f[kRingIndex];
float slope_score = output->data.f[kSlopeIndex];
float negative_score = output->data.f[kNegativeIndex];
TF_LITE_MICRO_EXPECT_GT(ring_score, wing_score);
TF_LITE_MICRO_EXPECT_GT(ring_score, slope_score);
TF_LITE_MICRO_EXPECT_GT(ring_score, negative_score);
```

接著我們重複整個程序來處理「坡」手勢：

```
// 接著用不同的輸入來測試，從「坡」的紀錄開始。
const float* slope_features_data = g_angle_micro_f2e59fea_nohash_1_data;
for (int i = 0; i < (input->bytes / sizeof(float)); ++i) {
  input->data.f[i] = slope_features_data[i];
}
```

```
// 用這個「坡」輸入來運行模型。
invoke_status = interpreter.Invoke();
if (invoke_status != kTfLiteOk) {
  error_reporter->Report("Invoke failed\n");
}
TF_LITE_MICRO_EXPECT_EQ(kTfLiteOk, invoke_status);

// 確保預期的「坡」分數比其他類別高。
wing_score = output->data.f[kWingIndex];
ring_score = output->data.f[kRingIndex];
slope_score = output->data.f[kSlopeIndex];
negative_score = output->data.f[kNegativeIndex];
TF_LITE_MICRO_EXPECT_GT(slope_score, wing_score);
TF_LITE_MICRO_EXPECT_GT(slope_score, ring_score);
TF_LITE_MICRO_EXPECT_GT(slope_score, negative_score);
```

就這樣！我們已經知道如何使用原始的加速度計資料來執行推斷了。如同之前的範例，因為不需要進行預先處理，所以我們的工作簡單多了。

你可以使用這個命令來執行這項測試：

```
make -f tensorflow/lite/micro/tools/make/Makefile test_magic_wand_test
```

加速度計處理器

下一項測試展示加速度計處理器的介面。這個元件的任務是將加速度計資料填入輸入張量，以便進行每一次推斷。

因為這兩種東西取決於設備的加速度計的工作方式，所以各種設備會使用不同的加速度計處理器。我們稍後會討論這些實作，目前，位於 *accelerometer_handler_test.cc*（*https://oreil.ly/MwM7g*）的測試可讓我們知道這個處理器該如何呼叫。

第一項測試非常簡單：

```
TF_LITE_MICRO_TEST(TestSetup) {
  static tflite::MicroErrorReporter micro_error_reporter;
  TfLiteStatus setup_status = SetupAccelerometer(&micro_error_reporter);
  TF_LITE_MICRO_EXPECT_EQ(kTfLiteOk, setup_status);
}
```

SetupAccelerometer() 函式會執行從加速度計取值所需的一次性設定，這項測試展示函式該如何呼叫（使用指向 ErrorReporter 的指標），它會回傳一個代表設定成功的 TfLiteStatus。

下一個測試展示如何使用加速度計處理器來將資料填入輸入張量：

```
TF_LITE_MICRO_TEST(TestAccelerometer) {
  float input[384] = {0.0};
  tflite::MicroErrorReporter micro_error_reporter;
  // 測試函式是否在資料不足時回傳 false
  bool inference_flag =
      ReadAccelerometer(&micro_error_reporter, input, 384, false);
  TF_LITE_MICRO_EXPECT_EQ(inference_flag, false);

  // 測試函式是否在有足夠資料可填入
  // 模型的輸入緩衝區時回傳 true（128 組值）
  for (int i = 1; i <= 128; i++) {
    inference_flag =
        ReadAccelerometer(&micro_error_reporter, input, 384, false);
  }
  TF_LITE_MICRO_EXPECT_EQ(inference_flag, true);
}
```

我們先準備一個稱為 input 的 float 陣列來模擬模型的輸入張量，因為我們有 128 個 3 軸讀數，它的大小總共是 384 讀數（128 * 3）。我們將陣列中的每一個值設為初始值 0.0。

接下來，我們呼叫 ReadAccelerometer()，提供一個 ErrorReporter、將要被寫入資料的陣列（input）、想要取得的資料總量（384 bytes）。最後一個引數是個布林旗標，它的功能是告訴 ReadAccelerometer() 在讀取更多資料之前是否清除緩衝區，這件事要在成功辨識手勢之後執行。

當 ReadAccelerometer() 函式被呼叫之後，它會試著將 384 bytes 的資料寫入它收到的陣列。如果加速度計剛開始收集資料，我們可能還沒有完整的 384 bytes 可用，此時，函式不做任何事情，並且回傳 false 值，在還沒有資料可以使用時，用來避免執行推斷。

加速度計處理器的虛擬實作位於 accelerometer_handler.cc（https://oreil.ly/MwM7g），每次它被呼叫時，它就會模擬一個可用的讀數。再呼叫它 127 次之後，我們就可以確保它累積了足夠的資料，可開始回傳 true。

你可以使用這個命令來執行這些測試：

```
make -f tensorflow/lite/micro/tools/make/Makefile \
  test_gesture_accelerometer_handler_test
```

手勢預測器

推斷發生之後，我們的輸出張量會被填入手勢（如果有）的機率。但是，因為機器學習不是一門精確的科學，任何一次推斷都可能導致偽陽性。

為了降低偽陽性的影響，我們可以規定，除非 app 在連續幾次推斷都偵測到某個手勢，否則不能認為已經偵測到它。因為推斷每秒執行好幾次，所以我們可以快速地確定結果是否有效。這就是手勢預測器的工作。

它定義一個函式 PredictGesture()，這個函式接收模型的輸出張量作為輸入，這個函式會做兩件事來確定是否偵測到一個手勢：

1. 檢查該手勢的機率是否超過最低閾值
2. 檢查該手勢是否被連續幾次推斷偵測到

最低推斷次數會因手勢而不同，因為有些手勢的操作時間較長，最低推斷次數也因設備而異，因為比較快的設備可以更頻繁地執行推斷。針對 SparkFun Edge 電路板調整的預設值位於 *constants.cc*（*https://oreil.ly/ktGgw*）：

```
const int kConsecutiveInferenceThresholds[3] = {15, 12, 10};
```

這些值的定義順序與手勢在模型的輸出張量裡面的順序一樣。其他的平台（例如 Arduino）有這個檔案的設備專屬版本，裡面的值是為它們自己的性能而調整的。

我們來看一下 *gesture_predictor.cc* 裡面的程式碼（*https://oreil.ly/f3I6U*），瞭解如何使用它們。

首先，我們定義一些用來追蹤上一次看到的手勢，以及同一個手勢被連續記錄幾次的變數：

```
// 最近看到的手勢連續匹配幾次：
int continuous_count = 0;
// 上一次預測的結果
int last_predict = -1;
```

接著我們定義 PredictGesture() 函式，並確認在最近的推斷中，有沒有任何手勢的機率大於 0.8：

```
// 回傳上次預測的結果
// 0: wing("W"), 1: ring("O"), 2: slope("angle"), 3: 不明
int PredictGesture(float* output) {
  // 找出機率 > 0.8 的輸出（它們的總和是 1）
```

```
int this_predict = -1;
for (int i = 0; i < 3; i++) {
  if (output[i] > 0.8) this_predict = i;
}
```

我們使用 `this_predict` 來儲存預測出來的手勢的索引。

`continuous_count` 變數的用途是追蹤最近看到的手勢被連續預測幾次。如果沒有任何手勢類別的機率到達閾值 0.8，我們就重設任何正在進行的偵測程序，將 `continuous_count` 設為 0，將 `last_predict` 設為 3（「不明」類別的索引），來代表最近一次的結果沒有已知的手勢被認出：

```
// 偵測到的手勢都沒有超過閾值
if (this_predict == -1) {
  continuous_count = 0;
  last_predict = 3;
  return 3;
}
```

接下來，如果最近一次預測與上一次相同就遞增 `continuous_count`，否則將它重設為 0。我們也將最近一次預測儲存到 `last_predict` 裡面：

```
if (last_predict == this_predict) {
  continuous_count += 1;
} else {
  continuous_count = 0;
}
last_predict = this_predict;
```

在 `PredictGesture()` 的下一個部分中，我們使用 scontinuous_count 來確認目前的手勢有沒有符合它的閾值。如果沒有，我們回傳 3，代表不明手勢：

```
// 如果這個手勢沒有連續符合，
// 回報陰性結果
if (continuous_count < kConsecutiveInferenceThresholds[this_predict]) {
  return 3;
}
```

過了這個部分就代表已經確認一個有效的手勢了。此時重設所有的變數：

```
// 否則代表我們已經看過陽性結果了，所以清除所有變數
// 並回報它
continuous_count = 0;
last_predict = -1;
return this_predict;
}
```

這個函式最後會回傳目前的預測。我們的主迴圈會將它傳入輸出處理器，由它顯示結果給用戶。

手勢預測器的測試位於 *gesture_predictor_test.cc*（*https://oreil.ly/5BZzt*）。第一項測試展示成功的預測：

```
TF_LITE_MICRO_TEST(SuccessfulPrediction) {
  // 使用第 0 個預測的閾值
  int threshold = kConsecutiveInferenceThresholds[0];
  float probabilities[4] = {1.0, 0.0, 0.0, 0.0};
  int prediction;
  // 遞迴執行太少次，無法觸發預測
  for (int i = 0; i <= threshold - 1; i++) {
    prediction = PredictGesture(probabilities);
    TF_LITE_MICRO_EXPECT_EQ(prediction, 3);
  }
  // 再呼叫一次，觸發預測
  // 預測種類 0
  prediction = PredictGesture(probabilities);
  TF_LITE_MICRO_EXPECT_EQ(prediction, 0);
}
```

PredictGesture() 函式接收一組機率，它們強烈指出第一個類別可能符合，但是，在它被呼叫的次數低於這些機率次數閾值之前，它都會回傳 3，代表「不明」結果。當它被呼叫的次數超過閾值之後，它會回傳類別 0 的陽性預測。

接下來的測試展示某個類別連續出現幾次高機率，卻被一個不同類別的高機率中斷時的事情：

```
TF_LITE_MICRO_TEST(FailPartWayThere) {
  // 使用第 0 個預測的閾值
  int threshold = kConsecutiveInferenceThresholds[0];
  float probabilities[4] = {1.0, 0.0, 0.0, 0.0};
  int prediction;
  // 遞迴執行太少次，無法觸發預測
  for (int i = 0; i <= threshold - 1; i++) {
    prediction = PredictGesture(probabilities);
    TF_LITE_MICRO_EXPECT_EQ(prediction, 3);
  }
  // 用不同的預測呼叫，觸發失敗
  probabilities[0] = 0.0;
  probabilities[2] = 1.0;
  prediction = PredictGesture(probabilities);
  TF_LITE_MICRO_EXPECT_EQ(prediction, 3);
}
```

在這個案例中,我們連續傳入幾次高機率類別 0,但次數不超過閾值。接著改變機率,讓類別 2 變成最高,這會產生類別 3 的預測,指出「不明」手勢。

最後一項測試展示 PredictGesture() 如何忽略低於閾值的機率。我們在一個迴圈裡面傳入符合類別 0 的正確預測閾值次數,不過,雖然類別 0 有最高機率,但它的值是 0.7,低於 PredictGesture() 的內部閾值 0.8。這會產生類別 3「不明」預測:

```
TF_LITE_MICRO_TEST(InsufficientProbability) {
  // 使用第 0 個預測的閾值
  int threshold = kConsecutiveInferenceThresholds[0];
  // 低於機率閾值 0.8
  float probabilities[4] = {0.7, 0.0, 0.0, 0.0};
  int prediction;
  // 迴圈執行正確次數
  for (int i = 0; i <= threshold; i++) {
    prediction = PredictGesture(probabilities);
    TF_LITE_MICRO_EXPECT_EQ(prediction, 3);
  }
}
```

你可以使用這個命令來執行這些測試:

```
make -f tensorflow/lite/micro/tools/make/Makefile \
  test_gesture_predictor_test
```

輸出處理器

輸出處理器非常簡單,它單純接收 PredictGesture() 回傳的類別索引,並顯示結果給用戶。它的測試位於 *output_handler_test.cc*(*https://oreil.ly/QWkeL*),這是它的介面:

```
TF_LITE_MICRO_TEST(TestCallability) {
  tflite::MicroErrorReporter micro_error_reporter;
  tflite::ErrorReporter* error_reporter = &micro_error_reporter;
  HandleOutput(error_reporter, 0);
  HandleOutput(error_reporter, 1);
  HandleOutput(error_reporter, 2);
  HandleOutput(error_reporter, 3);
}
```

你可以使用這個命令來執行這項測試:

```
make -f tensorflow/lite/micro/tools/make/Makefile \
  test_gesture_output_handler_test
```

偵測手勢

main_functions.cc（*https://oreil.ly/ggNtD*）組合所有元件，這個函式裡面有程式的核心邏輯。首先，它設定常見的變數，以及一些其他變數：

```
namespace tflite {
namespace ops {
namespace micro {
TfLiteRegistration* Register_DEPTHWISE_CONV_2D();
TfLiteRegistration* Register_MAX_POOL_2D();
TfLiteRegistration* Register_CONV_2D();
TfLiteRegistration* Register_FULLY_CONNECTED();
TfLiteRegistration* Register_SOFTMAX();
}  // namespace micro
}  // namespace ops
}  // namespace tflite

// 全域變數，用來與 Arduino 風格的描繪（sketches）相容。
namespace {
tflite::ErrorReporter* error_reporter = nullptr;
const tflite::Model* model = nullptr;
tflite::MicroInterpreter* interpreter = nullptr;
TfLiteTensor* model_input = nullptr;
int input_length;

// 建立一個記憶體區域，供輸入、輸出與中間陣列使用。
// 它的大小將取決於你使用的模型，
// 可能要透過實驗來決定。
constexpr int kTensorArenaSize = 60 * 1024;
uint8_t tensor_arena[kTensorArenaSize];

// 我們是否該在下一次提取資料時清除緩衝區
bool should_clear_buffer = false;
}  // namespace
```

`input_length` 變數儲存模型的輸入張量的長度，`should_clear_buffer` 變數是一個旗標，指出加速度計處理器的緩衝區是否該在下一次執行時清除。清除緩衝區是在成功偵測結果之後進行的，這是為了讓後續的推斷有塊乾淨的區域可用。

接著，`setup()` 函式執行所有常見的雜務，做好執行推斷的準備：

```
void setup() {
  // 設定 logging。因為執行期的不確定性，使用 Google 風格是為了避免使用全域或靜態變數，
  // 但因為它有一個解構器（destructor），所以沒問題。
  static tflite::MicroErrorReporter micro_error_reporter; //NOLINT
  error_reporter = &micro_error_reporter;
```

```
// 將模型對映至可用的資料結構，這不涉及
// 任何複製或解析，它是非常輕量的 op。
model = tflite::GetModel(g_magic_wand_model_data);
if (model->version() != TFLITE_SCHEMA_VERSION) {
  error_reporter->Report(
      "Model provided is schema version %d not equal "
      "to supported version %d.",
      model->version(), TFLITE_SCHEMA_VERSION);
  return;
}

// 只拉入我們需要的 op 實作
// 這會使用這個圖需要的 op 的完整清單。
// 比較簡單的做法是直接使用 AllOpsResolver，
// 但這會讓圖不需要的 op 實作
// 占據程式碼空間。
static tflite::MicroMutableOpResolver micro_mutable_op_resolver; // NOLINT
micro_mutable_op_resolver.AddBuiltin(
    tflite::BuiltinOperator_DEPTHWISE_CONV_2D,
    tflite::ops::micro::Register_DEPTHWISE_CONV_2D());
micro_mutable_op_resolver.AddBuiltin(
    tflite::BuiltinOperator_MAX_POOL_2D,
    tflite::ops::micro::Register_MAX_POOL_2D());
micro_mutable_op_resolver.AddBuiltin(
    tflite::BuiltinOperator_CONV_2D,
    tflite::ops::micro::Register_CONV_2D());
micro_mutable_op_resolver.AddBuiltin(
    tflite::BuiltinOperator_FULLY_CONNECTED,
    tflite::ops::micro::Register_FULLY_CONNECTED());
micro_mutable_op_resolver.AddBuiltin(tflite::BuiltinOperator_SOFTMAX,
                                     tflite::ops::micro::Register_SOFTMAX());

// 建立解譯器來執行模型
static tflite::MicroInterpreter static_interpreter(model,
                                                   micro_mutable_op_resolver,
                                                   tensor_arena,
                                                   kTensorArenaSize,
                                                   error_reporter);
interpreter = &static_interpreter;

// 使用 tensor_arena 為模型的張量配置記憶體
interpreter->AllocateTensors();

// 取得指向模型的輸入張量的指標
model_input = interpreter->input(0);
if ((model_input->dims->size != 4) || (model_input->dims->data[0] != 1) ||
```

```
      (model_input->dims->data[1] != 128) ||
      (model_input->dims->data[2] != kChannelNumber) ||
      (model_input->type != kTfLiteFloat32)) {
    error_reporter->Report("Bad input tensor parameters in model");
    return;
  }

  input_length = model_input->bytes / sizeof(float);

  TfLiteStatus setup_status = SetupAccelerometer(error_reporter);
  if (setup_status != kTfLiteOk) {
    error_reporter->Report("Set up failed\n");
  }
}
```

比較有趣的事情在 loop() 函式裡面，它仍然非常簡單：

```
void loop() {
  // 試著從加速度計讀取新資料
  bool got_data = ReadAccelerometer(error_reporter, model_input->data.f,
                                    input_length, should_clear_buffer);
  // 不要再次試著清除緩衝區
  should_clear_buffer = false;
  // 如果沒有新資料，等待下一次
  if (!got_data) return;
  // 執行推斷並回報任何錯誤
  TfLiteStatus invoke_status = interpreter->Invoke();
  if (invoke_status != kTfLiteOk) {
    error_reporter->Report("Invoke failed on index: %d\n", begin_index);
    return;
  }
  // 分析結果來取得預測
  int gesture_index = PredictGesture(interpreter->output(0)->data.f);
  // 下次讀取資料時清除緩衝區
  should_clear_buffer = gesture_index < 3;
  // 產生輸出
  HandleOutput(error_reporter, gesture_index);
}
```

首先，我們試著從加速度計讀出一些值。嘗試讀值之後，我們將 should_clear_buffer 設為 false 來確保暫時不會試著清除它。

如果取得新資料不成功，ReadAccelerometer() 會回傳一個 false 值，我們會從 loop() 函式 return，因此可以在它再次被呼叫時再次嘗試。

如果 ReadAccelerometer() 回傳的值是 true，我們用新填寫的輸入張量來執行推斷。我們將結果傳入 PredictGesture()，它會提供偵測到的手勢的索引，如果索引小於 3，代表手勢是有效的，所以設定 should_clear_buffer 旗標，以便在下一次 ReadAccelerometer() 被呼叫時清除緩衝區。接著呼叫 HandleOutput() 來回傳結果給用戶。

在 *main.cc* 裡面的 main() 函式會啟動程式，執行 setup()，並且在一個迴圈內呼叫 loop() 函式：

```
int main(int argc, char* argv[]) {
  setup();
  while (true) {
    loop();
  }
}
```

就這樣！你可以使用下面的命令在開發電腦上組建程式：

```
make -f tensorflow/lite/micro/tools/make/Makefile magic_wand
```

接著輸入下面的命令來執行程式：

```
./tensorflow/lite/micro/tools/make/gen/osx_x86_64/bin/magic_wand
```

程式不會產生任何輸出，因為沒有任何加速度計資料可用，但你可以確認它可以組建與運行。

接下來，我們要看一下在各個平台採集加速度計資料與產生輸出的程式碼，我們也會展示如何部署與執行 app。

部署至微控制器

在這一節，我們要將程式碼部署至兩個設備：

- Arduino Nano 33 BLE Sense（*https://oreil.ly/6qlMD*）
- SparkFun Edge（*https://oreil.ly/-hoL-*）

我們從 Arduino 實作看起。

Arduino

Arduino Nano 33 BLE Sense 有個三軸加速度計並且支援藍牙，而且既小且輕，很適合用來製作魔杖。

藍牙

本章的實作不展示如何使用藍牙，但 Arduino 提供了一個程式庫及範例程式，可讓你用來建立自己的實作。你可以在第 322 頁的「自行進行修改」瞭解細節。

或許本書出版之後，藍牙支援就被加入範例了，你可以到 TensorFlow 存放區看一下最新的版本（*https://oreil.ly/1ZC4g*）。

我們來看一下 app 的一些主要檔案的 Arduino 專屬實作。

Arduino 常數

在檔案 *arduino/constants.cc*（*https://oreil.ly/5bBt0*）裡面，常數 kConsecutiveInferenceThresholds 被重新定義了：

```
// 各個手勢類型的預期連續推斷次數。
// 使用 Arduino Nano 33 BLE Sense 時建立。
const int kConsecutiveInferenceThresholds[3] = {8, 5, 4};
```

本章稍早說過，這個常數儲存每一個手勢被視為「確定偵測到」所需的連續陽性推斷。這個數字取決於每秒執行了多少次推斷，這個數據是因設備而異的。因為預設數字是針對 SparkFun Edge 進行調校的，Arduino 實作需要使用它自己的數字組合。你可以修改這些閾值來讓推斷更難或更容易觸發，但將它們設得太低會產生偽陽性。

在 Arduino 採集加速度計資料

Arduino 加速度計處理器位於 *arduino/accelerometer_handler.cc*（*https://oreil.ly/jV_Qm*），它的任務是從加速度計採集資料，以及將它寫入模型的輸入緩衝區。

我們使用的模型是用 SparkFun Edge 電路板提供的資料來訓練的，Edge 的加速度計提供一組速率為 25 Hz 的讀數，或每秒 25 次。為了讓模型正確運作，我們傳給它的資料必須是使用相同速率採集的。事實上，Arduino Nano 33 BLE Sense 電路板的加速度計會回傳速率為 119 Hz 的讀數。這代表除了採集資料之外，我們也要將它降取樣，來配合模型。

雖然降取樣聽起來很技術性，但它其實相當簡單。我們可以直接丟棄一些資料來降低訊號的取樣率。接下來的程式會教你怎麼做。

首先，程式 include 它自己的標頭檔，以及一些其他的標頭檔：

```
#include "tensorflow/lite/micro/examples/magic_wand/
  accelerometer_handler.h"

#include <Arduino.h>
#include <Arduino_LSM9DS1.h>

#include "tensorflow/lite/micro/examples/magic_wand/constants.h"
```

檔案 *Arduino.h* 提供 Arduino 平台的一些基本功能。檔案 *Arduino_LSM9DS1.h* 屬於 Arduino_LSM9DS1 程式庫（*https://oreil.ly/eb3Zs*），我們將使用它來與電路板的加速度計溝通。

接著，我們宣告一些變數：

```
// 保存最後 200 組 3 通道值的緩衝區
float save_data[600] = {0.0};
// 在 save_data 緩衝區裡面最近期的位置
int begin_index = 0;
// 如果還沒有足夠的資料可以執行推斷，則為 ture
bool pending_initial_data = true;
// 在降取樣期間每隔多久儲存讀值
int sample_every_n;
// 自從上次儲存讀值之後的讀值數量
int sample_skip_counter = 1;
```

這裡面有一個將會被放入資料的緩衝區，save_data，以及一些用來追蹤目前在緩衝區裡面的位置，以及是否有足夠資料可執行推斷的變數。最有趣的兩個變數，sample_every_n 與 sample_skip_counter 是在降取樣程序中使用的。我們很快就會介紹它們。

接著在檔案裡面，SetupAccelerometer() 函式會被程式的主迴圈呼叫，來讓電路板做好採集資料的準備：

```
TfLiteStatus SetupAccelerometer(tflite::ErrorReporter* error_reporter) {
  // 等待，直到序列埠就緒
  while (!Serial) {
  }

  // 打開 IMU
  if (!IMU.begin()) {
```

```
    error_reporter->Report("Failed to initialize IMU");
    return kTfLiteError;
  }
```

因為我們要輸出一個訊息來指出一切都已經就緒，它做的第一件事就是確保設備的序列埠已經就緒。接著它會打開慣性測量單元（IMU），這是一種內含加速度計的電子零件。IMU 物件來自 Arduino_LSM9DS1 程式庫。

下一步是開始考慮降取樣。我們先查詢 IMU 程式庫來確認電路板的取樣率。取得數字之後，我們將它除以目標取樣率，目標取樣率是在 constants.h（*https://oreil.ly/rQaSw*）裡面定義的 kTargetHz：

```
// 確定需要保存多少讀數來
// 符合 kTargetHz
float sample_rate = IMU.accelerationSampleRate();
sample_every_n = static_cast<int>(roundf(sample_rate / kTargetHz));
```

我們的目標速率是 25 Hz，電路板的取樣率是 119 Hz，計算除法的結果是 4.76。我們可以從這個數字知道，為了變成目標取樣頻率 25 Hz，我們需要保留多少 119 Hz 的樣本：每隔 4.76 秒取 1 個樣本。

因為我們很難保留非整數的樣本，所以使用 roundf() 函式來取得最近的數字，5。為了降取樣訊號，我們必須每五個讀數保留一個。這會產生 23.8 Hz 的取樣率，這個數字已經足夠接近，可讓我們的模型良好運作了。我們將這個值存入 sample_every_n 變數以備後用。

取得降取樣參數之後，我們提供一個訊息給用戶，告訴他 app 已經可以運作了，接著從 SetupAccelerometer() 函式 return：

```
    error_reporter->Report("Magic starts!");

    return kTfLiteOk;
  }
```

接著，我們定義 ReadAccelerometer()。這個函式的任務是採集新資料，並將它寫入模型的輸出張量。它的程式會先在手勢已被成功辨識之後清除內部緩衝區，為後續的手勢留下一塊乾淨的空間：

```
bool ReadAccelerometer(tflite::ErrorReporter* error_reporter, float* input,
                       int length, bool reset_buffer) {
  // 在需要時清除緩衝區，例如在成功預測之後
  if (reset_buffer) {
```

```
    memset(save_data, 0, 600 * sizeof(float));
    begin_index = 0;
    pending_initial_data = true;
}
```

接著,我們在迴圈裡面使用 IMU 程式庫來察看有效的資料,如果有資料可用就讀取它:

```
// 追蹤是否儲存任何新資料
bool new_data = false;
// 遍歷新樣本,並加至緩衝區
while (IMU.accelerationAvailable()) {
  float x, y, z;
  // 讀取各個樣本,將它從設備的 FIFO 緩衝區移除
  if (!IMU.readAcceleration(x, y, z)) {
    error_reporter->Report("Failed to read data");
    break;
  }
```

Arduino Nano 33 BLE Sense 電路板的加速度計配備了 *FIFO 緩衝區* (*https://oreil.ly/ kFEa0*),這種特殊的記憶體緩衝區位於加速度計本身,它會保存最近的 32 個讀值。

因為 FIFO 緩衝區是加速度計硬體的一部分,即使我們的 app 程式碼在運行中,它也可以持續存取讀數。如果沒有 FIFO 緩衝區,我們可能會失去許多資料,也就是說,我們將無法準確地記錄手勢。

呼叫 IMU.accelerationAvailable() 就是在查詢加速度計,看看它的 FIFO 緩衝區有沒有新資料。我們使用迴圈從緩衝區持續讀取資料,直到沒有剩下任何東西為止。

接下來,我們實作超簡單的降取樣演算法:

```
// 除非樣本是第 n 個,否則丟掉它
if (sample_skip_counter != sample_every_n) {
  sample_skip_counter += 1;
  continue;
}
```

我們的做法是每 *n* 個樣本保留一個,*n* 就是儲存在 sample_every_n 裡面的數字。我們使用計數器 sample_skip_counter 來指出自從上次保留樣本之後,有多少樣本已被讀取了。每次讀取一個讀數時,我們就確認它是不是第 *n* 個,如果不是,就繼續執行迴圈,且不將資料寫到任何地方,實際上就是將它丟棄。這個簡單的程序可將資料降取樣。

如果程式執行過了這個地方，我們就保留資料，因此將它寫入 save_data 緩衝區的連續位置：

```
// 將樣本寫入緩衝區，轉換成 milli-Gs
// 並且為了與模型相容，改變 y 與 x 的順序，
// （Arduino Nano BLE Sense 與 SparkFun Edge
// 的感測器方向不一樣）
save_data[begin_index++] = y * 1000;
save_data[begin_index++] = x * 1000;
save_data[begin_index++] = z * 1000;
```

我們的模型按照 x、y、z 這個順序接收加速度計讀數。你可以發現，我們先將 y 值寫入緩衝區，再寫入 x，因為模型是用 SparkFun Edge 電路板採集的資料來訓練的，SparkFun Edge 的加速度計軸的物理方向與 Arduino 的不同，SparkFun Edge 的 x 軸相當於 Arduino 的 y 軸，反之亦然，藉著在程式中對調這兩軸的資料，我們可以確保模型收到它可以理解的資料。

迴圈的最後幾行做一些雜務，設定一些在迴圈中使用的狀態變數：

```
// 因為我們接收一個樣本，重設 skip 計數器
sample_skip_counter = 1;
// 當我們到達循環緩衝區的結尾時，重設
if (begin_index >= 600) {
  begin_index = 0;
}
new_data = true;
}
```

我們重設降取樣計數器，確保不超出樣本緩衝區的末端，並設定一個旗標來指示新資料已被儲存。

採集新資料之後，我們做進一步的檢查，這一次，我們確保有足夠的資料可以執行推斷，如果沒有，或如果這一次沒有採集新資料，我們就從函式 return，不做任何事情：

```
// 如果資料尚未就緒，就跳過這一回合
if (!new_data) {
  return false;
}

// 確認是否做好預測的準備，或仍然等待更多初始資料
if (pending_initial_data && begin_index >= 200) {
  pending_initial_data = false;
}

// 如果沒有足夠的資料，就 return
```

```
if (pending_initial_data) {
  return false;
}
```

在沒有新資料時回傳 false，可讓呼叫方函式知道不需要進行推斷。

取得新資料之後，我們將適當的資料量（包括新樣本）複製到輸入張量：

```
// 將請求的 bytes 數複製到收到的輸入張量
for (int i = 0; i < length; ++i) {
  int ring_array_index = begin_index + i - length;
  if (ring_array_index < 0) {
    ring_array_index += 600;
  }
  input[i] = save_data[ring_array_index];
}

return true;
}
```

就這樣！我們已經填寫輸入張量，做好執行推斷的準備了。執行推斷之後，結果會被傳入手勢預測器，它會確認是否發現有效的手勢。結果會被傳到輸出處理器，它正是接下來要討論的零件。

在 Arduino 回應手勢

輸出處理器是在 *arduino/output_handler.cc*（*https://oreil.ly/kdVLW*）裡面定義的。它很精簡，它的工作只是根據偵測到的手勢將資訊 log 至序列埠，並且在執行推斷時，開關電路板的 LED。

我們在第一次執行函式時，將 LED 設為輸出：

```
void HandleOutput(tflite::ErrorReporter* error_reporter, int kind) {
  // 在第一次執行這個方法時設定 LED
  static bool is_initialized = false;
  if (!is_initialized) {
    pinMode(LED_BUILTIN, OUTPUT);
    is_initialized = true;
  }
```

接著在每一次推斷時開關 LED：

```
// 在每次執行推斷時開關 LED
static int count = 0;
++count;
if (count & 1) {
```

```
  digitalWrite(LED_BUILTIN, HIGH);
} else {
  digitalWrite(LED_BUILTIN, LOW);
}
```

最後，我們根據匹配的手勢，印出一些漂亮的 ASCII 圖案：

```
// 為各個手勢印出一些 ASCII
if (kind == 0) {
  error_reporter->Report(
      "WING:\n\r*         *          *\n\r *       * *      "
      "*\n\r  *   *   *    *\n\r  *   *   *   *\n\r   * *       "
      "* *\n\r    *         *\n\r");
} else if (kind == 1) {
  error_reporter->Report(
      "RING:\n\r          *\n\r       *     *\n\r     *         *\n\r "
      "  *           *\n\r     *         *\n\r       *     *\n\r          "
      "  *\n\r");
} else if (kind == 2) {
  error_reporter->Report(
      "SLOPE:\n\r        *\n\r       *\n\r      *\n\r     *\n\r    "
      "*\n\r   *\n\r  *\n\r * * * * * * * *\n\r");
}
```

現在你很難理解它們，但是當你將 app 部署到電路板時，你就會得到豐厚的回報。

執行範例

我們需要這些東西來部署這個範例：

- 一塊 Arduino Nano 33 BLE Sense 電路板

- 一條 micro-USB 線

- Arduino IDE

 在本書出版之後，組建程序可能會改變，所以請參考 *README.md*（*https://oreil.ly/Zkd3x*）來瞭解最新的做法。

你可以在 TensorFlow Lite Arduino 程式庫取得本書的專案的範例程式。如果你還沒有安裝程式庫，打開 Arduino IDE，並且在 Tools 選單選擇 Manage Libraries。在彈出的視窗中，搜尋並安裝 TensorFlowLite 程式庫。你應該可以使用最新的版本，但如果你遇到問題，本書測試的版本是 1.14-ALPHA。

你也可以用 .zip 檔來安裝程式庫，你可以從 TensorFlow Lite 團隊下載它
（ *https://oreil.ly/blgB8* ），或 是 使 用 TensorFlow Lite for Microcontrollers
Makefile 來自行產生。如果你比較喜歡第二種做法，請參考附錄 A。

安裝程式庫之後，你可以在 Examples → Arduino_TensorFlowLite 下面的 File 選單看到
magic_wand 範例，見圖 11-5 所示。

按下「magic_wand」來載入範例，它會在新視窗裡面出現，其中每一個原始檔都有一個
標籤。第一個標籤的檔案 *magic_wand* 相當於之前看過的 *main_functions.cc*。

 第 99 頁的「執行範例」已經解譯過 Arduino 範例的結構了，所以在此不
再贅述。

圖 11-5　Examples 選單

除了 TensorFlow 程式庫之外，我們也要安裝並且修改 Arduino_LSM9DS1 程式庫。在預設情況下，程式庫並未啟用這個範例需要的 FIFO 緩衝區，所以我們必須修改它的程式碼。

在 Arduino IDE 裡面，選擇 Tools → Manage Libraries，找到 Arduino_LSM9DS1。為了確保接下來的說明是有效的，你必須安裝 1.0.0 版的驅動程式。

 或許當你看到這一章時，驅動程式已經被修正了，你可以在 *README.md*（ *https://oreil.ly/pk61J* ）裡面察看最新的部署說明。

驅動程式會被安裝到你的 *Arduino/libraries* 程式庫，在子目錄 *Arduino_LSM9DS1* 裡面。

打開 *Arduino_LSM9DS1/src/LSM9DS1.cpp* 驅動程式原始檔，接著找到 LSM9DS1Class::begin() 函式。在函式的最後面，在 return 1 陳述式之前，插入下面幾行程式：

```
// 啟用 FIFO（見文件 https://www.st.com/resource/en/datasheet/DM00103319.pdf）
// writeRegister(LSM9DS1_ADDRESS, 0x23, 0x02);
// 設定連續模式
writeRegister(LSM9DS1_ADDRESS, 0x2E, 0xC0);
```

接著找到 LSM9DS1Class::accelerationAvailable() 函式，你會看到這幾行：

```
if (readRegister(LSM9DS1_ADDRESS, LSM9DS1_STATUS_REG) & 0x01) {
  return 1;
}
```

將這幾行改為註解，並且用下面幾行取代它們：

```
// 讀取 FIFO_SRC。如果最右邊的 8 個位元中的任何一個有值，代表有資料。
if (readRegister(LSM9DS1_ADDRESS, 0x2F) & 63) {
  return 1;
}
```

儲存檔案。這樣就完成修改了。

用 USB 來連接 Arduino 設備，以執行範例。在 Tools 選單的 Board 下拉式清單中選擇正確的設備類型，如圖 11-6 所示。

如果清單裡面沒有你的設備，你就要安裝它的支援程式包。在出現的視窗裡面，搜尋你的設備並安裝相應支援程式包的最新版本。

接著在 Port 下拉式清單中選擇設備的連接埠，它也在 Tools 選單裡面，見圖 11-7。

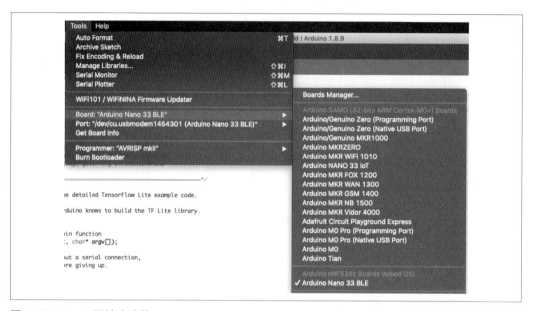

圖 11-6　Board 下拉式清單

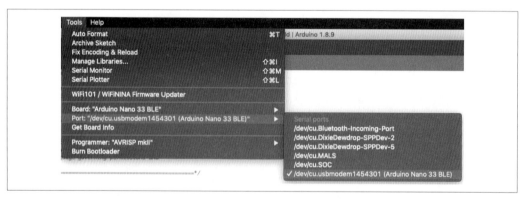

圖 11-7　Port 下拉式清單

最後，在 Arduino 視窗裡面，按下上傳按鈕（見圖 11-8）來編譯程式，並將它上傳到你的 Arduino 設備。

圖 11-8　上傳按鈕

成功完成上傳之後，你應該可以看到 Arduino 上的 LED 開始閃爍。

在 Tools 選單選擇 Serial Monitor 來嘗試一些手勢。在一開始，你應該會看到這個輸出：

    Magic starts!

現在你可以試著做一些手勢了。用一隻手拿著電路板，零件朝上，USB 配接器朝左，如圖 11-9 所示。

圖 11-9　如何拿板子做手勢

圖 11-10 是做出各種手勢的方法。因為模型是用接在一根棍子上的電路板收集的資料來訓練的，你可能要多試幾次，它們才能正常運作。

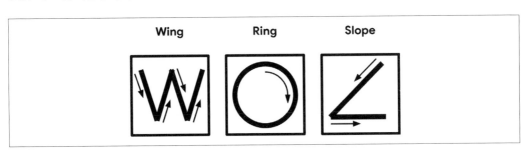

圖 11-10　三種魔杖手勢

最簡單的手勢是「翼」，你要快速揮動，用大約一秒的時間完成手勢，成功的話，你應該會看到下面的輸出，以及紅色 LED 亮起：

```
WING:
*           *           *
 *         * *         *
  *       *   *       *
   *     *     *     *
    * *         * *
     *           *
```

恭喜你，你已經使用 Arduino 施展第一個魔法了！

 此時，你可以發揮創意，把電路板貼在魔杖的頂端，在離你的手最遠的地方。長約一英尺（30 公分）的棍子、長尺或任何其他家用物品應該都有很好的效果。

務必牢牢固定設備，讓它的方向一致，零件朝上，而且 USB 配接器朝左。請使用硬的棍子，不要使用軟的，因為任何晃動都會影響加速度計的讀數。

接著，嘗試「環」手勢，用你的手（或魔杖的頂端）順時針畫一圈，同樣盡量在 1 秒左右完成手勢。你應該可以看到下面的資訊，彷彿施展魔法一般：

```
RING:
        *
      *   *
     *     *
    *       *
    *       *
     *     *
      *   *
        *
```

最後一種手勢，在空中畫出一個角。ASCII 最適合用來表示它了，如下所示：

```
SLOPE:
        *
       *
      *
     *
    *
   *
  *
 *
* * * * * * * *
```

如同任何一種奇幻的魔法，你可能要先稍微練習一下，才可以每次都完美地施展這些法術。你可以在 *README.md*（*https://oreil.ly/O1LqD*）裡面看到這些手勢的影片展示。

如果不能動呢？

以下是可能的原因，與排除的方法：

問題：LED 沒有亮。

解決方法：試著按下 reset 按鈕或將電路板與 USB 線分開，再重新接上。如果這兩種做法都不行，試著重新 flash 電路板。

問題：LED 一直亮著或不亮。

解決方法：當 app 完成推斷，並且正在等待有足夠的新資料可用時，LED 停止閃爍是正常的現象。如果 LED 停止閃爍好幾秒，程式可能崩潰了。此時，按下 reset 按鈕。

問題：手勢無效。

解決方法：首先，確認 LED 有在閃爍，代表推斷正在進行。如果沒有，按下 reset 按鈕。接著，確定你有用上述的正確方向拿著電路板，

在學習手勢時，先從「W」開始，它是最容易掌握的一種。「O」比較困難一些，因為圓形必須相當平順。角落手勢是最難做出的，你可以看一下 *README. md*（*https://oreil.ly/GkpP5*）裡面的教學影片。

自行進行修改

部署基本的 app 之後，你可以試著把玩一下，並且修改一下程式。你只要在 Arduino IDE 裡面編輯檔案並儲存，再重複之前的說明，將修改過的程式碼部署至設備即可。

你可以嘗試這些事情：

- 試驗 *arduino/constants.cc*（*https://oreil.ly/H49iS*）裡面的閾值，來讓手勢更容易或更難以做出（代價是會有更多偽陽性或偽陰性案例）。

- 在你自己的電腦撰寫程式，用物理手勢執行工作。

- 擴展程式，用藍牙傳輸偵測結果。在 ArduinoBLE 程式庫（*https://oreil.ly/xW4SN*）裡面有一些展示如何做這件事情的範例，你可以用 Arduino IDE 下載它。

SparkFun Edge

SparkFun Edge 有三軸加速度計與電池座,並支援藍牙。它很適合用來製作魔杖,因為它可以無線操作。

藍牙

本章的實作不展示如何使用藍牙,但是在 Ambiq SDK 裡面有一個範例介紹如何使用它。第 322 頁的「自行進行修改」有一個連結。

或許本書出版之後,藍牙支援就被加入範例了,你可以到 TensorFlow 存放區看一下最新的版本(*https://oreil.ly/FJB4h*)。

在 SparkFun Edge 採集加速度計資料

採集加速度計資料的程式碼位於 *sparkfun_edge/accelerometer_handler.cc*(*https://oreil.ly/yZi0v*)。它有很多部分是設備專屬的,但我們會跳過實作細節,把焦點放在重要的東西上。

採集加速度計資料的第一步是設置硬體。SetupAccelerometer() 函式會先設定加速度計需要的各種低階參數:

```
TfLiteStatus SetupAccelerometer(tflite::ErrorReporter* error_reporter) {
    // 設定時鐘頻率
    am_hal_clkgen_control(AM_HAL_CLKGEN_CONTROL_SYSCLK_MAX, 0);

    // 設定預設的快取組態
    am_hal_cachectrl_config(&am_hal_cachectrl_defaults);
    am_hal_cachectrl_enable();

    // 設置電路板進行低功率操作。
    am_bsp_low_power_init();

    // 以 25Hz 收集資料。
    int accInitRes = initAccelerometer();
```

你可以看到我們呼叫了 initAccelerometer() 函式,它是在 SparkFun Edge BSP 的加速度計範例(*https://oreil.ly/JC0b6*)中定義的,當我們組建專案時,它會被當成依賴項目下載。它會執行各種工作來打開與設置電路板的加速度計。

在加速度計開始運行之後，我們啟用它的 FIFO 緩衝區（*https://oreil.ly/kFEa0*）。它是一種特殊的記憶體緩衝區，位於加速度計本身，至少可以保存 32 個資料點。啟用它之後，即使 app 程式忙著執行推斷，我們也可以持續收集加速度計讀值。函式其餘的部分負責設定緩衝區，與 log 錯誤，如果出錯的話：

```
// 啟用加速度計的 FIFO 緩衝區。
// 注意：LIS2DH12 有 FIFO 緩衝區，可保存多達 32 個資料項目。
// 它可在 CPU 忙碌時收集資料。如果你沒有即時抓取舊資料，
// 它就會被覆寫，所以我們必須確保模型的推斷速度
// 比 1/25Hz * 32 = 1.28s 快
if (lis2dh12_fifo_set(&dev_ctx, 1)) {
  error_reporter->Report("Failed to enable FIFO buffer.");
}

if (lis2dh12_fifo_mode_set(&dev_ctx, LIS2DH12_BYPASS_MODE)) {
  error_reporter->Report("Failed to clear FIFO buffer.");
  return 0;
}

if (lis2dh12_fifo_mode_set(&dev_ctx, LIS2DH12_DYNAMIC_STREAM_MODE)) {
  error_reporter->Report("Failed to set streaming mode.");
  return 0;
}

error_reporter->Report("Magic starts!");

return kTfLiteOk;
}
```

完成初始化之後，我們就可以呼叫 ReadAccelerometer() 函式來取得最新的資料了，這會在每一次的推斷之間發生。

首先，如果 reset_buffer 引數是 true，ReadAccelerometer() 就會重設它的資料緩衝區。我們會在偵測有效的手勢之後做這件事，讓後續的手勢有乾淨的緩衝區可用。在這個程序中，我們使用 am_util_delay_ms() 來讓程式碼等待 10 ms，如果沒有這個延遲，程式碼很容易在讀取新資料時卡住（在行文至此時，原因仍然不明，但如果你有比較好的修正，TensorFlow 開源專案歡迎你的 pull request）：

```
bool ReadAccelerometer(tflite::ErrorReporter* error_reporter, float* input,
                       int length, bool reset_buffer) {
  // 在需要時清除緩衝區，例如在成功預測之後
  if (reset_buffer) {
    memset(save_data, 0, 600 * sizeof(float));
    begin_index = 0;
```

```
  pending_initial_data = true;
  // 在重設之後等待 10ms 來避免卡住
  am_util_delay_ms(10);
}
```

重設主緩衝區之後，ReadAccelerometer() 會檢查加速度計的 FIFO 緩衝區裡面有沒有任何新資料，如果還沒有，我們直接從函式 return：

```
// 檢查 FIFO 緩衝區有沒有新樣本
lis2dh12_fifo_src_reg_t status;
if (lis2dh12_fifo_status_get(&dev_ctx, &status)) {
  error_reporter->Report("Failed to get FIFO status.");
  return false;
}

int samples = status.fss;
if (status.ovrn_fifo) {
  samples++;
}

// 如果資料尚未就緒，就跳過這一回合
if (samples == 0) {
  return false;
}
```

app 的主迴圈會持續呼叫，也就是說，只要有資料可用，我們就會跳出這個地方。

函式的下一個部分會遍歷新資料，並將它存放在另一個比較大的緩衝區。我們先宣告一個型態為 axis3bit16_t 的特殊結構，它是為了保存加速度計資料而設計的。接著我們呼叫 lis2dh12_acceleration_raw_get() 來對它填入下一個可用的讀值，如果這個函式失敗，它會回傳零，此時我們顯示錯誤：

```
// 從 FIFO 緩衝區載入資料
axis3bit16_t data_raw_acceleration;
for (int i = 0; i < samples; i++) {
  // 將保存原始加速度計資料的結構設為零
  memset(data_raw_acceleration.u8bit, 0x00, 3 * sizeof(int16_t));
  // 如果回傳值不是零，代表感測器資料已被成功讀取
  if (lis2dh12_acceleration_raw_get(&dev_ctx, data_raw_acceleration.u8bit)) {
    error_reporter->Report("Failed to get raw data.");
```

成功取得讀值之後，我們將它轉換成 milli-Gs，也就是模型期望收到的讀值單位，再將它寫入 save_data[]，我們將這個陣列當成緩衝區，來儲存將要用來推斷的值。加速度計各軸的值是連續儲存的：

```
  } else {
    // 將各個原始的 16-bit 值轉換成代表 milli-Gs 的浮點值，
    // 也就是加速度單位，並存入緩衝區內的當下位置。
    save_data[begin_index++] =
        lis2dh12_from_fs2_hr_to_mg(data_raw_acceleration.i16bit[0]);
    save_data[begin_index++] =
        lis2dh12_from_fs2_hr_to_mg(data_raw_acceleration.i16bit[1]);
    save_data[begin_index++] =
        lis2dh12_from_fs2_hr_to_mg(data_raw_acceleration.i16bit[2]);
    // 從頭開始，模仿迴圈陣列。
    if (begin_index >= 600) begin_index = 0;
  }
}
```

save_data[] 陣列可以儲存 200 組 3 軸值，所以我們在 begin_index 計數器到達 600 時將它設回 0。

現在我們已經將所有新資料併入 save_data[] 緩衝區裡面了。接下來，我們要檢查是否有足夠的資料可以進行預測。我們在測試模型時，發現資料至少要有三分之一的緩衝區才可以產生可靠的預測，因此，如果資料超過這個大小，我們就將 pending_initial_data 旗標設為 false（它的預設值為 true）：

```
// 確認已做好預測的準備，還是要等待更多初始資料
if (pending_initial_data && begin_index >= 200) {
  pending_initial_data = false;
}
```

接下來，如果仍然沒有足夠的資料可以執行推斷，我們就回傳 false：

```
// 如果沒有足夠的資料，就 return
if (pending_initial_data) {
  return false;
}
```

程式執行到這裡代表緩衝區裡面的資料已經足以執行推斷了，函式的最後一個部分將請求的資料從緩衝區複製到 input 引數，它是指向模型的輸入張量的指標：

```
// 將請求的 bytes 數複製到收到的輸入張量
for (int i = 0; i < length; ++i) {
  int ring_array_index = begin_index + i - length;
  if (ring_array_index < 0) {
    ring_array_index += 600;
  }
  input[i] = save_data[ring_array_index];
}
return true;
```

變數 length 是 ReadAccelerometer() 收到的引數,用來確定應該複製多少資料。因為我們的模型接收 128 個 3 軸讀數,所以在 *main_functions.cc* 裡面的程式會在呼叫 ReadAccelerometer() 時傳入 length 384(128 * 3)。

此時,我們的輸入張量已經被填入新的加速度計資料了,app 會執行推斷,用手勢預測器來推斷結果,並將結果傳給輸出處理器來顯示給用戶。

在 SparkFun Edge 回應手勢

輸出處理器位於 *sparkfun_edge/output_handler.cc*(*https://oreil.ly/ix1o1*),它非常簡單。當它第一次運行時,我們將 LED 設為輸出:

```
void HandleOutput(tflite::ErrorReporter* error_reporter, int kind) {
  // 當這個方法第一次執行時,正確地設定 LED
  static bool is_initialized = false;
  if (!is_initialized) {
    am_hal_gpio_pinconfig(AM_BSP_GPIO_LED_RED, g_AM_HAL_GPIO_OUTPUT_12);
    am_hal_gpio_pinconfig(AM_BSP_GPIO_LED_BLUE, g_AM_HAL_GPIO_OUTPUT_12);
    am_hal_gpio_pinconfig(AM_BSP_GPIO_LED_GREEN, g_AM_HAL_GPIO_OUTPUT_12);
    am_hal_gpio_pinconfig(AM_BSP_GPIO_LED_YELLOW, g_AM_HAL_GPIO_OUTPUT_12);
    is_initialized = true;
  }
```

接著在每次推斷時開關黃色 LED:

```
  // 每次執行推斷時開關黃色 LED
  static int count = 0;
  ++count;
  if (count & 1) {
    am_hal_gpio_output_set(AM_BSP_GPIO_LED_YELLOW);
  } else {
    am_hal_gpio_output_clear(AM_BSP_GPIO_LED_YELLOW);
  }
```

接著確認偵測到哪個手勢,我們為不同的手勢點亮不同的 LED,並清除所有其他的 LED,並且用序列埠輸出一些漂亮的 ASCII 圖案。這是處理「翼」手勢的程式:

```
  // 設定 LED 顏色,並印出一個符號 (紅:翼,藍:環,綠:坡)
  if (kind == 0) {
    error_reporter->Report(
        "WING:\n\r*          *          *\n\r *        * *      "
        "*\n\r  *      *   *    *\n\r   *    *     *  *\n\r    * *      "
        "* *\n\r     *        *\n\r");
    am_hal_gpio_output_set(AM_BSP_GPIO_LED_RED);
    am_hal_gpio_output_clear(AM_BSP_GPIO_LED_BLUE);
    am_hal_gpio_output_clear(AM_BSP_GPIO_LED_GREEN);
```

序列埠的輸出是：

```
WING:
*         *          *
  *      *  *        *
    *     *    *       *
      *     *    *    *
        * *        * *
          *          *
```

不同的手勢會輸出不同的序列埠輸出與 LED。

執行範例

知道 SparkFun Edge 的程式如何運作之後，接下來我們要讓它在硬體上運行。

在本書出版之後，組建程序可能會改變，所以請參考 *README.md*（*https://oreil.ly/Ts6MT*）來瞭解最新的做法。

我們需要這些東西才能組建與部署程式：

- SparkFun Edge 電路板，連接 Himax HM01B0（*https://oreil.ly/f23oa*）

- USB 編程器（我們推薦 SparkFun Serial Basic Breakout，它有 micro-B USB（*https://oreil.ly/KKfyI*）與 USB-C（*https://oreil.ly/ztUrB*）版本）

- 相符的 USB 線

- Python 3 與一些依賴項目

如果你不確定是否安裝正確的 Python 版本，可參考第 108 頁的「執行範例」來瞭解如何確認。

打開終端機視窗，複製 TensorFlow 存放區，接著進入它的目錄：

```
git clone https://github.com/tensorflow/tensorflow.git
cd tensorflow
```

接下來，我們要組建二進制檔，並執行一些命令，做好將它下載至設備的準備。你可以從 *README.md*（*https://oreil.ly/MQmWw*）複製並貼上這些命令來避免打字。

組建二進制檔　接下來的命令會下載需要的所有依賴項目，接著為 SparkFun Edge 編譯二進制檔：

```
make -f tensorflow/lite/micro/tools/make/Makefile \
  TARGET=sparkfun_edge magic_wand_bin
```

二進制檔會被做成 *.bin* 檔，在這個位置：

```
tensorflow/lite/micro/tools/make/gen/
 sparkfun_edge_cortex-m4/bin/magic_wand.bin
```

你可以使用這個命令來確認檔案是否存在：

```
test -f tensorflow/lite/micro/tools/make/gen/sparkfun_edge_ \
  cortex-m4/bin/magic_wand.bin &&  echo "Binary was successfully created" || \
  echo "Binary is missing"
```

當你執行這個命令時，你應該可以看到主控台印出 `Binary was successfully created`。

如果你看到 `Binary is missing`，那就代表組建程序出問題了，若是如此，或許你可以在 `make` 命令的輸出資訊中找到出了什麼錯的線索。

簽署二進制檔　為了將二進制檔部署至設備，你必須用密鑰簽署它。我們來執行一些簽署二進制檔的命令，讓它可被 flash 至 SparkFun Edge。這個腳本來自 Ambiq SDK，它是在 Makefile 執行時下載的。

輸入下面的命令來設定一些開發用的虛擬密鑰：

```
cp tensorflow/lite/micro/tools/make/downloads/AmbiqSuite-Rel2.0.0/ \
  tools/apollo3_scripts/keys_info0.py
  tensorflow/lite/micro/tools/make/downloads/AmbiqSuite-Rel2.0.0/ \
  tools/apollo3_scripts/keys_info.py
```

接下來，執行這些命令來建立已簽署的二進制檔。必要時將 `python3` 換成 `python`：

```
python3 tensorflow/lite/micro/tools/make/downloads/ \
  AmbiqSuite-Rel2.0.0/tools/apollo3_scripts/create_cust_image_blob.py \
  --bin tensorflow/lite/micro/tools/make/gen/ \
  sparkfun_edge_cortex-m4/bin/micro_vision.bin \
  --load-address 0xC000 \
  --magic-num 0xCB \
  -o main_nonsecure_ota \
  --version 0x0
```

這會建立 *main_nonsecure_ota.bin* 檔。接著執行下面的命令來建立這個檔案的最終版本，以便在接下來的步驟中，用腳本將它 flash 到設備上：

```
python3 tensorflow/lite/micro/tools/make/downloads/ \
AmbiqSuite-Rel2.0.0/tools/apollo3_scripts/create_cust_wireupdate_blob.py \
--load-address 0x20000 \
--bin main_nonsecure_ota.bin \
-i 6 \
-o main_nonsecure_wire \
--options 0x1
```

現在，在你執行命令的目錄裡面應該有個 *main_nonsecure_wire.bin* 檔案。它就是將要 flash 到設備上的檔案。

flash 二進制檔　SparkFun Edge 會將它目前正在執行的程式存放在 1 MB 的快閃記憶體（flash memory）裡面。如果你想要讓電路板執行新程式，你就要將新程式傳給電路板，電路板會將它放在快閃記憶體內，覆寫之前儲存的任何程式。這個程序稱為 flashing。

將編程器接到電路板　為了將新程式下載到電路板，我們將使用 SparkFun USB-C Serial Basic 序列編程器。這個設備可讓電腦透過 USB 與微控制器溝通。

執行下列步驟來將這個設備接到電路板：

1. 在 SparkFun Edge 找到六個接腳的接頭。

2. 將 SparkFun USB-C Serial Basic 插入這些接腳，務必將這兩個設備的 BLK 與 GRN 接腳正確地相接。

圖 11-11 是正確的接法。

圖 11-11　連接 SparkFun Edge 與 USB-C Serial Basic（由 SparkFun 提供）

將編程器接到電腦 接下來用 USB 將電路板接到電腦。為了將程式寫入電路板，你必須知道設備在你的電腦上叫做什麼，最好的方法是在連接設備之前，先列出電腦的所有設備，再連接它，看看出現什麼新設備。

 有人回報作業系統預設的編程器驅動程式有問題，所以我們強烈建議你先安裝驅動程式（*https://oreil.ly/vLavS*）再繼續工作。

先執行這個命令，再用 USB 連接設備：

```
# macOS:
ls /dev/cu*

# Linux:
ls /dev/tty*
```

你應該會看到電腦列出一連串已連接的設備，類似這樣：

```
/dev/cu.Bluetooth-Incoming-Port
/dev/cu.MALS
/dev/cu.SOC
```

然後將編程器接到電腦的 USB 埠，再次執行命令：

```
# macOS:
ls /dev/cu*

# Linux:
ls /dev/tty*
```

你應該可以在輸出看到其他項目，就像下面的範例。你的新項目可能有不同的名稱。新項目就是設備的名稱：

```
/dev/cu.Bluetooth-Incoming-Port
/dev/cu.MALS
/dev/cu.SOC
/dev/cu.wchusbserial-1450
```

我們會用這個名稱來引用設備。但是，這個名稱可能會隨著編程器連接的 USB 埠而不同，所以如果你將電路板從電腦拔開再接上去，你應該再次確認這個名稱。

 有些用戶回報在清單裡面有兩個設備。如果你看到兩個設備，「wch」開頭的那一個才是正確的，例如「/dev/wchusbserial-14410」。

確認設備名稱之後，將它放在 shell 變數裡面，以備後用：

```
export DEVICENAME=< 將你的設備名稱放在這裡 >
```

在後面的程序中，當你執行需要設備名稱的指令時可以使用這個變數。

執行腳本，來 flash 電路板 要 flash 電路板，你要讓它進入特殊的「bootloader」狀態，讓它準備接收新的二進制檔，接著執行腳本，將二進制檔傳到電路板。

我們先建立一個環境變數來指定傳輸速率（將資料傳給設備的速度）：

```
export BAUD_RATE=921600
```

接著將下面的命令貼到終端機，但是**還不要按下** *Enter*！命令中的 ${DEVICENAME} 與 ${BAUD_RATE} 會被換成你在上一節的設定值。在必要時，記得將 python3 換成 python：

```
python3 tensorflow/lite/micro/tools/make/downloads/ \
  AmbiqSuite-Rel2.0.0/tools/apollo3_scripts/uart_wired_update.py -b \
  ${BAUD_RATE} ${DEVICENAME} -r 1 -f main_nonsecure_wire.bin -i 6
```

接著將電路板重設為 bootloader 狀態，並 flash 電路板。

在電路板找到標示 RST 與 14 的按鈕，如圖 11-12 所示。

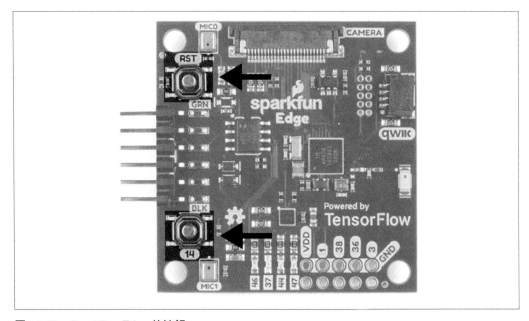

圖 11-12　SparkFun Edge 的按鈕

執行以下步驟：

1. 將電路板連接編程器，並且用 USB 將整組設備接到電腦。

2. 在電路板，按住標著 14 的按鈕，持續按住它。

3. 在按住按鈕 14 的同時，按下按鈕 RST 來重設電路板。

4. 在電腦按下 Enter 來執行腳本。**繼續按著按鈕 14**。

現在你會在螢幕上看到這些訊息：

```
Connecting with Corvette over serial port /dev/cu.usbserial-1440...
Sending Hello.
Received response for Hello
Received Status
length =  0x58
version =  0x3
Max Storage =  0x4ffa0
Status =  0x2
State =  0x7
AMInfo =
0x1
0xff2da3ff
0x55fff
0x1
0x49f40003
0xffffffff
[...lots more 0xffffffff...]
Sending OTA Descriptor =  0xfe000
Sending Update Command.
number of updates needed =  1
Sending block of size  0x158b0  from  0x0  to  0x158b0
Sending Data Packet of length  8180
Sending Data Packet of length  8180
[...lots more Sending Data Packet of length  8180...]
```

持續按住按鈕 14，直到看到 Sending Data Packet of length 8180 為止。看到它之後，你就可以放開按鈕了（但繼續按著它也無妨）。

程式會繼續在終端機印出訊息。最後你會看到這些東西：

```
[...lots more Sending Data Packet of length  8180...]
Sending Data Packet of length  8180
Sending Data Packet of length  6440
Sending Reset Command.
Done.
```

這代表你成功 flash 了。

 如果程式的輸出最後出現錯誤，看看有沒有 Sending Reset Command。如果有，代表雖然有錯誤訊息，但 flash 應該成功了，否則應該是 flash 失敗了，試著再次執行這些步驟（你可以跳過設定環境變數的部分）。

測試程式

先按下 RST 按鈕，確保程式正在執行。當程式正在執行時，藍色 LED 會打開並關閉，每次推斷一次。

接著，使用下面的命令來開始印出設備的序列埠輸出：

```
screen ${DEVICENAME} 115200
```

在一開始，你應該會看到這個輸出：

```
Magic starts!
```

現在你可以試著做一些手勢了。用一隻手拿著電路板，零件朝上，USB 配接器朝左，如圖 11-13 所示。

圖 11-13　如何拿著板子做出手勢

圖 11-14 是做出各種手勢的方法。因為模型是用接在棍子上的電路板收集的資料來訓練的，你可能要多試幾次才能讓它們正常運作。

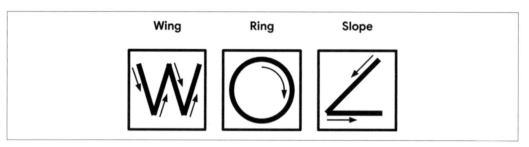

圖 11-14　三種魔杖手勢

最簡單的手勢是「翼」，你要快速揮動，用大約一秒的時間完成手勢，成功的話，紅色 LED 會亮起，而且你會看到下面的輸出：

```
WING:
*          *          *
  *        *  *        *
    *      *    *      *
      *    *      *    *
        * *        * *
          *          *
```

恭喜你，你已經使用 SparkFun Edge 施展第一個魔法了！

 此時，你可以發揮創意，把電路板貼在魔杖的頂端，在離你的手最遠的地方。長約一英尺（30 公分）的棍子、長尺或任何其他家用物品應該都有很好的效果。

務必牢牢固定設備，讓它的方向一致，零件朝上，而且 USB 配接器朝左。請使用硬的棍子，不要使用軟的，因為任何晃動都會影響加速度計的讀數。

接著，嘗試「環」手勢，用你的手（或魔杖的頂端）順時針畫一圈。同樣盡量在 1 秒左右完成手勢。你應該可以看到下面的資訊，彷彿施展魔法一般：

```
RING:
           *
      *        *
    *            *
   *              *
    *            *
      *        *
           *
```

最後一種手勢，在空中畫出一個角。ASCII 最適合用來表示它了，如下所示：

```
SLOPE:
         *
        *
       *
      *
     *
    *
   *
  * * * * * * * *
```

如同任何一種奇幻的魔法，你可能要先稍微練習一下，才可以每次都完美地施展這些法術。你可以在 *README.md*（*https://oreil.ly/ilGJY*）裡面看到這些手勢的影片展示。

如果不能動呢？

以下是可能的原因，與排除的方法：

問題：在 flash 時，腳本在 Sending Hello. 停頓一下子，再印出錯誤。

解決方法：你必須在執行腳本的同時按下按鈕 14。請按下按鈕 14，按下按鈕 RST，接著在執行腳本的同時，一直按著按鈕 14。

問題：在 flash 之後，LED 都沒有亮。

解決方法：按下按鈕 RST，或先將電路板與編程器拔開，再重新接起來。如果這兩種做法都不行，試著再次 flash 電路板。

問題：LED 一直亮著或不亮。

解決方法：當 app 完成推斷，並且正在等待有足夠的新資料可用時，LED 停止閃爍是正常的現象。如果 LED 停止閃爍好幾秒，程式可能崩潰了。此時，按下 RST 按鈕。

> 問題：手勢無效。
>
> **解決方法**：先確保黃色 LED 正在閃爍，這代表推斷正在進行，如果沒有，按下 RST 按鈕，再確定你有用上述的正確方向拿著電路板。
>
> 在學習手勢時，先從「W」開始，它是最容易掌握的一種，「O」比較困難一些，因為圓形必須相當平順，角落手勢是最難做出的，你可以看一下 *README.md*（*https://oreil.ly/kkU3*）裡面的影片教學。

自行進行修改

部署基本 app 之後，試著稍微把玩一下，並進行一些更改。你可以在 *tensorflow/lite/micro/examples/magic_wand* 資料夾找到 app 的程式碼。你只要編輯並儲存，再重複之前的操作即可將修改過的程式碼部署到設備上。

你可以嘗試這些事情：

- 試驗 *constants.cc*（*https://oreil.ly/s5bdg*）裡面的閾值，來讓手勢更容易或更難以做出（代價是有更多偽陽性或偽陰性）。

- 在你自己的電腦執行程式來用物理手勢執行工作。

- 擴展程式，用藍牙傳輸偵測結果。在 Ambiq SDK 裡面有個範例展示如何做這件事（*https://oreil.ly/Bci3a*），在 *AmbiqSuite-Rel2.0.0/boards/apollo3_evb/examples/uart_ble_bridge*。當你組建魔杖 app 時，SDK 會被下載至 *tensorflow/tensorflow/lite/micro/tools/make/downloads/AmbiqSuite-Rel2.0.0*。

結語

這一章用一個有趣的例子展示嵌入式機器學習 app 如何將模糊的感測器資料轉換成好用許多的形式。嵌入式機器學習模型可以藉著觀察帶雜訊的模式來讓設備瞭解它周圍的世界，並提醒我們某些事件，即使原始的資料對人類而言難以理解。

第 12 章將介紹魔杖模型如何運作，以及說明如何收集資料和訓練自己的魔法手勢。

魔杖：訓練模型

我們在第 11 章使用預先訓練的 20 KB 模型來解讀原始的加速度計資料，用它來辨識手勢。這一章將展示如何訓練這個模型，並探討它的實際運作方式。

喚醒詞與人體偵測模型都需要大量的訓練資料，這在很大程度上是因為它們試著解決的問題的複雜度。人們可以用五花八門的方式說「yes」或「no」—口音、語調與音高的變化都會讓一個人的聲音與眾不同。同樣的，在照片裡面的人體可能會以無限種方式展示，你可能會看到他們的臉、整個身體，或一隻手，而且他們可能有各種不同的站姿。

模型必須使用多樣化的訓練資料組來訓練，才能對同樣多樣化的輸入進行準確的分類，這就是喚醒詞與人體偵測模型需要使用那麼大的資料組，以及訓練時間那麼久的原因。

辨識魔杖手勢簡單許多，這個案例並不是對大量的自然聲音或人的外貌和姿勢進行分類，而是試著理解三種具體且刻意選擇的手勢之間的差別。雖然不一樣的人做出手勢的方式仍然有些差異，但我們也希望用戶盡可能正確、一致地做出這些手勢。

這意味著我們可以預期有效的輸入比較固定，所以更容易在不使用大量資料的情況下訓練出準確的模型。事實上，用來訓練模型的資料組每個手勢只有大約 150 個樣本，大小只有 1.5 MB。可以用小資料組來訓練實用的模型是令人開心的事情，因為取得足夠的資料通常是機器學習專案中最困難的部分。

本章的第一部分將教你如何訓練魔杖 app 使用的原始模型。第二部分將介紹這個模型如何運作。最後，你會知道如何取得自己的資料，並且訓練一個可以辨識不同手勢的新模型。

訓練模型

我們使用 TensorFlow 存放區裡面的訓練腳本來訓練模型。你可以在 *magic_wand/train*（*https://oreil.ly/LhZGT*）裡面找到它們。

這些腳本會執行下列工作：

- 準備原始資料以供訓練。
- 產生合成資料[1]。
- 將資料拆成訓練、驗證與測試組。
- 擴增資料。
- 定義模型結構。
- 執行訓練程序。
- 將模型轉換成 TensorFlow Lite 格式。

為了簡化工作，這些腳本都有相應的 Jupyter notebook，展示如何使用它們。你可以在 GPU runtime 上的 Colaboratory（Colab）執行 notebook。因為資料組很小，所以訓練只需要花幾分鐘。

我們先來說明 Colab 中的訓練程序。

在 Colab 中訓練

打 開 位 於 *magic_wand/train/train_magic_wand_model.ipynb*（*https://oreil.ly/2BLtj*） 的 Jupyter notebook，並按下「Run in Google Colab」按鈕，如圖 12-1 所示。

圖 12-1　「Run in Google Colab」按鈕

 在行文之此時，GitHub 有個 bug 會在顯示 Jupyter notebook 時產生間歇性的錯誤訊息。如果你試著使用 notebook 時看到「Sorry, something went wrong. Reload?」，請按照第 31 頁的「建構我們的模型」的指示操作。

1　這是新術語，稍後會介紹。

這個 notebook 會介紹模型訓練程序，它包含這些步驟：

- 安裝依賴項目
- 下載與準備資料
- 載入 TensorBoard 來將訓練程序視覺化
- 訓練模型
- 產生 C 原始檔

啟用 GPU 訓練

雖然訓練這個模型應該很快，但使用的 GPU runtime 會更快。前往 Colab 的 Runtime 選單，並選擇「Change runtime type」來啟用這個選項，見圖 12-2。

你會打開圖 12-3 的「Notebook settings」對話框。

在「Hardware accelerator」下拉式清單中選擇 GPU，見圖 12-4，再按下 SAVE。

現在你已經做好執行 notebook 的準備了。

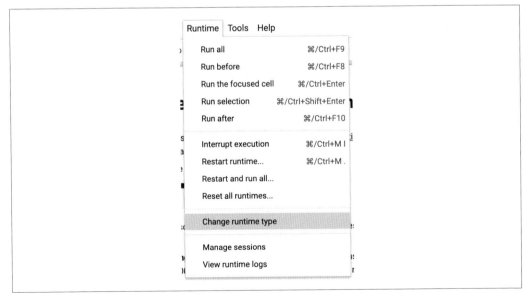

圖 12-2　Colab 的「Change runtime type」選項

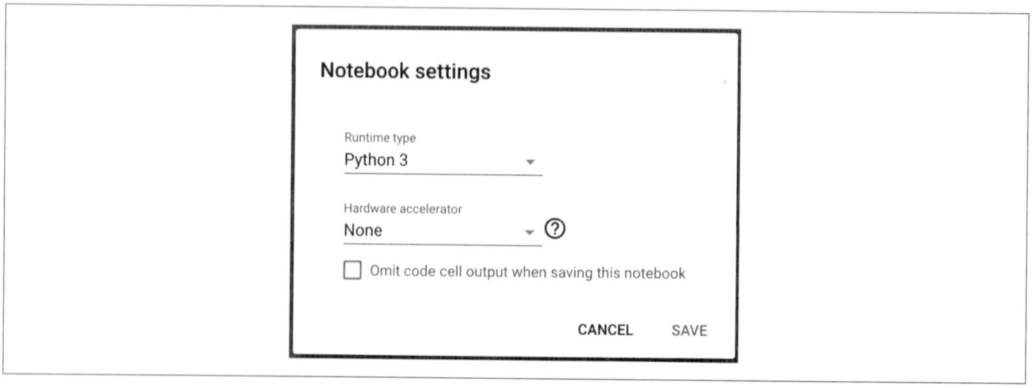

圖 12-3 「Notebook settings」對話框

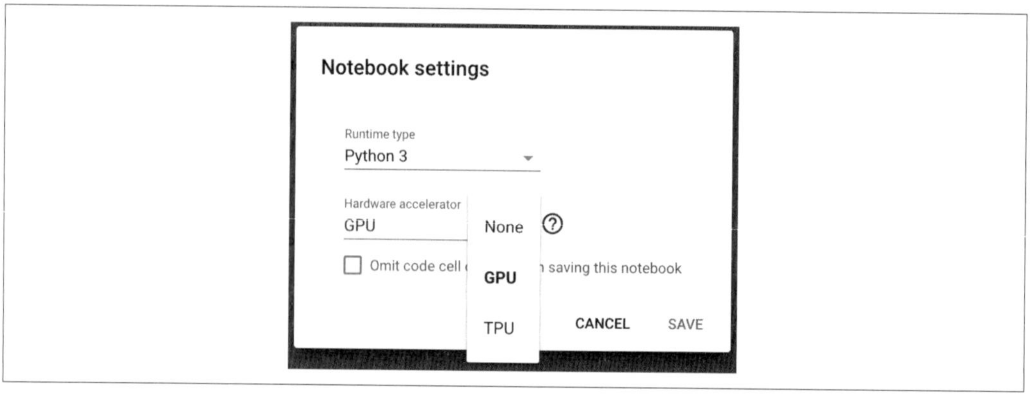

圖 12-4 「Hardware accelerator」下拉式清單

安裝依賴項目

第一步是安裝所需的依賴項目。在「Install dependencies」部分,執行 cell 來安裝 TensorFlow 正確版本,並抓取訓練腳本的複本。

準備資料

接著,在「Prepare the data」部分,執行 cell 來下載資料組,並將它拆成訓練、驗證與測試組。

第一個 cell 會下載並提取資料組，將它放入訓練腳本的目錄。資料組裡面有四個目錄，每個手勢一個（「wing」、「ring」與「slope」），以及一個代表沒有明確手勢的「negative」目錄，每一個目錄裡面都有手勢採集程序產生的原始資料檔案：

```
data/
├── slope
│   ├── output_slope_dengyl.txt
│   ├── output_slope_hyw.txt
│   └── ...
├── ring
│   ├── output_ring_dengyl.txt
│   ├── output_ring_hyw.txt
│   └── ...
├── negative
│   ├── output_negative_1.txt
│   └── ...
└── wing
    ├── output_wing_dengyl.txt
    ├── output_wing_hyw.txt
    └── ...
```

每一個手勢都有 10 個檔案，稍後我們會介紹它們。每一個檔案裡面都有某人做出來的手勢，檔名的最後一個部分是他們的用戶 ID。例如，檔案 *output_slope_dengyl.txt* 裡面有 ID 是 dengyl 的用戶做出來的「slope」手勢。

各個檔案裡面都有 15 個特定手勢的動作，每一列有一個加速度計讀值，每一個操作的開頭都有一列 -,-,- ：

```
 -,-,-
-766.0,132.0,709.0
-751.0,249.0,659.0
-714.0,314.0,630.0
-709.0,244.0,623.0
-707.0,230.0,659.0
```

每一次操作都有一個由頂多幾秒鐘的資料組成的 log，每秒有 25 列。手勢本身是在那一個窗口之中的某個時刻操作的，在其餘的時間，設備都會被穩固地拿著。

出於讀值的讀取方式，檔案裡面也有一些垃圾字元。我們的第一個訓練腳本 *data_prepare.py*（*https://oreil.ly/SCZe9*）會清除這種垃圾資料，它是在第二個訓練 cell 執行的：

```
# 準備資料
!python data_prepare.py
```

這個腳本的設計是從原始資料的資料夾讀取它們，忽略任何垃圾字元，並且用清理後的形式，將它們寫到訓練腳本的目錄（*data/complete_data*）裡面的另一個位置。因為大型資料組經常暗藏許多錯誤、腐敗和其他問題，所以在訓練模型時，我們經常清理雜亂的資料源。

除了清理資料之外，腳本也會產生一些合成資料（*synthetic data*），也就是演算法產生的資料，而不是從真實世界採集的資料。在這個例子中，*data_prepare.py* 裡面的 generate_negative_data() 函式會產生合成資料，它們相當於不符合任何特定手勢的加速度計運動，我們會用這種資料來訓練「不明」類別。

因為建立合成資料比採集真實世界資料快多了，所以它可以增強我們的訓練程序。但是真實世界的版本是不可預測的，所以我們通常不可能用合成資料來建立整個資料組。在這個案例中，雖然它可以讓「不明」類別更穩健，但對於分類已知的手勢沒有幫助。

在第二個 cell 中執行的腳本是 *data_split_person.py*（*https://oreil.ly/1U0FW*）：

```
# 依照不同的人拆開資料
!python data_split_person.py
```

這個腳本會將資料拆成訓練、驗證與測試組。因為資料是用它的建立者來標示的，所以我們可以用一組人的資料進行訓練，用另一組來驗證，用最後一組來測試。我們將資料拆成這樣：

```
train_names = [
    "hyw", "shiyun", "tangsy", "dengyl", "jiangyh", "xunkai", "negative3",
    "negative4", "negative5", "negative6"
]
valid_names = ["lsj", "pengxl", "negative2", "negative7"]
test_names = ["liucx", "zhangxy", "negative1", "negative8"]
```

我們用六個人的資料來訓練，用兩個人的來驗證，用兩個人的來測試。我們也混入陰性資料，它們與特定用戶沒有關係。我們大概用 60%/20%/20% 的比例將全部的資料拆成這三組，在機器學習中，這是相當標準的比例。

根據人來拆資料時，我們會試著確保模型能夠類推新資料。因為我們使用沒有被納入訓練組裡面的人產生的資料來驗證與測試模型，所以模型必須能夠穩健地處理不同人做每一個手勢時的差異。

我們也可以隨機拆開資料，而不是根據人。此時，訓練、驗證與測試資料組都有每一個人的各種手勢的樣本。最終的模型將是用每一個人的資料訓練的，而不是只有六個，所以它有更多機會接觸因人而異的手勢風格。

但是，因為驗證組與訓練組也有來自每一個人的資料，所以我們無法測試模型能不能類推沒有見過的手勢風格。用這種方式建立的模型可能會在驗證與測試時展現比較高的準確度，但不保證在處理新資料時有相同的表現。

專案點子

你可以使用 *data_split.py*（*https://oreil.ly/TEcaQ*）取代 *data_split_person.py* 來以這種方式拆開資料。

用一般的方式訓練模型之後，你可以試著修改 Colab 來進行隨機拆分，並且測試哪一種做法的效果比較好。

務必先執行「Prepare the data」部分的兩個 cell 再繼續工作。

載入 TensorBoard

準備好資料之後，執行下一個 cell 來載入 TensorBoard，它可以協助我們監看訓練程序：

```
# 載入 TensorBoard
%load_ext tensorboard
%tensorboard --logdir logs/scalars
```

訓練 log 會被寫入訓練腳本的目錄裡面的 *logs/scalars* 子目錄，所以我們將它傳給 TensorBoard。

開始訓練

載入 TensorBoard 之後，我們就要開始訓練了。執行這個 cell：

```
!python train.py --model CNN --person true
```

腳本 *train.py*（*https://oreil.ly/S3w0X*）會設定模型結構，使用 *data_load.py*（*https://oreil.ly/aCZgu*）載入資料，並開始訓練程序。

載入資料之後，*load_data.py* 也會使用 *data_augmentation.py*（*https://oreil.ly/zL6wm*）定義的程式碼來執行資料擴增。函式 augment_data() 會接收代表手勢的資料，並稍微修改原始版本來建立新版本，修改的方式包括在時間軸上對資料點進行平移和捲繞（warping）、加入隨機雜訊，以及提升加速度。我們同時使用這種擴增資料和原始資料來訓練模型，讓小型的資料組發揮最大的效用。

隨著訓練的進行，你可以在剛才執行的 cell 下面看到一些輸出，它的資訊很多，我們挑出最值得注意的部分。首先，Keras 產生一個漂亮的表格來展示模型的結構：

Layer (type)	Output Shape	Param #
conv2d (Conv2D)	(None, 128, 3, 8)	104
max_pooling2d (MaxPooling2D)	(None, 42, 1, 8)	0
dropout (Dropout)	(None, 42, 1, 8)	0
conv2d_1 (Conv2D)	(None, 42, 1, 16)	528
max_pooling2d_1 (MaxPooling2	(None, 14, 1, 16)	0
dropout_1 (Dropout)	(None, 14, 1, 16)	0
flatten (Flatten)	(None, 224)	0
dense (Dense)	(None, 16)	3600
dropout_2 (Dropout)	(None, 16)	0
dense_1 (Dense)	(None, 4)	68

它展示模型的所有階層，以及它們的外型和參數數量，參數是權重與偏差值的另一種說法。你可以看到模型使用 Conv2D 層，因為它是摺積模型。這張表格沒有顯示模型的輸入外形是 (None, 128, 3)。稍後我們會更仔細地研究模型的結構。

輸出資訊也會展示模型的估計大小：

```
Model size:16.796875 KB
```

它代表模型的可訓練參數將會占用多少記憶體，這個數字不包括儲存模型的執行圖所需的額外空間，所以實際的模型會大一些，但它可以提供正確的數量概念。它絕對夠格稱為微型模型！

最後你會看到訓練程序本身開始進行：

```
1000/1000 [==============================] - 12s 12ms/step - loss:7.6510 -
accuracy:0.5207 - val_loss:4.5836 - val_accuracy:0.7206
```

此時，你可以看一下 TensorBoard 來瞭解訓練過程的進展。

評估結果

訓練完成之後，我們可以從 cell 的輸出知道一些有用的資訊。首先，我們可以看到最後一個 epoch 的驗證準確度看起來是很有希望的 0.9743，而且損失也很低：

```
Epoch 50/50
1000/1000 [==============================] - 7s 7ms/step - loss: 0.0568 -

accuracy: 0.9835 - val_loss: 0.1185 - val_accuracy: 0.9743
```

這是很棒的結果，特別是因為我們是根據人來拆開資料，也就是驗證資料來自一組完全不同的人。但是，我們不能只用驗證準確度來評估模型，因為模型的超參數與結構都是用驗證資料組手工調整的，所以我們可能已經過擬它了。

為了更瞭解模型的最終性能，我們呼叫 Keras 的 model.evaluate() 函式來用測試組評估它。輸出的下一行是這麼做的結果：

```
6/6 [==============================] - 0s 6ms/step - loss: 0.2888 - accuracy: 0.9323
```

雖然最終結果不像驗證數據那麼驚艷，但這個模型有夠好的準確度 0.9323，而且損失仍然很低。模型能夠以 93% 的機率預測正確的類別對我們的用途來說已經夠好了。

接下來幾行是結果的 *混淆矩陣*，它是用 tf.math.confusion_matrix()（*https://oreil.ly/xlIKj*）函式算出來的：

```
tf.Tensor(
[[ 75   3   0   4]
 [  0  69   0  15]
 [  0   0  85   3]
 [  0   0   1 129]], shape=(4, 4), dtype=int32)
```

在評估分類模型的效果時，混淆矩陣是很棒的工具，它展示了模型在處理測試組的每一個輸入時，預測出來的類別與實際值的一致性。

混淆矩陣的每一行都對應一個預測標籤，按照順序（「翼」、「環」、「坡」接著「不明」），從上到下的每一列則對應實際標籤。從混淆矩陣可以看到大多數的預測都符合實際的標籤。我們也可以看到發生混淆的地方：顯然有相當數量的輸入被錯誤地歸類為「不明」，尤其是屬於「環」類別的那些。

我們可以從混淆矩陣知道模型的弱點在哪裡。在這個案例，它告訴我們，最好可以取得更多「環」手勢的訓練資料，來協助模型認識「環」與「不明」的差異。

train.py 的最後一項工作是將模型轉換成 TensorFlow Lite 格式，包括浮點與量化的版本。接下來的輸出展示各個版本的大小：

```
Basic model is 19544 bytes
Quantized model is 8824 bytes
Difference is 10720 bytes
```

我們的 20 KB 模型在量化之後縮小成 8.8 KB。這是很小的模型，結果很棒。

建立 C 陣列

在「Create a C source file」部分的下一個 cell 將它轉換成 C 原始檔。執行這個 cell 來觀察輸出：

```
# 如果尚未安裝 xxd，安裝它
!apt-get -qq install xxd
# 將檔案存為 C 原始檔
!xxd -i model_quantized.tflite > /content/model_quantized.cc
# 印出原始檔
!cat /content/model_quantized.cc
```

我們可以將這個檔案的內容複製並貼到自己的專案裡面，以便在自己的 app 裡面使用新訓練的模型。稍後會告訴你如何收集新資料，以及教導 app 理解新手勢。我們先繼續看下去。

其他的腳本執行方式

如果你不想要使用 Colab，或你正在修改模型訓練腳本，並且想要在本地測試它們，你可以在自己的開發電腦執行這些腳本。請參考 *README.md*（*https://oreil.ly/6-KPf*）裡面的說明。

接下來，我們要瞭解模型本身如何運作。

模型如何運作

我們知道，我們的模型是一種摺積神經網路（CNN），它可以將一系列的 128 個三軸加速度計讀值（代表大約 5 秒的時間）轉換成包含四個機率的陣列，其中每個手勢一個機率，以及一個「不明」機率。

CNN 是在輸入資料的相鄰值之間蘊含重要資訊時使用的。在說明的第一部分，我們要看一下資料，瞭解為何 CNN 適合用來理解它。

將輸入視覺化

在加速度計時間序列資料中，相鄰的加速度計讀數可以提供關於設備運動的線索。例如，如果加速度計在某一軸從零快速變成正值再回到零，可能代表設備已經開始往那個方向移動了。圖 12-5 展示這個假設案例。

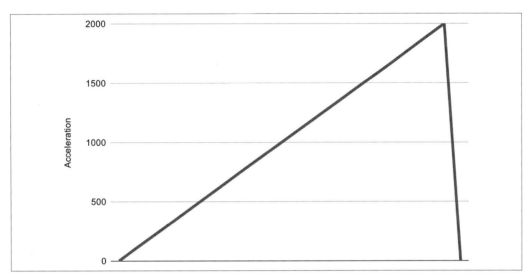

圖 12-5　設備移動時，在一個軸上的加速度計值

任何手勢都是由一系列運動組成的，一個接著另一個。例如，考慮「翼」手勢，如圖 12-6 所示。

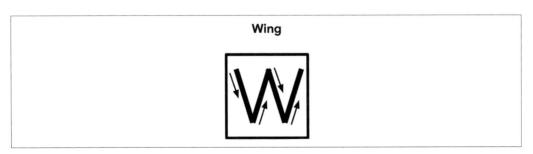

圖 12-6　「翼」手勢

這個設備先往下移動,再往右移動,再往上與往右,接著往下與往右,接著再次往上與往右。圖 12-7 是在「翼」手勢期間採集的真實資料樣本,單位是 milli-Gs。

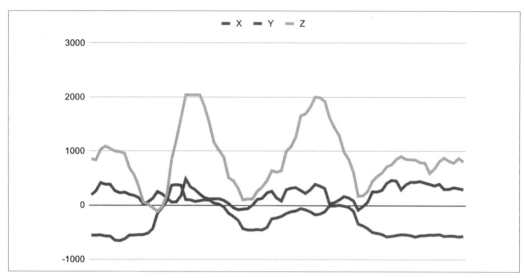

圖 12-7　在「翼」手勢期間的加速度計值

我們可以藉著察看這張圖表,並且將它拆成各個成分來瞭解它是哪個手勢。從 z 軸加速度來看,顯然設備以我們預期的「翼」手勢的形狀上下移動。更微妙的是,我們可以看到,x 軸與 z 軸的加速度之間的關係變化展示了設備在橫向手勢時的動作,在此同時,我們可以看到 y 軸基本保持穩定。

類似的情況,具備多層的 CNN 能夠透過手勢的各個成分的蛛絲馬跡來學習如何辨識它們。例如,或許一個網路可以學會區分上下移動,而且當這兩種運動與正確的 z 和 y 軸移動結合起來時,就代表「翼」手勢。

為此,CNN 會學習一系列排列為層狀的**過濾器**(*filter*)。每一個過濾器都會學習辨識資料中的特定種類的特徵,發現該特徵時,它就會傳遞這個高階資訊給網路的下一層。例如,網路的第一層的過濾器可能學會辨識一些簡單的東西,例如一段向上加速的時間,當它認出這種特徵時,它就會將這項資訊傳給網路的下一層。

後續的過濾器層會學習上一層比較簡單的過濾器產生的輸出如何組成更大型的結構。例如,四個交錯的向上與向下加速度組合起來可能代表「翼」手勢的「W」形狀。

在這個程序中，有雜訊的輸入資料會被逐漸轉換成高階的、符號化的表示法。網路的後續階層可以分析這種符號化的表示法，來猜出它是哪一種手勢。

在下一節，我們要討論實際的模型結構，看看它如何對映這個程序。

瞭解模型結構

模型的結構是在 *train.py*（ *https://oreil.ly/vxT1v* ）裡面的 build_cnn() 函式中定義的。這個函式使用 Keras API 來定義模型，一層接著一層：

```
model = tf.keras.Sequential([
    tf.keras.layers.Conv2D( # input_shape=(batch, 128, 3)
        8, (4, 3),
        padding="same",
        activation="relu",
        input_shape=(seq_length, 3, 1)), # output_shape=(batch, 128, 3, 8)
    tf.keras.layers.MaxPool2D((3, 3)),  # (batch, 42, 1, 8)
    tf.keras.layers.Dropout(0.1),  # (batch, 42, 1, 8)
    tf.keras.layers.Conv2D(16, (4, 1), padding="same",
                            activation="relu"),  # (batch, 42, 1, 16)
    tf.keras.layers.MaxPool2D((3, 1), padding="same"),  # (batch, 14, 1, 16)
    tf.keras.layers.Dropout(0.1),  # (batch, 14, 1, 16)
    tf.keras.layers.Flatten(),  # (batch, 224)
    tf.keras.layers.Dense(16, activation="relu"),  # (batch, 16)
    tf.keras.layers.Dropout(0.1),  # (batch, 16)
    tf.keras.layers.Dense(4, activation="softmax")  # (batch, 4)
])
```

這是一種循序模型，也就是各個階層的輸出會直接傳給下一層。我們來講解每一層，並探討裡面發生什麼事情。第一層是個 Conv2D：

```
tf.keras.layers.Conv2D(
    8, (4, 3),
    padding="same",
    activation="relu",
    input_shape=(seq_length, 3, 1)), # output_shape=(batch, 128, 3, 8)
```

這是一個摺積層，它直接接收網路的輸入，那些輸入是一系列的加速度計原始資料。輸入的外型是用 input_shape 引數來提供的，它被設為 (seq_length, 3, 1)，其中的 seq_length 是被傳入的加速度計量值的總數（預設為 128），每一個量值都包含三個值，代表 x、y 與 z 軸。圖 12-8 是將輸入視覺化的情況。

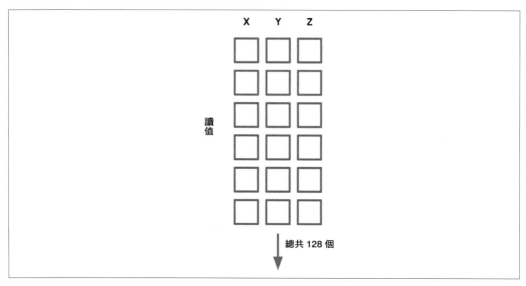

圖 12-8　模型的輸入

摺積層的工作是接收這個原始資料，並提取可讓後續階層解譯的基本特徵。需要提取的特徵數量是由傳給 Conv2D() 函式的引數決定的。你可以在 tf.keras.layers.Conv2D() 文件（*https://oreil.ly/hqXJF*）中看到這些引數的說明。

第一個引數決定階層有多少過濾器。在訓練期間，各個過濾器會學習辨識原始資料的特定特徵，例如，過濾器可能學著辨識向上移動的蛛絲馬跡。階層會幫每一個過濾器輸出一個**特徵圖**，展示它學到的特徵在輸入裡面的位置。

我們的程式定義的階層有八個過濾器，這意味著它會從輸入資料中學習辨識與輸出八種不同的高階特徵。你可以在輸出外型 (batch_size, 128, 3, 8) 中看到這一點，它的最後一維有八個**特徵通道**，每個特徵一個，各個通道的值是特徵出現在輸入資料中的那個位置的程度。

第 8 章說過，摺積層會將一個窗口滑過資料，並判斷那個窗口裡面有沒有特定的特徵。Conv2D() 的第二個引數是窗口的維度，在這個例子中，它是 (4, 3)，這意味著過濾器尋找的特徵跨越 4 個連續的加速度計讀值，以及全部的 3 軸。因為窗口跨越 4 個讀值，所以每一個過濾器會分析一小段時間，也就是說，它可以產生代表「加速度隨著時間的變化」的特徵。圖 12-9 展示這個動作。

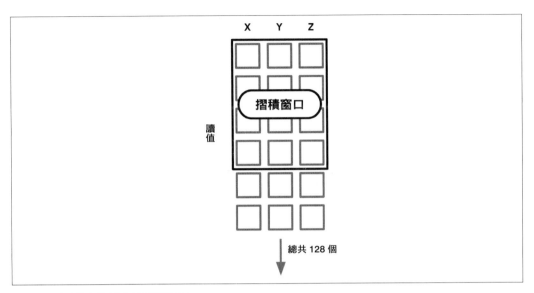

圖 12-9　覆蓋在資料上的摺積窗口

padding 引數設定如何在資料上移動窗口。如果你將 padding 設為 "same"，該階層輸出的長（128）與寬（3）將與輸入一樣。因為每一次移動過濾器窗口都會產生一個輸出值，"same" 引數代表窗口必須跨越資料移動 3 次，並且向下移動 128 次。

因為窗口的寬度是 3，所以它一開始一定超出資料的左邊。過濾器窗口未覆蓋實際值的空白空間會被填充（padded）零。為了沿著資料的長往下移動 128 次，過濾器也一定會超出資料的最上面。圖 12-10 與圖 12-11 說明這項操作。

當摺積窗口掃過所有資料，使用各個過濾器來建立 8 個不同的特徵圖之後，輸出會被傳給下一層，MaxPool2D：

```
tf.keras.layers.MaxPool2D((3, 3)),  # (batch, 42, 1, 8)
```

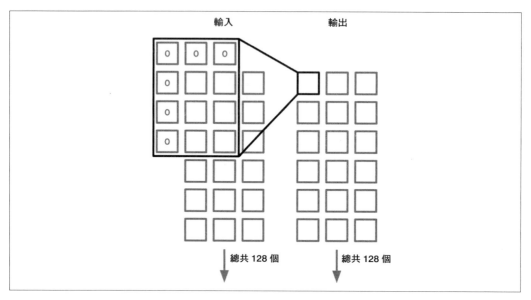

圖 12-10　在起始位置的摺積窗口。我們必須在上面與左邊進行填補

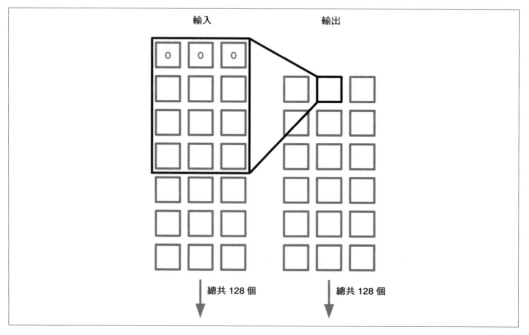

圖 12-11　同一個摺積窗口移到它的第二個位置，只需要填補上面

這個 MaxPool2D 層接收上一層的輸出，也就是一個 (128, 3, 8) 張量，並將它縮小為 (42, 1, 8) 張量，大小是原本的三分之一。縮小的方法是先察看輸入資料的窗口，接著選擇窗口內的最大值，並且只將那個值傳到輸出，然後對下一個窗口的資料重複執行同一個程序。傳給 MaxPool2D()（*https://oreil.ly/HZo0q*）函式的引數 (3, 3) 代表使用 3×3 的窗口。在預設情況下，窗口都會被移動，以便包含全新的資料。圖 12-12 是這個程序的運作情況。

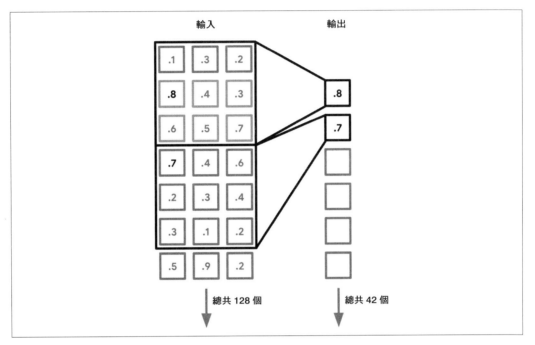

圖 12-12　最大池化的情況

注意，雖然圖中的各個元素都有一個值，但資料的每一個元素其實有八個特徵通道。

為什麼要這樣縮小輸入？當你用 CNN 來進行分類時，它的目標是將一個大型、複雜的輸入張量轉換成一個小型、簡單的輸出，MaxPool2D 層可協助完成這件事，它會將第一個摺積層的輸出歸納為它所蘊含的有關資訊的濃縮、高階表示法。

濃縮資訊可以將輸入資料中與辨識手勢的工作無關的資訊剔除，只保留最重要的、最能夠代表第一個摺積層的輸出的特徵。值得注意的是，雖然原始的輸入的每一個讀數都有三個加速度計軸，但 Conv2D 與 MaxPool2D 的組合已經將它們合併成一個單獨的值了。

縮小資料之後，我們讓它通過一個 Dropout 層（*https://oreil.ly/JuQtU*）：

```
tf.keras.layers.Dropout(0.1),  # (batch, 42, 1, 8)
```

Dropout 層會在訓練期間隨機將一些張量值設為零。本例藉著呼叫 Dropout(0.1) 來將 10% 的值設為零，完全抹除那些資料。這種做法乍看之下很奇怪，所以我們來解釋一下。

dropout 是一種正則化（regularization）技術。本書說過，正則化是改善機器學習模型，讓它們比較不會過擬訓練資料的程序。dropout 是一種簡單卻高效的過擬限制手段，在兩層之間隨機移除一些資料可以強迫神經網路學習如何處理意外的雜訊與變動。在階層之間加入 dropout 是一種常見且高效的做法。

dropout 層只會在訓練期啟用，它在推斷期沒有效果，所有資料都可以通過。

在 Dropout 層之後，我們同樣將資料傳給一個 MaxPool2D 層與一個 Dropout 層：

```
tf.keras.layers.Conv2D(16, (4, 1), padding="same",
                       activation="relu"),  # (batch, 42, 1, 16)
```

這一層有 16 個過濾器，窗口大小為 (4, 1)。這些數字都是模型超參數，它們是在反覆開發模型的過程中選擇的。設計有效的結構是一種試誤程序，不太可能第一次就找到正確的值，這些神奇的數字就是透過大量的試驗得到的。

如同第一個摺積層，這一層也會學習蘊含有意義資訊的相鄰值模式，它的輸出是特定輸入內容的更高階表示法，它辨識的特徵是用第一個摺積層辨識的特徵組成的。

在這個摺積層之後，我們使用另一個 MaxPool2D 與 Dropout：

```
tf.keras.layers.MaxPool2D((3, 1), padding="same"),  # (batch, 14, 1, 16)
tf.keras.layers.Dropout(0.1),  # (batch, 14, 1, 16)
```

它繼續將原始輸入濃縮成更小、更容易管理的表示法，它的輸出是個多維張量，外形是 (14, 1, 16)，象徵性地代表輸入資料中最重要的結構。

願意的話，你可以繼續加入摺積與池化程序。CNN 的層數也是在開發模型期間可以調整的超參數。但是在開發這個模型的過程中，我們發現兩個摺積層就夠用了。

到目前為止，我們都讓資料通過摺積層，這種階層只在乎相鄰值之間的關係，也就是說，我們並未真正考慮全局。但是因為我們有輸入資料蘊含的主要特徵的高階表示法，我們可以「將鏡頭拉遠」集體研究它們。所以，我們將資料壓平，並將它傳入一個 Dense 層（也稱為**完全連接層**）：

```
tf.keras.layers.Flatten(),  # (batch, 224)
tf.keras.layers.Dense(16, activation="relu"),  # (batch, 16)
```

Flatten 層（*https://oreil.ly/TUIZc*）的用途是將多維張量轉換成單維張量。在本例中，外形為 (14, 1, 16) 張量被壓縮成外形為 (224) 的單維張量。

接著將它傳入包含 16 個神經元的 Dense 層（*https://oreil.ly/FbpDB*），這種階層是最基本的深度學習工具之一，它的每一個輸入都會被連接到每一個神經元，藉著一次考慮所有資料來學習各種輸入組合的意義。Dense 層的輸出是 16 個值，代表原始輸入的高度壓縮內容。

最後一項工作是將這 16 個值縮成 4 個類別，我們加入更多 dropout，以及最終的 Dense 層：

```
tf.keras.layers.Dropout(0.1),  # (batch, 16)
tf.keras.layers.Dense(4, activation="softmax")  # (batch, 4)
```

這一層有四個神經元，分別代表每一種手勢類別，它們都連接上一層的全部 16 個輸出。在訓練期間，各個神經元都會學習對應它所代表的手勢的前層觸發組合。

這個階層使用 "softmax" 觸發函數，它會讓該層的輸出是一組總和為 1 的機率，這個輸出就是我們在模型的輸出張量看到的東西。

這一種模型結構（摺積層與完全連接層的組合）很適合用來對時間序列感測器資料進行分類，例如加速度計的讀值。這種模型可以學習辨識代表特定輸入類別的「指紋」的高階特徵，它很小，跑起來很快，而且訓練時間不需要太久，身為嵌入式機器學習工程師，這種結構是你的寶貴工具。

用你自己的資料來訓練

本節將展示如何訓練你自訂的模型來辨識新手勢。我們將介紹如何採集加速度計資料、修改訓練腳本來使用它、訓練新模型，以及將模型整合到嵌入式 app。

採集資料

為了取得訓練資料,我們可以使用一個簡單的程式,在手勢執行期間將加速度計資料 log 至序列埠。

SparkFun Edge

最快速的方式是修改 SparkFun Edge Board Support Package(BSP)(*https://oreil.ly/z4eHX*)的其中一個範例。首先,按照 SparkFun 的「Using SparkFun Edge Board with Ambiq Apollo3 SDK」(*https://oreil.ly/QqKPa*)指南來設定 Ambiq SDK 與 SparkFun Edge BSP。

下載 SDK 與 BSP 之後,我們要修改範例程式,來讓它做我們想做的事情。

先 在 文 字 編 輯 器 打 開 檔 案 *AmbiqSuite-Rel2.2.0/boards/SparkFun_Edge_BSP/examples/example1_edge_test/src/tf_adc/tf_adc.c*。找到呼叫 `am_hal_adc_samples_read()` 的地方,它在檔案的第 61 行:

```
if (AM_HAL_STATUS_SUCCESS != am_hal_adc_samples_read(g_ADCHandle,
                                                     NULL,
                                                     &ui32NumSamples,
                                                     &Sample))
```

將它的第二個參數改成 true,讓整個函式變成這樣:

```
if (AM_HAL_STATUS_SUCCESS != am_hal_adc_samples_read(g_ADCHandle,
                                                     true,
                                                     &ui32NumSamples,
                                                     &Sample))
```

接著修改 *AmbiqSuite-Rel2.2.0/boards/SparkFun_Edge_BSP/examples/example1_edge_test/src/main.c*。找到第 51 行的 while 迴圈:

```
/*
* 以輪詢模式讀取樣本(沒有 int)
*/
while(1)
{
    // 使用按鈕 14 來停止迴圈並關閉
    uint32_t pin14Val = 1;
    am_hal_gpio_state_read( AM_BSP_GPIO_14, AM_HAL_GPIO_INPUT_READ, &pin14Val);
```

修改程式,加入這幾行:

```
/*
* 以輪詢模式讀取樣本(沒有 int)
```

```
*/
while(1)
{
    am_util_stdio_printf("-,-,-\r\n");
    // 使用按鈕 14 來停止迴圈並關閉
    uint32_t pin14Val = 1;
    am_hal_gpio_state_read( AM_BSP_GPIO_14, AM_HAL_GPIO_INPUT_READ, &pin14Val);
```

接著在 while 迴圈中找到這一行：

```
am_util_stdio_printf("Acc [mg] %04.2f x, %04.2f y, %04.2f z,
                    Temp [deg C] %04.2f, MIC0 [counts / 2^14] %d\r\n",
        acceleration_mg[0], acceleration_mg[1], acceleration_mg[2],
        temperature_degC, (audioSample) );
```

刪除原始那一行，並將它換成這段程式：

```
am_util_stdio_printf("%04.2f,%04.2f,%04.2f\r\n", acceleration_mg[0],
                    acceleration_mg[1], acceleration_mg[2]);
```

程式會以訓練腳本使用的格式輸出資料。

接著，按照 SparkFun 指南（*https://oreil.ly/BPJMG*）的說明來組建 example1_edge_test 範例 app，並將它 flash 至設備。

log 資料

組建與 flash 範例程式碼之後，按照接下來的說明來採集一些資料。

打開新的終端機視窗，執行下面的命令將終端機的輸出都 log 至 *output.txt* 檔：

```
script output.txt
```

在同一個視窗使用 screen 來連接設備：

```
screen ${DEVICENAME} 115200
```

加速度計的讀值會被顯示在螢幕上，並儲存到 *output.txt* 檔案，它的格式就是訓練腳本期望的同一種逗號分隔格式。

請盡量將同一個手勢的多次動作放在單一檔案裡面。若要採集單一手勢動作，按下 RST 按鈕，電路板會將字元 -,-,- 寫到序列埠，訓練腳本會用這個輸出來辨識手勢動作的開始。完成手勢動作之後，按下按鈕 14 來停止 log 資料。

多次 log 同一個手勢之後，按下 Ctrl- A 來退出畫面，然後立刻按下 K 鍵，再按下 Y 鍵。退出畫面之後，輸入下面的命令來停止 log 資料到 *output.txt*：

```
exit
```

現在你有一個 *output.txt* 檔案了，它裡面有一個人執行一個手勢的資料。為了訓練全新的模型，你要盡量收集與原始資料組類似數量的資料，原始資料組有 10 個人做出各個手勢大約 15 次的資料。

如果你不在乎別人使用模型的效果，也許你只要採集自己的動作就可以了，話雖如此，你收集到的動作版本越多，結果就越好。

為了與訓練腳本相容，你要將你採集的資料檔檔名改成這種格式：

```
output_<gesture_name>_<person_name>.txt
```

例如，「Daniel」做出的假想手勢「triangle」的資料檔案是這個名稱：

```
output_triangle_Daniel.txt
```

訓練腳本認為資料會被放在以各個手勢為名的目錄裡面，例如：

```
data/
├── triangle
│   ├── output_triangle_Daniel.txt
│   └── ...
├── square
│   ├── output_square_Daniel.txt
│   └── ...
└── star
    ├── output_star_Daniel.txt
    └── ...
```

你也要提供「不明」分類，在稱為 *negative* 的目錄裡面。在這個例子，你可以直接使用原始資料組的資料檔案。

請注意，因為模型結構的設計是輸出四個類別的機率（三種手勢加上一個「不明」），所以你要提供自己的三個手勢。如果你想要用更多或更少手勢來訓練，你就要修改訓練腳本，以及調整模型結構。

修改訓練腳本

為了用自己的新手勢來訓練模型，你必須稍微修改訓練腳本。

首先，將下列檔案裡面的所有手勢名稱都換掉：

- *data_load.py*（*https://oreil.ly/1Tplr*）

- *data_prepare.py*（*https://oreil.ly/O7eym*）

- *data_split.py*（*https://oreil.ly/w8ORq*）

接下來，將這些檔案裡面的人名全部換掉：

- *data_prepare.py*（*https://oreil.ly/3swnY*）

- *data_split_person.py*（*https://oreil.ly/xhVh7*）

注意，如果你的人名有不同的數量（原始資料組有 10 個），而且你想要在訓練期間按人拆分資料，你就要使用新的拆分方式。如果你只有少數人的資料，在訓練期間就不可能按人拆分，所以不需要煩惱 *data_split_person.py*。

訓練

在訓練新模型時，將資料檔案目錄複製到訓練腳本的目錄裡面，並且按照本章介紹過的程序來執行。

如果你的資料只來自少數人，你就要隨機拆分資料，而不是按人，所以在準備訓練時，要執行 *data_split.py*，而不是 *data_split_person.py*。

因為你要訓練新手勢，所以可以嘗試各種模型超參數來取得最佳的準確度。例如，你可以訓練更多或更少 epoch，或使用不同的階層結構或神經元數量，或使用不同的摺積超參數，看看能不能得到更好的結果。你可以使用 TensorBoard 來監控進度。

當模型有可接受的準確度之後，你必須對專案進行一些修改來確保它可以運作。

使用新模型

首先，你必須將新模型的資料（用 xxd -i 格式化的）複製到 *magic_wand_model_data.cc* 裡面。你也要更改 g_magic_wand_model_data_len 的值，讓它符合 xxd 輸出的數量。

接下來，你要將 should_continuous_count 陣列內的值改成 *accelerometer_handler.cc* 所設定的各個手勢成立所需的連續預測次數。這個值代表手勢需要花多久時間執行。原始的「翼」手勢需要連續 15 次，你可以用它來估計新手勢需要多久，並修改陣列中的值。你可以反覆調整這些值，直到取得最可靠的效果為止。

最後，更改 *output_handler.cc* 裡面的程式來印出新手勢的正確名稱。完成之後，即可組建程式，並 flash 設備。

結語

本章深入研究典型的嵌入式機器學習模型的結構，這種摺積模型非常適合用來分類時間序列資料，你也會經常遇到它。

希望你已經知道嵌入式機器學習 app 長怎樣，以及它們的 app 程式碼如何與模型合作來瞭解周圍的世界了。當你建構自己的專案時，你會收集你熟悉的模型，將它們變成一個工具箱，用來解決各種不同的問題。

學習機器學習

本書的目的是友善地介紹嵌入式機器學習的可能性，這不是一本關於機器學習本身的參考書。如果你想要更深入地瞭解如何建構自己的模型，這裡有一些神奇的、非常容易使用的資源，它們很適合讓各種背景的學生使用，也可以為你提供一個起跑點。

這些是我們最喜歡的資源，它們可讓你在本書的基礎之上更上一層樓：

- François Chollet 的 *Deep Learning with Python*（*https://oreil.ly/PFF3r*）（Manning）
- Aurélien Géron 的 *Hands-on Machine Learning with Scikit-Learn, Keras, and TensorFlow, 2nd Edition*（*https://oreil.ly/M5KrN*）（O'Reilly）
- Deeplearning.ai 的 Deep Learning Specialization（*https://oreil.ly/xKQMP*）與 TensorFlow in Practice（*https://oreil.ly/4q7HY*）課程
- Udacity 的 Intro to TensorFlow for Deep Learning（*https://oreil.ly/YJlYd*）課程

接下來要談什麼？

本書其餘的章節會更深入討論嵌入式機器學習的工具與工作流程。你將學會如何設計自己的 TinyML app、如何優化模型與 app 程式，讓它在低電力設備上良好運行、如何將既有的機器學習模型匯出至嵌入式設備，以及如何修正嵌入式機器學習程式碼的錯誤。我們也會處理一些高階的問題，例如部署、隱私與安全防護。

不過，我們要先更深入瞭解 TensorFlow Lite，也就是支撐本書所有範例的框架。

## 第十三章

TensorFlow Lite for Microcontrollers

本章將介紹本書的所有範例使用的軟體框架：TensorFlow Lite for Microcontrollers。我們會介紹很多細節，但你不需要瞭解我們介紹的所有東西即可在 app 中使用它。如果你對引擎蓋下發生的事情不感興趣，你可以跳過這一章，等到遇到問題時再回來閱讀這一章。如果你想要更瞭解執行機器學習時使用的工具，我們將在這裡介紹它們的歷史與內部工作原理。

TensorFlow Lite for Microcontrollers 是什麼？

你想問的第一個問題應該是這個框架到底是什麼？為了解釋它，我們可以分解它的名稱（有夠長），逐一說明裡面的各個部分。

TensorFlow

如果你研究過機器學習，你應該聽過 TensorFlow 本身。TensorFlow（*https://tensorflow.org*）是 Google 的開源機器學習程式庫，標榜「大家的開源機器學習框架」。它是 Google 內部開發的框架，在 2015 年首次發表，從那時起，圍繞著這個軟體發展出龐大的外部社群，使得在 Google 外部的貢獻者比內部更多。它為 Linux、Windows 與 macOS 桌機與伺服器平台提供大量的工具、範例，以及針對雲端訓練和部署模型的優化。它是 Google 內部用來支援其產品的主力機器學習程式庫，內部版與公開版的核心程式碼都是一樣的。

你也可以從 Google 與其他來源找到大量的範例與教學，從中知道如何訓練與重複使用模型來進行語音辨識、資料中心電源管理和視訊分析等工作。

TensorFlow 推出時，當時最大的需求是在桌機環境訓練與執行模型，這種需求影響許多設計決策，例如用可執行檔的大小來換取更低的等待時間，以及提供更多的功能。在雲端伺服器，就算是 RAM 也是用 GB 來計算的，儲存空間則是 TB 級的，所以幾百 MB 的二進制檔不成問題。另一個決策是，它推出時的主要介面語言是 Python，這是一種在伺服器上面廣泛使用的腳本語言。

但是，這些工程方面的取捨不適合其他平台。在 Android 與 iPhone 設備上，就算只讓 app 的大小增加幾 MB 都會大大降低下載量與顧客滿意度。雖然你可以幫這些手機平台建構 TensorFlow，但是在預設情況下，它會讓 app 的大小增加 20 MB，而且就算你設法縮小，它也絕對不會低於 2 MB。

TensorFlow Lite

為了滿足移動平台對於較低尺寸的需求，Google 在 2017 年啟動 TensorFlow 主線的配套專案，稱為 TensorFlow Lite。這個程式庫的目的是在行動設備上有效且輕鬆地執行神經網路模型。為了減少框架的大小與複雜度，它捨棄一些在這些平台上比較罕見的功能，例如，它不支援訓練，只使用已經在雲端平台訓練好的模型來執行推斷。它也不支援可在 TensorFlow 主線中使用的所有資料型態（例如 double），此外，它也沒有比較少用的 op，例如 tf.depth_to_space。你可以在 TensorFlow 網站（*https://oreil.ly/otEIp*）找到最新的相容資訊。

出於這些考量，TensorFlow Lite 可被放入幾百 KB 的空間，所以可以輕易地放入大小有限的 app。它也有一些針對 Arm Cortex-A-series CPU 高度優化的程式庫，並且支援 Android 的 Neural Network API，以及透過 OpenGL 支援 GPU。它的另一個重要優點是它很好地支援 8-bit 網路量化，因為模型可能有數百萬個參數，將 32-bit 浮點數降為 8-bit 整數來降低 75% 的大小本身就很有價值了，此外還有專門的程式碼途徑可讓模型用更小的資料型態執行快很多的推斷。

TensorFlow Lite for Microcontrollers

雖然 TensorFlow Lite 已被行動開發者廣泛採用了，但它的工程取捨無法滿足所有平台的需求。團隊發現很多 Google 與外界的產品都可以從嵌入式平台上的機器學習受益，但是既有的 TensorFlow Lite 程式庫無法放入嵌入式平台，最大的限制一樣是二進制檔的大小。對這種環境來說，即使是幾 KB 也太大，它們需要的是可以用 20 KB 以下的空間來容納的東西。這種平台也無法使用行動開發者視為理所當然的依賴項目，例如 C Standard Library，所以依賴這些程式庫的任何程式碼都無法使用。不過，這種平台有許多非常相似的需求，主要的用例是推斷，為了提升性能，量化的網路非常重要，為開發者提供足夠簡單的基礎程式來讓他們可以探索與修改是必須優先考慮的事情。

考慮到這些需求，Google 的一個團隊（包括本書的作者們）在 2018 年開始試驗專門為嵌入式平台設計的 TensorFlow 版本，他們的目標是盡量重複使用行動專案的程式碼、工具與文件，同時滿足嵌入式環境的嚴苛需求。Google 團隊為了確保他們正在建構實用的東西，他們把重點放在辨識口語「喚醒詞」上，類似商用語音介面的「Hey Google」或「Alexa」案例，Google 藉著處理這個問題的端對端案例，努力確保他們設計的系統可用於生產系統。

需求

Google 團隊知道在編寫嵌入式環境的程式碼時，寫程式的方式有很多限制，因此列出程式庫的重要需求：

不能使用作業系統依賴項目

基本上，機器學習模型就是一個數學黑盒子，我們傳入數字，讓它回傳數字結果。執行這些 op 不需要使用系統的其餘部分，所以我們可以在不必調用底層作業系統的情況下，寫出機器學習框架。有些目標平台完全沒有 OS，所以在基本程式中避免引用任何檔案或設備可讓我們輕鬆地將它移植到這些晶片上。

在連結期不能使用標準 C 或 C++ 程式庫依賴項目

這個需求比 OS 需求微妙一些，但是 Google 團隊的部署目標是只有幾十 KB 記憶體可以儲存程式的設備，所以二進制檔的大小非常重要。即使是 sprintf() 這種看起來很簡單的函式本身都可能會占掉 20 KB，所以團隊努力避免必須從儲存了 C 與 C++ 標準程式庫實作的程式庫歸檔（library archive）中拉入的東西。這件事很麻煩，因為 header-only（只有標頭檔）的依賴項目（例如保存資料型態大小的 *stdint.h*）與標準程式庫的連結期元件（例如各種字串函式或 sprintf()）之間沒有明確的界限。在實務上，團隊必須運用一些常識來釐清，一般來說，編譯期常數與巨集都沒問題，但比較複雜的東西都必須避免。C 數學標準程式庫是一項例外，類似三角函數這種東西必須依賴它們，所以必須連結進來。

不預期有浮點硬體

許多嵌入式平台都不支援硬體浮點算術運算，所以程式必須避免任何重視性能的浮點數使用，這意味著他們要將重點放在使用 8-bit 整數參數的模型上，並且在 op 內使用 8-bit 算術（雖然為了相容，框架也要在必要時支援浮點運算）。

不能做動態記憶體配置

許多微控制器 app 都需要持續運行好幾個月或好幾年，如果程式的主迴圈使用 malloc()/new 與 free()/delete 來配置與釋出記憶體，我們很難保證 heap 最終不會變成破碎狀態，造成配置失敗與崩潰。大部分的嵌入式系統可用的記憶體也非常少，所以與其他平台相比，事先規劃這種有限的資源非常重要，而且如果沒有 OS，可能連 heap 與配置程式都沒有，這意味著嵌入式 app 通常會完全避免使用動態記憶體配置。因為程式庫是設計給這些 app 使用的，所以它必須採取相同的做法。在實務上，框架會要求呼叫 app 傳遞一個小型的、固定大小的 arena，讓框架可以在初始化時，用來進行臨時性的配置（例如觸發（activation）緩衝區）。如果 arena 太小，程式庫會立刻回傳錯誤，用戶端必須用更大型的 arena 來重新編譯。如果沒有錯誤，執行推斷時就不需要配置記憶體，所以推斷可以重複執行，免除 heap 破碎或記憶體錯誤的風險。

團隊也排除在嵌入式社群中常見的一些其他限制，因為它們會讓大家在使用行動 TensorFlow Lite 時，非常難以共享程式以及維持相容性。因此：

它需要 C++11

嵌入式程式經常是用 C 寫成的，有些平台完全不支援 C++ 工具鏈，或不支援比 2011 年標準修訂版更舊的版本。TensorFlow Lite 大部分都是用 C++ 寫成的，它也使用一些一般的 C API，所以從其他語言呼叫它比較簡單。它不使用 complex template 等高級的功能，它的風格是本著「較佳的 C」的精神，使用類別來協助將程式模組化。用 C 來重寫框架需要大量的工作，對行動平台的用戶來說也是一種退步。研究了最流行的平台之後，團隊發現它們都已經支援 C++11 了，所以決定放棄支援舊設備，讓它更容易和所有的 TensorFlow Lite 版本共享程式碼。

它預期使用 32-bit 處理器

嵌入式世界有大量的硬體平台種類，但近年來的趨勢是使用 32-bit 處理器，而不是以前常見的 16-bit 或 8-bit 晶片。Google 在調查生態系統之後，決定把開發重點放在較新的 32-bit 設備上，因為這樣就可以讓行動與嵌入式版本的框架都假設 C 的 int 資料型態是 32 bits。我們曾經聽到一些成功移植到 16-bit 平台的回報，但它們都需要使用現代的工具鏈來彌補這些限制，這不是我們的優先選擇。

為什麼要解譯模型？

有一個常見的問題是「為什麼要在執行期解譯模型，而不是提前用模型生成程式碼？」為了解釋這一個決策，我們要梳理各種方法的好處與問題。

採取程式碼生成需要將模型直接轉換成 C 或 C++ 程式碼，將所有參數存為程式中的資料陣列，將結構轉換成一系列的函式呼叫，用這些函式將觸發（activation）從一層傳到另一層。這種程式碼通常會被輸出至一個大型的原始檔，而且它有少數的入口點。接下來，你可以在 IDE 或工具鏈直接 include 這個檔案，並且像任何其他程式一樣進行編譯。以下是程式碼生成的幾項主要好處：

容易組建

用戶告訴我們最大好處就是整合組建系統非常容易。如果你只有幾個 C 或 C++ 檔案，沒有外部的依賴程式庫，你可以輕鬆地將它們拖曳至幾乎所有 IDE，在組建專案時幾乎不會出錯。

容易修改

如果一個實作檔案裡面的程式碼很少，在必要時步進執行與修改程式將容易許多，相較之下，使用大型程式庫時，你甚至必須先確定你使用了哪些實作。

將資料內嵌

你可以將模型本身的資料與原始碼實作一併儲存，不需要使用額外的檔案。你也可以將它直接存成記憶體內的（in-memory）資料結構，因此不需要執行載入或解析步驟。

程式碼大小

如果你事先知道你要組建的模型以及目標平台是什麼，你就可以避免 include 永遠不會被呼叫的程式碼，讓程式片段（segment）維持最小。

解譯模型是不同的做法，需要載入用來定義模型的資料結構。被執行的程式碼是靜態的，只有模型資料會改變，在模型裡面的資訊會控制該執行哪些 op，以及從哪裡取得參數。它比較類似在 Python 這種解譯式語言裡面執行腳本，但程式碼生成比較接近 C 這種傳統的編譯語言。以下是程式碼生成與解譯模型資料結構相比的一些缺點：

易升級性

如果你在本地修改了生成的程式碼，但你想要升級成整體框架的新版本來獲得新功能或優化，該怎麼辦？你必須親自將更改的地方放入本地檔案，或全部重新生成它們，並試著將本地的變動放回去。

多個模型

如果沒有大量的原始碼複本，你很難透過「程式碼生成」一次支援多個模型。

替換模型

每一個模型都是用原始碼與程式內的資料陣列來表示的，所以你很難在不重新編譯整個程式的情況下更改模型。

團隊發現使用所謂的**專案生成**（*project generation*）可以得到程式碼生成的許多好處，同時避免它的缺點。

專案生成

在 TensorFlow Lite 裡面，專案生成就是「只使用建構特定模型所需的原始檔來建立一個複本」，並且不對它們做任何改變，你也可以設置任何 IDE 專用的專案檔案，以便輕鬆地組建它們。它除了保留程式碼生成的多數好處之外，也有一些重要的優點：

容易升級

原始檔只是主 TensorFlow Lite 基礎程式的複本，而且位於資料夾結構的同一個位置，所以如果你進行本地修改，你可以輕鬆地將它們移植回去原始來源，並且使用標準的合併工具來合併程式庫的升級。

使用多個模型與替換模型

因為底層的程式是解譯器，所以你可以使用的模型不只一個，也可以輕鬆地換掉資料檔，而不需要重新編譯。

將資料內嵌

必要時，你仍然可以將模型參數本身編譯成程式裡面的 C 資料陣列。而且使用 FlatBuffers 序列化這種格式代表它可以直接在記憶體裡面使用，而不需要進行拆包或解析。

外部依賴項目

因為組建專案所需的所有標頭與原始檔都會被複製到常規 TensorFlow 程式碼的資料夾裡面，所以不需要分別安裝與下載依賴項目。

這種做法無法自動出現的好處就是程式碼大小，因為解譯器的結構會讓你難以發現永遠不會被使用的程式碼路徑。為了解決這個問題，你可以在 TensorFlow Lite 裡面親自使用 OpResolver 機制來註冊你期望在 app 內使用的 kernel 實作。

組建系統

TensorFlow Lite 原本是在 Linux 環境中開發的，所以許多工具都是以傳統的 Unix 工具為基礎，例如 shell 腳本、Make 與 Python。不過，我們知道它們不是嵌入式開發者常用的工具，所以想要支援其他平台與編譯工具鏈，讓它們成為一級公民。

我們的做法是透過上述的專案生成。如果你是從 GitHub 抓取 TensorFlow 原始碼，你可以在 Linux 使用標準的 Makefile 做法來為許多平台組建程式。例如，這個命令可編譯與測試程式庫的 x86 版本：

```
make -f tensorflow/lite/micro/tools/make/Makefile test
```

你可以用這種命令來組建特定的目標，例如 SparkFun Edge 平台的語音喚醒詞範例：

```
make -f tensorflow/lite/micro/tools/make/Makefile \
  TARGET="sparkfun_edge" micro_speech_bin
```

如果你在 Windows 電腦上工作，或想要使用 Keil、Mbed、Arduino 等 IDE，或其他專用的組建系統呢？這就是使用專案生成的時機。你可以在 Linux 執行下面的命令來產生一個配合 Mbed IDE 使用的資料夾：

```
make -f tensorflow/lite/micro/tools/make/Makefile \
  TARGET="disco_f746ng" generate_micro_speech_mbed_project
```

現在你可以在 *tensorflow/lite/micro/tools/make/gen/disco_f746ng_x86_64/prj/micro_speech/mbed/* 裡面看到一組原始檔，以及在 Mbed 環境裡面必須組建的所有依賴項目和專案檔案。同一種做法也適用於 Keil 與 Arduino，此外還有一種泛用的版本只會輸出原始檔的資料夾結構，沒有專案詮釋資訊（不過它也會包含一個 Visual Studio Code 檔，裡面定義一些組建規則）。

你可能會問，這個 Linux 命令列方法如何協助使用其他平台的人？我們會在每晚的持續整合流程以及進行主要發布時自動執行這個專案生成程序。無論何時執行，它都會將生成的檔案自動放到一個公用的 web 伺服器。這意味著，在所有平台上的使用者都可以找到供他們的 IDE 使用的版本，並且用自成一體的資料夾形式下載專案，而不是透過 GitHub。

編寫專用的程式碼

程式碼生成有一個好處是，它可讓我們輕鬆地改寫部分的程式庫，以便在特定平台上良好運行，甚至可以用你的用例常見的參數來優化一項功能。我們不想失去這種容易修改的特性，但我們也希望輕鬆地將更泛用的更改合併到主框架的原始碼中。因為有些組建環境讓人難以在編譯期間傳入自訂的 #define 巨集，所以我們無法使用巨集防範（macro guard）在編譯期切換不同的實作。

為了解決這個問題，我們將程式庫拆成許多小型模組，每一個模組都用一個 C++ 檔案來實作它的功能的預設版本，並且用一個 C++ 標頭檔來定義介面，讓其他程式碼可以使用該模組。我們也採用一種規範：如果你想要編寫模組的專用版本，你就要將新版本存為 C++ 實作檔，並使用與原始版本一樣的名稱，但是要放在原始版本的目錄的子目錄裡面，並且讓這個子目錄使用它的平台或功能的名稱（見圖 13-1），當我們為那個平台或功能組建程式時，Makefile 或生成的專案會自動使用它，而不是使用原始的實作。這種做法聽起來相當複雜，所以我們來看一些具體的例子。

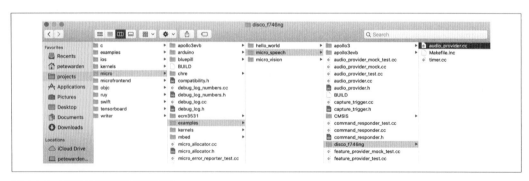

圖 13-1　專用的音訊供應器檔案

語音喚醒詞範例需要從麥克風採集音訊資料，遺憾的是，目前沒有跨平台的音訊擷取方式可供使用。因為我們需要為各式各樣的設備進行編譯，所以我們寫了一個預設的實作，它只會回傳一個填滿零值的緩衝區，不使用麥克風。這是那個模型組的介面，位於 *audio_provider.h*（*https://oreil.ly/J5N0N*）：

```
TfLiteStatus GetAudioSamples(tflite::ErrorReporter* error_reporter,
                             int start_ms, int duration_ms,
                             int* audio_samples_size, int16_t** audio_samples);
int32_t LatestAudioTimestamp();
```

第一個函式回傳一個緩衝區，裡面有特定時段的音訊資料，如果有問題，則回傳錯誤。第二個函式回傳最近的音訊資料是什麼時候採集的，讓使用方可以查詢正確的時間範圍，以及知道新資料何時抵達。

因為預設實作不能依靠麥克風的存在，所以 *audio_provider.cc*（*https://oreil.ly/8V1Ll*）內的兩個函式都非常簡單：

```
namespace {
int16_t g_dummy_audio_data[kMaxAudioSampleSize];
int32_t g_latest_audio_timestamp = 0;
}  // namespace

TfLiteStatus GetAudioSamples(tflite::ErrorReporter* error_reporter,
                             int start_ms, int duration_ms,
                             int* audio_samples_size, int16_t** audio_samples) {
  for (int i = 0; i < kMaxAudioSampleSize; ++i) {
    g_dummy_audio_data[i] = 0;
  }
  *audio_samples_size = kMaxAudioSampleSize;
  *audio_samples = g_dummy_audio_data;
  return kTfLiteOk;
}

int32_t LatestAudioTimestamp() {
  g_latest_audio_timestamp += 100;
  return g_latest_audio_timestamp;
}
```

每當函式被呼叫時，時戳（timestamp）就會自動遞增，讓使用方可以假裝真的有新資料進來，但這個採集程式每次都會回傳同一個零陣列。這種做法的好處是即使沒有麥克風，你也可以製作原型，並且試驗樣本程式碼。kMaxAudioSampleSize 是在模型標頭裡面定義的，它是函式需要的最大樣本數量。

在真正的設備上，程式複雜許多，所以我們需要新的實作。我們曾經為 STM32F746NG Discovery kit 電路板編譯這個範例，它內建麥克風，並使用一個獨立的 Mbed 程式庫來使用它們。程式碼位於 *disco_f746ng/audio_provider.cc*（*https://oreil.ly/KrdSO*）。這個檔案沒有將它放入行內，因為它太大了，但是你可以從裡面看到，它實作了與預設版的 *audio_provider.cc* 一樣的兩個公用函式：`GetAudioSamples()` 與 `LatestAudioTimestamp()`。這兩個函式的定義複雜許多，但是從使用方的觀點來看，它們的行為是一樣的，它們將複雜性隱藏起來，儘管平台有所不同，但是程式的使用方式仍然是相同的，而且現在你不會每次都收到一個零陣列，緩衝區裡面會有採集到的音訊。

這個專用實作的完整路徑 *tensorflow/lite/micro/examples/micro_speech/disco_f746ng/audio_provider.cc* 幾乎與預設實作的 *tensorflow/lite/micro/examples/micro_speech/audio_provider.cc* 一模一樣，但是它位於 *disco_f746ng* 子目錄內，與原始版本的 *.cc* 檔同一層。在組建 STM32F746NG Mbed 專案的命令中，我們傳入 `TARGET=disco_f746ng` 來指定目標平台，組建系統一定會在名為專用實作的目標名稱的子目錄內尋找 *.cc* 檔，所以這個案例會使用 *disco_f746ng/audio_provider.cc*，而不是在父目錄裡面的 *audio_provider.cc* 預設版本。當系統為 Mbed 專案複本組譯原始檔時，它會忽略上一層的 *.cc* 檔，並複製子目錄裡面的檔案，因此，生成的專案會使用專用的版本。

幾乎每一個平台都用不同的方式採集音訊，所以這個模組有許多不同的專用實作。它甚至有個 macOS 版本，*osx/audio_provider.cc*（*https://oreil.ly/ZaMtF*），如果你要在本地的 Mac 筆電上進行除錯，它很實用。

這個機制並非只是為了提供可移植性，它也有足夠的靈活度可協助進行優化。我們在語音喚醒詞範例使用這個做法來提升深度摺積運算速度。你可以在 *tensorflow/lite/micro/kernels*（*https://oreil.ly/0yHNd*）裡面找到 TensorFlow Lite for Microcontrollers 支援的所有 op。這些預設實作都被寫得很簡短、容易理解，而且可在任何平台執行，但是能夠如此也意味著它們往往無法以最快速度運行。優化通常會讓演算法更複雜且更難以理解，所以這些參考實作比較慢是可以預期的。我們的想法是讓開發者先用最簡單的方式運行程式碼，並確認結果是正確的，再逐漸修改程式碼來改善性能。所以每一次小修改都可被測試，以確保它們沒有破壞正確的結果，讓除錯更容易。

語音喚醒詞範例使用的模型重度使用深度摺積運算，它有一個未優化的實作，位於 *tensorflow/lite/micro/kernels/depthwise_conv.cc*（*https://oreil.ly/a16dw*）。核心演算法實作位於 *tensorflow/lite/kernels/internal/reference/depthwiseconv_uint8.h*（*https://oreil.ly/2gQ-e*），它被寫成一組簡單的嵌套迴圈。這是程式本身：

```
for (int b = 0; b < batches; ++b) {
  for (int out_y = 0; out_y < output_height; ++out_y) {
    for (int out_x = 0; out_x < output_width; ++out_x) {
      for (int ic = 0; ic < input_depth; ++ic) {
        for (int m = 0; m < depth_multiplier; m++) {
          const int oc = m + ic * depth_multiplier;
          const int in_x_origin = (out_x * stride_width) - pad_width;
          const int in_y_origin = (out_y * stride_height) - pad_height;
          int32 acc = 0;
          for (int filter_y = 0; filter_y < filter_height; ++filter_y) {
            for (int filter_x = 0; filter_x < filter_width; ++filter_x) {
              const int in_x =
                  in_x_origin + dilation_width_factor * filter_x;
              const int in_y =
                  in_y_origin + dilation_height_factor * filter_y;
              // 如果位置在輸入影像的邊界之外，
              // 使用預設值零。
              if ((in_x >= 0) && (in_x < input_width) && (in_y >= 0) &&
                  (in_y < input_height)) {
                int32 input_val =
                    input_data[Offset(input_shape, b, in_y, in_x, ic)];
                int32 filter_val = filter_data[Offset(
                    filter_shape, 0, filter_y, filter_x, oc)];
                acc += (filter_val + filter_offset) *
                       (input_val + input_offset);
              }
            }
          }
          if (bias_data) {
            acc += bias_data[oc];
          }
          acc = DepthwiseConvRound<output_rounding>(acc, output_multiplier,
                                                    output_shift);
          acc += output_offset;
          acc = std::max(acc, output_activation_min);
          acc = std::min(acc, output_activation_max);
          output_data[Offset(output_shape, b, out_y, out_x, oc)] =
              static_cast<uint8>(acc);
        }
      }
    }
  }
}
```

只要稍微看一下就可以發現許多可提升速度的地方，例如可以先算好每一次都要在內部迴圈計算的陣列索引。因為這些修改會讓程式更複雜，所以我們避免在這個參考實作中進行修改。但是語音喚醒詞範例在微控制器上需要每秒執行多次，這個簡單的實作確實是無法在 SparkFun Edge Cortex-M4 處理器上實現這個速度的主因，你必須加入一些優化才能讓範例以實用的速度運行。

為了提供優化實作，我們在 *tensorflow/lite/micro/kernels* 裡面建立一個新的子目錄 *portable_optimized*，並加入新的 C++ 原始檔 *depthwise_conv.cc*（*https://oreil.ly/BYRho*）。它比參考實作複雜許多，利用語音模型的特定功能來進行專用的優化，例如，摺積窗口的寬度是 8 的倍數，因此我們可以從記憶體用 2 個 32-bit word 來載入值，而不是使用 8 個單獨的 bytes。

我們將子目錄取名為 *portable_optimized*，而不是像之前的範例那樣，使用平台專用的名稱，因為我們做的更改都無關特定晶片或程式庫，它們是通用的優化，可以協助各式各樣的處理器，例如預先計算陣列索引，或用更大的 word 來載入多個 byte 值。接著我們將 `portable_optimized` 加入 `ALL_TAGS` 串列（*https://oreil.ly/XSWFk*），來指定這個實作應該在 `make` 專案檔案裡面使用。因為使用這個標籤，而且在同樣名稱的子目錄裡面也有一個 *depthwise_conv.cc* 實作，所以優化實作會被連結進來，而不是連結預設的參考版本。

希望這些範例可以讓你知道如何使用子目錄機制來擴展與優化程式庫的程式，同時保持核心實作的精簡與容易理解。

Makefiles

Makefiles 與「容易瞭解」這個主題八竿子打不著。Make 組建系統（*https://oreil.ly/8Ft1J*）已經有 40 幾年的歷史了，它有很多令人困惑的功能，例如它將 tab 當成有意義的語法，或透過宣告性規則來間接指定組建目標。我們之所以選擇 Make 而不是 Bazel 或 Cmake 是因為它有足夠的彈性可以實作複雜的行為，例如專案生成，我們希望 TensorFlow Lite for Microcontrollers 的多數用戶都在比較現代的 IDE 使用這些生成的專案，而不是與 Makefiles 直接互動。

如果你正在修改核心程式庫，或許你要更瞭解 Makefiles 底層的情況，因此，本節將介紹進行修改時需要瞭解的一些規範，以及輔助函式。

如果你在 Linux 或 macOS 上使用 bash 終端機，你應該可以藉著輸入一般的 `make -f tensorflow/lite/micro/tools/make/Makefile` 命令再按下 Tab 鍵來察看所有可用的目標（你可以組建的東西的名稱），這個自動完成功能在尋找目標或除錯時很好用。

如果你只要加入專用版的模組或 op，你就完全不需要更新 Makefile。自訂函式 `specialize()`（*https://oreil.ly/teIF6*）可以自動接收 `ALL_TAGS` 字串串列（被填入平台名稱以及任何自訂標籤）與原始檔案串列，回傳一個以正確專用版本取代原始版本的串列。它也可以讓你在命令列靈活地手動指定標籤。例如，這個命令：

```
make -f tensorflow/lite/micro/tools/make/Makefile \
  TARGET="bluepill" TAGS="portable_optimized foo" test
```

會產生一個長得像「bluepill portable_optimized foo」的 `ALL_TAGS` 串列，並且幫每一個來源檔找出子目錄，來找出每一個用來替換的專用版本。

如果你只想要將新的 C++ 檔案加入標準資料夾，你也不需要修改 Makefile，因為它們大部分都會被萬用（wildcard）規則自動挑選，例如 `MICROLITE_CC_BASE_SRCS` 的定義（*https://oreil.ly/QAtDk*）。

Makefile 使用原始與標頭檔的定義串列來組建根層級，再根據你指定的平台與標籤來修改它們。這些修改發生在從父組建專案 include 的次級 Makefile 中。例如，在 *tensorflow/lite/micro/tools/make/targets*（*https://oreil.ly/79zOB*）資料夾裡面的所有 *.inc* 檔案都會被自動納入。當你察看其中一個檔案，例如讓 Ambiq 與 SparkFun Edge 平台使用的 *apollo3evb_makefile.inc*（*https://oreil.ly/gKKXO*）時，你可以發現它會檢查這個 build 是否已被指定它的目標晶片，如果有，它會定義許多旗標，並修改原始檔串列。這是一個縮短的版本，包含一些最有趣的部分：

```
ifeq ($(TARGET),$(filter $(TARGET),apollo3evb sparkfun_edge))
  export PATH := $(MAKEFILE_DIR)/downloads/gcc_embedded/bin/:$(PATH)
  TARGET_ARCH := cortex-m4
  TARGET_TOOLCHAIN_PREFIX := arm-none-eabi-
...
  $(eval $(call add_third_party_download,$(GCC_EMBEDDED_URL), \
      $(GCC_EMBEDDED_MD5),gcc_embedded,))
  $(eval $(call add_third_party_download,$(CMSIS_URL),$(CMSIS_MD5),cmsis,))
...
  PLATFORM_FLAGS = \
    -DPART_apollo3 \
    -DAM_PACKAGE_BGA \
    -DAM_PART_APOLLO3 \
```

```
        -DGEMMLOWP_ALLOW_SLOW_SCALAR_FALLBACK \
  ...
    LDFLAGS += \
      -mthumb -mcpu=cortex-m4 -mfpu=fpv4-sp-d16 -mfloat-abi=hard \
      -nostartfiles -static \
      -Wl,--gc-sections -Wl,--entry,Reset_Handler \
  ...
    MICROLITE_LIBS := \
      $(BOARD_BSP_PATH)/gcc/bin/libam_bsp.a \
      $(APOLLO3_SDK)/mcu/apollo3/hal/gcc/bin/libam_hal.a \
      $(GCC_ARM)/lib/gcc/arm-none-eabi/7.3.1/thumb/v7e-m/fpv4-sp/hard/crtbegin.o \
      -lm
    INCLUDES += \
      -isystem$(MAKEFILE_DIR)/downloads/cmsis/CMSIS/Core/Include/ \
      -isystem$(MAKEFILE_DIR)/downloads/cmsis/CMSIS/DSP/Include/ \
      -I$(MAKEFILE_DIR)/downloads/CMSIS_ext/ \
  ...
    MICROLITE_CC_SRCS += \
      $(APOLLO3_SDK)/boards/apollo3_evb/examples/hello_world/gcc_patched/ \
          startup_gcc.c \
      $(APOLLO3_SDK)/utils/am_util_delay.c \
      $(APOLLO3_SDK)/utils/am_util_faultisr.c \
      $(APOLLO3_SDK)/utils/am_util_id.c \
      $(APOLLO3_SDK)/utils/am_util_stdio.c
```

這是為特定平台自訂任何東西的地方，在這段程式中，我們告訴組建系統要在哪裡尋找想要使用的編譯器，以及要指定什麼結構。我們也指出必須下載一些額外的外部程式庫，例如 GCC 工具鏈與 Arm 的 CMSIS 程式庫。我們為 build 設定了編譯旗標，以及傳給連結器的引數，包括要連結進來的額外程式庫存檔，以及在標頭檔裡面尋找的 include 路徑。我們也加入一些必須在 Ambiq 平台上成功組建的額外 C 檔案。

我們也用類似的次級 Makefile inclusion 來組建範例。語音喚醒詞範例程式有它自己的 Makefile，位於 *micro_speech/Makefile.inc*（*https://oreil.ly/XjuJP*），它定義了它自己要編譯的原始碼檔案串列，以及需要下載的額外外部依賴項目。

你可以使用 generate_microlite_projects()（*https://oreil.ly/iv94T*）函式來為不同的 IDE 產生獨立的專案。它可以接收一個原始檔與旗標串列，再將所需的檔案複製到新資料夾，連同組建系統所需的所有額外專案檔案。對一些 IDE 而言，這件事非常簡單，但是 Arduino 必須將所有 *.cc* 檔案改名為 *.cpp*，並且在原始檔案裡更改一些 include 路徑。

像 C++ 工具鏈這類供嵌入式 Arm 處理器使用的外部程式庫會在 Makefile 組建程序中被自動下載，可以如此是因為我們會幫每一個需要的程式庫呼叫 add_third_party_download（*https://oreil.ly/E9tS-*）規則，傳入一個抓取它的 URL，以及一個檢查存檔的 MD5 sum，確保它是正確的。我們預期它們是 ZIP、GZIP、BZ2 或 TAR 檔案，並且會根據副檔名呼叫正確的解壓縮程式。如果組建目標需要它們任何一個的標頭或原始檔，你必須在 Makefile 內的檔案串列中明確地加入它們，讓它們可被複製到任何生成的專案，如此一來，各個專案的 source tree（原始檔樹狀結構）都會是自成一體的。大家很容易忘記在標頭檔做這件事，因為只要有 include 路徑就可以進行 Makefile 編譯了，不需要明確地指出各個 include 檔，但接下來在組建生成專案時就會失敗。你也要在檔案串列中加入任何授權（license）檔，讓外部程式庫的複本保留正確的屬性。

編寫測試程式

TensorFlow 的目標是讓它的所有程式碼都有單元測試，我們已經在第 5 章詳細討論其中的一些測試了。這些測試通常被存為 *_test.cc* 檔案，與被測試的模組放在同一個目錄裡面，並且與原始檔使用同樣的前置詞。例如，深度摺積 op 的實作是用 *tensorflow/lite/micro/kernels/depthwise_conv_test.cc*（*https://oreil.ly/eIiRO*）來測試的。如果你加入新的原始檔，並且想要將你的修改提交至主 tree，你必須加入測試它的單元測試。原因是我們要支援許多不同的平台與模型，而且有很多人會在我們的程式上面建構複雜的系統，所以一定要讓大家可以檢查核心元件的正確性。

當你在 *tensorflow/tensorflow/lite/experimental/micro* 的直接子目錄內加入檔案時，你應該將它命名為 *<something>_test.cc*，它就會被自動選取。如果你要在範例中測試一個模組，你必須明確地呼叫 microlite_test Makefile 協助函式，例如（*https://oreil.ly/wkYgu*）：

```
# 測試特微供應器模組使用模擬音訊供應器。
$(eval $(call microlite_test,feature_provider_mock_test,\
$(FEATURE_PROVIDER_MOCK_TEST_SRCS),$(FEATURE_PROVIDER_MOCK_TEST_HDRS)))
```

測試程式本身必須在微控制器上運行，所以它們必須遵守關於動態記憶體配置的同一些限制，避免框架企圖滿足的 OS 與外部程式庫依賴關係。可惜的是，這意味著你無法使用 Google Test（*https://oreil.ly/GZWdj*）等流行的單元測試系統。我們必須編寫自己的極簡測試框架，在 *micro_test.h*（*https://oreil.ly/GcIbP*）標頭檔裡面定義與實作它。

若要使用它，你要建立一個 *.cc* 檔，並 include 這個標頭檔。在新的一行的開頭輸入 TF_LITE_MICRO_TESTS_BEGIN 陳述式，接著定義一系列的測試函式，每一個都使用 TF_LITE_MICRO_TEST() 巨集。在各項測試裡面，你可以呼叫 TF_LITE_MICRO_EXPECT_EQ() 之類的巨集來斷言你希望被測試的函式產生的結果。最後，在所有測試函式的結尾使用 TF_LITE_MICRO_TESTS_END。這是一個基本範例：

```
#include "tensorflow/lite/micro/testing/micro_test.h"

TF_LITE_MICRO_TESTS_BEGIN

TF_LITE_MICRO_TEST(SomeTest) {
  TF_LITE_LOG_EXPECT_EQ(true, true);
}

TF_LITE_MICRO_TESTS_END
```

當你為你的平台編譯它時，你會得到一個可執行的二進制檔。執行它會在 stderr（或是在你的平台上等效的，而且可被 ErrorReporter 寫入的東西）輸出這類的 logging 資訊：

```
-------------------------------------------------------------------------
Testing SomeTest
1/1 tests passed
~~~ALL TESTS PASSED~~~
-------------------------------------------------------------------------
```

它的設計是人類可讀的，所以你可以手動執行測試，但是 ~~~ALL TESTS PASSED~~~ 字串只會在所有測試都通過時出現。所以你可以藉著掃描輸出 log 來尋找這個神奇的值，來整合自動測試系統。這就是我們在微控制器上執行測試的方法。只要有除錯 logging 連接回來，主機就可以 flash 二進制檔再監看輸出 log，檢查代表測試是否成功的字串是否存在。

支援新硬體平台

TensorFlow Lite for Microcontrollers 專案的主要目標之一是讓大家可以在許多不同的設備、作業系統與結構上輕鬆地運行機器學習模型。我們盡量讓核心程式可被移植，並且讓組建系統可以直觀地創造新環境。在這一節，我們將逐步說明如何在新平台運行 TensorFlow Lite for Microcontrollers。

印至 log

TensorFlow Lite 只有一種絕對必要的平台功能：將字串印到可在外部進行檢查的 log，通常是在桌上型主機電腦上。如此一來，我們就可以知道測試是否成功運行，並且在程式裡面進行除錯。因為這不是一個簡單的需求，在平台上，你必須先確定有哪些 log 工具可用，再編寫一段小程式來印出一些東西來測試它們。

在 Linux 與多數其他桌機作業系統裡面，這段小程式可能是許多 C 課程在一開始使用的「hello world」經典範例。它通常是這樣寫的：

```
#include <stdio.h>

int main(int argc, char** argv) {
  fprintf(stderr, "Hello World!\n");
}
```

如果你在 Linux、macOS 或 Windows 編譯並組建它，然後在命令列執行可執行檔，你會在終端機看到「Hello World!」。如果微控制器運行高級的 OS，這段程式或許也可以在上面運作，但你至少要先確認文字本身要出現在哪裡，因為嵌入式系統本身沒有螢幕或終端機，通常你必須用 USB 或其他除錯連結來連接桌機才能看到 log，即使 fprintf() 在編譯時有被支援。

從微控制器的觀點來看，這段程式有一些麻煩的地方。其中一項是 *stdio.h* 程式庫需要連結一些函式，有的非常大，可能會讓二進制檔的大小超出微型設備的資源限制。這個程式庫也假設一般的 C 標準程式庫工具都可以使用，例如動態記憶體配置與字串函式。而且在嵌入式系統中，stderr 該送到哪裡沒有一個自然的定義，所以 API 並不明確。

大部分的平台都有定義它們自己的除錯 logging 介面。該如何使用它們取決於主機與微控制器之間的連結種類，以及硬體結構和嵌入式系統上的 OS（有的話）。例如，Arm Cortex-M 微控制器支援 *semihosting*（*https://oreil.ly/LmC4k*），它是在開發過程中，主機與目標系統之間的一種溝通標準。如果你在主機使用 OpenOCD（*https://oreil.ly/lSn0n*）之類的連結，在微控制器呼叫 SYS_WRITE0（*https://oreil.ly/6IyrK*）會在 OpenOCD 終端機顯示暫存器 1 裡面的字串引數（結尾為 0）。在這個案例中，相當於「hello world」的程式是：

```
void DebugLog(const char* s) {
  asm("mov r0, #0x04\n"  // SYS_WRITE0
      "mov r1, %[str]\n"
      "bkpt #0xAB\n"
      :
      : [ str ] "r"(s)
```

```
          : "r0", "r1");
  }

  int main(int argc, char** argv) {
    DebugLog("Hello World!\n");
  }
```

雖然使用組合語言意味著這個解決方案是平台專用的，但它完全沒有納入任何外部程式庫（甚至包括 C 標準程式庫）。

確切的做法依平台而異，但最常見的做法是使用序列 UART 連接主機。這是在 Mbed 做這件事的方式：

```
  #include <mbed.h>

  // 在 mbed 平台，我們設置一個序列埠，並對它寫入來進行除錯 logging
  void DebugLog(const char* s) {
    static Serial pc(USBTX, USBRX);
    pc.printf("%s", s);
  }

  int main(int argc, char** argv) {
    DebugLog("Hello World!\n");
  }
```

這是在 Arduino 上的做法，它比較複雜一些：

```
  #include "Arduino.h"

  // 在螢幕顯示的預設序列埠中，Arduino DUE 使用的物件
  // 與多數其他型號不同，所以我們要選擇正確的選項。
  // 見 https://github.com/arduino/Arduino/issues/3088#issuecomment-406655244
  #if defined(__SAM3X8E__)
  #define DEBUG_SERIAL_OBJECT (SerialUSB)
  #else
  #define DEBUG_SERIAL_OBJECT (Serial)
  #endif

  // 在 Arduino 平台，我們設定一個序列埠，並
  // 對它寫入來進行除錯 logging。
  void DebugLog(const char* s) {
    static bool is_initialized = false;
    if (!is_initialized) {
      DEBUG_SERIAL_OBJECT.begin(9600);
      // 等待序列埠連接。顯然只有某些模型需要？
      while (!DEBUG_SERIAL_OBJECT) {
```

```
    }
    is_initialized = true;
  }
  DEBUG_SERIAL_OBJECT.println(s);
}

int main(int argc, char** argv) {
  DebugLog("Hello World!\n");
}
```

這兩個範例都建立一個序列物件,接著期望使用者用 USB 來讓主機與微控制器進行序列連結。

移植工作關鍵的第一步是為平台製作一個極簡範例,在你的 IDE 裡面執行它,並且將字串印到主機的主控台。成功完成這項工作之後,你可以將這個程式當成基礎,在上面建構將要加入 TensorFlow Lite 程式的專用功能。

實作 DebugLog()

在 *tensorflow/lite/micro/debug_log.cc*(*https://oreil.ly/Lka3T*)裡 面,你 可 以 看 到 一 個 DebugLog() 函式的實作,它很像之前的第一個「hello world」範例,使用 *stdio.h* 與 fprintf() 來將字串輸出至主控台。如果你的平台完全支援標準 C 程式庫,而且你不在乎額外的二進制檔大小,你可以直接使用這個預設實作,並忽略本節接下來的內容。遺憾的是,你很有可能必須採取不同的做法。

我們的第一步是使用 DebugLog() 函式既有的測試。執行這個命令列:

```
make -f tensorflow/lite/micro/tools/make/Makefile \
  generate_micro_error_reporter_test_make_project
```

你 可 以 在 *tensorflow/lite/micro/tools/make/gen/linux_x86_64/prj/micro_error_reporter_test/make/*(如果你使用不同的主機平台,將 *linux* 換成 *osx* 或 *windows*)裡面看到一些 *tensorflow* 與 *third_party* 之類的資料夾。這些資料夾裡面有 C++ 原始碼,當你將它們拉入 IDE 或組建系統,並編譯所有檔案之後,你會得到一個可執行檔,可測試我們需要建立的錯誤回報功能。第一次組建這段程式可能會失敗,因為它仍然使用 *debug_log.cc*(*https://oreil.ly/fDkLh*)裡面的預設實作 DebugLog(),而這個實作需要使用 *stdio.h* 與 C 標準程式庫。為了解決這個問題,請修改 *debug_log.cc*,移除 #include <cstdio> 陳述式,並將 DebugLog() 實作換成不做任何事情的程式碼:

```
#include "tensorflow/lite/micro/debug_log.h"

extern "C" void DebugLog(const char* s) {
    // 暫時什麼也不做。
}
```

修改之後，試著讓這一組原始檔成功編譯。完成之後，將產生的二進制檔載入嵌入式系統，確認程式可以運行而且不會崩潰，雖然你還看不到任何輸出。

程式看起來成功組建與運行之後，看看是否能讓除錯 logging 運作。將上一節的「hello world」程式使用的程式碼放入 *debug_log.cc* 裡面的 DebugLog() 實作。

實際的測試程式本身位於 *tensorflow/lite/micro/micro_error_reporter_test.cc*（*https://oreil.ly/0jD00*），它長這樣：

```
int main(int argc, char** argv) {
    tflite::MicroErrorReporter micro_error_reporter;
    tflite::ErrorReporter* error_reporter = &micro_error_reporter;
    error_reporter->Report("Number: %d", 42);
    error_reporter->Report("Badly-formed format string %");
    error_reporter->Report("Another % badly-formed %% format string");
    error_reporter->Report("~~~%s~~~", "ALL TESTS PASSED");
}
```

它並非直接呼叫 DebugLog()（先透過 ErrorReporter 介面來處理不固定的引數數量之類的事情），而是使用你剛才寫的程式碼作為底層實作。如果一切都正確運作，你應該可以在除錯主控台看到這種資訊：

```
Number: 42
Badly-formed format string
Another  badly-formed  format string
~~~ALL TESTS PASSED~~~
```

讓它成功運行之後，將你的 DebugLog() 實作放回去主 source tree，此時，你要使用之前介紹的子目錄專化（specialization）技術。你必須取一個短名稱（沒有大寫字母、空格與其他特殊字元）來識別你的平台。例如，我們使用 *arduino*、*sparkfun_edge* 與 *linux* 來代表已支援的平台。在這個教學中，我們使用 *my_mcu*。先在你從 GitHub 簽出的原始碼複本（不是你剛才產生的或下載的）的 *tensorflow/lite/micro/* 裡面建立一個新的子資料夾 *my_mcu*，將包含你的實作的 *debug_log.cc* 檔案複製到那個 *my_mcu* 資料夾內，並使用 Git 將它加到原始碼追蹤系統。將生成的專案檔複製到備份位置，再執行這些命令：

```
make -f tensorflow/lite/micro/tools/make/Makefile TARGET=my_mcu clean
make -f tensorflow/lite/micro/tools/make/Makefile \
  TARGET=my_mcu generate_micro_error_reporter_test_make_project
```

現在你應該可以在 *tensorflow/lite/micro/tools/make/gen/my_mcu_x86_64/prj/micro_error_reporter_test/make/tensorflow/lite/micro/* 裡面看到，預設的 *debug_log.cc* 已經不見了，但你的實作在 *my_mcu* 子目錄裡面。將這一組原始檔拉入 IDE 或組建系統之後，你應該可以看到程式成功組建、執行，與輸出至除錯主控台。

執行所有目標

如果你成功了，恭喜你，你已經啟用所有 TensorFlow 測試與可執行目標了！實作除錯 logging 是你唯一需要進行的平台專屬變動，基礎程式的其他東西都被設計得很容易移植，可在任何 C++11 支援的工具鏈組建與運行，不需要連結 math 程式庫之外的標準程式庫。你可以在終端機執行這個命令，來建立所有目標以便在你的 IDE 上嘗試：

```
make -f tensorflow/lite/micro/tools/make/Makefile generate_projects \
  TARGET=my_mcu
```

它會在類似生成錯誤報告測試的位置建立大量的資料夾，每一個都測試程式庫的不同部分。如果你想要在你的平台運行語音喚醒詞範例，你可以察看 *tensorflow/lite/micro/tools/make/gen/my_mcu_x86_64/prj/micro_speech/make/*。

現在你已經實作 DebugLog() 了，它應該可以在你的平台上運行，但它不會做任何有幫助的事情，因為預設的 *audio_provider.cc* 實作一定會回傳填滿零的陣列。為了讓它正確運作，你必須使用之前介紹的子目錄專化方法建立一個專用的 *audio_provider.cc* 模組，用它回傳採集到的聲音。如果你不在乎演示可否運作，你仍然可以使用同樣的範例程式或一些其他的測試來看看神經網路的推斷等待時間之類的東西。

除了支援感測器與 LED 之類的輸出設備等硬體之外，你可能也想要利用平台的特殊功能來製作跑得更快的神經網路 operator 版本。我們歡迎這種專門優化，如果事實證明它們是有用的，期待你可以用子目錄專化技術將它們整合至主 source tree。

與 Makefile Build 整合

到目前為止，我們只介紹使用自己的 IDE 的做法，因為它往往比 Make 系統容易使用，許多嵌入式程式員也比較熟悉它。如果你想要用我們的持續整合版本來測試你的程式，或是在特定 IDE 之外使用它，你可能要將你的修改與我們的 Makefiles 更充分地整合。對此，你一定要為你的平台找到可公開下載的工具鏈，以及可公開下載的任何 SDK 或其他依賴項目，讓 shell 腳本可以在組建時自動抓取它需要的任何東西，而不需要擔心網站登入或註冊之類的事情。例如，我們使用 *tensorflow/lite/micro/tools/make/third_party_downloads.inc*（*https://oreil.ly/WBrIy*）裡面的 URL 下載 macOS 與 Linux 版本的 Arm GCC Embedded 工具鏈。

接著你必須找出傳給編譯器與連結器的正確命令列旗標，以及不能用子目錄專化找到的額外原始檔，並將那些資訊寫入 *tensorflow/lite/micro/tools/make/targets* 裡面的子 Makefile（*https://oreil.ly/zusVM*）。如果你想做得更好，你可以研究如何使用 Renode（*https://renode.io/*）之類的工具，在 x86 伺服器上模擬你的微控制器，如此一來，你就可以在持續整合期間執行測試，而不是只能確認組建狀況。你可以在 *tensorflow/lite/micro/testing/test_bluepill_binary.sh*（*https://oreil.ly/A80CN*）找到我們使用 Renode 來測試「Bluepill」二進制檔的範例腳本。

如果你正確設置所有組建設定，你可以執行這種命令來產生可 flash 的二進制檔（根據你的平台設定合適的目標）：

```
make -f tensorflow/lite/micro/tools/make/Makefile \
  TARGET=bluepill micro_error_reporter_test_bin
```

讓執行測試所需的腳本與環境可以正確運行之後，你可以執行這個命令，來執行平台的所有測試：

```
make -f tensorflow/lite/micro/tools/make/Makefile TARGET=bluepill test
```

支援新 IDE 或組建系統

雖然 TensorFlow Lite for Microcontrollers 可以幫 Arduino、Mbed 與 Keil 工具鏈建立獨立的專案，但我們知道嵌入式工程師也會使用許多其他的開發環境。如果你需要在新環境執行這個框架，建議你先看看能否將你在生成 Make 專案時產生的「原始」檔案群匯入 IDE。這種專案存檔裡面只有特定目標需要的原始檔，包括所有第三方依賴項目，所以通常你可以直接將工具鏈指向根目錄，並要求它 include 所有東西。

如果你只有一些檔案,將它們匯出至生成專案時,將它們放在原始 source tree 的嵌套子目錄(例如 *tensorflow/lite/micro/examples/micro_speech*)裡面有點奇怪,將目錄結構壓平不是比較合理嗎?

我們之所以保留深度嵌套的目錄,是為了讓合併回去主 source tree 的工作盡量保持簡單,雖然這樣會在使用生成的專案檔時略顯不便。如果從 GitHub 簽出的原始程式與它在各個專案中的複本永遠保持一致,那麼追蹤更改以及更新的地方就會容易許多。

遺憾的是,這種做法並不是可以用在所有 IDE 上。例如,Arduino 程式庫要求所有 C++ 原始檔都使用 *.cpp* 副檔名,而不是 TensorFlow 預設的 *.cc*,它們也無法指定 include 路徑,所以當你將原始檔案複製到 Arduino 目標時,必須在程式中改變路徑。為了支援這些比較複雜的轉換,我們在 Makefile build 裡面加入一些規則與腳本,讓根函式 `generate_microlite_projects()`(*https://oreil.ly/YYoHm*)呼叫各個 IDE 專用的版本,它們再使用更多規則(*https://oreil.ly/KHo7G*)、Python 腳本(*https://oreil.ly/BKLhn*)與模板檔案(*https://oreil.ly/tDFhh*)來建立最終的輸出。如果你需要為自己的 IDE 做類似的事情,你必須使用 Makefile 加入類似的功能,這件事做起來並不容易,因為組建系統用起來很複雜。

在專案與存放區之間整合程式碼修改

程式碼生成系統最大的缺點就是你最終會得到多個散布各處的原始碼複本,讓你很難更新程式碼。為了盡量降低合併變更的成本,我們採取一些規範與推薦的程序,它們應該會有幫助。最常見的用例是你在本地的專案複本檔案裡面做了一些修改,想要將專案更新成新版的 TensorFlow Lite 框架來取得額外的功能或 bug 修復。這是我們建議的處理程序:

1. 為你的 IDE 或目標下載專案檔案的預先組建存檔(prebuilt archive),或是用你感興趣的框架版本以 Makefile 手動產生一個。

2. 將這組新的檔案解壓縮到一個資料夾,並且確保新資料夾與存有你修改的專案檔案的資料夾有一樣的結構。例如,它們的頂層都有 *tensorflow* 子資料夾。

3. 使用合併工具來處理這兩個資料夾。你用的工具取決於你的 OS,但 Meld(*https://meldmerge.org/*)是很適合在 Linux、Windows 與 macOS 使用的選項。合併程序的複雜度取決於你在本地修改了多少檔案,但大部分的差異應該都是框架端的更新,所以你應該可以選擇「接受他們的更新(accept theirs)」的等效選項。

如果你在本地只修改一或兩個檔案，比較簡單的做法是複製舊版本修改過的程式，再將它手動合併到新匯出的專案中。

你也可以用較高級的做法，將修改過的程式簽入 Git，再以新分支匯出最新的專案，接著使用 Git 的內建合併工具來處理整合。我們還不是高深的 Git 大師（*https://oreil.ly/sIe1F*），無法提供這種做法的建議，所以我們自己並未採取這種做法。

這個程序與比較傳統的程式碼生成做法之間的差異在於，程式碼仍然會被分成許多邏輯檔案，它們的路徑不會隨著時間過去而改變。典型的程式碼生成會將所有資源串接成一個檔案，讓你很難進行合併或追蹤更改，因為只要稍微改變順序或布局，你就很難進行歷史比較。

有時你可能想要從另一個方向移植變更，將專案檔案合併到主 source tree。這個主 source tree 不需要是 GitHub 上的官方存放區（*https://oreil.ly/o8Ytb*），它或許是你自己維護的、不想發布的本地分支。我們希望大家將包含修復或升級的 pull request 併入主存放區，但我們知道獨門（proprietary）的嵌入式開發不一定都可以這樣做，所以我們也樂於協助保持分支的健康。需要注意的關鍵是，你要盡量保留開發檔案的單一「真相來源」，尤其是你有多位開發人員時，他們很容易在專案存檔（archive）內的本地原始檔複本進行不相容的修改，讓更新與除錯等工作變成一場惡夢。無論在內部或是公開共享，我們都強烈建議你讓原始碼控制系統的每一個檔案擁有單一複本，而不是簽入多個版本。

為了處理將變更放回去真相來源存放區的問題，你必須追蹤你修改了哪些檔案。如果你沒有這些資訊，你可以隨時回到最初下載或生成的專案檔案，並執行 diff 看看哪些地方改變了。當你知道有哪些檔案被修改或是被新增時，你只要將它們複製到 Git（或其他原始碼控制系統）存放區之中的相同路徑即可。

這種做法唯一的例外就是屬於第三方程式庫的檔案，因為它們沒有被放在 TensorFlow 存放區裡面。本書不討論如何提交這些檔案裡面的變更（具體流程取決於各個存放區的規則），但作為最終手段，如果你的修改不被接受，你可以在 GitHub 上分支（fork）專案，並且將平台組建系統指向那個新 URL，而不是原本的 URL。假設你只修改 TensorFlow 原始檔，那麼現在你在本地應該有一個修改過的存放區，裡面有你的修改。為了確認修改已被成功整合，你必須使用 Make 執行 generate_projects()，並確保要讓 IDE 與目標使用的專案已經套用了你期望的更新。完成這件事並執行測試來確保其他東西都沒有被破壞之後，你可以將你的變更提交至你的 TensorFlow 分支。完成之後，如果你想要公開你的變更，最後一個階段是送出 pull request。

回饋開源

在 Google 外界貢獻 TensorFlow 的人已經比內部更多了，微控制器專案比多數其他領域更依賴協作。我們很希望得到社群的幫助，最重要的方法之一就是透過 pull request（不過也有許多其他方式，例如 Stack Overflow（*https://oreil.ly/7btPw*）或建立你自己的範例專案）。GitHub 有很棒的文件（*https://oreil.ly/8rDKL*）介紹 pull request 的基本知識，但是也有一些其他的細節在你使用 TensorFlow 時很有幫助：

- 我們有一個由 Google 內部與外部的專案維護者運作的程式碼審查流程，它是透過 GitHub 的程式碼審查系統來管理的，所以你應該可以在那裡看到關於你的提交的討論。

- 如果修改規模不是只有修復 bug 或進行優化，通常必須先設計文件。SIG Micro（*https://oreil.ly/JKiwD*）是一個由外部貢獻者創辦的組織，它可以協助定義優先順序與路線圖，所以那裡是討論新設計的好論壇。對小規模的修改而言，文件只要一兩頁就可以了，瞭解 pull reuquest 的背景與動機是很有幫助的。

- 維護公共分支可協助你將實驗性更改提交到主分支之前獲得回饋，因為你可以使用任何繁瑣的程序進行修改。

- 有一些自動化的測試程式可對所有 pull request 執行測試，包括公開的，以及使用一些額外的 Google 內部工具的。遺憾的是，這些測試的結果有時很難解讀，更糟糕的是，有時它們很「古怪」，測試會因為一些與你的修改無關的原因失敗。我們一直試著改善這個流程，因為我們知道它是不好的體驗，但如果你難以理解測試為何失敗，請讓維護者知道。

- 我們希望有 100% 的測試覆蓋率，所以如果有任何修改沒有被既有的測試程式檢測到，我們會要求你提供新的測試程式。這些測試可以非常簡單，我們只是為了確保我們做的每件事都會被覆蓋。

- 為了提高易讀性，我們在整個 TensorFlow 基礎程式統一使用 Google 的 C 與 C++ 程式格式指南，所以我們要求任何新的或修改過的程式碼都採取這種風格。你可以使用 clang-format（*https://oreil.ly/KkRKL*）與 google 風格引數來自動格式化你的程式碼。

在此預先感謝你對 TensorFlow 做出的任何貢獻，以及耐心地提交修改。或許這些工作很複雜，但你會給全世界的許多開發者帶來改變！

支援新的加速硬體

TensorFlow Lite for Microcontrollers 有一個目標是成為參考軟體平台，以協助硬體開發者更快速地進行設計。我們發現很多人在使用新晶片與機器學習來做一些實用的工作時，都要費很大的工夫用程式從訓練環境匯出東西，尤其是在處理一些麻煩的細節時，例如量化，以及實作典型的機器學習模型所需的 op 的「長尾（long tail）」。因為這些任務耗費的時間極少，所以不適合用硬體優化來處理。

為了解決這些問題，我們希望硬體開發者先幫 TensorFlow Lite for Microcontrollers 寫出未優化的參考程式碼，在他們的平台上執行並產生正確的結果，確認除了硬體優化之外的任何事情都可以正確運作之後，接下來就可以把焦點放在其餘的工作上面。你可能會面臨一項挑戰：你的晶片是不支援通用 C++ 編譯的加速晶片，因為它只有專用的功能，而不是傳統的 CPU。我們發現嵌入式用例幾乎都需要一些通用計算，即使它很慢（例如小型微控制器），因為許多用戶的圖都有一些 op 無法像任何一種 C++ 實作那麼緊湊地表達。我們也在設計上決定不讓 TensorFlow Lite for Microcontrollers 解譯器支援子圖的非同步執行，因為它會讓程式碼變得非常複雜，它在嵌入式領域中也不常見（不像移動領域，在那裡，Android 的 Neural Network API 很流行）。

這意味著 TensorFlow Lite for Microcontrollers 支援的結構比較類似在配備傳統處理器的桌機上運行的同步協同處理器（coprocessor），這種處理器用加速硬體提升計算密集功能的速度，但是把比較小型的、需求比較彈性的 op 交給 CPU 處理。所以在實務上，我們建議你先將個別的 kernel 級 operator 實作改成呼叫專用的硬體，如此一來，計算結果與輸入都會被放在可讓 CPU 定址的一般記憶體裡面（因為你無法保證後續的 op 會在哪個處理器上運行），而且你必須等待加速硬體完成，才能繼續工作，或使用平台專屬程式，切換到 Micro 框架外面的執行緒。但是，這些限制至少可讓你快速地做一些原型設計，有機會提供進行漸進變更的能力，同時永遠都能夠測試每一項小型修改的正確性。

瞭解檔案格式

TensorFlow Lite 儲存模型的格式有很多優點，可惜不包括「簡單性」。但不要被複雜性嚇壞了，當你瞭解一些基本概念之後，它其實相當簡單。

我們在第 3 章談過，神經網路模型是具備輸入與輸出的操作圖。有些 op 的輸入或許是包含學到的值（權重）的大型陣列，有些則是之前的 op 的結果，或是由應用層傳入的輸入值陣列。這些輸入可能是影像像素、音訊樣本資料，或加速度計時序資料。在通過模型一次之後，最後一次 op 會讓模型輸出一個陣列，裡面的值通常代表不同類別的預測等東西。

模型通常是在桌機上訓練的，所以我們必須設法將它們轉換到其他設備，例如手機或微控制器。在 TensorFlow 世界中，我們使用轉換器來做這件事，轉換器會從 Python 接收一個訓練好的模型，並將它匯出為 TensorFlow Lite 檔案。這個匯出階段可能有很多問題，因為 TensorFlow 模型很容易使用桌上型環境支援的功能（例如有能力執行 Python 程式片段，或使用高級的 op），但比較簡單的平台不支援那些功能。我們也必須將訓練期間可變的值（例如權重）都轉換成常數，移除只有在梯度反向傳播時需要的 op，以及執行優化，例如合併相鄰的 op，或將高昂的 op（例如批次正規化）折疊成比較便宜的形式。更複雜的是，主線 TensorFlow 裡面有 800 多項 op，而且仍在不斷增加中，以上種種意味著，雖然為少量的模型編寫自己的轉換器非常簡單，但是可靠地處理大家能用 TensorFlow 建立的大量網路則困難許多，光是瞭解新的 op 有哪些都是一項全職的工作。

轉換程序提供的 TensorFlow Lite 檔案沒有以上的一些問題，我們試著產生比較簡單而且比較穩定的模型表示法，使用明確的輸出與輸出，將變數凍結成權重，而且運用常見的圖優化，例如融合（fusing）。也就是說，即使你不想要使用 TensorFlow Lite for Microcontrollers，我們也建議你使用 TensorFlow Lite 檔案格式來讓 TensorFlow 模型進行推斷，而不是在 Python 層編寫你自己的轉換程式。

FlatBuffers

我們使用 FlatBuffers（*https://oreil.ly/jfoBx*）作為序列化程式庫。它是為極重視性能的 app 而設計的，因此非常適合嵌入式系統。它有一個很棒的特性是，它的執行期 in-memory 表示法與它的序列化形式一模一樣，所以模型可以直接嵌入快閃記憶體，並且立刻使用，不需要做任何解析或複製。這意味著我們可能很難理解生成的、用來讀取屬性的程式碼類別，因為有一些間接的階層存在，但重要的資料（例如權重）會被直接存成 little-endian blob，可以像原始的 C 陣列一樣存取。它也不會浪費太多空間，所以你不會為了使用 FlatBuffers 而付出空間的代價。

FlatBuffers 使用 *schema* 來定義我們想要序列化的資料結構，並且使用一種編譯器來將 schema 轉換成原始 C++（或 C、Python、Java 等）程式碼，以便讀取與寫入資訊。對 TensorFlow Lite 而 言，schema 位 於 *tensorflow/lite/schema/schema.fbs*（*https://oreil. ly/JoDE9*），我們將生成的 C++ accessor 程式碼快取放在 *tensorflow/lite/schema/schema_generated.h*（*https://oreil.ly/LjxOp*）。我們可以在每次進行重新組建時生成 C++ 程式碼，

不需要將它存放在原始碼控制系統,但是如此一來,用來組建的每一個平台都必須包含 flatc 編譯器以及其餘的工具鏈,所以我們決定捨棄自動生成的方便性來換取移植的便利性。

如果你想要在 byte 層面上瞭解這種格式,我們推薦你參考 FlatBuffers C++ 專案的內部網頁(*https://oreil.ly/EBg3-*),或 C 程式庫的對應文件(*https://oreil.ly/xXkZg*)。但是,我們希望透過各種高階語言介面來滿足大多數的需求,讓你不需要在這種細緻度下工夫。為了說明這種格式背後的概念,我們將介紹 schema 以及 MicroInterpreter 讀取模型的程式碼,希望用一些具體範例來協助你理解它們。

諷刺的是,在一開始,我們要先跳到 schema 的結尾處(*https://oreil.ly/aHYM-*)。我們在那裡看一行程式,宣告 root_type 是 Model:

```
root_type Model;
```

FlatBuffers 需要一個容器物件來代表檔案內的其他資料結構的樹根。這個陳述式告訴我們,這個格式的根將是 Model。我們在上面幾行找到 Model 的定義:

```
table Model {
```

所以我們知道,Model 就是 FlatBuffers 稱為 table 的東西。你可以將它想成 Python 的 Dict 或 C 或 C++ 的 struct(不過它比較靈活)。它定義一個物件可以擁有哪些屬性,以及它們的名稱與型態。FlatBuffers 還有一種靈活度較差的型態稱為 struct,它可讓物件陣列的記憶體效率更高,但我們尚未在 TensorFlow Lite 裡面使用它。

你可以在 micro_speech 範例的 main() 函式(*https://oreil.ly/StkFf*)裡面看到它的實際用法:

```
// 將模型對映至可用的資料結構,這不涉及
// 任何複製或解析,它是非常輕量的 op。
const tflite::Model* model =
    ::tflite::GetModel(g_tiny_conv_micro_features_model_data);
```

g_tiny_conv_micro_features_model_data 變數是一個指標,指向儲存序列化的 TensorFlow Lite 模型的記憶體區域,而 ::tflite::GetModel() 呼叫式實際上只是一種轉換(cast),目的是取得由底層記憶體備份的 C++ 物件。它不需要做任何記憶體配置或資料結構遍歷,所以它是非常快速且高效的調用。為了瞭解如何使用它,看一下我們對著資料結構執行的下一個 op:

```
if (model->version() != TFLITE_SCHEMA_VERSION) {
  error_reporter->Report(
      "Model provided is schema version %d not equal "
```

```
          "to supported version %d.\n",
          model->version(), TFLITE_SCHEMA_VERSION);
    return 1;
  }
```

當你察看 schema 裡面的 Model 定義的開頭時（*https://oreil.ly/vPpDw*），你可以看到這段
程式引用的 version 屬性的定義：

```
// schema 的版本。
version:uint;
```

從這裡，我們知道 version 屬性是個 32-bit unsigned 整數，所以幫 model->version() 生
成的 C++ 程式碼會回傳那種型態的值。這裡只檢查錯誤來確保版本是我們可以理解的，
但是我們會幫在這個 schema 裡面定義的所有屬性生成同一種存取（accessor）函式。

為了瞭解檔案格式比較複雜的部分，我們可以追蹤 MicroInterpreter 的流程，因為它載
入一個模型，並做好執行它的準備。建構式會收到一個指向記憶體內的模型的指標，例
如上一個範例的 g_tiny_conv_micro_features_model_data。它讀取的第一個屬性是 buffers
（*https://oreil.ly/nQjwY*）：

```
const flatbuffers::Vector<flatbuffers::Offset<Buffer>>* buffers =
    model->buffers();
```

看到型態定義裡面的 Vector 時，你可能會擔心我們在沒有動態記憶體管理的嵌入式環境
中嘗試使用類似 Standard Template Library（STL）型態的物件，但是，值得開心的是，
FlatBuffers Vector 類別只是一個包著底層記憶體的唯讀包裝，所以如同根 Model 物件，
建立它不需要解析或配置記憶體。

為了進一步瞭解這個 buffers 陣列代表什麼，我們可以看一下 schema 定義（*https://oreil.
ly/QOTlY*）：

```
// 原始資料緩衝區的 table（用於常數張量）。由張量以索引來引用。
// 為 mmap 友善的資料結構提供方便的對齊。
table Buffer {
  data:[ubyte] (force_align: 16);
}
```

每一個 buffer 都被定義成以 unsigned 8-bit 值組成的原始陣列，它是圖的所有權重（與
任何其他常數值）陣列使用的容器型態。張量的型態與外形是分別保存的，這個陣列只
保存原始 bytes，在陣列中備份資料。op 要用這個頂層向量裡面的索引來引用這些常數
buffer。

接下來讀取的屬性是 subgraph（子圖）串列（*https://oreil.ly/9Fa9V*）：

```
auto* subgraphs = model->subgraphs();
if (subgraphs->size() != 1) {
  error_reporter->Report("Only 1 subgraph is currently supported.\n");
  initialization_status_ = kTfLiteError;
  return;
}
subgraph_ = (*subgraphs)[0];
```

subgraph 是一組 operator、它們之間的連結，以及它們使用的緩衝區、輸入與輸出。未來可能有一些高級的模型需要多個 subgraph（例如為了支援控制流程），但是我們目前想要在微控制器上支援的網路都只有一個 subgraph，所以我們可以藉著確保目前的模型符合這個需求，來簡化後續的程式碼。為了進一步瞭解 subgraph 裡面有什麼，我們來看一下 schema（*https://oreil.ly/Z9mLn*）：

```
// 根型態，定義一個 subgraph，它通常代表
// 整個模型。
table SubGraph {
  // 在這個 subgraph 裡面使用的所有張量。
  tensors:[Tensor];

  // 輸入這個 subgraph 的張量索引。注意，
  // 這是非靜態張量串列，傳入 subgraph 來進行推斷。
  inputs:[int];

  // 這個 subgraph 的輸出張量的索引。注意，
  // 這是輸出張量串列，被視為 subgraph 的推斷產生的東西。
  outputs:[int];

  // 所有 operator，按照執行順序。
  operators:[Operator];

  // 這個 subgraph 的名稱（除錯用）。
  name:string;
}
```

subgraph 都有的第一種屬性是張量串列，MicroInterpreter 程式是這樣存取它的（*https://oreil.ly/EsO7M*）：

```
tensors_ = subgraph_->tensors();
```

如前所述，Buffer 物件只保存權重的原始值，不含任何關於它們的型態或外形的詮釋資料。常數 buffer 的這些額外資訊存放在張量裡面。張量也保存輸入、輸出與觸發層等臨時陣列的同一種資訊。你可以在 schema 檔案的最上面看到詮釋資料的定義（*https://oreil.ly/mH0IL*）：

```
table Tensor {
    // 張量外型。每一個項目的意義是 operator 專屬的，但內建 op 使用：
    // [批次大小, 高, 寬, 通道數]（這是
    // Tensorflow 的 NHWC）。
    shape:[int];
    type:TensorType;
    // 引用位於模型的根的 buffer table 的索引,
    // 或者，如果沒有關聯的資料 buffer（例如中間結果），
    // 這就是 0（引用始終存在的空緩衝區）。
    //
    // data_buffer 本身是個不透明的容器，假設目標設備是 little-endian。
    // 此外，所有內建的 operator 都假設記憶體的順序
    // 是當 `shape` 是 [4, 3, 2] 時，索引
    // [i, j, k] 對映至 data_buffer[i*3*2 + j*2 + k]。
    buffer:uint;
    name:string;   // 用來除錯與匯回去 tensorflow。
    quantization:QuantizationParameters;   // 選用。

    is_variable:bool = false;
}
```

shape 是一個代表張量維度的整數串列，type 是一個 enum，對映 TensorFlow Lite 支援的資料型態。buffer 屬性指出串列根層的哪個 Buffer 具有支持這個張量的實際值（當它是從檔案讀出來的常數時），或零，如果值是動態算出來的（例如，觸發層的）。name 只是一個讓人類理解這個張量的標籤，它可以協助除錯，而 quantization 屬性定義如何將低精度的值對映至實數。最後，is_variable 的存在是為了支援未來的訓練與其他高級的應用，它在微控制器單元（MCU）裡面沒有用途。

回到 MicroInterpreter 程式，我們從 subgraph 拉出來的第二個主要屬性是一個 operator 串列（*https://oreil.ly/6Yl8d*）：

```
operators_ = subgraph_->operators();
```

這個串列保存了模型的圖結構。為了瞭解它是如何編碼的，我們回到 Operator 的 schema 定義（*https://oreil.ly/xTs7j*）：

```
// 所有 operator 都接收與輸出張量。被執行的 op
// 是由有效的 OperatorCodes 的串列的索引來決定的,
// 而每項 op 的細節是用 builtin_options 或 custom_options
```

```
  // 來設置的。
  table Operator {
    // operator_codes 陣列的索引。在此使用
    // 整數來避免複雜的對映（map）查找。
    opcode_index:uint;

    // 選用的輸入與輸出張是以 -1 來表示。
    inputs:[int];
    outputs:[int];

    builtin_options:BuiltinOptions;
    custom_options:[ubyte];
    custom_options_format:CustomOptionsFormat;

    // 這個布林串列指出這項 op 改變了哪個輸入張量
    // （例如，被 RNN 與 LSTM 使用）。
    // 例如，如果 "inputs" 陣列引用 5 個張量，而且
    // 第二個與第五個是可變變數，這個串列的內容是
    // [false, true, false, false, true]。
    //
    // 如果這個串列是空的，代表在這個 operator 裡面沒有改變任何變數。
    // 這個串列的長度如果不是與 `inputs` 一樣，就是空的。
    mutating_variable_inputs:[bool];
  }
```

opcode_index 成員是 Model 內的 operator_codes 根向量的索引。因為特定的 operator（例如 Conv2D）可能會在同一個圖中出現多次，而且有些 op 需要用字串來定義它們，所以將 op 的定義都放在陣列頂層，並且用 subgraph 間接引用它們可以節省序列化大小。

inputs 與 outputs 陣列定義了 operator 與它在圖中的鄰居之間的連結。它們是引用父 subgraph 裡面的張量陣列的整數串列，也可以引用從模型讀取的常數緩衝區、app 傳入網路的輸入、執行其他 op 的結果，或計算完成之後，app 將會讀取的輸出目標緩衝區。

關於 subgraph 保存的 operator 串列有個必須注意的地方：它們必定按照拓撲順序。所以如果你從陣列的開頭開始執行它們，一直到結束，當一項 op 的輸入需要依靠之前的 op 產生時，那些輸入都會在你到達該項 op 時計算。這種做法讓我們更容易撰寫解譯器，因為執行迴圈不需要預先執行任何圖 op，可以直接按照 op 的順序來執行它們。雖然這也代表你很難以不同的順序（例如，在訓練時使用反向傳播）來執行同一個 subgraph，但 TensorFlow Lite 的重點是推斷，所以這是有價值的取捨。

operator 通常需要一些參數，例如 Conv2D kernel 的過濾器的外形與步幅。不幸的是，表示它們的方式很複雜。出於歷史因素，TensorFlow Lite 支援兩種不同的 op 族群。首先是內建的 op，它們也是行動 app 最常用的 op。你可以在 schema 裡面看到一個清單（*https://oreil.ly/HjdHn*）。在 2019 年 11 月時，它只有 122 個，但 TensorFlow 支援 800 多個 op，那麼其餘的部分該怎麼辦？自訂 op 是用字串名稱定義的，而不是使用內建的那種固定 enum，所以你可以輕鬆地加入它們，不需要接觸 schema。

schema 裡面有內建 op 的參數結構，這是 Conv2D 的例子：

```
table Conv2DOptions {
  padding:Padding;
  stride_w:int;
  stride_h:int;
  fused_activation_function:ActivationFunctionType;
  dilation_w_factor:int = 1;
  dilation_h_factor:int = 1;
}
```

你應該會覺得裡面有些成員很眼熟，存取它們的方式與存取其他 FlatBuffers 物件的成員一樣：使用各個 Operator 物件的 builtin_options 聯集，並且根據 operator 代碼選擇正確的型態（不過做這件事的程式是個龐大的 switch 陳述式）（*https://oreil.ly/SkzaA*）。

如果 operator 代碼是自訂的 operator，我們無法提前知道參數串列的結構，無法產生代碼物件（code object），所以將引數資訊放到一個 FlexBuffer（*https://oreil.ly/qPwo9*）裡面。它是 FlatBuffer 程式庫提供的格式，用來編碼你無法事先知道結構的任何資料，因此實作 operator 的程式必須取得說明型態是什麼的資料，而且語法比內建的更混亂。這是來自一個物件偵測程式的例子（*https://oreil.ly/xQoTR*）：

```
const flexbuffers::Map& m = flexbuffers::GetRoot(buffer_t, length).AsMap();
op_data->max_detections = m["max_detections"].AsInt32();
```

這個例子使用的 buffer 指標來自 Operator table 的 custom_options 成員，告訴你如何用這個屬性讀取參數。

Operator 的最後一個成員是 mutating_variable_inputs，它是實驗性的，用來協助管理長短期記憶網路（LSTM），與可能將輸入視為變數並且與大多數 MCU app 無關的其他 op。

以上就是 TensorFlow Lite 序列化格式的主要部分。雖然有一些成員不在其中（例如 Model 裡面的 metadata_buffer），但它們都是讓非必要的功能使用的，所以通常可以忽略。希望這篇概要可以幫助你開始閱讀、編寫與除錯你自己的模型檔案。

將 TensorFlow Lite 行動 op 移植到 Micro

TensorFlow Lite 主線版本有超過 1000 種「內建」的 op 是為行動設備設計的。TensorFlow Lite for Microcontrollers 重複使用大部分的程式，但因為這些 op 的預設實作都會引入 pthread、動態記憶體配置，或其他嵌入式系統沒有的功能，所以你要做一些額外的工作才能在 Micro 上使用這些 op 實作（也稱為 kernel）。

我們希望最終統一兩個 op 實作分支，但這項工作需要在整個框架裡面變更一些設計與 API，所以在短時間之內不會發生。大部分的 op 都已經有 Micro 實作了，但如果你在行動版的 TensorFlow Lite 裡面發現嵌入版沒有的 op，本節將教你轉換的程序。當你找到想要移植的 op 之後，接下來需要進行幾個步驟。

分開參考程式

所有被列出來的 op 應該都已經有參考程式碼了，但函式應該在 reference_ops.h（https://oreil.ly/QmW4H）裡面。這個標頭檔大約有 5,000 行之長，因為它涵蓋很多 op，所以它會引入許多無法在嵌入式平台使用的依賴項目。在開始移植的時候，你要先將你正在處理的 op 引用的函式提取至一個單獨的標頭檔裡面，在 https://oreil.ly/vH-6[_conv.h] 與 pooling.h（https://oreil.ly/pwP_0）裡面有一些較小型的標頭檔範例。參考函式（reference function）本身應該會使用與它們實作的 op 一樣的名稱，而且通常有多種實作來處理不同的資料型態，有時會使用模板。

從大型的標頭檔分出檔案之後，在 reference_ops.h include 它，讓這個標頭檔的既有使用者仍然可以看到被移動的函式（雖然我們的 Micro 程式只會 include 被拆出來的標頭檔）。你可以在這裡（https://oreil.ly/jtXLU）看到如何為 conv2d 做這件事。你也要將標頭檔加入 kernels/internal/BUILD:reference_base 與 kernels/internal/BUILD:legacy_reference_base 組建規則。做了這些更改之後，執行測試套件應該可以看到所有既有的模型測試都能通過：

```
bazel test tensorflow/lite/kernels:all
```

這個地方很適合建立初始的 pull request 以供審查。雖然你還沒有移植任何東西到 micro 分支，但你已經為既有的程式做好修改的準備，所以在你執行接下來的步驟時，值得讓這項工作被審查與提交。

建立 operator 的 Micro 複本

每一個 micro operator 實作都是用 *tensorflow/lite/kernels/* 裡面的行動版修改的版本。例如，micro *conv.cc* 的基礎是行動版的 *conv.cc*，它們有幾個主要的差異。首先，在嵌入式環境進行動態記憶體配置很麻煩，所以建立 OpData 結構（用來快取推斷期間進行的計算算出來的結果）的程式必須移到一個單獨的函式，讓它可以在 Invoke() 期間呼叫，而不是從 Prepare() 回傳。雖然我們必須多費一些工夫來處理各個 Invoke() 呼叫式，但是讓微控制器降低記憶體開銷很有價值。

其次，在 Prepare() 裡面的大多數參數檢查程式都要移除，比較好的做法是將它包在 #if defined(DEBUG) 裡面，而不是完全移除它，但全部移除可以讓程式碼維持最小。你也要將 include 與參考外部框架（Eigen、gemmlowp、cpu_backend_support）的所有地方移除。在 Eval() 函式裡面，除了呼叫 reference_ops:: 名稱空間的函式的路徑之外，所有東西都必須移除。

在 *tensorflow/lite/micro/kernels/* 資料夾裡面，使用與行動版一樣的檔名來儲存修改過的 operator 實作（通常是小寫版的 operator 名稱）。

將測試程式移植到 Micro 框架

因為我們無法在嵌入式平台執行完整的 Google Test 框架，所以必須改用 Micro Test 程式庫。GTest 的用戶應該會覺得它很熟悉，但它會避免任何需要動態配置記憶體的結構或 C++ 全域初始化。本書的其他地方有更多說明。

因為你必須在嵌入式環境執行與行動版一樣的測試，所以你要使用 *tensorflow/lite/kernels/<your op name>_test.cc* 裡面的版本作為起點。例如，比較一下 *tensorflow/lite/kernels/conv_test.cc*（*https://oreil.ly/76KXK*）與移植版 *tensorflow/lite/micro/kernels/conv_test.cc*（*https://oreil.ly/r1wKh*），它們的差異有：

- 行動版使用 std::map 與 std::vector 等 C++ STL 類別，它們需要動態配置記憶體。

- 行動版也使用輔助（helper）類別，並且以涉及記憶體配置的方式傳遞資料物件。

- micro 在堆疊配置它的所有資料，使用很像 std::vectors 的 std::initializer_list 來傳遞物件，但不需要動態配置記憶體。

- 執行測試時以函式呼叫式來表達，而不是物件配置，因為這有助於重複使用大量程式碼，因而沒有記憶體配置問題。

- 大部分的錯誤檢查標準巨集都可以使用，但是前面要加上 TF_LITE_MICRO_。例如，EXPECT_EQ 變成 TF_LITE_MICRO_EXPECT_EQ。

所有的測試都要放在一個檔案裡面，並且用一對 TF_LITE_MICRO_TESTS_BEGIN/TF_LITE_MICRO_TESTS_END 包起來。它在底層其實建立一個 main() 函式，讓測試可以當成一個獨立的二進制檔運行。

我們也試著確保測試程式只使用 kernel 程式碼與 API，不會引入其他類別，例如解譯器。測試程式應該使用 GetRegistration() 回傳的 C API 直接呼叫 kernel 實作，原因是我們希望讓 kernel 可被完全獨立使用，而不需要框架其餘的東西，所以測試程式也應該避免這些依賴項目。

建構 Bazel 測試

建立 operator 實作與測試檔案之後，接下來要確認它們是否正常運作，你要使用 Bazel 開源組建系統來做這件事。在 *BUILD* 檔案裡面加入 tflite_micro_cc_test 規則（*https://oreil.ly/CbwMI*），接著試著組建並執行這個命令（將 conv 換成你的 operator 名稱）：

```
bazel test ttensorflow/lite/micro/kernels:conv_test --test_output=streamed
```

你會看到一些編譯錯誤與測試失敗，請花一些時間來修復它們。

將你的 op 加入 AllOpsResolver

考慮二進制檔的大小，app 可以選擇只拉入某些 operator 實作，但有一個 op 解析器會拉入所有可用的 operator，以方便初學者。在 *all_ops_resolver.cc*（*https://oreil.ly/0Nq06*）的建構式裡面加入一個呼叫式來註冊你的 operator 實作，並且在 *BUILD* 規則裡面 include 實作與標頭檔。

組建 Makefile 測試

雖然你到目前為止都在 TensorFlow Lite 的 micro 分支裡面工作，但你是在 x86 上進行組建與測試，這是最簡單的開發方式，而且初始工作是幫所有 op 建立可移植、未優化的實作，所以我們建議你在這個領域中盡量採取這種做法。但是現在你應該有一個完全可以在桌上型 Linux 運作與測試的 operator 實作了，所以接下來要開始在嵌入式設備進行編譯與測試。

Google 開源專案的標準組建系統是 Bazel，但遺憾的是，用它來進行交叉編譯與支援嵌入式工具鏈並不容易，因此我們不得不使用德高望重的 Make 來部署。Makefile 本身非常複雜，但它可以用你的新 operator 的名稱與實作檔和測試來自動選取它，唯一需要手動的步驟只有將你建立的參考標頭加入 MICROLITE_CC_HDRS 檔案串列。

要在這個環境中測試你的 operator，cd 至資料夾，並執行這個命令（將 conv 換成你自己的 operator 名稱）：

```
make -f tensorflow/lite/micro/tools/make/Makefile test_conv_test
```

它應該可以編譯，測試也可以通過，如果不行，執行一般的除錯程序來找出哪裡出錯了。

這仍然是在你的本地 Intel x86 桌機上運行的，儘管它使用的組建機制與嵌入式目標一樣。你現在可以試著編譯程式碼，並將它 flash 到真正的微控制器，例如 SparkFun Edge（在 Makefile 行傳入 TARGET=sparkfun_edge 應該就可以了），但為了讓工作更輕鬆，我們也有 Cortex-M3 設備的軟體模擬器可用。你應該可以執行下面的命令來執行測試：

```
make -f tensorflow/lite/micro/tools/make/Makefile TARGET=bluepill test_conv_test
```

模擬器用起來可能會怪怪的，因為有時它的執行時間太長，造成程序超時，但是再給它一次機會應該可以修復。如果你已經做到這個地步了，鼓勵你將你做的修改回饋給開源 build。將你的程式開源的整個流程有點複雜，不過 TensorFlow Community 指南（*https://oreil.ly/YcbFB*）是很好的起點。

結語

看完這一章之後，你應該會覺得自己被淹沒在巨量資訊之中，因為我們提供了關於 TensorFlow Lite for Microcontrollers 如何運作的大量訊息。如果你無法完全瞭解它們，或其中的大部分，不用擔心，我們的目的只是提供足夠的背景知識，方便你在需要深入研究時知道該從何處下手。程式碼都是開源的，它們也是瞭解框架如何運行的終極指南，但我們希望這一章可以幫助你瀏覽它的結構，並瞭解它的一些設計決策背後的原因。

知道如何執行一些預先組建的範例，以及深入瞭解程式庫如何運作之後，你應該會問，如何在自己的 app 裡面活用學到的東西？接下來要告訴你在自己的產品部署自訂機器學習所需的技術，包括優化、除錯、移植模型，以及隱私和安全防護。

第十四章

設計你自己的 TinyML app

到目前為止，我們已經探討了既有的參考 app，它們涵蓋重要的領域，例如音訊、影像與手勢識別。如果你的問題類似其中一個範例，或許你可以直接採用它的訓練與部署流程，但如果你不太知道如何修改既有的範例，以便在你的問題中使用呢？在這一章與接下來幾章，我們將探討如何為不知道從何做起的問題建構嵌入式機器學習解決方案。你從前面的範例學到的經驗是建構自己的系統的基礎，但你也必須進一步瞭解設計、訓練與部署新模型的做法。因為我們的平台有很大的限制，我們也會用一點時間討論如何正確地進行優化來滿足儲存與計算預算，同時不至於失去你設下的精確度目標。你絕對會花大量的時間來釐清為何程式無法正常運作，所以我們會討論各種除錯技術。最後，我們將介紹如何為用戶建立隱私與安全保護措施。

設計程序

訓練一個模型可能需要花好幾天或好幾週的時間，建立新的嵌入式硬體平台可能也會非常耗時，因此，對任何嵌入式機器學習專案而言，在推出可運作的產品之前就耗盡時間是最大的風險之一。降低這種風險最有效的做法是透過規劃、研究與實驗，儘早回答許多懸而未決的問題。如果你要變更訓練資料或結構，很容易就會耗掉一週的時間來撰寫程式與重新訓練，部署硬體的變動也會在軟體堆疊造成連鎖反應，需要大量改寫之前可以運作的程式。如果你在一開始做一些事情來減少開發的中後期進行變更的規模，你就可以節省許多可能花在它們上面的時間。這一章要推薦一些可以在你開始編寫最終的 app 之前，用來回答重要問題的技術。

你需要微控制器，還是較大型的設備就可以了？

你要回答的第一個問題是，你究竟真的需要利用嵌入式系統的優點，還是其實可以放寬對電池壽命、成本與尺寸的需求，至少就最初的原型而言。在具備 Linux 這種完整的現代 OS 的系統上編寫程式遠比在嵌入式環境中進行開發容易（且快速）許多。你可以用不到 25 美元的價格買到樹莓派（Raspberry Pi）這種完整的桌機系統，以及鏡頭和其他感測器等周邊設備。如果你的神經網路需要執行大量計算，NVIDIA 的 Jetson 系列顯示卡起價 99 美元，以小尺寸提供強大的軟體堆疊（stack）。這些設備最大的缺點在於它們需要消耗好幾瓦的電力，因此使用電池只能運作幾小時，最多幾天，取決於電力儲存體的實際大小。只要等待時間（latency）不是硬性的限制，你甚至可以啟動盡可能多的強大雲端伺服器來處理神經網路的工作負擔，讓用戶端設備只需負責處理介面與網路通訊。

雖然我們肯定能夠在任何地方部署的威力，但如果你要確定你的想法是否完全可行，我們強烈建議你試著使用容易實驗的設備來製作原型。開發嵌入式系統是一個巨大的難題，因此，在深入研究之前，你越能搞清楚 app 的實際需求，成功的機會就越大。

舉個實際的例子，假設你想要建構一個協助監控綿羊健康狀態的設備，最終的產品必須在沒有良好連線的環境中運行數週或數月，所以它必須是嵌入式系統。但是，當你開始工作時，你不想要使用這麼麻煩的編程設備，因為你還不知道一些重要的細節，例如該採用哪一種模型、需要哪些感測器，或需要根據收集到的資料採取哪些動作，而且你還沒有任何訓練資料。為了開始工作，你可能要拜託一位擁有一小群綿羊的善心牧人在你容易到達的地方放牧。你可以建立一個 Raspberry Pi 平台，每天晚上自己從被監視的綿羊身上拿下來充電，並建立一個覆蓋放牧範圍的室外 WiFi 網路，讓設備可以輕鬆地與網路通訊。雖然你不能要求真正的客戶做這些麻煩的工作，但你能夠回答關於「在這個設定之下，你需要建構哪些東西」的問題，而且採取這種做法來試驗新模型、感測器，以及外形尺寸，將會比使用嵌入式版本快得多。

微控制器實用之處在於它們可以用其他硬體無法做到的方式進行擴展。它們便宜、很小，而且幾乎不消耗任何電力，但是這些優勢只有在你真正需要擴展時才有用武之地。可以的話，在絕對必要之前先不要進行擴展，這樣你才可以確定自己在擴展正確的東西。

瞭解可行性

我們很難知道深度學習可以解決哪些問題。我們發現有一條非常實用的經驗法則：神經網路模型非常適合人類「在一眨眼之間」就可以解決的任務。我們可以憑直覺在一瞬間認出物體、聲音、單字與朋友，它們與神經網路可以執行的任務屬於同一類。DeepMind 的圍棋演算法也使用摺積網路來察看棋盤，並回傳每一位玩家下棋位置的優劣估計，這個系統使用這些基本元件來建構長期規劃的部分。

這是很實用的區別方式，因為它在不同類型的「智慧」之間劃了一條界限。神經網路無法自動進行「規劃」或「定理求解」等高級的任務，它們比較擅長從充斥雜訊且令人困惑的大量資料中找出模式。例如，雖然神經網路不適合指導牧羊犬如何讓羊群走過一扇門，但它很適合用各種感測器傳來的資料（例如體溫、脈搏與加速度計讀數）預測綿羊是否不適。雖然比起需要明確地思考的問題，深度學習比較擅長處理人類幾乎可以無意識做出的判斷，但這不代表神經網路無法解決比較抽象的問題，而是它們通常被當成較大型系統的一個元件，讓大型系統使用它們的「本能」預測作為輸入。

跟隨別人的腳步

在研究界，「閱讀文獻」是很流行的一句話，它代表閱讀你感興趣的問題的研究論文與其他出版物。雖然你不是研究員，但這件事在你處理深度學習時也是個實用的程序，因為坊間有很多人嘗試將神經網路模型應用在各種挑戰上，並且提供有用的方法，如果你可以從別人的著作獲得一些關於如何下手的啟示，你將可以節省大量的時間。雖然閱讀研究論文有挑戰性，但最值得收集的資訊，就是瞭解別人都使用哪一種模型來處理類似的問題，以及有沒有現成的資料組可以使用，因為收集資料是機器學習程序中最困難的事情之一。

例如，如果你想要預測機械軸承的維護時間，你可以在最流行的機器學習研究論文網站 arxiv.org（*https://oreil.ly/xljQN*）搜尋「deep learning predictive maintenance bearings」。在行文至此時，找出來的第一個結果是 Shen Zhang 等人在 2019 年發表的調查論文「Machine Learning and Deep Learning Algorithms for Bearing Fault Diagnostics: A Comprehensive Review」（*https://oreil.ly/-dqy7*）。從這篇論文，你可以知道有一種帶標籤軸承感測器資料的標準公用資料組，稱為 Case Western Reserve University bearing dataset（*https://oreil.ly/q2_79*）。取得既有的資料組很有幫助，如此一來，你甚至不需要從自己的設備收集讀數就可以用它來嘗試各種方法。裡面也有一篇論文概述已被用來解決這個問題的各種模型結構，並探討它們的收益、成本，以及整體的結果。

尋找類似的模型來訓練

初步知道該使用哪一種模型結構以及訓練資料之後，你可以花一些時間在訓練環境中進行實驗，看看在沒有資源限制的情況下可以取得什麼成果。本書的主題是 TensorFlow，所以你可以尋找 TensorFlow 示範教程或腳本（根據你的經驗），先讓它照原樣運行，再開始修改它來解決你的問題。如果可以，你可以閱讀本書的訓練範例來獲得啟發，因為它們也包括部署嵌入式平台的所有步驟。

在評估有哪些模型可以使用時，你可以看一下你的感測器資料有哪些特徵，並試著拿它們來比對教程中類似的東西。例如，如果你有車輪軸承的單通道震動資料，它將是個相對高頻的時間序列，與麥克風的音訊資料有很多相似之處。你可以先試著將所有軸承資料轉換成 .wav 格式，再將它傳入語音訓練程序（ https://oreil.ly/dG9gQ ），並使用正確的標籤，而不是傳入標準的 Speech Commands 資料組。接下來，或許你可以進一步自訂這個程序，至少看看能不能得到一個稍具預測能力的模型，再將它當成進一步實驗的基準。你可以用類似的程序來將手勢教程修改成任何使用加速度計的分類問題，或重新訓練人體偵測器來處理不同的電腦視覺問題。如果本書沒有明顯相似的範例幫助你踏出第一步，你可以搜尋指導如何使用 Keras 來建構你感興趣的模型結構的教學。

特徵生成

許多純機器學習教學都沒有詳細地探討特徵生成這個主題。特徵是傳入神經網路的值，它是被當成輸入來傳入的數字陣列。對現代電腦視覺而言，它們其實是從記憶體內的影像資料直接取得的 RGB 像素陣列，但是對許多其他感測器類型而言並非如此。例如，語音辨識案例使用 16 KHz 脈衝編碼調變資料（以每秒 16,000 次的速度採集當前音量的樣本），但是會先將那些資訊轉換成聲譜（單通道 2D 陣列，在每一列保存隨時間變化的頻率幅度），再將它傳入神經網路模型。很多人希望擺脫這種前置作業，因為它需要大量的實驗與工程實作，但是許多問題仍然必須使用它才能取得最佳結果，尤其是在資源有限的情況之下。不幸的是，最適合特定問題的特徵生成方法通常沒有被詳細地記載，所以如果你找不到合適的範例，可能要諮詢領域專家。

察看資料

許多關於機器學習的研究都把焦點放在設計新結構上面，探討訓練資料組的人不多，原因是在學術界，你通常會得到預先生成的、固定的訓練資料組，而且你追求的是你的模型比其他模型多了多少分數。在學術研究之外的領域，我們通常沒有解決問題的現成資料組，而且我們關心的是最終用戶的體驗，而不是處理固定的資料組得到的分數，所以優先順序有很大的不同。

本書的作者用一篇部落格文章（*https://oreil.ly/ghEbc*）詳細地探討這件事，結論是，你要做好心理準備—你花在收集資料、探索資料、加上標籤以及改善資料的時間，將會比你花在模型結構的時間多很多。你投資時間獲得的回報會高很多。

我們發現有一些常見的技術在處理資料時非常實用，其中一項技術再明顯不過了，但我們經常忘記：看一下你的資料！如果你有許多影像，將它們下載到你的本地電腦，將它們按照標籤放入資料夾，然後瀏覽它們。如果你正在處理音訊檔，做同樣的事情，並且聽一下其中一些檔案。很快你就會發現各種出乎意料的異常與錯誤，包括 Jaguar 汽車被標成美洲豹（jaguar cat），以及錄音的聲音太小聲，或單字部分聲音被剪掉。即使你使用的只是數值資料，光是察看逗號分隔值（CSV）文字檔裡面的數字都有很大的幫助。我們曾經發現許多值到達感測器的飽和極限，並且超出最高值，甚至繞回來，或靈敏度太低，導致大部分的資料都擠在一個小範圍裡面。你可以採取更高級的資料分析技術，TensorBoard 之類的工具可以幫助你進行分群，以及藉由視覺化的方式展示資料組裡面發生了什麼事。

另一個需要注意的問題是訓練組不平衡。如果你要進行分類，不同類別在訓練輸入資料中出現頻率將會影響最終的預測機率。很多人誤以為網路產生的結果就是真正的機率，例如，「yes」得到 0.5 分代表網路預測說出來的單字有 50% 的機率是「yes」。事實上，它們的關係複雜得多，因為訓練資料內的各個類別的比率會影響輸出值，若要瞭解真正的機率，你就要知道各個類別在真正的 app 輸入分布之中的先驗機率。舉另一個例子，假設我們用 10 個品種來訓練一個鳥類照片分類器，如果你接下來將它部署到南極，當結果顯示它看到一隻鸚鵡時，你將非常懷疑，當你在一部亞馬遜影片上看到企鵝時，你也會同樣驚訝。將這種領域知識融入訓練流程很有挑戰性，因為你應該希望每一種類別的樣本數量都大致相等，這樣網路就可以平等地「關注」每一個類別。但是，我們通常會在模型執行推斷之後進行一種校準程序，根據先驗知識對結果進行加權。在南極的例子中，回報鸚鵡可能需要很高的閾值，企鵝的閾值則低得多。

Wizard of Oz

我們最喜歡的機器學習設計技術其實與「技術」沒有太多關係，工程界最困難的問題是確定需求，我們很容易花費大量的時間與資源來製作無法實際解決問題的東西，尤其是考慮到開發電腦學習模型需要大量的時間。為了釐清需求，我們強烈推薦 Wizard of Oz 方法（*https://oreil.ly/Omr6N*）。採取這種方法時，你要幫想做的系統建立一個模仿品，但不是用軟體來進行決策，而是找人扮演「幕後黑手」。它可以讓你在經歷耗時的開發週期之前先測試你的假設，在你將假設納入設計之前，先獲得一個經過妥善測試的規格。

這種做法如何實際運作？假設你要設計一個感測器來偵測有沒有人在會議室裡面，如果沒有人，就將電燈關閉。使用 Wizard of Oz 方法時，你不需要建構與部署無線微控制器和運行人體偵測模型，而是建立一個原型，讓它將實況影像傳給一個坐在隔壁房間裡面的人，並且讓他用一個開關來控制電燈，在沒有人的時候將它關閉。你很快就會發現使用上的問題，例如，當鏡頭無法看到整間房間時，電燈可能會在裡面還有人時關掉，或是有人進入房間時，電燈太慢打開。這種方法幾乎可以用來處理任何問題，它可以驗證你對產品做的假設，避免你浪費時間與精力在建構根本是錯誤的機器學習模型上面。更棒的是，你可以設計這個程序來為訓練組加上標籤，前提是記錄輸入資料，以及 Wizard 根據那些輸入做出來的決策。

先讓它在桌機運行

Wizard of Oz 方法是盡快執行原型的方法之一，但即使你已經開始訓練模型了，你也要設法以最快的速度進行實驗與迭代。匯出模型並且讓模型在嵌入式平台上以夠快的速度運行可能會花很多時間，所以有個很棒的捷徑是以串流的形式將環境中的感測器資料傳給附近的桌機或雲端機器來處理。雖然你會花許多精力製作一個無法部署到生產環境的方案，但只要你確定等待時間不會影響整體體驗，你就可以從中知道機器學習解決方案在整個產品設計的背景之下執行的狀況。

它的另一個好處是，你可以記錄感測器資料串流，再一遍又一遍地使用它來非正式地評估模型。當模型曾經出現大型的錯誤，但是那個錯誤無法從常規的指標中抓到時，這種做法特別有用。如果你的照片分類器會將嬰兒標成狗，即使它的整體準確度有 95%，你也會特別想要避免這種情況，因為這會讓用戶很不舒服。

在桌機上執行模型的方式有很多種,最簡單的做法是先用 Raspberry Pi 這種支援優良感測器的平台收集樣本資料,再成批複製到你的桌機(或雲端實例)。接下來,你可以使用 Python 和標準的 TensorFlow 以離線且沒有互動的方式訓練與評估潛在的模型。當你做出很有希望的模型時,你可以採取漸進式步驟,例如將 TensorFlow 模型轉換成 TensorFlow Lite,但繼續在 PC 上使用批量資料評估它。成功完成之後,你可以試著將桌機上的 TensorFlow Lite app 放在一個簡單的 web API 後面,並且從外形尺寸符合期望的設備上呼叫它,以瞭解它在真實環境中的運作狀況。

## 第十五章

優化等待時間

嵌入式系統的計算能力不強,這意味著運行神經網路所需的密集計算可能比其他平台花更多時間。因為嵌入式系統通常處理即時的感測器資料串流,跑得太慢可能會造成很多問題。如果你試著觀察只會短暫出現的東西(例如可在鏡頭的視野中看到的鳥),當處理時間太長時,對著感測器採樣的速度可能太慢,因而錯過其中一次的出現。有時我們可以藉由重複觀察重疊的感測器資料窗口來改善預測的品質,就像喚醒詞偵測範例對著音訊資料執行一秒窗口來辨識喚醒詞那樣,但只將窗口前移 100 毫秒或更少,再計算結果的平均值。在這些情況下,降低等待時間可以改善整體的準確度。加快模型的執行速度或許也可以讓設備以較低的 CPU 頻率運行,或是在每次推斷之間進入睡眠模式,從而減少整體的能量消耗。

因為等待時間是個重要的優化領域,本章將重點介紹一些技術,你可以用它們來減少運行模型所需的時間。

先確定它重要

執行神經網路程式的時間可能只占整體系統等待時間的一小部分,因此提升它的速度對產品的性能沒有太大差異。要確認是否真的如此,最簡單的做法是將 app 程式中的 tflite::MicroInterpreter::Invoke()(*https://oreil.ly/1dLTn*)改成註解。這個函式包含所有的推斷計算,整個流程在神經網路運行完畢之前都會塞在它那裡,所以移除它可以觀察它對整體等待時間造成的差異。在理想的環境中,你可以使用計時器 log 陳述式或分析工具來計算這個變動,但稍後會介紹,或許你只要閃爍 LED 並且用眼睛看一下頻率的差異就可以大概知道速度的提升程度。如果執行網路推斷與否的差異很小,代表優化深度學習的部分沒有太多好處,你應該將重點放在 app 的其他部分。

硬體變動

如果你需要加快神經網路程式的速度，你要先問自己是否能夠使用更強大的硬體設備。許多嵌入式產品都無法做到這一點，因為該使用哪一種硬體平台通常很早就已經決定了，或是已經由外部設定好了，但是從軟體的角度來看，它是最容易改變的因素，所以值得明確地考慮。如果你有得選，最大的限制通常是能量、速度與金錢成本。可以的話，換掉晶片，用能量或金錢成本來換取速度。或許你可以在研究時幸運地發現新的平台，可以提供更多速度，卻不會失去其他的主要因素。

 訓練神經網路時，我們通常會在每一個訓練步驟一次傳送大量的訓練樣本，比起一次只傳送一個樣本，這種方式可讓我們進行許多計算優化。例如，我們可以在一次訓練呼叫時，傳遞一百張影像與標籤。這個訓練資料組稱為批次。

在嵌入式系統中，我們通常一次處理一群即時的感測器讀值，不希望在收集大量的批次之後再觸發推斷。這個「單批」焦點代表我們無法獲得訓練期理所當然的一些優化，所以在雲端可以提供好處的硬體結構不一定可以轉移到我們的用例上。

改善模型

更換硬體平台之後，最容易對神經網路等待時間造成重大影響的地方在於結構層面。如果你可以建立足夠準確但牽涉的計算較少的新模型，你就可以提高推斷速度，並且完全不需要改變任何程式碼。我們通常可以藉著降低準確度來提升速度，所以如果你一開始就做出盡可能準確的模型，你就有更大的空間來進行這種取捨。這意味著花時間來改善與擴展訓練資料在整個開發流程中可能非常有幫助，即使對等待時間優化這種顯然無關的工作而言也是如此。

當我們優化程序性（procedural）程式時，花時間修改程式使用的高階演算法比較符合成本效益，而不是將內部迴圈改成組合語言。把焦點放在模型結構也是同一種概念，最好的做法是完全免除工作，而不是提高工作速度。兩者不同的地方在於更換機器學習模型比更改傳統程式中的演算法容易得多，因為每一個模型都只是一個功能強大的黑盒子，可接收輸入資料，並回傳數值結果。當你收集一組好的資料之後，在訓練腳本中將一個模型換成另一個應該比較容易。你甚至可以做一下實驗,將模型的各個階層移除,看看有什麼影響。神經網路往往會非常優雅地(gracefully)退化,所以你可以嘗試各種破壞性更改,觀察它會對準確度和等待時間造成什麼影響。

估計模型等待時間

大部分的神經網路模型都用大多數時間來執行大型矩陣乘法,或類似的運算,原因是模型必須將每一個輸入值乘以不同的權重來產生每一個輸出值,所以每一層牽涉的工作量大約是它的輸入值數量乘以輸出值數量。它通常被表示成網路執行一次推斷所需的浮點運算(FLOP)數量。通常一次乘法 / 加法運算(它們通常是機器碼級別的單一指令)是兩個 FLOP,所以即使是 8-bit 或更低的量化計算有時也被稱為 FLOP,雖然它們沒有涉及浮點數。網路需要的 FLOP 數量可以逐層手算,例如,一個完全連接層的 FLOP 數量等於輸入向量的大小乘以輸出向量的大小,因此,如果你知道這些維度,你就可以算出它涉及的工作量。一些探討與比較模型結構的論文裡面都有 FLOP 估計值,例如MobileNet(*https://arxiv.org/abs/1905.02244*)。

FLOP 很適合用來大略估計網路需要多少執行時間,因為當所有其他東西都一樣時,計算量較少的模型跑得較快,而且與 FLOP 的差異成正比。例如,你可以合理的預期 1 億個 FLOP 的模型的執行速度是 2 億個 FLOP 的模型的兩倍快。但是在實務上這種做法不是完全正確,因為你還要考慮其他因素,例如針對「會影響等待時間的特定階層」所做的軟體優化程度,但是它很適合當成評估各種網路結構的起點,也可以協助你務實地評估硬體平台的能耐。如果你的晶片可以用 100 ms 執行 100 萬個 FLOP 的模型,你就可以有根據地預估另一個需要 1000 萬個 FLOP 的模型需要花大約 1 秒來計算。

如何提升模型的速度

模型結構設計仍然是一門活躍的研究領域,所以現在幫初學者寫一篇很好的指南並不容易,最好的下手處是尋找既有的模型,在考慮效率的前提下,反覆修改試驗。許多模型都有一些參數可供修改,進而調整所需的計算量,例如 MobileNet 的深度通道係數,或預期輸入大小。或許你也可以察看每一層的 FLOP,並試著移除特別慢的幾層,或將它們換成比較快的(例如用深度摺積來取代一般摺積)。可以的話,當模型在設備上運行時,察看各層的實際等待時間,而不是用 FLOP 來估計。不過,這種做法需要使用後續章節介紹的一些用來優化程式碼的分析技術。

設計模型結構既困難且耗時，但最近關於設計流程自動化有一些進展，例如 MnasNet（*https://arxiv.org/abs/1807.11626*）使用遺傳演算法等方法來改善網路設計。雖然它們還沒有到完全取代人類的地步（例如，它們往往需要使用已被證實優良的架構來作為起點進行播種（seeding），或是人為規定搜尋空間等），但我們應該很快就會看到這個領域的快速進展。

此外，AutoML（*https://cloud.google.com/automl/*）之類的服務可讓用戶避免許多訓練過程的瑣碎細節，希望這個趨勢可以延續下去，這樣你就可以針對你的資料與效率挑選最好的模型。

量化

神經網路執行每一次預測都需要上百次或上千次甚至上百萬次計算，執行這種複雜計算的程式通常對數字的精度非常敏感，如果精度不佳，誤差會不斷累積，導致結果不準確，因而無法使用。深度學習模型是個異數，它們能夠承受中間過程的數值精度巨大損失，可以產生整體準確的最終結果。這種特性似乎是它的訓練過程的副產品，由於模型的輸入既龐大且充斥雜訊，所以必須學會對抗不重要的變化，把注意力放在重要的模式上面。

這意味著在實務上使用 32-bit 浮點表示法來運算幾乎都超出執行推斷所需的準確度了。訓練期的要求比較高，因為模型需要透過許多細微的權重變化來學習，但即使如此，大家往往也只使用 16-bit 表示法。大多數的推斷 app 只要使用 8-bit 來儲存權重與觸發值就可以產生與使用浮點時幾無差別的結果，這對嵌入式 app 而言是個好消息，因為許多平台都強力支援這些模型使用的 8-bit 乘積指令，原因是同一組指令在訊號處理演算法裡面也很常見。

不過，將模型從浮點轉換成 8-bit 並不容易，為了有效率地執行計算，我們必須將 8-bit 值線性轉換成實數。對權重做這件事很簡單，因為我們可以從訓練值知道各層的範圍，所以可以推導出正確的縮放係數來進行轉換。不過，對觸發值（activation）來說，這件事就比較麻煩了，因為我們無法從模型的參數與結構明顯看出各層的實際輸出範圍，如果我們選擇的範圍太小，有些輸出就會被切成最小值或最大值；但如果範圍太大，輸出的精度就會比該有的小，產生失去整體結果的準確度的風險。

量化仍然是個活躍的研究領域，我們有很多方法可以選擇，所以 TensorFlow 團隊在過去幾年嘗試了各種方法。你可以在 Raghuraman Krishnamoorthi 寫的「Quantizing Deep Convolutional Networks for Efficient Inference: A Whitepaper」（*https://arxiv.org/pdf/1806.08342.pdf*）閱讀關於一些實驗的討論，而量化規格（*https://oreil.ly/toF_E*）介紹了我們根據經驗推薦的方法。

我們已經將量化程序集中化，讓它在模型從 TensorFlow 訓練環境轉換到 TensorFlow Lite 圖的過程中進行。我們曾經推薦一種量化感知（quantization-aware）訓練方案，但是它很難用，而且我們發現我們可以在匯出時使用一些額外的技術來產生等效的結果。最容易使用的量化類型是所謂的 post-training weight quantization（*https://oreil.ly/Tz9D_*），它會將權重量化為 8-bits，但觸發層仍然維持浮點數，它非常實用的地方在於它會將模型檔案大小減少 75%，並提供一些速度優勢。它是最容易執行的做法，因為它不需要知道任何關於觸發層範圍的知識，但它仍然需要許多嵌入式平台還沒有的快速浮點硬體。

post-training integer quantization（*https://oreil.ly/LDw-y*）代表模型可以在不做任何浮點計算的情況下執行，因此非常適合本書探討的用例。使用它時，最有挑戰性的部分在於，你必須在模型匯出過程中提供一些輸入範例，藉著讓一些典型的影像、音訊或其他資料流過圖，來觀察觸發層輸出的範圍。如前所述，如果沒有取得這些範圍的估計值，我們就不可能準確地量化這幾層。我們曾經用過其他方法，例如在訓練期間記錄範圍，或是在執行期的每次推斷採集它們，但它們都有一些缺點，例如會讓訓練程序複雜許多，或增加等待時間，所以這是所有方法裡面最好的一種。

你可以在第 10 章匯出人體偵測模型的指令裡面，看到我們提供一個 representative_dataset 函式給 converter 物件，它是一個 Python 函式，可產生觸發範圍估計程序所需的輸入，我們會從訓練資料組載入一些樣本影像，供人體偵測模型使用。你必須為你訓練的每一個模型做這件事，因為每一個 app 的預期輸入都不一樣。我們很難知道預先處理程序是如何對輸入進行縮放與轉換的，所以你在建立函式時，可能要透過試誤法。我們希望將來可以讓這個程序更簡單。

在幾乎所有平台上執行完全量化的模型都可以取得很大的等待時間優勢，但如果你要支援新設備，你可能要優化最需要計算的 op，來利用硬體提供的專用指令。如果你使用的是摺積網路，Conv2D op（*https://oreil.ly/NrjSo*）與 kernel（*https://oreil.ly/V27Q-*）是很好的起點。許多 kernel 都有 uint8 與 int8 版本，uint8 版本是舊的、棄用的殘存量化方法，現在所有的模型都用 int8 來匯出。

產品設計

或許你不認為產品的設計可以優化等待時間,但是,它其實是最適合投資時間的地方。重點在於,你要確認你能不能放寬對於神經網路的需求,無論是速度,還是準確度。舉個例子,你想要用鏡頭以每秒多幀的速度追蹤手勢,但如果你有一個人體姿勢偵測模型需要用一秒鐘來執行,或許你可以用快很多的光學追蹤演算法,以更高的速度追蹤被辨識的多個點,並且用更準確、但是頻率較低的神經網路結果來替換它。舉另一個例子,你可以讓微控制器將較高階的語音辨識工作委託給透過網路來訪問的雲端 API,並且在本地設備上繼續執行喚醒詞偵測。在更廣泛的層面上,或許你可以將不確定性合併到用戶介面中,來放寬對於神經網路準確度的需求。我們為語音辨識系統選擇的喚醒詞通常是短句子,裡面的音節序列不太可能出現在正常的談話中。如果你有個手勢系統,或許你可以要求每一個序列都以舉起大拇指來結束,以確認做出來的命令都是有意的?

我們的目標是盡量提供最佳的整體用戶體驗,所以系統的其餘部分做的任何一項更容錯的事情,都可以讓你有更多空間以準確度換取速度,或需要改善的其他特性。

程式碼優化

之所以在本章的結尾才探討這個主題是因為你應該先嘗試其他優化等待時間的方法,但是要實現可接受的性能,傳統的程式碼優化是很重要的方法。特別是,TensorFlow Lite for Microcontrollers 程式碼已經被寫成可以在大量的模型與系統上,以盡可能小的二進制檔良好地運行了,所以有些優化可能只適合你自己的模型或平台,你必須自行添加並從中受益。不過,這也是我們鼓勵你盡量推遲程式碼優化的原因之一,許多這類的改變在硬體平台或模型結構改變之後就不適用了,所以先確定那些事項非常重要。

性能分析

每一種程式碼優化的基礎,都是知道程式的各個部分需要花多少時間執行。這項工作在嵌入式領域中可能出乎意料的困難,因為你可能連一個簡單的計時器都沒有,就算有,記錄與回傳你需要的資訊也很麻煩。以下是我們用過的各種方法,從最容易實作的,到最麻煩的。

閃爍 LED

幾乎所有嵌入式開發電路板都至少有一顆可以用程式來控制的 LED。如果你要測量的時間超過半秒,你可以在你想要測量的程式段落的開頭點亮 LED,之後再關閉它。你應該可以使用外部的碼錶來大致估計所需的時間,並計算你在 10 秒內看到的亮滅次數。你也可以將不同版本的程式傳給兩塊電路板,再將它們並排放在一起,比較它們的閃爍頻率,來估計哪一個比較快。

亂槍剖析法

當你大致瞭解 app 的正常運行時間多久之後,估計某段程式運行的時間最簡單的方法是將它改成註解,看看整體的執行速度變快多少。這種做法稱為*亂槍剖析法*(*shotgun profiling*),這個名稱來自「亂槍除錯法」。亂槍除錯法的做法是在資訊有限的情況下,藉著移除大量的程式碼來找出崩潰的地方。用亂槍剖析來對神經網路進行除錯的效果出奇得好,因為執行模型的程式裡面通常沒有需要使用資料的支線,所以將一項 op 的內部實作改成註解來將它變成 no-op 通常不會影響模型其他部分的速度。

除錯 logging

通常你可以從嵌入式開發電路板輸出一行文字給主機電腦,這種方法很適合用來偵測一段程式何時執行。不幸的是,與開發電腦進行通訊本身可能就非常耗時。在 Arm Cortex-M 晶片的 Serial Wire Debug 輸出(*https://oreil.ly/SdsWk*)可能要多達 500 ms,而且這個等待時間有很多變化,所以根本無法用來進行簡單的 log 分析。用 UART 連結來進行除錯 logging 通常便宜很多,但仍然不是很理想。

邏輯分析器

你可以讓程式開關 GPIO 接腳,再使用外部邏輯分析器(我們用過 Saleae Logic Pro 16 (*https://oreil.ly/pig8l*))來視覺化並測量時間,這種做法類似亮滅 LED,但精度高很多。這種做法需要做一些接線,而且設備本身可能會貴,但它提供非常彈性的方式來讓你調查程式的等待時間,除了控制一或多個 GPIO 接腳之外,不需要任何其他軟體支援。

計時器

如果你有計時器可以用足夠的精度提供連貫的即時時間，你就可以記錄一段程式的開始與結束時間，再將執行時間輸出至 log，如此一來，任何通訊等待時間都不會影響結果。正是出於這個原因，我們曾經考慮讓 TensorFlow Lite for Microcontrollers 擁有一個獨立於任何平台的計時器介面，但設定計時器可能非常複雜，所以最後認為這種做法會讓想要移植到不同平台的人增加太多負擔。很遺憾，這代表你必須自行研究如何為你的晶片實作這項功能。這種方法的另一個缺點是你必須在想要調查的任何程式前後呼叫計時器，所以需要額外的工作與計畫來確定關鍵的部分，當你研究時間都花在哪裡時，你也要不斷重新編譯與進行 flash。

分析工具

如果你夠幸運，你使用的工具鏈與平台已經支援某種外部分析工具了，這些 app 通常使用程式中的除錯資訊來匹配在設備上運行程式時收集到的執行統計資訊，將哪些函式花最多時間視覺化，甚至哪幾行程式。因為你可以快速地探索並進入重要的函式，在找出程式的速度瓶頸時，這是最快的方法。

優化 op

當你使用盡可能簡單的模型，並且找出程式最耗時的部分之後，接下來你要看看還可以怎樣提升它們的速度。神經網路大部分的執行時間都花在內部的 op 實作，因為每一層都可能涉及幾十萬或幾百萬次的計算，所以你很有可能會發現其中的一或多層是瓶頸所在。

尋找已經優化的實作

TensorFlow Lite for Microcontrollers 的 op 的預設實作都被寫得精簡、容易瞭解、可移植，但不快，所以你應該可以採取一些方法，使用更多行的程式碼或記憶體，相當輕鬆地勝過它們。其實我們在 *kernels/portable_optimized* 目錄（*https://oreil.ly/fmY8R*）裡面放了一組比較快的實作，它們使用第 13 章介紹過的子目錄專化方法。這些實作沒有任何平台依賴關係，但它們使用的記憶體可能比參考版本更多。因為它們使用子目錄專化，你可以直接傳入 TAGS="portable_optimized" 引數來生成一個使用它們的專案，取代預設的專案。

當你的設備有平台專用的實作（例如透過 CMSIS-NN 之類的程式庫），而且這些實作在你指定目標時不會被自動選取，你可以傳入正確的標籤來使用那些不可移植的版本。不過，你必須參考你的平台的文件與 TensorFlow Lite for Microcontrollers 的 source tree 來找出它是什麼。

編寫你自己的優化實作

如果你無法為最耗時的 op 找到優化的實作，或可用的實作不夠快，你可能想要自行編寫，好消息是，或許你可以縮小這個工作的範圍並且更輕鬆地完成它。因為你只會用不同的輸入與輸出大小及參數來呼叫 op，所以你只要把重心放在讓這些路徑更快，不必處理通用案例。例如，我們發現在第一版的語音喚醒詞範例中，深度摺積參考程式在 SparkFun Edge 電路板上占了大部分時間，整體運行速度慢到無法使用，在調查程式之後，我們發現摺積過濾器的寬度永遠是 8，所以我們可以利用這個模式來編寫一些優化的程式（*https://oreil.ly/Kbx22*），使用 32-bit 整數，平行地載入四個輸入值與四個權重（以 bytes 保存）。

在開始優化流程時，請在 *kernels* 根目錄裡面使用之前介紹的子目錄專化方法建立一個新目錄，將參考 kernel 實作複製到那個子目錄，作為你的程式碼的起點。為了確保正確組建，請執行該 op 的單元測試，確保它仍然可以通過，如果你傳入正確的標籤，它應該會使用新實作：

```
make -f tensorflow/lite/micro/tools/make/Makefile test_depthwise_conv \
  test TAGS="portable_optimized"
```

建議你在 op 的單元測試程式裡面加入一項新測試，只用它來回報執行 op 花掉的時間，不需要檢查正確性，這種標準檢查程序可協助你確認你的更改以你期望的方式改善性能。你要為造成速度瓶頸的每一個場景訂定一個標準檢查程序（benchmark），使用相同大小，以及 op 在那個時候使用的參數（不過權重與輸入可以使用隨機值，因為在多數情況下，數字不會影響執行等待時間）。標準檢查程序本身必須使用本章稍早介紹的其中一種分析方法，最好可以使用高精度的計時器來測量執行時間，如果不行，至少要開關一個 LED 或邏輯輸出。如果你的測量程序的粒度（granularity）太大，你可能要在迴圈裡面執行 op 多次，再將它除以迭代次數，來算出真正花掉的時間。寫好標準檢查程序之後，在做任何更改之前先記下等待時間，並確保它與你在分析 app 時看到的數據大致相符。

有了具代表性的標準檢查程序之後，你就可以快速地反覆進行潛在的優化了。尋找初始
實作最裡面的迴圈是很好的起手式，這段程式是最頻繁執行的部分，所以改善它對演算
法的影響比其他部分大。你可以藉著閱讀程式碼或反覆尋找嵌在最深層的 for 迴圈（或
等效物）來找到它，並且將它改成註解，再次執行標準檢查程序，如果等待時間大幅下
降（50% 以上），代表你已經找到正確的焦點所在了。舉個例子，這段程式來自深度摺
積的參考實作（*https://oreil.ly/8S4kS*）：

```cpp
for (int b = 0; b < batches; ++b) {
  for (int out_y = 0; out_y < output_height; ++out_y) {
    for (int out_x = 0; out_x < output_width; ++out_x) {
      for (int ic = 0; ic < input_depth; ++ic) {
        for (int m = 0; m < depth_multiplier; m++) {
          const int oc = m + ic * depth_multiplier;
          const int in_x_origin = (out_x * stride_width) - pad_width;
          const int in_y_origin = (out_y * stride_height) - pad_height;
          int32 acc = 0;
          for (int filter_y = 0; filter_y < filter_height; ++filter_y) {
            for (int filter_x = 0; filter_x < filter_width; ++filter_x) {
              const int in_x =
                  in_x_origin + dilation_width_factor * filter_x;
              const int in_y =
                  in_y_origin + dilation_height_factor * filter_y;
              // 如果位置在輸入影像的邊界之外，
              // 使用預設值零。
              if ((in_x >= 0) && (in_x < input_width) && (in_y >= 0) &&
                  (in_y < input_height)) {
                int32 input_val =
                    input_data[Offset(input_shape, b, in_y, in_x, ic)];
                int32 filter_val = filter_data[Offset(
                    filter_shape, 0, filter_y, filter_x, oc)];
                acc += (filter_val + filter_offset) *
                       (input_val + input_offset);
              }
            }
          }
          if (bias_data) {
            acc += bias_data[oc];
          }
          acc = DepthwiseConvRound<output_rounding>(acc, output_multiplier,
                                                    output_shift);
          acc += output_offset;
          acc = std::max(acc, output_activation_min);
          acc = std::min(acc, output_activation_max);
          output_data[Offset(output_shape, b, out_y, out_x, oc)] =
              static_cast<uint8>(acc);
```

```
                    }
                  }
                }
              }
            }
```

從縮排就可以看出正確的內部迴圈是這段程式：

```
const int in_x =
    in_x_origin + dilation_width_factor * filter_x;
const int in_y =
    in_y_origin + dilation_height_factor * filter_y;
// 如果位置在輸入影像的邊界之外，
// 使用預設值零。
if ((in_x >= 0) && (in_x < input_width) && (in_y >= 0) &&
    (in_y < input_height)) {
  int32 input_val =
      input_data[Offset(input_shape, b, in_y, in_x, ic)];
  int32 filter_val = filter_data[Offset(
      filter_shape, 0, filter_y, filter_x, oc)];
  acc += (filter_val + filter_offset) *
          (input_val + input_offset);
}
```

因為這段程式位於所有迴圈的中央，所以它的執行次數比函式中的其他程式碼多很多，將它改成註解可以確認它是否占了大部分的時間。如果你可以取得逐行分析資訊，它們也可以協助你找到正確的部分。

找到高影響力的區域之後，你的目標是盡量將它裡面的工作移出，放到比較沒那麼關鍵的部分。例如，範例中間有一個 if 陳述式，代表每一次的內部迴圈迭代都需要執行一項條件檢查，但我們可以將它移出這部分的程式，在外部迴圈不那麼頻繁地執行檢查。或許你也可以找到一些模型與標準檢查程序不需要的條件式或計算式。在語音喚醒詞模型中，擴大係數（dilation factor）永遠是 1，所以我們可以省略涉及它們的乘法，節省更多工作。但是，我們建議你在最頂層用檢查式來保護（guard）這種針對參數的優化，如此一來，當引數不是優化需要的，你就可以恢復成一般的參考實作。這種做法不僅可以提升已知模型的速度，也可以確保 op 不符合這些標準時至少可以正常工作。為了避免意外地破壞正確性，當你進行修改時，你也要經常對 op 執行單元測試。

本書無法討論優化數值處理程式的所有方法，不過你可以參考 *portable_optimized*（*https://oreil.ly/tQkJm*）資料夾裡面的 kernel 來瞭解一些實用的技術。

利用硬體功能

到目前為止,我們只討論了關於非平台專屬的可移植優化,原因是重組程式來避免進行全部的工作是最容易產生重大影響的方法,重組也可以簡化並縮小專屬優化的焦點。或許你會使用具備 SIMD 指令(*https://oreil.ly/MBxf5*)的 Cortex-M 設備之類的平台,它們對神經網路進行推斷時占用大部分時間的重複性計算有很大的幫助。你可能想要直接使用固有功能(intrinsics)甚至組合語言來重寫內部迴圈,先不要這樣做!至少你要查一下製造商支援的程式庫的文件裡面有沒有可以實作大部分的演算法的東西,因為它們應該已經被高度優化了(雖然它們應該沒有必須知道 op 參數才可以做到的優化)。可以的話,試著呼叫既有的函式來計算常見的東西,例如快速傅立葉轉換,而不是編寫自己的版本。

完成這些階段的工作之後,你就可以用組合語言在平台進行實驗了。我們建議你先將各行程式換成等效的組合語言,一次一行,這樣你就可以一邊工作一邊確認正確性,先不需要擔心速度問題。當你轉換必要的程式碼之後,你可以試著融合 op 或使用其他技術來降低等待時間。嵌入式系統有一個優點在於,與沒有深層指令管道(deep instruction pipeline)或快取的複雜處理器相比,它的行為往往比較簡單,因此,我們比較容易先在紙上評估性能,並且進行組合語言等級的優化,不會有太多意外的副作用。

加速硬體與副處理器

隨著機器學習的工作量在嵌入式領域中越來越重要,我們看到越來越多系統提供特製的硬體來加快它們的速度,或減少它們需要的電力。但是,目前它們還沒有明確的編程模式或標準 API,所以我們不一定知道如何將它們與軟體框架整合。我們希望透過 TensorFlow Lite for Microcontrollers 來與「以同步的方式使用主處理器的硬體」直接整合,但非同步零件不在目前專案的範圍之內。

在這裡,同步的意思是加速硬體與主 CPU 緊密結合,它們共享記憶體空間,而且 operator 實作可以非常快速地呼叫加速硬體,並且會阻塞(block)直到結果回傳為止。在這個阻塞期間,在 TensorFlow Lite 上面的執行緒(threading)層或許可以將工作指派給另一個執行緒或程序,但是多數現在的嵌入式平台還沒辦法這樣做。從程式員的角度來看,這種加速硬體比較像早期的 x86 系統上的浮點副處理器,而不是比較類似 GPU 的替代模型。我們把焦點放在這種同步加速硬體的原因是,我們的低功耗系統非常適合使用它,避免非同步協調也可以讓 runtime 簡單許多。

類似副處理器的加速硬體在整體系統結構裡面必須非常接近 CPU，這樣才能以極低的等待時間進行回應。與這種做法形成鮮明對比的是現代 GPU 使用的模式，在匯流排的另一端有一個完全獨立的系統，裡面有它自己的控制邏輯，CPU 會讓一連串需要長時間執行的命令排隊等候，並且在批次就緒之後，再將它們送出去，但是接下來 CPU 會立刻做其他事情，不會等待加速硬體完成。在這種模式中，CPU 與加速硬體之間的任何通訊等待時間都無關緊要，因為傳送命令的頻率很低，不會阻塞結果。加速硬體可以從這種模式中受益，因為一次看到大量的命令可以獲得很多機會來重新安排與優化相關的工作，這種處理方式在任務粒度更細且需要依序執行的情況下很難做到，它非常適合進行圖案算繪，因為結果不需要回傳給 CPU，算繪出來的顯示緩衝區會被直接顯示給用戶。它被設計成適合用來進行機器學習訓練，它藉著傳送大批的訓練樣本來一次完成大量的工作，並盡量在電路卡上完成，避免將複本傳回去給 CPU。隨著嵌入式系統變得越來越複雜並且負擔更大的工作量，我們可能會重新確認框架的需求，並且使用類似行動 TensorFlow Lite 的委託介面之類的東西來支援這個流程，不過這已經超出了這一版的程式庫的範圍了。

回饋開源

我們一直熱切期待大家對於 TensorFlow Lite 的貢獻，你可能想要將優化框架程式碼的成果回饋給主線，你可以先加入 SIG Micro（*https://oreil.ly/wrtz-*）郵寄名單，並且寄出一封簡單的 email 說明你完成的工作，以及存放你提出的更改的 TensorFlow 存放區分支位址。你可以加入你使用的標準檢查程序，以及一些行內文件來說明優化對什麼有幫助。社群會提供回饋，他們會看看可不可以在上面建構一些實用並且可以維護與測試的東西。我們迫不及待看到你的改善方案，感謝你將它開源！

結語

本章介紹提升模型執行速度最重要的事項。最快速的程式碼就是完全不執行的程式碼，所以你必須記得在開始優化個別的功能之前，先減少你在模型與演算法層面上做的事情。你可能要先解決等待時間問題，再讓 app 在真正的設備上運行，並測試它是否按你希望的方式運作。接下來的重點可能是確保你的設備具備實用的壽命，而這也是下一章「優化能量的使用」的主題。

## 第十六章

優化能量的使用

嵌入式設備與桌機或行動系統相較之下最重要的優勢在於它們消耗的能源極少。一顆伺服器 CPU 可能要消耗幾十或幾百瓦，並且需要散熱系統與主電源才能運行。即使是手機也要消耗幾瓦，並且需要每天充電。微控制器的運行能量少於一毫瓦，是手機的 CPU 的一千多倍，所以可以用鈕扣電池或獵能設備運行數週、數月，甚至數年。

如果你要開發 TinyML 產品，最有挑戰性的限制可能是電池壽命。人為更換或充電通常是無法接受的做法，所以設備的實用壽命（它可以持續工作多久）是由它使用的能量有多少，以及它可以儲存多少能量決定的。電池的容量通常受到產品物理尺寸的限制（例如，黏貼式感測器應該只能使用鈕扣電池），即使你有獵能設備可用，它提供的電力也有嚴格的限制，這意味著，在影響設備壽命的要素中，你可以控制的只有系統使用的能量。本章將介紹如何查明用電量，以及如何改善它。

培養直覺

大多數的桌上型工程師都能夠大致感覺不同的 op 需要多長時間，他們知道網路請求可能比讀取 RAM 資料更慢，從固態硬碟（SSD）讀取檔案通常比從旋轉硬碟更快，他們比較不會考慮各種不同的功能需要多少能源，但為了建立心智模型以及規劃功率效率，你必須知道一些關於 op 需要多少能量的經驗法則。

本章將反覆探討能量測量與功率測量。功率是單位時間的能量大小，例如
CPU 每秒使用一焦耳（J）的能量代表它使用一瓦的功率。因為我們最關
心的是設備的使用壽命，平均用電量通常是最有用的指標，因為它與設備
可以使用電池儲存的固定能量來運行的時間成正比，這意味著我們可以輕
鬆地預測平均使用 1 mW 功率的系統的壽命是使用 2 mW 的兩倍。有時我
們也會談到不是維持一段長時間的一次性 op 的能耗。

典型的零件用電量

如果你想要深入瞭解系統零件使用多少能量，Sasu Tarkoma 等人著作的 *Smartphone
Energy Consumption*（Cambridge University Press）（*https://oreil.ly/Z3_TQ*）是一本很棒的
入門書。以下是我們根據他們的計算得出來的數字：

- Arm Cortex-A9 CPU 使用 500 至 2,000 mW。

- 顯示器可能使用 400 mW。

- 運行中的手機無線電可能使用 800 mW。

- 藍牙可能使用 100 mW。

除了智慧手機之外，以下是我們觀察到的嵌入式零件的最佳數值：

- 麥克風感測器可能使用 300 微瓦（μW）。

- 藍牙低功耗（Bluetooth Low Energy）可能使用 40 mW。

- 320×320 像素的單色影像感測器（例如 Himax HM01B0）可能在 30 FPS 時使用
  1 mW。

- Ambiq Cortex-M4F 微控制器可能在 48 MHz 時脈頻率時使用 1 mW。

- 加速度計可能使用 1 mW。

這些數據隨著你使用的零件有很大的不同，但記住它們很有幫助，因為如此一來，你就
可以知道不同 op 的大致比例。在最高層面上，我們可以做出這個總結：無線電使用的
功率遠比嵌入式產品的其他功能多很多。此外，目前看來，感測器與處理器的能量需求
下降的速度比通訊功率快很多，未來這個差距可能會更大。

初步知道你的系統會使用哪些主動零件之後，你必須想一下你可以儲存或收集多少功能量來驅動它們。以下是大致的數據（感謝 James Meyers（*https://oreil.ly/DLf4t*）提供的獵能設備估計）：

- 一顆 CR2032 鈕扣電池可以保存 2,500 J，也就是說，如果系統平均使用 1 mW 的功率，它大概可以使用一個月。

- 一顆 AA 電池可以保存 15,000 J，可讓 1 mW 系統使用六個月。

- 工業溫度收集器每平方公方可以產生 1 至 10 mW。

- 室內光線可提供每平方公分 10 μW 的功率。

- 戶外光線可提供每平方公分 10 mW 的功率。

如你所見，目前只有工業溫差計或戶外光線適合讓自行供電設備使用，但隨著處理器與感測器的能源需求不斷下降，我們希望有其他的方法可以採用。你可以關注 Matrix（*https://www.matrixindustries.com/en/energy-harvesting*）或 e-peas（*https://e-peas.com*）等商用供應商來瞭解最近的獵能設備。

希望這些數據可以協助你瞭解哪一種系統可以同時滿足你的產品的使用壽命、成本與尺寸需求。這些數據至少足以讓你進行最初的可行性調查了，如果你可以將它們內化為直覺，你就可以快速地評估許多不同的取捨。

硬體選項

當你大概知道你的產品可能使用哪些零件之後，你要瀏覽一下可以購買的零件有哪些。如果你想要研究有據可查而且業餘愛好者看得懂的東西，SparkFun（*https://www.sparkfun.com*）、Arduino（*https://www.arduino.cc*）或 AdaFruit（*https://www.adafruit.com*）的網站是很好的起點，這些零件都附帶教學、驅動程式，以及連接其他零件的建議，它們也是開始設計原型的好地方，因為你或許可以找到包含你需要的所有零件的完整系統。使用它們最大的缺點是你的選擇範圍有限，整合系統可能沒有優化整體用電量，而且你會把錢花在其實用不到的額外資源上。

若要知道更多選項與更低的價格（不過沒有寶貴的支援），你可以試試 Digi-Key（*https://www.digikey.com*）、Mouser Electronics（*https://www.mouser.com*）甚至 Alibaba（*https://oreil.ly/Td-0l)* 等電子產品供應商。這些網站有一個共同點是它們都提供所有產品的數據表，其中包含每一個零件的大量詳細資訊，包括如何提供時脈訊號，以及晶片大小及接腳的機構數據。不過，你最想要瞭解的應該是它的用電量，但它令人驚訝地很難找到。例如，看一下 STMicroelectronics Cortex-M0 MCU 的數據表（*https://oreil.ly/fOuLf*），它有將近 100 頁，但你無法從目錄知道該去哪裡尋找用電量。我們發現一種方便的技巧就是在文件裡面搜尋「milliamps」或「ma」（帶空格），因為它們是經常用來表示用電量的單位。在這個資料表搜尋那些字之後，可以找到第 47 頁的表格，見圖 16-1，它提供電流使用量。

Table 25. Typical and maximum current consumption from V_{DD} supply at V_{DD} = 3.6 V[1]

Symbol	Parameter	Conditions	f_{HCLK}	All peripherals enabled		Unit
				Typ	Max @ T_A[2] 85 °C	
I_{DD}	Supply current in Run mode, code executing from Flash	HSI or HSE clock, PLL on	48 MHz	22.0	22.8	mA
			48 MHz	26.8	30.2	
			24 MHz	12.2	13.2	
			24 MHz	14.1	16.2	
		HSI or HSE clock, PLL off	8 MHz	4.4	5.2	
			8 MHz	4.9	5.6	
I_{DD}	Supply current in Run mode, code executing from RAM	HSI or HSE clock, PLL on	48 MHz	22.2	23.2	mA
			48 MHz	26.1	29.3	
			24 MHz	11.2	12.2	
			24 MHz	13.3	15.7	
		HSI or HSE clock, PLL off	8 MHz	4.0	4.5	
			8 MHz	4.6	5.2	
I_{DD}	Supply current in Sleep mode, code executing from Flash or RAM	HSI or HSE clock, PLL on	48 MHz	14	15.3	mA
			48 MHz	17.0	19.0	
			24 MHz	7.3	7.8	
			24 MHz	8.7	10.1	
		HSI or HSE clock, PLL off	8 MHz	2.6	2.9	
			8 MHz	3.0	3.5	

1. The gray shading is used to distinguish the values for STM32F030xC devices.
2. Data based on characterization results, not tested in production unless otherwise specified.

圖 16-1　STMicroelectronics 的電流使用量表格

這些數據仍然難以解讀，我們感興趣的是晶片可能使用幾瓦（或毫瓦）。為了取得這個數據，我們必須將安培值乘以電壓，它在裡面是 3.6 伏特（我們在表格的最上面標注它）。經過計算，我們可以看到典型的使用功率範圍從將近 100 mW 到進入睡眠模式的 10 mW。由此我們知道 MCU 是相對耗電的，不過它 55 分美元的價格或許可以彌補這一點，取決於你的選擇。你應該可以對你感興趣的所有零件的數據表進行類似的調查工作，並計算所有零件的總和，匯總出整體功率的大略使用情況。

測量真正的用電量

取得零件之後，你要用它們組成完整的系統，本書不討論這個程序，但我們建議你試著儘早完成這個流程，因為如此一來，你就可以在真實世界中試驗產品，並且更深入瞭解它的需求。即使你無法使用理想的零件，或是軟體尚未完全就緒，獲得早期的回饋也是很有價值的。

擁有完整的系統的另一個好處是你可以測試真實的用電量。雖然數據表與自行估算可以協助規劃，但總有一些東西不適合簡單的模型，而且整合測試往往會出現高於你預期的用電量。

現在有很多工具可以測量系統的用電量，雖然知道如何使用萬用電表（可測量各種電學特性的設備）有很大的幫助，但最可靠的方法是將已知容量的電池裝到設備上，看它能維持多久，畢竟這才是你真正關心的事情，或許你的目標是幾個月或幾年的壽命，但初次嘗試只跑了幾小時或幾天。這種實驗的優點是它可以抓到你關心的所有效應，包括因為電壓降得太低造成的故障，你應該無法從簡單的模擬計算中看出這種情況，這種方法也非常簡單，連軟體工程師都可以駕馭！

估計模型的用電量

要估計模型在特定設備上用掉多少電，最簡單的方法是先測量一次推斷需要多少等待時間，再將系統的平均用電量乘以那段時間來算出能源使用量。在專案的最初階段，你不可能有等待時間與用電量的確切數據，但你可以算出大致數據。如果你知道模型需要多少次算術運算，並且大略知道處理器每秒可以執行多少次運算，你就可以大略估計模型的執行時間。雖然數據表通常有設備在特定頻率與電壓之下的用電量，但它們可能不包括整個系統的常見零件，例如記憶體或周邊設備。你可以對這些前期的估計抱持懷疑的態度，並且將它們當成有機會實現的上限，至少你可以對你採取的做法的可行性有一些概念。

舉例而言，如果你有一個模型需要花 6 千萬次 op 來執行，例如人體偵測器，而且你有一顆類似 Arm Cortex-M4 的晶片，以 48 MHz 運行，你相信它可以使用 DSP 擴展硬體在每一個週期執行兩次 8-bit 乘法 / 加法，你應該會猜測最大的等待時間是 48,000,000/60,000,000 = 800 ms。如果你的晶片使用 2 mW，每次推斷就會用掉 1.6（mJ）。

改善用電量

知道系統的大略壽命之後，你會尋求改善它的方法。或許你可以找到有幫助的硬體修改方法，包括關閉不需要的模組或更換零件，但這些都超出本書的討論範圍。幸運的是，有一些常見的技巧不需要電學知識就有很大的效果，因為這些方法都是以軟體為中心，它們假設微控制器本身使用了大部分的電力。如果你的設備上的感測器或其他零件是吃電怪獸，你就要做硬體調查。

工作週期規劃

幾乎所有嵌入式處理器都可以進入睡眠模式，不執行任何計算，並且使用很少的電量，但可以在經過一段時間之後，或是有外面的訊號進來時醒來。這意味著降低功率最簡單的方法是在每次執行推斷之間插入睡眠，讓處理器花較多時間在低電力模式之下。在嵌入式領域中，這種做法通常稱為**工作週期規劃**（*duty cycling*）。你可能會擔心這樣就無法連續收集感測器資料，但許多現代的微控制器都有直接記憶體存取（DMA）功能，能夠對著類比至數位轉換器（ADC）持續採樣，並將結果存入記憶體，完全不需要主處理器的參與。

你或許也可以採取類似的方式降低處理器執行指令的頻率，讓它跑得更慢，進而大幅降低它的耗電量。你可以從稍早的數據表範例看到耗電量會如何隨著時脈的降低而下降。

工作週期規劃與降頻可讓你用計算能力換取用電量。這意味著在實務上，如果你可以降低軟體的等待時間，你就可以用它來換取更低的電力預算。即使你可以在預期的時間之內執行，你也可以藉著優化等待時間來降低用電量。

串聯設計

與傳統的程序編程相較之下，機器學習有一個很大的優點是它可以很方便地放大與縮小所需的計算量與資源儲存量，而且準確度通常會優雅地降低，手寫的演算法比較難以實現這一點，因為你很難知道該調整哪些參數來影響這些屬性。這意味著你可以建立所謂的**串聯模型**。你可以將感測器資料傳給只有少量計算需求的微型模型，雖然它不太準確，但可以經過調整，在特定條件出現時有很高的觸發機率（雖然也會出現許多偽陽性）。如果結果指出剛剛出現了需要關注的事情，你就將同樣的輸入傳給比較複雜的模型來產生比較準確的結果，這個程序可能會重複多個階段。

這種做法很實用的原因在於，你可以將不準確但體積很小的模型放在極省電的嵌入式設備，持續運行它不會消耗太多能源，當它發現潛在的事件時，再喚醒比較強大而且運行較大模型的系統，以此串聯下去。由於較強大的系統只在一小段時間內運行，它們的用電量不會超出預算，這就是在手機上一直開著的語音介面的運作方式，它用 DSP 持續監視麥克風，用一個模型監聽「Alexa」、「Siri」、「Hey Google」之類的喚醒詞，主 CPU 可以處於睡眠模式，但是當 DSP 認為它聽到正確的短語時，它就會發出訊號把它叫醒。接著 CPU 運行一個更大型、更精確的模型來確認短語是不是正確的，如果是，它可以將接下來的語音傳給更強大的雲端處理器。

這意味著即使嵌入式產品無法承載足夠準確的模型也可以實現它的目標。如果你可以訓練出一個能夠發現大部分真陽性，而且偽陽性的頻率夠低的網路，或許你可以將其餘的工作交給雲端處理。雖然無線電非常耗電，但如果你可以在罕見的情況下，並且在極短的時間內使用它，或許它可以滿足你的能源預算。

結語

對很多人而言（包括作者），優化用電量是一項陌生的程序，幸好在講解等待時間優化的部分介紹的技術大都可以在這裡使用，只是監測的指標不同。你應該先把注意力放在優化等待時間，再來處理能源，因為你會經常運用僅提供短期用戶體驗的版本來確認產品可以運作，即使產品的壽命還沒有長到可以在真正的環境中使用。同樣的道理，先處理等待時間與能源，再處理第 17 章的主題，空間優化，通常比較合理。在實務上，你應該會反覆進行權衡取捨，以免超出限制，但尺寸往往是所有其他層面都穩定下來之後最容易處理的東西。

優化模型與二進制檔的大小

無論你選擇哪種平台，快閃與 RAM 應該都非常有限。大多數的嵌入式系統都只有少於 1 MB 唯讀 flash 容量，大部分都只有幾 KB。記憶體也是如此，靜態 RAM（SRAM）超過 512 KB 的系統不多，在低端設備上，這個數字可能只有個位數。好消息是 TensorFlow Lite for Microcontrollers 設計上可以使用 20 KB 的快閃與 4 KB 的 SRAM，但你還是要謹慎地設計 app，並且在工程上進行權衡取捨，讓記憶體使用量維持最低。本章將介紹監控記憶體與儲存需求的方法。

瞭解系統的限制

大多數的嵌入式系統結構都可將程式與其他唯讀資料存放在快閃記憶體裡面，快閃記憶體只有在新的可執行檔被上傳時才會執行寫入。除了快閃記憶體之外通常也有可修改的記憶體，通常使用 SRAM 技術，這種技術與大型 CPU 的快取一樣，可以用低耗電量執行快速存取，但它的大小有限。比較高級的微控制器可提供耗電量較大但可擴展的技術，例如動態 RAM（DRAM）來提供第二層可修改的記憶體。

你必須瞭解潛在平台可提供什麼，以及它們的優劣。例如，雖然具備大量二級 DRAM 的晶片很有彈性，但如果啟用額外的記憶體會超出你的功率預算，它就不值得採用。如果你的運行功率在本書聚焦的 1 mW 以下，通常不太可能使用 SRAM 之外的東西，因為使用更大型記憶體會消耗太多能量。也就是說，你需要考慮的兩大關鍵指標是：你有多少快閃唯讀儲存空間可用，以及有多少 SRAM 可用。晶片的說明應該都有這些數據，希望你不需要像第 409 頁的「硬體選項」那樣子深入挖掘數據表。

估計記憶體使用量

當你大概知道有哪些硬體可以選擇之後，你必須瞭解軟體需要哪些資源，以及你可以做哪些取捨來控制這些需求。

快閃使用量

你通常可以藉著編譯完整的可執行檔，再看看生成的映像檔的大小來瞭解你需要多少快閃空間。有時結果令人困惑，因為連結器產生的第一個結果通常是註釋版的可執行檔，裡面有除錯符號與段落資訊，使用 ELF 之類的格式（我們會在第 420 頁的「測量程式碼大小」裡面討論）。你要察看的檔案是實際 flash 到設備上的那一個，通常是由 objcopy 之類的工具產生的。要衡量你需要的快閃記憶體大小，最簡單的做法是計算下列數據的總和：

作業系統大小

> 如果你使用任何一種即時作業系統（RTOS），你就要在可執行檔裡面保留空間來保存它的程式碼，它通常可以根據你的功能來設置，估計使用量最簡單的方法是組建一個「hello world」程式樣本，並啟用你需要的功能，你可以從映像檔大小知道 OS 程式碼基本大小。可能占用大量程式空間的模組通常有 USB、WiFi、藍牙與蜂窩式無線電堆疊，所以如果你想要使用它們，務必啟用它們。

TensorFlow Lite for Microcontrollers 程式碼大小

> ML 框架需要空間來載入程式邏輯與執行神經網路模型，包括執行核心算術的 operator 實作。本章稍後將討論如何為特定 app 設置框架來降低大小，不過上手的方法是直接編譯包含框架的標準單元測試（例如 micro_speech 測試（*https://oreil.ly/7cafy*）），用生成的映像檔大小來估計。

模型資料大小

> 如果你還沒有訓練模型，你可以藉著計算它的權重來估計它需要的快閃儲存空間。例如，一個完全連接層的權重數量等於它的輸入向量大小乘以它的輸出向量大小。摺積層的算法比較複雜，你必須將過濾器框的寬與高乘以輸入通道的數量，並且將結果乘以過濾器的數量。你也要加入各層的偏差向量的儲存空間。這很快就會變得難以計算，比較簡單的做法是用 TensorFlow 建立一個候選模型，再將它匯出為 TensorFlow Lite 檔，這個檔案會直接對映快閃記憶體，所以它的大小是它會占多少空間的準確數字。你也可以察看 Keras 的 model.summary() 方法（*https://keras.io/models/about-keras-models*）列出來的權重數量。

雖然我們已經在第 4 章介紹量化並且在第 15 章進一步討論它了，現在不妨在模型大小的背景之下快速複習一下。在訓練期間，權重通常會被存成浮點值，每一個值在記憶體裡面占了 4-bytes。因為對行動與嵌入式設備而言，空間是一種限制，TensorFlow Lite 可以執行一種稱為量化（*quantization*）的程序，將這些值壓縮成單一 byte。它的工作原理是追蹤浮點陣列裡面的最小與最大值，再將所有值線性轉換成該範圍之內的 256 個等距值中最接近的值。這些代碼都會被儲存在一個 byte 中，用它們來執行算術運算只會失去極小的準確度。

應用程式碼的大小

你必須用程式來讀取感測器資料，預先處理它、讓神經網路可以使用它，以及對結果做出回應。在機器學習模組之外，或許你也需要一些其他的用戶介面與商業邏輯，它們可能很難預估，但至少你要試著瞭解是否需要額外的程式庫（例如快速傅立葉轉換）並計算它們的程式空間需求。

RAM 的使用

確定需要多少可修改的記憶體數量可能比瞭解儲存需求更有挑戰性，因為在程式的生命週期中，RAM 的使用數量會不斷改變。與估計快閃需求的程序類似的是，你必須察看軟體的各個階層來評估整體的使用需求：

作業系統大小

大多數的 RTOS（例如 FreeRTOS）（*https://www.freertos.org/FAQMem.html*）都有記載它們的不同組態選項需要多少 RAM，你可以用這些資訊來規劃所需的大小。你也要注意可能需要緩衝區的模組，尤其是通訊堆疊，例如 TCP/IP、WiFi 與藍牙，務必將它們加入任何核心 OS 需求。

TensorFlow Lite for Microcontrollers RAM 大小

ML 框架的核心 runtime 沒有太多記憶體需求，應該也不需要超過幾 KB 的 SRAM 空間來儲存其資料結構，它們是隨著解譯器使用的類別一起配置的，所以你的 app 程式究竟將它們做成全域物件還是區域物件，將決定它們被放在堆疊（stack）還是在一般記憶體裡面。我們一般建議將它們做成全域或 **static** 物件，因為空間不足通常會在連結期造成錯誤，位於堆疊的區域物件可能會造成難以理解的執行期崩潰。

模型記憶體大小

當神經網路執行時，一層的結果會傳給後續的 op，因此必須保留一段時間。這些觸發層的壽命取決於它們在圖中的位置，每一層需要的記憶體大小取決於該層寫出的陣列的外形。這些變動意味著你必須隨著時間的過去進行規劃，將這些臨時緩衝區都放入一塊盡可能小的記憶體區域裡面。目前這項工作是在模型初次被解譯器載入時執行的，因此如果 arena 不夠大，你就會在主控台看到錯誤。當你看到可用的記憶體與錯誤訊息要求的記憶體空間之間有落差時，增加 arena 的大小應該就能讓那個錯誤消失。

app 記憶體大小

如同程式大小，app 邏輯使用的記憶體大小在它被寫出來之前可能不容易計算，不過，你可以大略預估大型的記憶體使用情況，例如儲存收到的樣本資料的緩衝區，或程式庫進行預先處理時需要的記憶體區域。

各種問題使用的模型的大致準確度與大小

瞭解目前處理各種問題的最新技術有哪些可以協助你規劃 app 可能實現的目標。機器學習並不神奇，認知它的局限性可以幫助你在製作產品時做出明智的取捨。介紹設計程序的第 14 章是培養直覺的好地方，但你也要考慮當模型被迫進入資源緊張的情況下，模型的準確度的下降情況。接下來要介紹一些針對嵌入式系統設計的結構案例，如果裡面有接近你的需求的結構，你可以用它來瞭解模型在建構流程結束時可以實現什麼目標。實際的效果取決於具體的產品與環境，所以請將這些範例視為規劃時的指導準則，切勿期望獲得完全相同的性能。

語音喚醒詞模型

稍早當成範例程式的那個使用 400,000 算術運算的小型模型（18 KB）在區分四種聲音類別時，能夠達到 85% top-one 準確度（見第 430 頁的「建立指標」），那四種類別是靜音、不明單字、「yes」與「no」。這只是個訓練期評估指標，也就是說，這只是取出一秒片段，要求模型對輸入進行一次性分類的結果。在實務上，你通常會用模型來處理串流音訊，對著一個隨著時間不斷前進的一秒鐘窗口重複預測結果，所以被實際使用的app 的準確度可能低於這個數字。一般來說，你應該將這種大小的音訊模型當成更大規模的串聯處理程序的第一階段看門人，因此它的錯誤是可以容忍並且被更複雜的模型處理的。

根據經驗，你的模型可能需要 300 至 400 KB 的權重，以及數千萬個算術運算，才有足夠的準確度，可在語音介面中偵測喚醒詞。不幸的是，你要用商業品質的資料組來訓練，因為目前還沒有足夠的含標籤語音資料開放庫可用，希望這項限制未來可以緩解。

加速度計預測維護模型

坊間有各式各樣的預測維護模型，最簡單的例子之一是偵測馬達軸承故障。這種故障通常會出現獨特的抖動，我們可以從加速度計資料內的特定模式發現它。找出這些模式的模型可能只需要幾千個權重，所以它的大小不到 10 KB，以及數十萬次算術運算。使用這種模型來對這些事件進行分類可望獲得 95% 以上的準確度，當你處理較複雜的問題時，可以以此為基準擴展複雜度（例如在具有很多運動零件的機器上偵測故障，或是機器本身的移動）。當然，參數與運算的數量也會增加。

人體偵測

電腦視覺在嵌入式平台上還不是常見的任務，所以我們還在釐清有哪些應用是可行的。我們經常聽到的需求是偵測何時有人靠近，以喚醒用戶介面，或是處理其他不可能持續運行、更耗電的工作。我們曾經在 Visual Wake Word Challenge（*https://oreil.ly/E8GoU*）正式地處理這個問題的需求，結果表明，使用 250 KB 模型以及大約 6 千萬個算術運算，對一張小張（96×96 像素）的單色影像進行二元分類時，可以得到大約 90% 的準確率。這是使用縮小版的 MobileNet v2 結構（本書介紹過）得到的基準，我們希望準確度可以隨著更多研究員解決這一種需求而改善，不過這個數據可以讓你大略估計使用微處理器的記憶體容量來處理視覺問題可以做到什麼程度。你可能會問，這種小模型處理流行的 ImageNet 1,000 類別問題時的表現如何，我們很難給你確切的答案，因為在分類 1000 個類別時，最終的完全連接層會輕易地占用 100 甚至更多 KB（參數的數量是嵌入（embedding）輸入乘以類別數量），但如果模型的大小大約是 500 KB，或許可以得到大約 50% top-one 準確率。

選擇模型

至於優化模型與二進制檔大小，我們強烈建議從既有的模型開始著手。第 14 章說過，你最值得投資的領域是資料收集與改善，而不是調整結構，先使用已知的模型可讓你儘早將焦點放在改善資料上。嵌入式平台的機器學習軟體仍然處於早期階段，所以使用既有的模型可以增加它的 op 在你關心的設備上獲得支援與優化的機會。我們希望本書的範例程式能夠成為許多 app 的起點（之所以選擇它們是為了盡量涵蓋各種感測器輸入），但如果它們不適合你的用例，你也可以上網尋找其他範例。如果你找不到適合的、而且尺寸經過優化的結構，你可以在 TensorFlow 的訓練環境中從零開始建構自己的結構，不過正如第 13 章與第 19 章所述，將它移植到微控制器是複雜的過程。

降低可執行檔的大小

雖然模型可能是微控制器 app 裡面最占唯讀記憶體的東西之一，但你也必須考慮編譯後的程式占了多少空間。程式碼大小有限正是我們無法在嵌入式平台直接使用未修改的 TensorFlow Lite 版本的原因：它會占用數百 KB 的快閃記憶體。雖然 TensorFlow Lite for Microcontrollers 可編譯成 20 KB，但你必須進行一些更改，以排除 app 不需要的部分。

測量程式碼大小

在開始優化程式大小之前，你必須知道它有多大。這件事在嵌入式平台有點麻煩，因為組建程序的輸出通常是一個包含除錯與其他資訊的檔案，那些東西都不會被傳送到嵌入式設備上，所以不能用來計算是否超出總大小限制。在 Arm 與其他現代工具鏈上，它通常稱為 Executable 或 Linking Format（ELF）檔，無論它是否使用 .elf 副檔名。如果你使用 Linux 或 macOS 開發電腦，你可以執行 file 命令來察看工具鏈的輸出，它會告訴你檔案是不是 ELF。

比較適合察看的檔案是 *bin*，它是會被實際傳到嵌入式設備快閃記憶體的程式碼二進制快照，通常是唯讀快閃記憶體實際使用的大小，所以你可以用它來瞭解實際的使用量。你可以在主機的命令列使用 ls -l 或 dir 來察看它的大小，甚至可以在 GUI 檔案檢視器裡面察看它。並非所有工具鏈都會自動顯示這個 *bin* 檔，有時它甚至沒有副檔名，但它就是你用 USB 下載並拉到 Mbed 設備的檔案，使用 gcc 工具鏈時，你可以執行 arm-none-eabi-objcopy app.elf app.bin -O binary 這種命令來產生它。察看 .o 中間檔案沒有任何幫助，甚至察看組建程序產生的 .a 也是如此，因為它們裡面有許多詮釋資料不會占用最終的程式碼空間，也有許多程式碼可能會被移除不使用。

因為我們希望你將模型編譯成 C 資料陣列（因為你無法依靠檔案系統載入它）並放入可執行檔，所以內含模型的二進制檔大小都包括模型資料，為了瞭解實際的程式碼占用多少空間，你必須將這個模型大小從二進制檔長度扣除。模型大小通常被定義在內含 C 資料陣列的檔案裡面（例如 *tiny_conv_micro_features_model_data.cc*（*https://oreil.ly/Vknl2*）的結尾），所以你可以將二進制檔大小減去那個數字，來瞭解真正的程式碼記憶體大小。

Tensorflow Lite for Microcontrollers 占了多少空間？

當你知道整個 app 的程式碼記憶體空間之後，或許你想要調查 TensorFlow Lite 用掉多少空間，最簡單的測試方法是將呼叫框架的所有程式碼改成註解（包括建立 OpResolvers 之類的物件的程式以及解譯器（interpreter）），看看二進制檔縮小多少。它應該至少會縮小 20 至 30 KB，如果你得到的數據不是如此，請確認是否移除所有呼叫的地方。這種做法應該是可行的，因為連結器會刪除從未被呼叫的任何程式碼，將它從記憶體移除。你也可以將這種做法用在程式碼的其他模組（你要確定沒有參考了），來瞭解空間都跑去哪裡了。

OpResolver

TensorFlow Lite 支援上百種 op，但你應該不需要在單一模型中使用全部的 op。雖然各項 op 的實作只占了幾 KB，但它們的數量太多了，所以總數會快速累積。幸好有一種內建機制可移除你不需要的 op 的程式碼空間。

當 TensorFlow Lite 載入模型時，它會使用 OpResolver 介面（*https://oreil.ly/dfwOP*）來搜尋各個被納入的 op 實作。它是你傳給解譯器來載入模型的類別，它可以根據 op 的定義來尋找指向 op 實作的函式指標。它的目的是為了讓你控制想要實際連結的實作。大部分的範例程式都會建立並傳入 AllOpsResolver 類別（*https://oreil.ly/tbzg6*）的實例。第 5 章說過，它實作了 OpResolver 介面，顧名思義，它有 TensorFlow Lite for Microcontrollers 支援的每一項 op 項目。它是很方便的下手處，因為它的存在代表你可以載入任何受支援的模型，不需要擔心它裡面有哪些 op。

但是，當你到了需要擔心程式大小的時候，你就要回來看一下這個類別。不要在 app 的主迴圈傳入 AllOpsResolver 實例，而是將 *all_ops_resolver.cc* 與 *.h* 檔複製到你的 app 裡面，並將它們改名為 *my_app_resolver.cc* 與 *.h*，將類別改名為 MyAppResolver。在類別的建構式裡面，移除對著模型沒有使用的 op 執行的所有 AddBuiltin() 呼叫式。遺憾的是，就我們所知，目前沒有簡單且自動的方法可以建立模型使用的 op 清單，但 Netron（*https://oreil.ly/MKqF9*）模型檢視器是一項很好的工具，可以協助完成這個程序。

務必將傳入解譯器的 AllOpsResolver 實例換成 MyAppResolver。接下來，編譯 app 之後，你應該會看到大小明顯縮小了。這項變動之所以發生的原因在於大部分的連結器都會自動試著移除無法呼叫的程式碼（或死碼（*dead code*））。移除 AllOpsResolver 裡面的參考之後，連結器就可以確定它可以移除沒有被列入的所有 op 實作了。

如果你只使用少數 op，你就不需要將註冊包在新類別裡面，就像我們使用大型的 AllOpsResolver 那樣，你可以建立一個 MicroMutableOpResolver 類別的實例，並且直接加入你需要的 op 註冊。MicroMutableOpResolver 實作了 OpResolver 介面，但有額外的方法可讓你將 op 加入清單（所以它的名字有 Mutable）。它就是用來實作 AllOpsResolver 的類別，你也可以將它當成自己的解析器類別的基礎，但直接呼叫它比較簡單。我們在一些範例中使用這種做法，你可以在 micro_speech 範例（*https://oreil.ly/gdZts*）的這段程式看到它如何運作：

```
static tflite::MicroMutableOpResolver micro_mutable_op_resolver;
micro_mutable_op_resolver.AddBuiltin(
    tflite::BuiltinOperator_DEPTHWISE_CONV_2D,
    tflite::ops::micro::Register_DEPTHWISE_CONV_2D());
micro_mutable_op_resolver.AddBuiltin(
    tflite::BuiltinOperator_FULLY_CONNECTED,
    tflite::ops::micro::Register_FULLY_CONNECTED());
micro_mutable_op_resolver.AddBuiltin(tflite::BuiltinOperator_SOFTMAX,
                                tflite::ops::micro::Register_SOFTMAX());
```

你可以看到，我們將解析器物件宣告為 static，原因是解譯器可以隨時呼叫它，所以它的壽命必須與我們為解譯器建立的物件一樣長。

瞭解個別函式的大小

如果你使用 GCC 工具鏈，你可以使用 nm 之類的工具，在物件（.o）中間檔案裡面瞭解函式與物件的大小。下面的範例先組建一個二進制檔，接著在編譯好的 *audio_provider.cc* 物件檔案裡面察看項目的大小：

```
nm -S tensorflow/lite/micro/tools/make/gen/ \
  sparkfun_edge_cortex-m4/obj/tensorflow/lite/micro/ \
  examples/micro_speech/sparkfun_edge/audio_provider.o
```

你應該可以看到類似這樣的結果：

```
00000140 t $d
00000258 t $d
00000088 t $d
00000008 t $d
00000000 b $d
00000000 b $d
00000000 b $d
00000000 b $d
00000000 b $d
00000000 b $d
00000000 b $d
```

```
00000000 b $d
00000000 b $d
00000000 b $d
00000000 b $d
00000000 b $d
00000000 r $d
00000000 r $d
00000000 t $t
00000000 t $t
00000000 t $t
00000000 t $t
00000001 00000178 T am_adc_isr
         U am_hal_adc_configure
         U am_hal_adc_configure_dma
         U am_hal_adc_configure_slot
         U am_hal_adc_enable
         U am_hal_adc_initialize
         U am_hal_adc_interrupt_clear
         U am_hal_adc_interrupt_enable
         U am_hal_adc_interrupt_status
         U am_hal_adc_power_control
         U am_hal_adc_sw_trigger
         U am_hal_burst_mode_enable
         U am_hal_burst_mode_initialize
         U am_hal_cachectrl_config
         U am_hal_cachectrl_defaults
         U am_hal_cachectrl_enable
         U am_hal_clkgen_control
         U am_hal_ctimer_adc_trigger_enable
         U am_hal_ctimer_config_single
         U am_hal_ctimer_int_enable
         U am_hal_ctimer_period_set
         U am_hal_ctimer_start
         U am_hal_gpio_pinconfig
         U am_hal_interrupt_master_enable
         U g_AM_HAL_GPIO_OUTPUT_12
00000001 0000009c T _Z15GetAudioSamplesPN6tflite13ErrorReporterEiiPiPPs
00000001 000002c4 T _Z18InitAudioRecordingPN6tflite13ErrorReporterE
00000001 0000000c T _Z20LatestAudioTimestampv
00000000 00000001 b _ZN12_GLOBAL__N_115g_adc_dma_errorE
00000000 00000400 b _ZN12_GLOBAL__N_121g_audio_output_bufferE
00000000 00007d00 b _ZN12_GLOBAL__N_122g_audio_capture_bufferE
00000000 00000001 b _ZN12_GLOBAL__N_122g_is_audio_initializedE
00000000 00002000 b _ZN12_GLOBAL__N_122g_ui32ADCSampleBuffer0E
00000000 00002000 b _ZN12_GLOBAL__N_122g_ui32ADCSampleBuffer1E
00000000 00000004 b _ZN12_GLOBAL__N_123g_dma_destination_indexE
00000000 00000004 b _ZN12_GLOBAL__N_124g_adc_dma_error_reporterE
```

```
00000000 00000004 b _ZN12_GLOBAL__N_124g_latest_audio_timestampE
00000000 00000008 b _ZN12_GLOBAL__N_124g_total_samples_capturedE
00000000 00000004 b _ZN12_GLOBAL__N_128g_audio_capture_buffer_startE
00000000 00000004 b _ZN12_GLOBAL__N_1L12g_adc_handleE
            U _ZN6tflite13ErrorReporter6ReportEPKcz
```

其中的許多代號都是內部細節或無關緊要的，不過你應該可以認出來，最後幾個是我們在 *audio_provider.cc* 裡面定義的函式，它們的名稱被改成符合 C++ 連結器的規範。第二欄是它們的大小，以十六進制表示。你可以看到 InitAudioRecording() 函式有 0x2c4 或708 bytes，這在小型的微控制器上不是小數目，所以如果空間不寬裕，我們有必要察看一下函式內部的大小從何而來。

我們發現最好的做法是將函式與夾雜的原始碼分開，幸運的是，我們可以使用 objdump工具，用 -S 旗標來做這件事，但是與 nm 不同的是，你無法使用 Linux 或 macOS 桌機上的標準版本，你必須使用工具鏈的。如果你是使用 TensorFlow Lite for MicrocontrollersMakefile 來組建的，它通常會被自動下載。它的位置在 *tensorflow/lite/micro/tools/make/downloads/gcc_embedded/bin* 之類的地方。這個命令可以察看 *audio_provider.cc* 裡面的函式的詳細資訊：

```
tensorflow/lite/micro/tools/make/downloads/gcc_embedded/bin/ \
  arm-none-eabi-objdump -S tensorflow/lite/micro/tools/make/gen/ \
  sparkfun_edge_cortex-m4/obj/tensorflow/lite/micro/examples/ \
  micro_speech/sparkfun_edge/audio_provider.o
```

在此不展示所有輸出，因為太長了，只提供精簡版，展示我們關注的函式：

```
...
Disassembly of section .text._Z18InitAudioRecordingPN6tflite13ErrorReporterE:

00000000 <_Z18InitAudioRecordingPN6tflite13ErrorReporterE>:

TfLiteStatus InitAudioRecording(tflite::ErrorReporter* error_reporter) {
   0:   b570        push {r4, r5, r6, lr}
   // 設定時鐘頻率
   if (AM_HAL_STATUS_SUCCESS !=
       am_hal_clkgen_control(AM_HAL_CLKGEN_CONTROL_SYSCLK_MAX, 0)) {
   2:   2100        movs r1, #0
TfLiteStatus InitAudioRecording(tflite::ErrorReporter* error_reporter) {
   4:   b088        sub  sp, #32
   6:   4604        mov  r4, r0
       am_hal_clkgen_control(AM_HAL_CLKGEN_CONTROL_SYSCLK_MAX, 0)) {
   8:   4608        mov  r0, r1
   a:   f7ff fffe   bl   0 <am_hal_clkgen_control>
   if (AM_HAL_STATUS_SUCCESS !=
```

```
   e:    2800        cmp    r0, #0
  10:    f040 80e1   bne.w        1d6 <_Z18InitAudioRecordingPN6tflite13ErrorRe-
porterE+0x1d6>
     return kTfLiteError;
  }

  // 設定預設快取組態並啟用它。
  if (AM_HAL_STATUS_SUCCESS !=
     am_hal_cachectrl_config(&am_hal_cachectrl_defaults)) {
  14:    4890        ldr    r0, [pc, #576]  ; (244 <am_hal_cachectrl_config+0x244>)
  16:    f7ff fffe   bl     0 <am_hal_cachectrl_config>
  if (AM_HAL_STATUS_SUCCESS !=
  1a:    2800        cmp    r0, #0
  1c:    f040 80d4   bne.w        1c8 <_Z18InitAudioRecordingPN6tflite13ErrorRe-
porterE+0x1c8>
     error_reporter->Report("Error - configuring the system cache failed.");
     return kTfLiteError;
  }
  if (AM_HAL_STATUS_SUCCESS != am_hal_cachectrl_enable()) {
  20:    f7ff fffe   bl     0 <am_hal_cachectrl_enable>
  24:    2800        cmp    r0, #0
  26:    f040 80dd   bne.w        1e4 <_Z18InitAudioRecordingPN6tflite13Error\
     ReporterE+0x1e4>
...
```

你不需要瞭解組合語言在做什麼,但希望你可以藉著察看函式的大小(每一行最左邊的數字,例如,InitAudioRecording() 結尾的十六進制數字 10)如何隨著每一行 C++ 原始碼而增加,來掌握空間都用在哪裡。察看整個函式可以發現,所有硬體初始化程式碼都被嵌入 InitAudioRecording() 實作裡面,這說明了它為什麼這麼大。

框架常數

我們在程式庫的一些地方使用寫死的陣列大小來避免動態記憶體配置。如果 RAM 空間變得非常緊張,你可以實驗看看是否可以降低那些陣列大小(或者對非常複雜的用例而言,你甚至可能要增加它們)。TFLITE_REGISTRATIONS_MAX 就是其中一個陣列(*https://oreil.ly/hYTLi*),它設定可註冊的 op 數量,預設值是 128,這個數字對大部分的 app 而言應該都太多了,特別是考慮到它建立 128 個 TfLiteRegistration 結構組成的陣列,每一個結構至少 32 bytes,需要 4 KB 的 RAM。你也可以察看嫌疑較輕的,例如 MicroInterpreter 裡面的 kStackDataAllocatorSize(*https://oreil.ly/wIsPm*),或試著縮小傳給解譯器建構式的 arena 的大小。

真正的微型模型

本章的許多建議都與嵌入式系統有關，這些嵌入式系統可以在框架碼上使用 20 KB 的程式碼空間來執行機器學習，不會試圖以不到 10 KB 的 RAM 來勉強自己。如果你的設備有非常嚴苛的資源限制（例如只有幾 KB 的 RAM 或快閃），你就無法使用這些方法。對這些環境而言，你要自行編寫程式，並非常仔細地手動調整所有內容來降低大小。

但是，我們仍然希望 TensorFlow Lite for Microcontrollers 可以在這種情況下使用。我們建議你同樣在 TensorFlow 訓練模型，即使它很小，再藉由匯出流程建立 TensorFlow Lite 模型檔案。此時是很適合提取權重的起點，你可以使用既有的框架程式碼來驗證自訂版本的結果。你所使用的 op 參考實作應該也很適合當成自己的 op 程式的起點，它們是可移植的、容易理解的、記憶體效率高的，即使它們的等待時間不是最好的。

結語

本章介紹了一些減少嵌入式機器學習專案的儲存量的最佳技術，空間可能是你需要克服的嚴苛限制之一，但是當你做出夠小、夠快，而且不太耗電的 app 時，你就有了推出產品的清晰路徑了。接下來的工作只剩下根除難以避免的、會讓設備以意想不到的方式運行的隱患。除錯或許是個令人備感挫折的過程（有人說它是一場兇殺疑案，在裡面，你同時是探員、受害者與兇手），但是如果你想要推出產品，它就是你必學的技巧。第 18 章會介紹一些協助你瞭解機器學習系統裡面究竟發生什麼事的基本技術。

第十八章

除錯

當你將機器學習整合到產品裡面、嵌入式設備或其他地方時，一定會遇到一些奇怪的錯誤，而且不會太久，你很快就會遇到。本章將討論出現錯誤時，找出原因的方法。

訓練與部署之間的準確度損失

當你從 TensorFlow 這種編寫環境取出機器學習模型，並將它部署到 app 時，可能會出現很多問題。即使你在組建與執行模型時沒有看到任何錯誤，模型也有可能無法達到預期的準確度，這種情況會令人十分氣餒，因為神經網路推斷機制就像黑盒子，你無法看到內部發生了什麼，也無法知道問題的原因。

預先處理差異

在機器學習研究中，有一個不太有人關注的領域是，如何將訓練樣本轉換成神經網路可以處理的形式。如果你要試著對影像進行物體分類，你必須將這些影像轉換成張量，即多維數字陣列。或許你認為這項工作很簡單，因為影像已經被存成 2D 陣列了，通常有三個通道，分別儲存紅色、綠色和藍色值，但是即使如此，你依然要做一些更改。分類模型預期它們的輸入有特定的寬與高，例如 224 像素寬，224 像素高，但鏡頭或其他輸入源可能不會以正確的大小產生它們，也就是說，你必須調整採集到的資料，讓大小相符。在訓練過程中，你也必須做類似的事情，因為資料組可能是被放在磁碟內的一組任意大小的影像。

有一個經常出現在微妙問題在於，在部署時用來調整尺寸的方法與訓練模型時使用的不一樣，例如，Inception 的早期版本（*https://oreil.ly/rGKnL*）使用雙線性縮放法來縮小影像，有影像處理背景的人經常覺得使用這種方法很奇怪，因為用這種方法縮小影像會降低它的視覺品質，通常這是必須避免的情況。因此，許多開發者在他們的 app 裡面使用這種模型進行推斷，而不是使用比較*正確的*區域抽取樣方法，但事實上，它其實會降低結果的準確度。根據直覺，我們認為訓練好的模型已經學會尋找雙線性縮小法產生的失真品了，失真會讓 top-one 錯誤率增加幾個百分點。

影像前置處理不是只要調整大小就好了，另一個問題是如何將通常編碼為 0 至 255 的影像值轉換成訓練期使用的浮點數。出於幾個原因，它們通常會被線性地縮小至一個更小的範圍，–1.0 至 1.0，或 0.0 至 1.0。如果你要傳入浮點值，你就要在 app 中同樣地調整值。如果你直接傳入 8-bit 值，雖然你不需要在執行期做這件事（原始的 8-bit 值不需轉換即可使用），但你仍然要使用 --mean_values 與 --std_values 旗標將它們傳入 toco 匯出工具，就範圍 –1.0 至 1.0 而言，你要使用 --mean_values=128 --std_values=128。

令人困惑的是，從模型程式中，我們不容易看出輸入影像值的正確尺度，因為這個細節經常被隱藏在 API 的實作中。許多被公開的 Google 模型所使用的 Slim 框架都使用預設值 –1.0 至 1.0，所以這是可嘗試的範圍，但是在其他情況下，如果它沒有被記錄下來，你仍然要透過訓練 Python 實作除錯來找出它。

更糟的是，即使你調整大小或縮放值時稍有錯誤，最終也可能得**大致**正確的結果，只是會降低準確度。這意味著你的 app 可能在一次偶然的檢查中看起來正常，但最終的整體體驗卻不盡如人意。而且與影像預先處理有關的挑戰其實比其他領域簡單許多，例如音訊或加速度計資料，在那些領域，你可能要用複雜的特徵生成管道來將原始資料轉換成神經網路可以使用的數字陣列。在 micro_speech 範例（*https://oreil.ly/tedw1*）的預先處理程式中，你可以看到我們必須實作許多訊號處理階段來將音訊樣本轉換成可傳給模型的聲譜，這段程式與訓練版本之間的差異都會降低結果的準確度。

處理預先處理流程的錯誤

因為輸入資料轉換程序很容易出錯，你可能不容易發現已經出問題了，即使發現了，也很難找出原因。怎麼辦？我們發現有幾個方法可能有幫助。

可能的話,最好有個可在桌機上運行的版本,即使周邊設備都被剔除了。在 Linux、macOS 或 Windows 環境裡面的除錯工具好很多,也很容易在訓練工具與 app 之間傳輸測試資料。我們將 TensorFlow Lite for Microcontrollers 裡面的範例程式的各個部分分解成模組,並且針對 Linux 與 macOS 目標啟用 Makefile building,這樣就可以分別執行推斷與預先處理流程。

在修正預先處理流程的問題時,最重要的工具是比較訓練環境的結果與你在 app 看到的結果,這項工作最困難的部分是在訓練期間提取你關注的節點的正確值以及控制輸入,本書無法詳細探討如何做這件事,但你必須找出與核心神經網路階段相應的 op 名稱(在解碼檔案和進行預先處理之後,接收預先處理結果的第一個 op)。接收預先處理結果的第一個 op 相當於 toco 的 --input_arrays 引數。找出這些 op 之後,在 Python 裡面,在它們的後面都插入一個 **tf.print**(*https://oreil.ly/JYT_m*),並將 summarize 設為 **-1**,接下來,當你執行訓練迴圈時,你就可以在除錯主控台看到各個階段的張量的內容。

接著你可以將這些張量內容轉換成 C 資料陣列,編譯到你的程式裡面。在 micro_speech 程式裡面有一些範例,例如某人說「yes」的一秒音訊樣本(*https://oreil.ly/qFoMn*),以及預期的預先處理結果(*https://oreil.ly/uKYWo*)。取得這些參考值之後,你可以將它們當成輸入傳給各個階段的模組(預先處理、神經網路推斷),並確保輸出符合預期。如果你的時間有限,你可以用拋棄式程式來做這件事,但是你值得額外投資一些精力將它們轉換成單元測試(*https://oreil.ly/t2E03*),藉以確保你可以隨著程式碼的修改繼續驗證預先處理與模型推斷。

在設備上評估

在訓練結束時,我們會用測試組當成輸入來評估神經網路,並且拿它的預測值與預期的結果進行比較,來說明模型的整體準確度。這種情況在訓練過程中經常發生,但大家很少為部署在設備上的程式做同一種評估。最大的障礙通常是我們很難將典型測試資料組的幾千個樣本傳給資源有限的嵌入式系統,不過,不做這件事很可惜,確定模型在設備上的準確度是否與訓練結束時相符是確保模型已正確部署的不二法門,因為使用其他方式會讓難以查覺的錯誤以許多方式潛入。雖然我們沒有為 micro_speech 演示實作完整的測試組評估,但至少有一個端對端測試(*https://oreil.ly/4372z*)可確保兩個不同的輸入可產生正確的標籤。

數字上的差異

神經網路就是藉由一連串的複雜數學運算來處理大型的數字陣列。原始的訓練其實是用浮點數完成的，但我們將它們轉換成低精度的整數表示法來讓嵌入式 app 使用。op 本身可以用很多種方式實作，取決於平台與優化取捨。以上這些因素意味著你不能指望在不同設備上的網路可產生一模一樣的結果，即使它們收到相同的輸入，這意味著你必須確定你可以容忍多大的差異，還有，如果這些差異太大，如何追蹤它們的根源。

差異是不是問題？

我們有時會開玩笑說，真正重要的數字只有一個—app 的商城評分。我們的目標是製作大家喜歡的產品，所以其他的指標都只是用戶滿意度的代名詞。因為產品與訓練環境必定有數字上的差異，所以瞭解它們是否傷害產品體驗是首要挑戰。如果你從神經網路取得的值沒有任何意義，它就是一個明顯的問題，但如果它只與預期的值差了幾個百分點，我們最好可將神經網路當成整個 app 的一部分，用實際的用例來試驗，或許準確度的損失不是問題，或許有比較嚴重的問題，需要優先解決。

建立指標

當你確定你真的遇到問題時，將它量化（quantify）很有幫助。有些人很喜歡用數字值來量化，例如使用輸出的分數向量與預期的結果之間的百分比差異，但這種做法可能無法反應用戶體驗。例如，如果你正在進行影像分類，所有的分數都低於你預期的 5%，但各種結果的相對順序都維持一樣，最終結果對許多 app 而言可能是完全沒有問題的。

我們建議設計一個可以反映產品需求的指標。在影像分類案例中，你可能會挑選所謂的 *top-one* 分數，因為它可以展示模型選出正確標籤的頻率。top-one 指標就是最高分的預測結果選擇了基準真相（ground truth）標籤的頻率（*top-five* 與 top-one 很像，不過它代表前五名的預測結果包含基準真相標籤的頻率）。接著你可以用 top-one 指標來追蹤進度，更重要的是瞭解你所做的更改是否已經夠好了。

你也要謹慎地製作一組標準輸入，以反映實際傳入神經網路處理流程的內容，因為如前所述，預先處理有很多引入錯誤的機會。

與基準線做比較

TensorFlow Lite for Microcontrollers 為它的所有功能提供參考實作，這樣做的原因是為了讓你可以拿它們的結果與優化的程式來進行比較，以找出潛在的差異。當你取得一些標準輸入時，你應該試著用框架的桌上型 build 來執行它們，並且不啟用優化，以便使用參考 operator 實作。如果你想要知道如何著手進行這種獨立的測試，可參考 *micro_speech_test.cc*（*https://oreil.ly/x5QYp*）。當你使用你建立的指標來處理結果時，你應該會看到預期的分數。如果沒有，或許是轉換過程中出現一些錯誤，或工作流程的早期出錯，此時你必須回到訓練階段進行除錯，來瞭解問題所在。

如果你使用參考程式時得到好的結果，接下來要試著在目標平台上啟用所有的優化，組建與執行相同的測試。當然，事情可能沒那麼簡單，因為嵌入式設備的記憶體無法容納所有輸入資料，而且如果你只有除錯 logging 連結可用，將結果輸出可能是一件很麻煩的事情，但是即使你必須將測試分成多次進行，這件事也值得你堅持做下去。當你取得結果之後，用你的指標來處理它們以瞭解實際的損失。

換掉實作

許多平台都預設啟用優化，因為在嵌入式設備上，參考實作可能會花太多時間運行，根本不實用。停用這些優化的方法有很多種，我們認為最簡單的做法通常是找出目前被使用的所有 kernel 實作，通常在 *tensorflow/lite/micro/kernels* 的子目錄裡面（*https://oreil.ly/k3lln*），並用父目錄裡面的參考版本覆寫它們（務必備份你換掉的檔案）。第一步是將所有的優化實作換掉，並在設備上重新執行測試，確定看到期望的更好分數。

完成這種大規模替換之後，只試著覆寫一半的優化 kernel，看一下對指標造成什麼影響。在多數情況下，你可以使用二分搜尋法來找出哪一個優化 kernel 實作讓分數下降最多，將範圍縮小到特定的優化 kernel 之後，你可以取得一次**不良**運行結果的輸入值，以及參考實作使用這些輸入值產生的預期輸出值，來建立一個最小可重現案例。做這件事最簡單的方法就是在其中一次測試執行時，在 kernel 實作裡面執行除錯 logging。

有可重現的案例之後，你就可以用它來建立單元測試，你可以先看一下標準 kernel 測試（*https://oreil.ly/0rnPW*），並且建立一個新的獨立測試，或將它加入該 kernel 既有的檔案。如此一來，你就有一個工具可以將問題告訴負責優化實作的團隊，因為你能夠顯示它們的程式與參考版本所產生的結果之間的差異，而且它會影響你的 app。你也可以將同樣的測試加到主基礎程式（如果你要回饋），並確保沒有其他優化實作會造成相同的問題。它也很適合用來對實作本身進行除錯，因為你可以將程式碼隔離並快速迭代進行實驗。

神祕的崩潰與停擺

在嵌入式系統上,最難以修復的情況之一就是程式無法執行,但沒有明顯的 logging 輸出或錯誤解釋哪裡出錯了。找出這種問題最簡單的方法是接上除錯器(例如 GDB),並且察看 stack trace 看看它是否停擺,或是步進執行程式碼,看看哪裡出錯了。但是設定除錯器可能很麻煩,或者,即使可以使用它,你也不清楚問題的根源在哪裡,所以有些技術或許值得一試。

在桌機除錯

Linux、macOS 與 Windows 這種完整的作業系統都有廣泛的除錯工具與錯誤回報機制,所以可以的話,盡量讓程式可被移植到其中一個平台上,即使你必須使用虛擬實作來取代一些硬體專屬功能。這就是 TensorFlow Lite for Microcontrollers 的設計方式,也就是說,我們可以先在 Linux 電腦上重現出錯的情況,如果同樣的錯誤出現在這個環境裡面,使用標準的工具來快速追蹤通常比較容易,而且不需要 flash 設備,可提升迭代速度。即使你很難維護整個 app 的桌面版本,至少看看能不能為你的模組建立單元與整合測試,在桌機進行編譯。然後,你可以試著提供造成問題的輸入給它們,看看是否出現類似的錯誤。

Log tracing

TensorFlow Lite for Microcontrollers 唯一的平台專屬功能是 DebugLog() 的實作,之所以有這個需求是因為它是不可或缺的工具,可用來瞭解開發過程發生的事情,儘管它在部署產品時派不上用場。在理想環境中,任何崩潰或系統錯誤都會觸發 log 輸出(例如,針對 STM32 設備的裸機支援有一個做這種事的故障處理器(*https://oreil.ly/dsHG8*)),但實際上不是一定如此。

不過,你必須設法自行將 log 陳述式注入程式碼。這些 log 不需要是有意義的,只要指出已經到達程式的哪個位置即可。你甚至可以定義自動追蹤巨集,例如:

```
#define TRACE DebugLog(__FILE__ ":" __LINE__)
```

接著在你的程式中使用它,像這樣:

```
int main(int argc, char**argv) {
  TRACE;
  InitSomething();
  TRACE;
  while (true) {
```

```
    TRACE;
    DoSomething();
    TRACE;
  }
}
```

你應該可以在除錯主控台看到程式碼執行多遠了。最好的做法通常是先從程式的最高層開始察看 logging 停止的位置，以便掌握崩潰或停擺發生的大致區域，接著加入更多的 TRACE 陳述式來縮小範圍，精確地找出問題發生的位置。

亂槍除錯法

有時 tracing 沒有足夠的資訊說明發生了什麼錯誤，或是問題只會在無法讀取 log 的環境中出現，例如生產環境。此時，我們推薦所謂的「亂槍除錯法（shotgun debugging）」，它很像第 15 章介紹的「亂槍剖析法」，而且很簡單，只要將部分的程式碼改成註解，看看錯誤還會不會出現即可。如果你從 app 的頂層開始做起，一路往下進行，通常你可以執行相當於二分搜尋法的操作，將造成問題的程式隔離出來。例如，你可以先在主迴圈裡面這樣做：

```
int main(int argc, char**argv) {
  InitSomething();
  while (true) {
    // DoSomething();
  }
}
```

如果 app 在 DoSomething() 被改成註解之後可以成功執行，代表問題就在那個函式裡面，接下來你可以把它變回程式碼，並且在它的內文裡面反覆做同樣的事情，將焦點放在行為不良的程式上。

記憶體惡化

記憶體內的值被意外覆寫會產生最痛苦的錯誤，嵌入式系統沒有像桌機或行動 CPU 那種硬體來防止這種情況，所以修正這種錯誤特別困難。即使你採取追蹤（tracing）方法，或將程式碼改成註解，它也可能會產生令人困惑的結果，因為覆寫可能早在程式碼使用壞掉的值之前很久就發生了，所以崩潰的地方可能離它的根源很遠，它們甚至可能與感測器輸入或硬體計時有關，導致問題時有時無地出現，難以重現。

根據我們的經驗，造成這種情況的首要原因是超出程式堆疊（overrunning the program stack）。堆疊是儲存區域變數的地方，TensorFlow Lite for Microcontrollers 廣泛地使用它們來儲存相對大型的物件,因此,與許多其他嵌入式 app 相比,它需要更多空間。不幸的是,你很難確定確切的大小,它的最大的貢獻者通常是你傳給 SimpleTensorAllocator 的記憶體 arena,在範例中(*https://oreil.ly/Pb9Pa*),它被配置為區域陣列:

```
// 建立一個記憶體區域,供輸入、輸出與中間陣列使用。
// 它的大小將取決於你使用的模型,
// 可能要透過實驗來決定。
const int tensor_arena_size = 10 * 1024;
uint8_t tensor_arena[tensor_arena_size];
tflite::SimpleTensorAllocator tensor_allocator(tensor_arena,
                                               tensor_arena_size);
```

如果你使用相同的方法,你就要確保堆疊大小大約是那個 arena 的大小加上 runtime 使用的其他變數占掉的幾 KB。如果你的 arena 放在別處(或許是全域變數),你應該只需要幾 KB 的堆疊。你需要記憶體量取決於結構、編譯器,以及模型,不幸的是,我們很難預先知道確切的數目。不過,如果你遇到神秘的崩潰,你可以盡量增加這個值,看看有沒有幫助。

如果你仍然看到問題,你要先試著瞭解哪個變數或記憶體區域被覆寫了,或許可以使用之前介紹的 logging 或程式消去法,將問題縮小到已經壞掉的值被讀取的地方。當你知道哪個變數或陣列項目被破壞之後,你就可以編寫 TRACE 巨集的變體,輸出那個記憶體位置的值,以及呼叫它的檔案與行。你可能要採取一些特殊的技巧,例如將記憶體位址存入全域變數,如此一來,如果它是區域變數,它就可以從更深的 stack frame 讀取。接著,如同追蹤一般崩潰的做法,你可以在執行程式時,將那個位置的內容 TRACE 出來,並試著找出哪段程式覆寫它。

結語

如果程式在訓練環境很正常,在真正的設備上卻失敗了,找出答案可能是一個漫長且令人挫折的過程。在這一章,我們提供一些可在你陷入困境時嘗試的工具,雖然除錯沒有太多捷徑,但如果你使用這些方法有系統地處理問題,我們相信你最終可以解決任何嵌入式機器學習問題。

讓模型成功在產品中運作之後,你可能會考慮如何調整它,甚至建立一個全新的模型來處理不同的問題。第 19 章將介紹如何將模型從 TensorFlow 訓練環境轉移到 TensorFlow Lite 推斷引擎。

將模型從 TensorFlow 移植到 TensorFlow Lite

如果你已經一路看到這裡了，你就會知道，我們建議你盡可能地在新任務中重複使用既有的模型。從零開始訓練全新的模型需要大量的時間與實驗，即使是專家都無法在不需要嘗試許多原型的情況之下，事先預測最好的做法。因此，本書無法完整地說明如何建立新結構，我們建議你閱讀第 21 章來瞭解關於這個主題的參考文獻。但是，有一些層面是資源有限、在設備上的機器學習獨有的（例如使用有限的 op，或預先處理流程），所以本章將提供這方面的建議。

瞭解哪些 op 是必須的

本書把焦點放在以 TensorFlow 建立的模型，因為作者在 Google 的團隊工作，但是即使在單一框架中，模型也有各種不同的建立方法。你可以從語音指令訓練腳本（*https://oreil.ly/ZTYu7*）看到，它直接使用核心的 TensorFlow op 來建構模型，並手動執行訓練迴圈。這是一種非常老式的工作方式（那個腳本最初是在 2017 年編寫的），使用 TensorFlow 2.0 的現代做法可能會將 Keras 當成一種處理細節的高階 API。

這樣做的缺點是，我們很難藉由察看程式碼來看出模型的底層 op，它們會被做成階層的一部分，在單一呼叫中，代表圖的一個相對較大的部分。這是個問題，因為知道模型如何使用 TensorFlow op 非常重要，它可用來瞭解模型能否在 TensorFlow Lite 裡面運行，以及有哪些資源需求。幸運的是，即是從 Keras 也可以讀取底層的低階 op，只要你可以使用 tf.keras.backend.get_session()（*https://oreil.ly/4zurk*）來取得底層的 Session 物件即可。如果你直接在 TensorFlow 裡面寫程式，變數裡面應該有 session，所以下面的程式應該可以動作：

```
for op in sess.graph.get_operations():
    print(op.type)
```

如果你已經將 session 指派給 sess 變數，它會印出模型內的所有 op 的類型。你也可以讀取其他屬性，例如 name，來取得更多資訊。在轉換成 TensorFlow Lite 的過程中，瞭解有哪些 TensorFlow op 存在有很大幫助。

察看 Tensorflow Lite 裡面的既有 op 覆蓋率

TensorFlow Lite 只支援一小組的 TensorFlow op，而且有一些限制。你可以在 op 相容性指南（*https://oreil.ly/Pix9U*）中察看最新的名單，這意味著，如果你打算製作新模型，你就要在一開始確保不會依賴沒有支援的特徵或 op，尤其是目前還無法使用的 LSTM、GRU 與其他遞迴神經網路。目前完整行動版的 TensorFlow Lite 與微控制器分支之間也有差距。因為 op 會被不斷加入，瞭解目前 TensorFlow Lite for Microcontrollers 支援哪些 op 最簡單的方法是察看 *all_ops_resolver.cc*（*https://oreil.ly/HNpmM*）。

如果你拿在 TensorFlow 訓練 session 中出現的 op 與 TensorFlow Lite 支援的 op 進行比較，你可能會覺得奇怪，因為在匯出的過程有幾個轉換步驟發生。例如，被存成變數的權重會被轉換成常數，而且浮點 op 會被量化成它們的整數等效值來優化。此外也有一些 op 只在部分的訓練迴圈中出現，例如涉及反向傳播的那些，它們都被完全剔除。要釐清你可能遇到哪些問題，最好的方法是在建立模型之後，在訓練它之前，試著匯出潛在的模型，如此一來，在花大量時間訓練程序之前，你就可以調整它的結構。

將預先處理與後續處理程式碼移入 app 程式

深度學習模型通常有三個階段，它有一個預先處理步驟，這個步驟或許只是從磁碟載入影像與加標籤並解碼 JEPG 如此簡單，也可能像語音範例那樣，將音訊資料轉換成聲譜如此複雜。接著有個核心神經網路，它會接收值陣列，並以類似的形式輸出結果。最後，你要在後續處理步驟理解這些值，對許多分類問題而言，這個步驟只要比對向量裡面的分數與對應的標籤即可，但是像 MobileSSD（*https://oreil.ly/QT_dS*）這種模型，網路會產生一堆重疊的邊框，必須用一種複雜的程序，稱為「non-max suppression」，才能將它變成實用的結果。

核心的神經網路模型通常是計算最密集的部分，通常由相對少量的 op 組成（例如摺積與觸發）。前置與後續處理階段經常需要多很多的 op，包括控制流程，儘管它們的計算負擔低得多。這意味著將非核心步驟寫成 app 裡面的常規程式碼比較合理，而不是將它們放入 TensorFlow Lite 模型。例如，機器視覺模型的神經網路部分會接收一張特定大小的影像，比如 224 像素高，224 像素寬。在訓練環境中，我們使用 DecodeJpeg op 接著使用 ResizeImages op 來將結果轉換成正確大小。但是，在設備上執行的 app 幾乎一定會從一個固定大小的來源取得輸入影像，而且不需要解壓縮，所以編寫自訂程式來製作神經網路輸入比使用程式庫的通用 op 更合理。我們可能也要處理非同步採集，或許可以使用執行緒來處理有關的工作，並得到一些好處。在語音指令的例子中，我們做了很多工作來快取 FFT 的中間結果，因為我們處理的是串流輸入，所以可以盡量重複使用許多計算。

並不是每個模型在訓練環境裡面都有重要的後續處理階段，但是當我們在設備上運行時，經常會利用連貫性來改善顯示給用戶的結果。即使模型只是分類器，喚醒詞偵測程式也會每秒運行多次，並使用平均法（*https://oreil.ly/E68Q4*）來提高結果的準確度。這種程式最好也在 app 層實作，因為用 TensorFlow Lite op 來表示它很難，也沒有太多好處。你可以在 *detection_postprocess.cc*（*https://oreil.ly/IMlsT*）裡面看到，這是可以做到的，但是匯出程序牽涉許多與底層的 TensorFlow 圖有關的工作，因為它在 TensorFlow 中通常被表示成小型的 op，但是在設備上這樣實作它不是很有效率。

所以，你要試著排除圖的非核心部分，這要費一點心思來確定哪些部分屬於哪個地方。我們發現 Netron（*https://oreil.ly/qoQNY*）是很好的工具，可以探索 TensorFlow Lite 圖來瞭解裡面有哪些 op，並且瞭解它們究竟是神經網路的核心部分，還是只是處理步驟。當你瞭解內部的情況之後，你應該就可以隔離核心網路，只匯出那些 op，並將其餘的寫成 app 程式碼。

在必要時實作 op

如果你發現 TensorFlow Lite 不支援你絕對需要的 TensorFlow op，你可以在 TensorFlow Lite 檔案格式裡面將它們存成自訂 op，再自行在框架內實作它們。本書不介紹完整的程序，以下是主要步驟：

- 啟用 allow_custom_ops 並執行 toco，將未被支援的 op 存為序列化模型檔案裡面的自訂 op。

- 編寫實作 op 的 kernel，並且使用你在 app 裡面使用的 op 解析器的 `AddCustom()` 來註冊它。

- 在呼叫 `Init()` 方法時，將被存成 FlexBuffer 格式的參數拆開。

優化 op

即使你在新模型中使用受到支援的 op，你可能也會用沒有優化的方式使用它們。TensorFlow Lite 團隊會根據特定的用例決定工作的優先順序，所以你可能會在執行新模型時遇到尚未優化的程式碼路徑。我們曾經在第 15 章討論這種情況，但如同我們建議你盡快檢查匯出相容性（甚至在訓練模型之前），在你規劃開發進度之前，你也要確保可以取得你需要的性能，因為你可能還要用一些時間來處理 op 等待時間。

結語

訓練新穎的神經網路來成功地完成一項任務已經很有挑戰性了，釐清如何做出可產生良好結果的網路，並且讓它在嵌入式硬體上高效地運行更是困難！本章討論你會遇到的一些挑戰，並提供克服這些挑戰的建議方法，但這是一個龐大且不斷發展的研究領域，所以建議你看一下第 21 章的一些資源，看看裡面有沒有可以幫助你建立模型結構的靈感來源。特別提醒，在這個領域中，關注 arXiv 的最新研究論文非常有用。

克服這些挑戰之後，你應該有一個微型、快速、省電的產品，可在真實世界部署了。不過，在發表它之前，你應該想一下它可能會讓用戶陷入哪些潛在的危害，第 20 章將討論關於隱私與安全的問題。

隱私、安全與部署

看了前幾章之後，你應該會製作機器學習嵌入式 app 了。不過，在將專案轉換成可以部署到世界的產品之前，你還有許多挑戰需要克服。其中的兩大挑戰就是保護用戶的隱私，以及安全防護。本章將介紹我們發現的有效方法，它們可以協助你克服這些挑戰。

隱私

在設備上的機器學習需要取得來自感測器的輸入，有些感測器顯然有隱私疑慮，例如麥克風與鏡頭（*https://oreil.ly/CEcsR*），但即使是其他的感測器，例如加速度計，也可能被濫用，比如說，在人們穿戴產品時，透過步態來辨識他的身分。作為工程師，我們有責任保護用戶免受產品造成的損害，所以在每一個設計階段都必須考慮隱私問題。在處理敏感的用戶資料時也會有一些法律上的影響，本書不討論這方面的問題，不過你應該諮詢律師如何應對。如果你是大型企業的一員，或許已經有隱私專家與流程可以透過專業知識協助你，即使你沒有這些資源，你也要在剛開始進行專案時，就花一些時間自行進行隱私審查，並定期復審，直到推出產品為止。雖然「隱私復審」該怎麼做還沒有廣泛的共識，不過我們將討論一些最佳實踐法，其中大部分都與建立一個強大的隱私設計文件（Privacy Design Document，PDD）有關。

隱私設計文件

隱私工程（*https://oreil.ly/MEwUE*）仍然是一個很新的領域，所以目前很難找到介紹如何解決產品隱私問題的文獻。許多大公司在確保 app 隱私的過程中，都會建立隱私設計文件，它是讓你說明產品的重要隱私層面的地方。你的文件應該包含關於後續幾節介紹的所有主題的資訊。

資料收集

PDD 的第一節應說明你將收集的資料、如何收集它，以及為何收集它，請盡量具體說明，並使用一般語言，例如「收集溫度與濕度」，而不是「取得環境大氣資訊」。撰寫這一節也可以讓你思考你實際收集的東西，並確保它沒有超出產品所需要的最低限度。如果你只想要監聽響亮的噪音來喚醒一個比較複雜的設備，是否真的需要使用麥克風來採樣 16 KHz 的音訊？還是你其實可以使用比較粗糙的感測器，即使 app 有安全漏洞，你也可以確保不會錄到語音？在這一節使用簡單的系統圖可能很有幫助，你可以用它來展示產品中的不同元件（例如任何雲端 API）之間的資訊流向。這一節的整體目標是為非技術性讀者提供良好的概述，說明你將會收集什麼，無論他們是你的律師、主管，還是董事會成員。你可以想想，如果它是無情的記者寫出來的頭條新聞會是怎樣的內容。你要盡一切努力避免用戶受到他人的惡意行為影響。具體來說，想一下「有虐待狂的前伴侶會怎麼使用這個技術？」這類的情節，盡量發揮想像力，確保你可以提供盡可能多的保護。

資料的使用

收集資料之後，你是如何使用任何一筆資料的？例如，許多初創公司都想利用用戶的資料來訓練他們的機器學習模型，但是從隱私的角度來看，這是令人不安的程序，因為這個程序需要長時間儲存與處理潛在非常敏感的資訊，卻只能讓用戶獲得間接利益。我們強烈建議你將訓練資料的收集視為一個完全獨立的專案，請使用付費供應商提供的、明確授權使用的資料，不要在用戶使用產品時收集他們的資料。

在設備上運行機器學習有一個好處是，你可以在本地處理敏感資料，並且只共享整理好的結果。例如，行人計數設備可以每秒拍攝好幾張照片，但只傳遞它看到的人數與車數。可以的話，盡量透過硬體來確保這些保證不會被打破。如果分類演算法只需要使用 224×224 像素的影像作為輸入，那就使用同樣低解析度的鏡頭感測器，讓它在物理上不可能辨識人臉和車牌。如果你打算只傳輸幾個摘要值（例如行人數量），那就只支援低位元速率的無線技術，如此一來，即使設備被入侵了，也可以避免傳輸視訊源。我們希望將來有特殊用途的硬體（*https://oreil.ly/6E2Ya*）可以協助做出這些保證，但即使是現在，你也可以在系統設計層面上做很多事情來避免過度設計，提高濫用的難度。

資料共享與儲存

誰可以取得你收集的資料？有哪些制度可確保它只被可以看到它的人看到？它會被保存多久，無論是在設備上，還是在雲端？如果它被保存一段時間，刪除它的政策是什麼？或許你認為將資訊中明顯的用戶 ID（例如 email 地址或名字）刪去再儲存起來很安全，但身分可以從很多地方取得，例如 IP 位址、語音，甚至步態，因此你應該假設你收集的任何感測器資料都是個人可識別資訊（personally identifiable information，PII）。最好的做法是將這種 PII 視為放射性廢棄物對待，盡量避免收集它，如果你需要它，那就妥善保管它，並在完成工作之後盡快將它處理掉。

當考慮使用權時，別忘了你的權限系統可能被政府強制推翻，在威權國家，可能會讓用戶遭受嚴重的傷害，這也是將 app 傳送與儲存的內容數量限制在最低程度的另一個原因，藉此你可以免除這種責任，並且限制用戶的曝光度。

同意書

產品的使用者是否瞭解產品將收集哪些資訊？他們是否同意你使用那些資訊的方法？你可能認為這種狹義的法律問題可以藉著讓用戶按下最終用戶許可協議的同意鍵來解決，但我們鼓勵你更廣泛地看待這個主題，將它視為一種行銷挑戰。想必你相信產品提供的好處值得透過收集更多資料來換取，那麼，如何將這個想法清楚地傳達給潛在顧客，讓他們做出明智的選擇？如果你不知道怎樣撰寫這些訊息，那就代表你應該重新進行設計來減少它對隱私的影響，或提升產品的利益。

使用 PDD

你應該將 PDD 視為將會不斷改變的文件，它會隨著產品的發展而不斷更新。顯然它可以幫助你和律師及其他商業利益關係者溝通產品的細節，但它在許多其他環境下也很有用，例如，你應該與行銷團隊合作，來確保它傳達的訊息就是你做的事情，你也要與任何第三方服務供應商（例如廣告）合作來確保他們遵守你承諾的事項。你要讓團隊的所有工程師都可以閱讀它並且加入評論，因為有些隱私隱患只能在實作層面看到。例如，或許你使用的地理編碼雲端 API 會洩露設備的 IP 位址，或微控制器上面可能有用不到的 WiFi 晶片，但是理論上可被啟用並用來傳輸敏感資料。

安全防護

確保嵌入式設備的整體安全性非常困難。攻擊者很容易就可以取得系統實體,再使用各種入侵技術來提取資訊。你的第一道防線是盡量不要在嵌入式系統中保存敏感資訊,這就是 PDD 如此重要的原因。如果你使用雲端服務來進行安全通訊,你應該研究一下安全加密處理器(*https://oreil.ly/lGLzA*),來確保任何密鑰都被安全保存。這些晶片也可以用來進行安全啟動(booting),確保設備只會運行你 flash 的程式。

與隱私防護一樣,你要細心設計硬體來讓任何攻擊者無機可乘。如果你不需要 WiFi 或藍牙,那就製作沒有這些功能的設備。不要在上市的產品提供 SWD(*https://oreil.ly/X1I7x*)這類的除錯介面,並且停用 Arm 平台的程式碼讀出(code read-out)功能(*https://oreil.ly/ag5Vc*)。雖然這些舉動都不是無懈可擊的(*https://oreil.ly/R3YG-*),但它們可以提升攻擊的成本。

盡量使用既有的程式庫與服務來進行安全防護與加密。自行處理密碼是很糟糕的做法,因為你很容易犯下難以發現、卻能夠摧毀系統的錯誤。本書無法詳述完整的嵌入式系統安全防護,你可以考慮製作一個安全防護設計文件,類似我們推薦的隱私文件,寫下你認為可能出現的攻擊有哪些、它們的影響,以及如何防禦它們。

保護模型

許多工程師告訴我們,他們想要保護他們的機器學習模型,以免被不道德的競爭者盜用,因為建立模型需要大量的工作,卻以容易瞭解的格式裝在設備上。壞消息是,目前沒有絕對安全的保護措施可以防止複製。就這個意義而言,模型與任何其他軟體一樣:它們就像一般的機器碼,可能被竊取並檢視。但是,如同軟體,這個問題不像乍看之下那麼糟糕。正如同拆解程序式程式無法看出真正的原始碼,檢視量化的模型也無法看到任何訓練演算法或資料,所以攻擊者無法有效地修改模型來做其他事情。如果競爭者將模型裝在他們的設備上,你應該可以輕易地發現它是抄襲的模型,並且在法律上證明競爭對手竊取你的知識產權,就像任何其他軟體那樣。

但是不讓隨興的攻擊者輕鬆地取得模型也是有價值的。有一個簡單的技巧是用密碼與序列化之後的模型執行 XOR,再將它存入快閃,在使用之前,將它複製到 RAM 裡面並解密它。這可以避免別人只要進行簡單的快閃記憶體轉存(dump)就可以曝露你的模型,不過有能力在執行期讀取 RAM 的攻擊者仍然可以取得它。或許你認為將 TensorFlow Lite FlatBuffer 換成專用格式是有幫助的,但因為權重參數本身就是一個大型的數值陣列,而且藉著使用除錯器來步進執行就可以明顯看出哪些 op 是以哪個順序呼叫的,所以我們覺得這種做法的效果有限。

為了確認模型被盜用，有一種有趣的方法是在訓練過程中故意製作微妙的缺陷，然後在檢查可疑的侵權行為時找出那個缺陷。舉個例子，你可以在訓練喚醒詞偵測模型時，讓它不僅會監聽「Hello」，也會偷偷地監聽「Ahoy, sailor!」。別人訓練的模型極不可能回應那句話，所以如果發生這種情況，即使你無法取得設備內部的作品，它也是模型被複製的強烈訊號。這種技術來自一種古老的技巧，以前人們會在地圖、目錄與詞典等參考著作裡面加入虛構的項目，以協助發現盜版行為，它被稱為 *mountweazeling*，因為有人曾經在地圖中加入一座虛構的「Mountweazel」山（*https://oreil.ly/OpY2G*）來協助識別盜版。

部署

現代的微控制器很容易讓人想要使用無線更新來隨時修改設備上的程式碼，甚至在出貨之後很長的時間之內都可以修改。這個功能會賦予安全與隱私侵犯行為更廣闊的攻擊面，你務必考慮這個功能對產品而言是否真的不可或缺。你必須使用精心設計的安全啟動系統與其他保護措施，才可以確保只有你能上傳新的程式，而且如果你不小心犯錯，你就會將設備的控制權完全交給惡意行為者。我們建議在產品製造完成之後，在預設的情況下不允許任何形式的程式碼更新，這種做法聽起來或許過於嚴苛，例如，這樣你就無法安裝修復安全漏洞的更新，但是它幾乎可以完全排除攻擊者的程式在系統上運行的可能性，對安全的幫助遠超過它造成的傷害。這樣做也可以簡化網路結構，因為你不需要使用任何協定來「監聽」更新，設備或許能夠有效地以僅傳輸（transmit-only）模式運行，這也可以大幅減少攻擊表面。

不過這也代表你在釋出設備之前必須花更多的精神來寫出正確的程式，尤其是關於模型準確度的方面。我們曾經介紹使用單元測試以及專用的測試組來驗證模型整體準確度等方法，但它們無法抓到所有問題。當你準備發表時，我們強烈建議你使用 dog-fooding 方法，也就是在真實世界的環境中試用設備，並且在組織內部人員的監督下使用。這些實驗比工程實驗更容易發現意想不到的行為，因為測試受制於創作者的想像力，在真實世界發生的事情比任何人事先想像的都要不可思議得多。好消息是，當你遇到不良的行為之後，你可以將它們轉換成可在正常的開發程序中解決的測試案例。事實上，培養這種關於產品深度需求的機構記憶（institutional memory）並且將它寫成測試，可能是你最大的競爭優勢之一，獲取它的途徑只有透過痛苦的試誤法。

從開發電路板遷移到產品

將開發電路板上面的 app 轉換成產品的完整程序超出本書的範圍，但是在開發過程中，有一些事情值得考慮。你應該研究一下你考慮使用的微控制器的批發價，例如，查詢 Digi-Key（*https://digikey.com*）之類的網站，來確保目標系統最終可以符合預算。如果產品設備使用的晶片與你在開發時使用的一樣，將程式碼移到產品設備應該非常簡單，因此從編程的角度來看，你的主要任務是確保開發電路板符合產品目標。以最終形式部署程式碼之後，你將很難修正任何新問題，特別是當你採取前面介紹的步驟來保護平台時，所以盡量推遲這個步驟是值得的。

結語

保護用戶隱私與安全是工程師最重要的責任之一，但我們不一定知道哪一種做法是最好的。本章介紹保護措施的基本思考與設計程序，以及一些進階的安全考慮因素。知道這些事情之後，我們已經談完建構與部署嵌入式機器學習 app 的基礎知識了，但是我們也知道這個領域遠非一本書所能涵蓋的，最後一章將介紹可協助你繼續學習的資源。

## 第二十一章

拓展知識

我們希望本書可以協助你解決重要的問題，透過便宜、低耗電的設備。這是一個全新且快速成長的領域，所以我們只能提出一個快照。如果你想到持續獲得新知，以下是我們推薦的資源。

TinyML 基礎

TinyML Summit（*https://www.tinymlsummit.org*）是一項年度會議，聚集嵌入式硬體、軟體與機器學習從業者來討論跨學科的合作。舊金山灣區（*https://oreil.ly/ZtZu_*）與德州奧斯汀（*https://oreil.ly/cH9d-*）也有每月聚會，未來還會有更多聚會地點。即使你無法親臨現場，你也可以在 TinyML Foundation 網站（*https://www.tinymlsummit.org*）查詢這些活動的影片、投影片與其他教材。

SIG Micro

本書的主題是 TensorFlow Lite for Microcontrollers，如果你想要為框架做出貢獻，有一個 Special Interest Group（SIG）可讓外部開發者合作以進行改善。SIG Micro（*https://oreil.ly/owmCE*）有公開的月度視訊會議（*https://oreil.ly/1AdpF*）、郵寄名單（*https://oreil.ly/qFhbv*），以及 Gitter 聊天室（*https://oreil.ly/btt1p*）。如果你對於這個程式庫有新的點子，或是想要請求新功能，這是很棒的討論地點。你會看到進行這個專案的所有開發者，包括 Google 內部與外部的，他們會分享路線圖與即將到來的計畫。如果你要進行變更，通常要先分享一個設計文件，你可以只用一頁的內容來描述簡單的變更，說明為什麼要更改，以及更改的目的是什麼。我們通常會用 RFC（request for comment）來發表它，讓關係人提供回饋，取得一致的方法之後，使用一個包含實際程式變更的 pull request 來跟進。

TensorFlow 網站

TensorFlow 主網站的首頁有我們的微控制器作品（*https://oreil.ly/Utc2E*），你可以在那裡看看有沒有最新的範例與文件。更明確地說，我們會持續將訓練範例程式遷移至 TensorFlow 2.0，如果你有相容性方面的問題，這裡值得一看。

其他的框架

因為 TensorFlow 是我們最熟悉的程式庫，所以我們把重點放在這個生態系統，但其他框架也有許多有趣的作品。我們非常喜歡 Neil Tan 的開創性作品 uTensor（*https://oreil.ly/IfTva*），它使用以 TensorFlow 模型生成的程式碼來進行許多有趣的實驗。Microsoft 的 Embedded Learning Library（*https://oreil.ly/Q-r3d*）支援深度神經網路之外的大量機器學習演算法，主要針對 Arduino 與 micro:bit 平台。

Twitter

你是否完成一個想要讓全世界知道的嵌入式機器學習專案了？我們很想知道你正在解決什麼問題，要聯絡我們，有一種好方法是在 Twitter 使用 *#tinyml* 主題標籤來分享連結。我們的 Twitter 帳號是 @petewarden（*https://oreil.ly/S60rg*）與 @dansitu（*https://oreil.ly/xswxw*），我們會在 @tinymlbook（*https://oreil.ly/4NaMB*）貼出本書的更新。

TinyML 的好友們

這個領域有許多有趣的公司，從剛起步的初創公司到大型企業都有。如果你正在開發產品，你一定想要知道它們可以提供什麼服務，以下是我們合作過的一些機構，按字母順序排列：

- Adafruit（*https://www.adafruit.com*）
- Ambiq Micro（*https://ambiqmicro.com*）

- Arduino（*https://www.arduino.cc*）

- Arm（*https://www.arm.com*）

- Cadence/Tensilica（*https://ip.cadence.com/knowledgecenter/know-ten*）

- CEVA/DSP Group（*https://www.ceva-dsp.com*）

- Edge Impulse（*https://www.edgeimpulse.com*）

- Eta Compute（*https://etacompute.com*）

- Everactive（*https://everactive.com*）

- GreenWaves Technologies（*https://greenwaves-technologies.com*）

- Himax（*https://www.himax.com.tw*）

- MATRIX Industries（*https://www.matrixindustries.com*）

- Nordic Semiconductor（*https://www.nordicsemi.com*）

- PixArt（*https://www.pixart.com*）

- Qualcomm（*https://www.qualcomm.com*）

- SparkFun（*https://www.sparkfun.com*）

- STMicroelectronics（*https://www.st.com/content/st_com/en.html*）

- Syntiant（*https://www.syntiant.com*）

- Xnor.ai（*https://www.xnor.ai*）

結語

感謝你和我們一起探索嵌入式設備的機器學習。希望我們能夠激發你自行進行專案的熱情，我們迫不及待想看到你的作品，以及如何推動這個令人期待的新領域！

使用與產生 Arduino Library Zip

Arduino IDE 要求以特定方式打包原始檔案。TensorFlow Lite for Microcontrollers Makefile 知道如何為你做這件事,它可以產生一個包含所有原始檔的 *.zip* 檔,讓你可以當成程式庫匯入 Arduino IDE,它可讓你組建與部署 app。

本節稍後會介紹如何產生這個檔案,然而,最簡單的方式是使用 TensorFlow 團隊每晚預先組建的 *.zip* 檔(*https://oreil.ly/blgB8*)。

下載那個檔案之後,你必須匯入它。在 Arduino IDE 的 Sketch 選單選擇 Include Library → Add .ZIP Library,見圖 A-1。

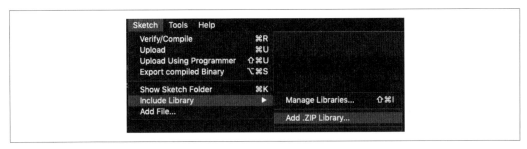

圖 A-1 「Add .ZIP Library...」選單選項

在顯示出來的檔案瀏覽器裡面找到 *.zip* 檔,並按下 Choose 來匯入它。

或許你想要自行產生程式庫，例如，你對 TensorFlow Git 存放區裡面的程式做了修改，並且想要在 Arduino 環境中測試。

如果你需要自行產生檔案，打開終端機視窗，複製 TensorFlow 存放區，並進入它的目錄：

```
git clone https://github.com/tensorflow/tensorflow.git
cd tensorflow
```

接著執行下面的腳本來產生 *.zip* 檔：

```
tensorflow/lite/micro/tools/ci_build/test_arduino.sh
```

這個檔案會在這個地方建立：

```
tensorflow/lite/micro/tools/make/gen/arduino_x86_64/ \
  prj/micro_speech/tensorflow_lite.zip
```

接著你可以使用之前介紹的步驟，將這個 *.zip* 檔案匯入 Arduino IDE。如果你曾經安裝程式庫，你就要先移除原先的版本。你可以刪除 Arduino IDE 的 *libraries* 目錄裡面的 *tensorflow_lite* 目錄，你可以在 IDE 的 Preferences 視窗裡面的「Sketchbook location」下面找到它。

在 Arduino 採集音訊

接下來的內容將討論第 7 章的喚醒詞 app 的音訊採集程式。因為它與機器學習沒有直接關係，所以我們將它放在附錄。

Arduino Nano 33 BLE Sense 電路板有個麥克風，為了接收麥克風的音訊資料，我們可以註冊一個回呼函式，讓它在有新的音訊資料就緒時被呼叫。

每次發生這種情況時，我們就會將新資料寫到一個儲存備用資料的緩衝區。因為音訊資料占用許多記憶體，緩衝區的空間只能容納一定數量的資料。當緩衝區被填滿時，原本的資料就會被覆寫。

當你的程式已經就緒，可以執行推斷時，它可以從這個緩衝區讀取最後幾秒的資料。只要新資料持續進來的速度比讀取它所需的速度更快，緩衝區裡面就一定有足夠的新資料可以進行預先處理並傳給模型。

每一個預先處理與推斷的週期都很複雜，需要一定的時間來完成，因此，在 Arduino 上，我們只能每秒執行幾次推斷，這意味著緩衝區很容易保持滿的狀態。

第 7 章介紹過，*audio_provider.h* 實作這兩個函式：

- `GetAudioSamples()`，它提供一個指標，指向一段原始音訊資料
- `LatestAudioTimestamp()`，它回傳最近採集到的音訊的時戳

為 Arduino 實作它們的程式碼位於 *arduino/audio_provider.cc*（*https://oreil.ly/Bfh4v*）。

我們在第一個部分拉入一些依賴項目，*PDM.h* 程式庫定義可從麥克風取得資料的 API。*micro_model_settings.h* 檔案裡面有與模型的資料要求有關的常數，可幫助我們用正確的格式提供音訊：

```
#include "tensorflow/lite/micro/examples/micro_speech/
  audio_provider.h"

#include "PDM.h"
#include "tensorflow/lite/micro/examples/micro_speech/
  micro_features/micro_model_settings.h"
```

下一段程式宣告一些重要的變數：

```
namespace {
bool g_is_audio_initialized = false;
// 內部緩衝區，容量是樣本大小的 16 倍
constexpr int kAudioCaptureBufferSize = DEFAULT_PDM_BUFFER_SIZE * 16;
int16_t g_audio_capture_buffer[kAudioCaptureBufferSize];
// 保存輸出的緩衝區
int16_t g_audio_output_buffer[kMaxAudioSampleSize];
// 使用 volatile，這樣我們就可以在 while 迴圈中
// 察看有沒有樣本到達。
volatile int32_t g_latest_audio_timestamp = 0;
} // namespace
```

布林 `g_is_audio_initialized` 的用途是追蹤麥克風是否已經開始採集音訊。我們的音訊採集緩衝區是以 `g_audio_capture_buffer` 定義的，它的大小是 `DEFAULT_PDM_BUFFER_SIZE` 大小的 16 倍，這個常數是在 *PDM.h* 裡面定義的，代表每次回呼被呼叫時，我們從麥克風收到的音訊量。使用大緩衝區的意義是，當程式因為某些原因變慢時，我們比較不會耗盡資料。

除了音訊採集緩衝區之外，我們也保留一塊緩衝區供輸出音訊使用，`g_audio_output_buffer`，當 `GetAudioSamples()` 被呼叫時，我們會回傳指向它的指標。它的長度是 `kMaxAudioSampleSize`，這是來自 *micro_model_settings.h* 的常數，定義預先處理程式每次可以處理的 16-bit 音訊樣本的數量。

最後，我們使用 `g_latest_audio_timestamp` 來追蹤最新音訊樣本的時間。它與手錶上的時間不一樣，它只是相對於音訊開始採集的時間的毫秒數。我們用 volatile 來宣告變數，代表處理器不應該試著快取它的值，稍後會解釋原因。

宣告這些變數之後，我們定義每次有新音訊資料可用時呼叫的回呼函式。這是它的所有內容：

```
void CaptureSamples() {
    // 這是每當它被呼叫時，我們有多少 bytes 的新資料
    const int number_of_samples = DEFAULT_PDM_BUFFER_SIZE;
    // 計算最後一個音訊樣本代表的時戳
    const int32_t time_in_ms =
        g_latest_audio_timestamp +
        (number_of_samples / (kAudioSampleFrequency / 1000));
    // 算出最後一個樣本在所有樣本的歷史紀錄中的索引
    const int32_t start_sample_offset =
        g_latest_audio_timestamp * (kAudioSampleFrequency / 1000);
    // 算出這個樣本在循環緩衝區裡面的索引
    const int capture_index = start_sample_offset % kAudioCaptureBufferSize;
    // 從緩衝區的正確位置讀取資料
    PDM.read(g_audio_capture_buffer + capture_index, DEFAULT_PDM_BUFFER_SIZE);
    // 這是讓外界知道有新音訊資料到達的方式
    g_latest_audio_timestamp = time_in_ms;
}
```

這個函式有點複雜，所以我們逐段討論它。它的目標是算出在音訊採集緩衝區裡面的正確索引，以便寫入這筆新資料。

首先，我們算出每當回呼被呼叫時，我們會收到多少新資料。我們用它來算出一個毫秒數，代表緩衝區內最新的音訊樣本的時間：

```
// 這是每當它被呼叫時，我們有多少 bytes 的新資料
const int number_of_samples = DEFAULT_PDM_BUFFER_SIZE;
// 計算最後一個音訊樣本代表的時戳
const int32_t time_in_ms =
    g_latest_audio_timestamp +
    (number_of_samples / (kAudioSampleFrequency / 1000));
```

kAudioSampleFrequency 是每秒鐘的音訊樣本數量（這個常數是在 *micro_model_settings.h* 裡面定義的）。我們將它除以 1,000 來算出每毫秒的樣本數。

接下來，我們將每個呼叫的樣本數（number_of_samples）除以每毫秒的樣本數，來算出每次回呼取得資料的毫秒數。

```
(number_of_samples / (kAudioSampleFrequency / 1000))
```

接著將它與上一個最近音訊樣本（g_latest_audio_timestamp）的時戳相加，得到新的最近音訊樣本的時戳。

算出這個數字之後，我們用它來取得最新樣本在所有樣本的歷史紀錄裡面的索引。我們將上次最近的音訊樣本的時戳乘以每毫秒樣本數：

```
const int32_t start_sample_offset =
    g_latest_audio_timestamp * (kAudioSampleFrequency / 1000);
```

但是，緩衝區沒有空間可以儲存每一個採集到的樣本，它的空間是 16 乘以 DEFAULT_PDM_BUFFER_SIZE。只要資料比它多，我們就會開始用新資料來覆寫緩衝區。

現在我們有新樣本在所有樣本的歷史紀錄裡面的索引了。接下來，我們將它轉換成這個樣本在實際的緩衝區裡面的正確索引。我們將歷史索引除以緩衝區長度，算出餘數，餘數是用模數運算子（%）來計算的：

```
// 算出這個樣本在循環緩衝區裡面的索引
const int capture_index = start_sample_offset % kAudioCaptureBufferSize;
```

因為緩衝區的大小 kAudioCaptureBufferSize 是 DEFAULT_PDM_BUFFER_SIZE 的倍數，新資料一定可以整齊地放入緩衝區。模數運算子會回傳新資料在緩衝區裡面的開頭的索引。

接下來，我們使用 PDM.read() 方法將最新音訊讀入音訊採集緩衝區：

```
// 從緩衝區的正確位置讀取資料
PDM.read(g_audio_capture_buffer + capture_index, DEFAULT_PDM_BUFFER_SIZE);
```

第一個引數接收一個指標，該指標指向資料應被寫到記憶體的哪個位置。變數 g_audio_capture_buffer 是個指標，指向音訊採集緩衝區開始的記憶體位址。將這個位置加上 capture_index 可以算出新資料應寫入哪個記憶體位置。第二個引數定義應該讀出多少資料，我們使用最大值，DEFAULT_PDM_BUFFER_SIZE。

最後，我們更新 g_latest_audio_timestamp：

```
// 這是讓外界知道有新音訊資料到達的方式
g_latest_audio_timestamp = time_in_ms;
```

我們透過 LatestAudioTimestamp() 方法將它公開給程式的其他部分，讓它們知道有新資料可用了。因為 g_latest_audio_timestamp 是用 volatile 來宣告的，每次讀取它時，都會藉著察看記憶體來取得它的值，這件事很重要，否則這個變數會被處理器快取，因為它的值是在回呼裡面設定的，處理器不知道該更新快取值，所以讀取它的程式都無法收到它當下的值。

你可能想知道，怎麼讓 CaptureSamples() 成為一個回呼函式？它怎麼知道何時有新音訊可用？它和其他事情是在程式的下一個部分處理的，這個部分是個啟動音訊採集的函式：

```
TfLiteStatus InitAudioRecording(tflite::ErrorReporter* error_reporter) {
  // 連接將會隨著每一個樣本呼叫的回呼
  PDM.onReceive(CaptureSamples);
  // 開始監聽音訊：MONO @ 16KHz 且增益為 20
  PDM.begin(1, kAudioSampleFrequency);
  PDM.setGain(20);
  // 阻塞，直到取得第一個音訊樣本
  while (!g_latest_audio_timestamp) {
  }

  return kTfLiteOk;
}
```

這個函式會在有人第一次呼叫 GetAudioSamples() 時被呼叫。它先使用 PDM 程式庫來連接 CaptureSamples() 回呼，藉著呼叫 PDM.onReceive()。接下來我們呼叫 PDM.begin() 並傳入兩個引數。第一個引數代表要錄製多少聲道的音訊，我們只需要單聲道音訊，所以指定 1。第二個引數指定我們想要每秒接收多少樣本。

接下來，我們使用 PDM.setGain() 來設定增益，它定義麥克風的音訊應該放大多少。我們指定 20，這是經過實驗得到的。

最後，我們執行迴圈，直到 g_latest_audio_timestamp 的值是 true。因為它的初值是 0，所以這行程式會塞住，直到有音訊被回呼採集為止，因為屆時，g_latest_audio_timestamp 將是非零值。

剛才討論的兩個函式可以啟動採集音訊的程序，並將採集到的音訊存入緩衝區。下一個函式 GetAudioSamples() 提供一個機制讓程式的其他部分（即特徵供應器）取得音訊資料：

```
TfLiteStatus GetAudioSamples(tflite::ErrorReporter* error_reporter,
                             int start_ms, int duration_ms,
                             int* audio_samples_size, int16_t** audio_samples) {
  // 設定所有東西，來開始接收音訊
  if (!g_is_audio_initialized) {
    TfLiteStatus init_status = InitAudioRecording(error_reporter);
    if (init_status != kTfLiteOk) {
      return init_status;
    }
    g_is_audio_initialized = true;
  }
```

呼叫這個函式時，我們使用 ErrorReporter 來寫入 log，用兩個變數來指定我們請求什麼音訊（start_ms 與 duration_ms），用兩個指標來回傳音訊資料（audio_samples_size 與 audio_samples）。函式的第一個部分呼叫 InitAudioRecording()，前面說過，它會塞住執行，直到音訊的第一個樣本抵達為止。我們用變數 g_is_audio_initialized 來確保這個設定程式只執行一次。

接下來，我們假設有一些音訊儲存在採集緩衝區裡面。我們的工作是找出正確的音訊資料在緩衝區裡面的位置，所以先算出我們想要的第一個樣本在所有樣本的歷史紀錄中的索引：

```
const int start_offset = start_ms * (kAudioSampleFrequency / 1000);
```

接下來計算想要抓取的總樣本數：

```
const int duration_sample_count =
    duration_ms * (kAudioSampleFrequency / 1000);
```

取得這個資訊之後，我們就可以算出要在音訊採集緩衝區的哪裡讀取資料。我們在一個迴圈中讀取資料：

```
for (int i = 0; i < duration_sample_count; ++i) {
    // 將每一個樣本在所有樣本歷史紀錄裡面的索引
    // 轉換成它在 g_audio_capture_buffer 裡面的索引
    const int capture_index = (start_offset + i) % kAudioCaptureBufferSize;
    // 將樣本寫至輸出緩衝區
    g_audio_output_buffer[i] = g_audio_capture_buffer[capture_index];
}
```

我們之前使用模數運算子來算出緩衝區的正確位置，那個緩衝區的空間只能容納最新的幾個樣本。我們在這裡使用同一種技術，如果我們將資料在所有樣本的歷史紀錄裡面的當下索引除以音訊採集緩衝區的大小，kAudioCaptureBufferSize，餘數就是那個資料在緩衝區裡面的位置。接下來就可以用簡單的賦值從採集緩衝區讀出資料，並放入輸出緩衝區。

接下來，我們使用之前以引數提供的兩個指標從這個函式取出資料：指向音訊樣本數量的 audio_samples_size，以及指向輸出緩衝區的 audio_samples：

```
    // 設定指標以便讀取音訊
    *audio_samples_size = kMaxAudioSampleSize;
    *audio_samples = g_audio_output_buffer;

    return kTfLiteOk;
}
```

這個函式在結尾回傳 kTfLiteOk，讓呼叫方知道這個 op 成功了。

接著，我們在最後的部分定義 LatestAudioTimestamp()：

```
int32_t LatestAudioTimestamp() { return g_latest_audio_timestamp; }
```

因為它一定會回傳最新音訊的時戳，程式的其他部分可以在迴圈裡面檢查它，來確定是否有新音訊資料到達。

這就是所有的音訊供應器程式！現在，我們已經確保特徵供應器可以穩定地提供最新的音訊樣本了。

索引

※ 提醒您：由於翻譯書排版的關係，部分索引名詞的對應頁碼會和實際頁碼有一頁之差。

關於作者

Pete Warden 是 Google 的行動與嵌入式 TensorFlow 技術主管，他曾經是 Jetpac 的創辦人與 CTO，Google 在 2014 年收購該公司，他也曾在 Apple 任職。他也是 TensorFlow 團隊的創始成員之一，他的 Twitter 帳號是 @petewarden，*https://petewarden.com* 是他撰寫深度學習實踐法的部落格。

Daniel Situnayake 是 Google 的首席開發布道師（developer advocacy），他也是 Tiny Farms 的共同創辦人，Tiny Farms 是美國第一家大規模自動化生產昆蟲蛋白的公司。他的第一個工作是在 Birmingham City University 講授自動識別與資料採集。

封面記事

本書封面上的動物是赤叉尾蜂鳥（*Topaza pella*），一種棲息於南美洲北部的蜂鳥。牠們的棲息處在熱帶與亞熱帶森林的上層和中層樹冠。

雄赤叉尾蜂鳥平均身高 8.7 英寸，雌鳥小得多，只有 5.3 英寸。雄鳥與雌鳥的體重都是 10 克左右。一般認為牠們是第二大蜂鳥品種，僅次於巨蜂鳥。雄鳥的身體是虹彩紅色，喉部呈金屬綠色，頭部呈黑色。雌鳥的羽毛大部分都是綠色的。

赤叉尾蜂鳥與其他蜂鳥一樣，主要的食物是花樹的花蜜。這種鳥能夠藉著以水平的 8 字形軌跡揮動翅膀進行主動盤旋飛行，也就是以淨前進速度為零的方式穩定飛行，如此一來，牠們就可以在半空中吸取開花植物的花蜜。許多植物的花都是管狀的，因為蜜蜂與蝴蝶無法接觸到它們的花粉，所以必須依靠蜂鳥進行授粉。

這些蜂鳥除了一年兩次的繁殖季節之外，通常都是獨居的，雌鳥會建造小型的鳥巢，並隨著幼鳥的成長而擴建，鳥巢是用蜘蛛絲捆綁植物纖維做成的。雌鳥通常會生下兩顆蛋，幼鳥會在孵三週左右破殼。雌鳥照顧幼鳥的時間大約是六週。

赤叉尾蜂鳥在棲息地很常見，但很少被人類目擊，因為牠們很少靠近地面。O'Reilly 書籍封面上的許多動物都面臨瀕臨絕種的危機，牠們都是這個世界重要的一份子。

封面插圖由 Karen Montgomery 根據 Lydekker 的 *Royal Natural History* 的黑白版畫改編而成。

TinyML｜TensorFlow Lite 機器學習

作　　　者：Pete Warden, Daniel Situnayake
譯　　　者：賴屹民
企劃編輯：蔡彤孟
文字編輯：王雅雯
設計裝幀：陶相騰
發 行 人：廖文良

發 行 所：碁峰資訊股份有限公司
地　　　址：台北市南港區三重路 66 號 7 樓之 6
電　　　話：(02)2788-2408
傳　　　真：(02)8192-4433
網　　　站：www.gotop.com.tw
書　　　號：A649
版　　　次：2020 年 07 月初版
建議售價：NT$880

商標聲明：本書所引用之國內外公司各商標、商品名稱、網站畫
面，其權利分屬合法註冊公司所有，絕無侵權之意，特此聲明。

版權聲明：本著作物內容僅授權合法持有本書之讀者學習所用，
非經本書作者或碁峰資訊股份有限公司正式授權，不得以任何形
式複製、抄襲、轉載或透過網路散佈其內容。
版權所有 ● 翻印必究

國家圖書館出版品預行編目資料

TinyML：TensorFlow Lite 機器學習 / Pete Warden, Daniel
　Situnayake 原著；賴屹民譯. -- 初版. -- 臺北市：碁峰資訊,
　2020.07
　　　面；　　公分
　　譯自：TinyML
　　ISBN 978-986-502-535-9(平裝)
　　1.機器學習　2.人工智慧
312.831　　　　　　　　　　　　　　　　　109007953

讀者服務

● 感謝您購買碁峰圖書，如果您對
　本書的內容或表達上有不清楚
　的地方或其他建議，請至碁峰網
　站：「聯絡我們」\「圖書問題」留
　下您所購買之書籍及問題。（請
　註明購買書籍之書號及書名，以
　及問題頁數，以便能儘快為您處
　理）
　http://www.gotop.com.tw

● 售後服務僅限書籍本身內容，若
　是軟、硬體問題，請您直接與軟
　體廠商聯絡。

● 若於購買書籍後發現有破損、缺
　頁、裝訂錯誤之問題，請直接將
　書寄回更換，並註明您的姓名、
　連絡電話及地址，將有專人與您
　連絡補寄商品。